Dieter W. Wloka (Hrsg.)

Robotersimulation

Mit 133 Abbildungen

Springer-Verlag
Berlin Heidelberg New York
London Paris Tokyo
Hong Kong Barcelona Budapest

Dr.-Ing. Dieter W. Wloka

Lehrstuhl für Systemtheorie
Universität Saarbrücken
Im Stadtwald
W-6600 Saarbrücken

ISBN 978-3-540-53828-8   ISBN 978-3-662-00839-3 (eBook)
DOI 10.1007/978-3-662-00839-3

CIP-Titelaufnahme der Deutschen Bibliothek
Robotersimulation / Dieter W. Wloka (Hrsg.) –
Berlin ; Heidelberg ; New York ; London ; Paris ; Tokyo ; Hong Kong ;
Barcelona ; Budapest : Springer, 1991

NE: Wloka, Dieter W. [Hrsg.]

Satz: Reproduktionsfertige Vorlage vom Autor

60/3020 543210

Vorwort

Robotersimulationssysteme sind ein modernes Hilfsmittel, um die Planung und die Programmierung von Roboterzellen rechnergestützt durchführen zu können. Ihr industrieller Einsatz wird heute ermöglicht durch ausgereifte und verfügbare Systeme.

Dieses Buch gibt einen Überblick über das Gebiet der Robotersimulation und verfügbarer Robotersimulationssysteme. Es ist gedacht für Anwender von Robotersystemen, die diese im industriellen Maßstab einsetzen und sich für fortgeschrittene Methoden zur Planung und Programmierung interessieren, für Entwickler, die Robotersimulationssysteme mit weiteren Komponenten im Rahmen einer CIM-Lösung einsetzen wollen, und für alle Interessierte, die sich einen Überblick über Robotersimulation verschaffen möchten.

Für die Anwendung und den Einsatz eines Robotersimulationssystems ist der Leistungsumfang von entscheidender Bedeutung. Angesichts der Komplexität und verschiedener Einsatzgebiete eines solchen Hilfsmittels ist eine vergleichende Beurteilung nur sehr schwer möglich. Zudem fließen bei der Auswahl eines Systems auch eine Vielzahl von nichttechnischen Kriterien ein, die in keinem direkten Zusammenhang mit dem Simulationssystem stehen.

Mit diesem Buch soll deshalb der Versuch gemacht werden, Informationen über Robotersimulationssysteme in einheitlicher Form und entsprechender Tiefe zur Verfügung zu stellen.

Der erste Beitrag gibt dazu eine allgemeine Übersicht über Techniken und Verfahren zur Robotersimulation. Danach folgen in einzelnen Beiträgen ausführliche Beschreibungen verschiedener Robotersimulationssysteme.

Angesichts der rasanten technischen Entwicklung wurde auf eine Darstellung der notwendigen Software- und Hardwarevoraussetzungen, Konfigurationen und Preisangaben verzichtet. Derartige Informationen sind nur sehr schwer auf aktuellem Stand zu halten und somit rasch veraltet. Interessenten können mit Hilfe der beigefügten Adressenliste die aktuellen Daten erfragen.

Die einzelnen Beiträge wurden von den jeweiligen Entwicklern und Systemspezialisten in eigener Verantwortung verfaßt und stellen den letzten Stand der Entwicklung dar. Mein Dank gilt deshalb an dieser Stelle allen Autoren, die zum Gelingen dieses Buches beigetragen haben. Ein spezieller Dank gilt den Autoren der Industrie. Sie haben trotz oftmals schwieriger Rahmenbedingungen noch die Zeit gefunden, sich hier mit einem Beitrag zu engagieren.

Den Mitarbeitern des Springer-Verlages, speziell Herrn Dr. W. Ludwig, Herrn Dr. H. Riedesel und Frau E. Hestermann-Beyerle, gilt ein besonderer Dank.

Erwähnt werden sollen an dieser Stelle auch alle Mitglieder der Forschungsgruppe für Robotertechnik (FORAC) der Universität des Saarlandes, Saarbrücken, die sich in beispielhaftem Einsatz bei der Entwicklung des Robotersimulationssystems ROBSIM engagiert haben und weiter engagieren. Nur durch diese Teamarbeit konnte solch ein komplexes Softwaresystem geschaffen werden.

Mein besonderer Dank gilt an dieser Stelle auch Herrn Prof. Dr.-Ing. H. Jaschek, Lehrstuhl für Systemtheorie der Elektrotechnik der Universität des Saarlandes, Saarbrücken. Nur durch seine stete Förderung wurde die Realisierung von ROBSIM ermöglicht.

Ein spezieller Dank gilt Herrn cand.-ing. A. Fischer. Er hat die Roboterzelle entworfen, welche auf der Umschlagseite verwendet worden ist.

Dieter Wloka

Saarbrücken, im Dezember 1990

Inhaltsverzeichnis

Grundlagen der Robotersimulation

Dieter W. Wloka
Forschungsgruppe für Robotertechnik (FORAC)

1 Einleitung

In der produzierenden Industrie werden in zunehmendem Maße Roboterzellen eingesetzt. Dieser Schritt zur Automatisierung der Produktion bedingt Investitionen in erheblichem Umfang. Planung und Programmierung von Robotern, Roboterzellen sowie von Roboter-Fabrikationsanlagen müssen daher von vornherein unter Aspekten der Sicherheit und der Wirtschaftlichkeit erfolgen.

Beim Einsatz einer Roboterzelle müssen komplexe Aufgabenstellungen verschiedenster Art gelöst werden. Um z.B. eine Montagesequenz erfolgreich durchführen zu können, ist die Anordnung der Roboter und der umgebenden Maschinen von großer Wichtigkeit. Dies wird als Zellentwurf bezeichnet. In dieser Phase müssen alle Komponenten so angeordnet werden, daß die Montageaufgabe gelöst werden kann und möglichst wenig Zeit und Energie verbraucht werden.

Zumeist findet der Zellentwurf heute noch durch Probieren mit den Zellkomponenten statt, die solange relativ zueinander verschoben werden, bis die vorgegebene Aufgabe durchgeführt werden kann. Ob die gefundene Lösung auch optimal ist, hängt von der Erfahrung der Zellplaner ab.

Nachdem eine Roboterzelle entworfen und aufgebaut ist, müssen die Abläufe in der Einrichtung geeignet vorgegeben werden. Diese Phase wird als Programmieren bezeichnet. Ein sechsachsiger Roboter führt mehrdimensionale Bewegungen in seinem Arbeitsraum aus. Die Programmierung erfordert deshalb die Vorgabe des Ortes und der Orientierung des Robotergreifers. Solche Angaben verlangen ein großes räumliches Vorstellungsvermögen des Programmierers. Treten mehrere komplexe Geometrieforderungen gleichzeitig auf, ist der Programmierer meist überfordert und damit nicht mehr in der Lage, die gestellte Aufgabe effizient zu lösen.

Schwierige Aufgabenstellungen verlangen die Erstellung komplexer Programme. Arbeiten mehrere Roboter zusammen, so sind Probleme zu lösen wie die Koordination der Bewegungen, Fragen der Kollisionsvermeidung, des Kollisionsschutzes und des Zusammenspiels mit den weiteren Komponenten der Roboterzelle. Die Programmerstellung für solche komplexen Aufgaben ist heute meistens unzureichend gelöst. Daraus ergeben sich Nachteile wie die Gefährdung der Sicherheit von Menschen und Maschinen und lange Stillstandszeiten der Einrichtung. Folglich ist das Auffinden einer optimalen Lösung dem Zufall überlassen.

Der Vorteil einer Roboterzelle ist ihre Flexibilität. Sie erlaubt es, die Zelle für unterschiedlichste Aufgaben einzusetzen. Dies kann erreicht werden, indem man die geometrische Anordnung der Maschinen in der Einrichtung oder sogar nur das Programm ändert. Aber nur kleine Umrüstzeiten ermöglichen die Nutzung der Flexbilität einer Roboterzelle und lassen deren wirtschaftlichen Einsatz zu.

Die heute eingesetzten Verfahren des Zellentwurfs und der Programmierung sind mit längeren Stillstandszeiten für die Umstellung verbunden. Die bisher eingesetzten Verfahren der Programmierung nutzen zudem meist nicht die Möglichkeiten einer Roboterzelle vollständig aus.

Geht man davon aus, daß sich nach Studien des Batelle-Institutes [7] die Zahl der eingesetzten Roboter bis 1992 mehr als verdreifachen wird, so ist zu erwarten, daß die bisher angewandten Methoden des Zellentwurfs und der Programmierung zu keinen befriedigenden Ergebnissen führen werden, da die Aufgabenstellungen komplexer werden.

Einen wesentlichen Beitrag zur Lösung dieser Probleme kann ein Simulationssystem leisten, das den Entwurf einer Roboterzelle und die Programmierung mit Hilfe von graphischen Modellen am Bildschirm vollziehen kann.

Ein solches Robotersimulationssystem kann in die folgenden Teilgebiete gegliedert werden :

- Modellierung von Roboterzellen

- Zell- und Roboterprogrammierung

- Animation des Modells

- Benutzerschnittstelle

Diese Teilgebiete werden im folgenden ausführlich betrachtet.

2 Modellierung von Roboterzellen

Grundlage von Simulationsuntersuchungen ist die Existenz eines geometrischen Modells [12,24,25] der Roboterzelle. Dieses wird in der Modellierungs- und Konstruktionsphase erstellt.

2.1 Geometrische Modellierung

Das Modell einer Roboterzelle wird als sogenanntes geometrisches Modell aufgebaut. Unter einem geometrischen Modell versteht man nach Spur [16] ein Modell, das neben der körperbeschreibenden Geometrie auch technologische, funktionelle sowie administrative Informationen und Zusammenhänge wiedergibt.

Die Forderung, auch technologische und strukturelle Daten verfügbar zu haben, bedeutet, daß der Einsatz eines reinen CAD-Systems nicht ausreichend ist. Auch Festkörpermodellierer ("solid modeller") erfüllen die Anforderungen der Robotersimulation nicht. Es wurden deshalb Zusatzmodule zu bestehenden CAD-Systemen oder eigenständige Modellierungssysteme entwickelt.

Ein wichtiger Bestandteil der Modellierung ist die Art des graphischen Modellaufbaus. Er kann mit einem kantenorientierten, einem flächenorientierten oder einem volumenorientierten Modell erfolgen [6,14]. Kantenorientierte Modelle stellen technische Objekte durch Kanten und Eckpunkte dar. Diese Modelle werden als Drahtrahmenmodelle ("wire frames") bezeichnet. Einem flächenorientierten Modellkonzept liegt die Auffassung zugrunde, daß technische Objekte von Oberflächen umgeben sind und die Angabe aller Oberflächen das Objekt beschreibt.

Ist eine Unterscheidung von Raumpunkten hinsichtlich ihrer Lage zum Objekt, nach innen- und außenliegenden Punkten möglich, so liegt ein Volumenmodell ("solid model") vor. Dieses wird auch als Festkörpermodell bezeichnet.

Es ist heute sehr schwierig zu entscheiden, welche Art der Modellierung vorzuziehen ist. Das graphische Simulationsmodell muß dem Benutzer zu jedem Zeitpunkt die visuellen Informationen geben können, die er für die jeweilige Aufgabenstellung benötigt. Für manche Problemstellungen ist ein einfaches Drahtrahmenmodell ausreichend, andere wiederum benötigen ausschließlich eine Darstellung als Festkörper. Neben visuellen Aspekten ist die Modellierungsart auch maßgebend für die Effizienz der Algorithmen, und sie ist Basis für die Durchführung weiterer Untersuchungen. Um z.B. Kollisionen feststellen zu können, muß das graphische Modell als Volumenmodell vorliegen.

Reine Drahtrahmenmodelle sind einfach zu erzeugen, sie beinhalten jedoch zu wenig Informationen für weitere Berechnungen. Fast alle Systeme benutzen daher eine volumenorientierte Darstellung. Diese wird entweder mit CSG-Techniken ("Constructive Solid Geometry") [16] oder den BRep-Techniken ("Boundary Representations") [16] erzeugt. Beide Verfahren haben Vor- und Nachteile, so daß derzeit keine Technik den Vorzug hat. Manche Systeme benutzen deshalb auch eine Kombination beider Verfahren.

2.2   Graphischer Editor

Für den interaktiven Aufbau eines geometrischen Modells wird ein graphischer Editor benutzt. Wichtige Punkte hierbei sind :

- die Erzeugung von 3D-Körpern aus 2D-Flächen

- die Erzeugung elementarer 3D-Körper

- die Erzeugung zusammengesetzter 3D-Körper mittels Bool'scher Operationen

- die funktionelle Zuordnung der Körper und die Definition der Verbindungsart

- die Vorgabe technologischer und physikalischer Daten

- eine leistungsfähige Benutzerschnittstelle : interaktive 3D-Manipulation, Fenstertechnik, Hilfe-Funktionen, Kopierfunktionen, Löschfunktionen, Makro--Funktionen, etc.

Die Erzeugung von 3D-Körpern aus 2D-Flächen orientiert sich oft an Techniken von CAD-Systemen : Vorgabe einer 2D-Fläche und anschließende Rotations- oder Translationsoperationen.

Um gekrümmte Oberflächen nachbilden zu können, ist der Einsatz von Freiformflächen unabdingbar. Wesentliche Verfahren sind hier die Algorithmen nach Coons und Bezier sowie Spline- und B-Spline-Techniken [6]. Auch NURBS ("Nonuniform B-Spline Surfaces") kommen hier zum Einsatz. Diese werden mittlerweile von Graphikpaketen wie PHIGS [5] zur Verfügung gestellt.

Viele Systeme bieten 3D-Grundkörper an, die in ihrer Geometrie beeinflußt werden können. Mit Hilfe von CSG-Techniken können diese elementaren Körper zu komplexen Körpern zusammengesetzt werden. Stehen die Bool'schen Operationen der Vereinigung und des Schnitts von Körpern zur Verfügung, können nahezu alle Körper nachgebildet werden.

Ein wichtiger Punkt des graphischen Editors ist die funktionelle Zuordnung der Körper und die Definition ihrer Verbindungsart. Typische Zuordnungen sind "ist Teil von", "ist montiert mit" und "liegt auf". Bei Kinematiken können auch Bewegungsachsen definiert werden. Erforderliche Achstypen sind rotatorische und translatorische Achsen.

2.3   Modellierung der Zellkomponenten

Bild 1 zeigt die typischen Komponenten einer Roboterzelle. Für diese Komponenten sind Modelle erforderlich. Es ist sinnvoll, für jeden Typ von Komponente ein spezielles Modell zu erstellen. Damit sind Modelle erforderlich für :

- Roboter

- Greifer und Werkzeuge

- Sensoren

- passive Mechanismen

- aktive kinematische Mechanismen

- Handhabungsobjekte

- statische Zelleinrichtungen

Die einzelnen Schritte der Modellierung lassen sich in die folgenden Punkte gliedern :

- Aufbau eines graphischen Modells

- Aufbau eines kinematischen Modells

- Aufbau eines dynamischen Modells

- Aufbau eines funktionsorientierten Modells

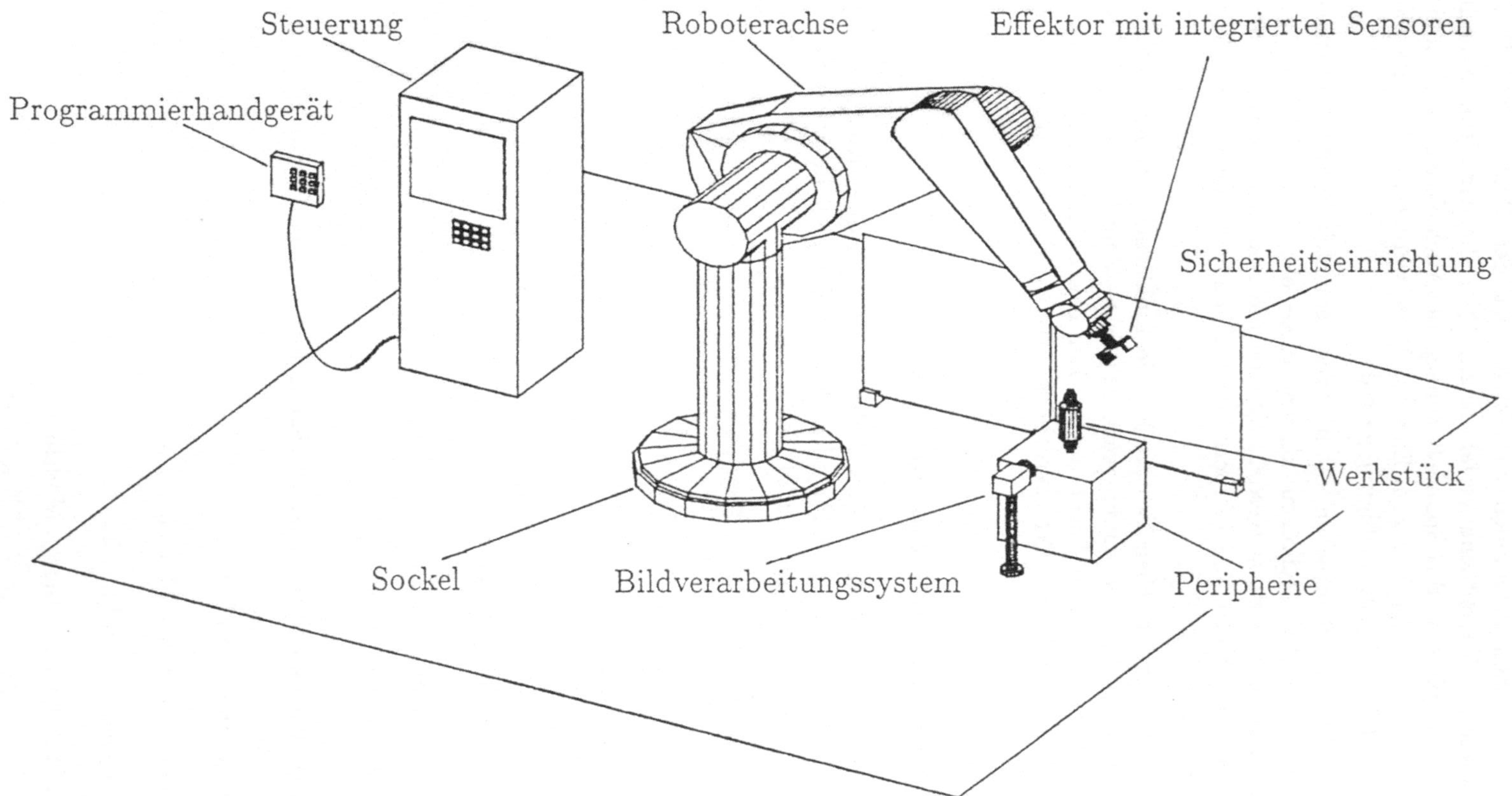

Bild 1: Typische Komponenten einer Roboterzelle

Für das Gesamtmodell sind noch Modelle der einzelnen Steuerungen, insbesondere ein Modell der Robotersteuerung erforderlich. Je nach Art der Komponente und Grad der gewünschten Modellierung werden diese Schritte vollständig oder nur teilweise durchlaufen.

Graphisches Modell

Das graphische Modell beinhaltet die graphische Nachbildung der realen Komponente. Hier können verschiedene Abstraktionsstufen und Detaillierungsgrade verwendet werden.

Auch der Aufbau einer Darstellungshierarchie ist hier sehr wichtig. Damit ist der Detaillierungsgrad der Darstellung steuerbar. Der Grundgedanke hierbei ist der, daß nicht für jede Aktion ein vollständiges und damit meist sehr komplexes Modell erforderlich ist, sondern daß die Komplexität des Modells aufgabenabhängig gewählt werden kann.

Kinematisches Modell

Das kinematische Modell [1] beinhaltet die Vorgabe von Achsen, die Definition des Achstyps und wichtiger Achsparameter : Bewegungsgrenzen, maximale Geschwindigkeit und maximale Beschleunigung.

Bei Robotern kann die Beschreibung der Kinematik durch die Einführung von Koordinatensystemen in den einzelnen Roboterachsen und durch die Definition von Transformationsbeziehungen erfolgen. Dies geschieht häufig mit Hilfe des Verfahrens von Denavit-Hartenberg [4]. Dieses Verfahren liefert einen Satz von Parametern, die sogenannten Denavit-Hartenberg-Parameter. Bild 2 (angepaßt aus [15]) zeigt die Definition der Denavit-Hartenberg-Parameter α, a, d, θ für die Roboterachse n, wobei entweder θ oder d die jeweilige Achsvariable ist, die restlichen Größen stellen dann tatsächliche Parameter dar. Durch die Angabe der Denavit-Hartenberg-Parameter ist ein Roboter vollständig kinematisch beschrieben.

Die Vorgabe der Vorwärts- und der Rückwärtstransformation ist weiterhin erforderlich. Mit der Vorwärtstransformation kann die kartesische Position des Robotereffektors aus den Achsvariablen, mit der Rückwärtstransformation können aus der kartesischen Position des Effektors die Achsvariablen berechnet werden. Unter Position wird hier sowohl der Ort als auch die Orientierung des Effektors verstanden. Wichtig ist die Behandlung von Mehrdeutigkeiten bei der Rückwärtstransformation. Die Modellierung geschlossener kinematischer Ketten, wie sie z.B. ein Parallelogrammgestänge darstellt, sollte einfach durchführbar sein.

Die Algorithmen für die Vorwärts- und Rückwärtstransformation müssen für jeden Robotertyp zur Verfügung stehen. Je nach Simulationssystem kann der Anwender somit auf die herstellerseits verfügbaren Robotertypen beschränkt sein. Die Entwicklung eigener Robotermodelle wird durch den Einsatz universeller Algorithmen ermöglicht. Diese stimmen jedoch nicht immer mit den in der realen Robotersteuerung verwendeten Algorithmen überein, so daß unter Umständen ein völlig unterschiedli-

---

[1] Hier ist der physikalische Begriff gemeint.

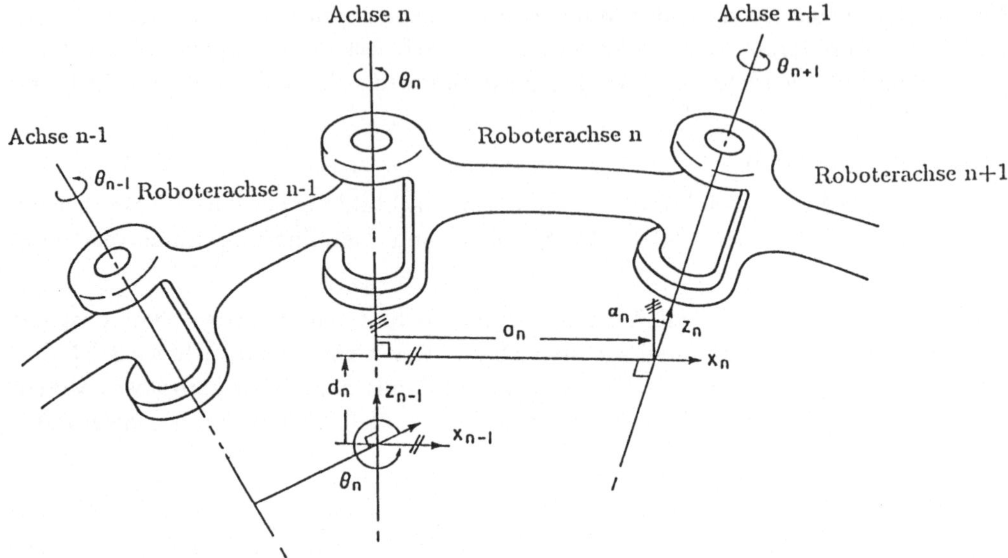

Bild 2: Definition der Denavit-Hartenberg Parameter

ches Verhalten des realen Roboters, insbesondere an kritischen Stellen, auftreten kann.

Dynamisches Modell

Für einfache Problemstellungen reicht die alleinige kinematische Betrachtung der Roboterzelle völlig aus. Komplexe Probleme können aber die Einbeziehung der Dynamik erfordern. Sie bedingt die Lösung des inversen und des direkten Dynamikproblems : Berechnung von Kräften und Momenten an den Achsen bei vorgegebener Trajektorie und umgekehrt. Das dynamische Modell erfordert zusätzliche geometrische Angaben und Daten über Massen und Trägheitseigenschaften. Oft ist eine reine Starrkörpermodellierung ausreichend. Die Berücksichtigung der Flexibilität des Roboters, z.B. der Roboterachsen, kann aber zukünftig erforderlich werden.

Funktionsorientierte Modellierung

Fließbänder, Hubtische und Verfahreinheiten sind typische Beispiele von kinematisch aktiven Mechanismen. Neben der Nachbildung der Bewegungsfunktionalität und der minimalen und maximalen Bereichswerte sowie der Betriebsparameter ist hier die Aktivierung und die Deaktivierung der Mechanismen vorzusehen.

Farbspritzpistolen, Punkt-Schweißzangen, Schrauber, etc. sind typische Vertreter von Werkzeugen. Neben den Aspekten, die für kinematisch aktive Mechanismen von Bedeutung sind, ist hier die Simulation der wirkenden Funktion wünschenswert : Erzeugung eines Sprühkegels und farblicher Änderungen, Ausbildung einer Schweißnaht, etc.

Schalter, Kraft/Momentsensoren und Bildverarbeitungssysteme sind Vertreter von Sensoren bzw. Sensorsystemen. Die Nachbildung der Sensorfunktionen ist für eine realitätsnahe Simulation unabdingbar. Bestehende Systeme bilden häufig Sensorfunktionen allein über Geometrieberechnungen nach. Diese können sehr komplex und damit zeitaufwendig werden.

Bei der Modellierung von zu handhabenden und zu bearbeitenden Werkstücken ist es günstig, wenn eine Übernahme von CAD-Daten erfolgen kann. Auch die Veränderung der Werkstücke durch Bearbeitungsvorgänge kann in der Modellierungsphase vorbereitet werden.

RCC's ("remote center of compliance mechanisms") sind typische Vertreter für passive Mechanismen. Sie erlauben eine gezielte Nachgiebigkeit des Effektors. Dies wird allein durch die innere mechanische Struktur dieser Geräte erreicht. Hiermit kann der Einsatz von teuren Sensoren vermieden werden. Die Nachbildung der Funktion von RCC's ist für die Simulation erforderlich.

Typische Komponenten der statischen Zelleinrichtung sind Stützen, Tische, Sockel, Paletten, Kästen, Werkstückträger, etc. Ihre Einbeziehung in das Modell ist bei detaillierten Studien, insbesondere bei Kollisionsbetrachtungen, erforderlich.

Modellierung der Robotersteuerung

Neben der Beschreibung der Robotermechanik ist auch die Einbeziehung der Robotersteuerung und der in ihr enthaltenen Algorithmen zur Bewegungssteuerung erforderlich. Neben rein technischen Schwierigkeiten ist dieses Problem bei den meisten Simulationssystemen ungelöst, da zum einen eine Vielzahl von verschiedenen Steuerungssystemen existiert und zum anderen kein Hersteller bereit ist, Strukturen und Algorithmen offenzulegen.

Ein großes Problem ist auch die Bestimmung der Modellparameter, insbesondere der Parameter von Robotern. Kein Roboterhersteller ist im allgemeinen bereit, Konstruktionsdaten oder Parameter zur Verfügung zu stellen. Manche der erforderlichen Daten sind selbst dem Hersteller unbekannt, wie dies z.B. bei Trägheitsparametern häufig der Fall ist.

Diese bestehenden Probleme erfordern große Vorsicht, wenn Bewegungen in engtolerierten Gebieten durchgeführt werden sollen. Hierbei kommt es sehr häufig auf die exakten Parameter und real eingesetzten Algorithmen der Regelung und Bahngenerierung an. Es können deshalb ohne weiteres erhebliche Abweichungen an kritischen Stellen zwischen Simulation und Realität auftreten. Neben der reinen Vielzahl angebotener Robotermodelle sollte deshalb auch ihre Qualität beachtet werden.

2.4 Layout-Erstellung der Zelle

Bei der Layout-Erstellung der Zelle wird die eigentliche Roboterzelle aufgebaut. Wichtige Punkte hierbei sind :

- die Auswahl der Komponenten

- die Plazierung der Komponenten

- die Festlegung funktioneller Abhängigkeiten

- der Zugriff auf Bibliotheken

Bei der Auswahl der Zellkomponenten können verschiedenste Aspekte eine Rolle spielen : Art der zu lösenden Aufgabe, Platzverhältnisse und bereits vorhandene Geräte sowie die daraus resultierenden Randbedingungen. Typische Komponenten sind : Roboter, Greifer, Werkzeuge, Greiferwechselsysteme, Positioniereinrichtungen, Schwenkeinrichtungen, Werkstückhalter, Bearbeitungsmaschinen, Sicherheitseinrichtungen, etc. Sie werden von entsprechenden Bibliotheken abgerufen und in der Zelle plaziert.

Die beim Entwurf getroffene Auswahl legt somit die Anzahl der jeweiligen Komponenten und ihre jeweiligen Eigenschaften fest. Für diese Phase ist der Einsatz eines Expertensystems wünschenswert. Erste Ansätze in diese Richtung existieren bereits [20].

Die rechnerunterstützte Plazierung der Komponenten in der Zelle erlaubt einen einfachen Varianten-Entwurf : Komponenten können durch Löschfunktionen entfernt und durch andere ersetzt werden. So können Modifikationen meist sehr schnell durchgeführt werden.

Neben der reinen Plazierung erfolgt auch die Definition von funktionellen Abhängigkeiten. Ein Beispiel hierfür ist die Befestigung eines Roboters auf einer Verfahreinheit. Eine Bewegung der Verfahreinheit muß eine Mitbewegung des Roboters bewirken. Während der Layout-Erstellung ist auch der manuelle Test des funktionellen Zusammenspiels der Komponenten möglich.

Weitere Tests, die vorgenommen werden können, sind : Test des Arbeitsraumes, statischer Kollisionstest, Ermittlung von Kollisionsräumen und Ermittlung von Bewegungszeiten, z.B. in Abhängigkeit von der Plazierung und der jeweiligen Position.

Ein erstelltes Layout kann nicht nur für Simulationszwecke verwendet werden, sondern auch als Grundlage für die Erstellung von technischen Zeichnungen der Anlage dienen. Besteht eine Kopplung zu einem CAD-System, können dessen Funktionen, z.B. zum Bemaßen, benutzt werden.

Weiterhin können detaillierte Teilelisten und Pläne für den Aufbau der Roboterzelle erstellt werden.

2.5 Schnittstellen zu CAD-Systemen

Um bestehende Datensätze verwenden und die erstellten Layouts auch weitergeben zu können, sind Schnittstellen zu CAD-Systemen besonders wichtig. Hier kann eine direkte Ankopplung oder eine Kopplung über genormte Schnittstellen erfolgen.

Bei der direkten Ankopplung erfolgt ein direktes Schreiben und Lesen der Datenformate der CAD-Systeme. Für jedes CAD-System sind allerdings zwei Adaptionsroutinen (sog. "Prozessoren") erforderlich, da jeweils ein Pre- und ein Postprozessor benötigt wird. Durch die direkte Ankopplung ist ein schneller Zugriff möglich. Weiterhin können spezielle Daten des CAD-Systems, die über standardisierte Schnittstellen normalerweise nicht übertragen werden, genutzt werden.

Bei der Kopplung über genormte Schnittstellen werden speziell formatierte Files erzeugt bzw. gelesen. Wichtige Schnittstellen sind :

- DXF - Drawing Interchange File Format

- ESP - Experimental Solid Proposal

- IGES - Initial Graphics Exchange Specification

- PDES - Product Data Exchange Specification

- PDDI - Product Data Definition Interface

- SET - Standard d'Exchange et de Transfert

- STEP - Standard for the Exchange of Product Model Data

- VDAFS/DIN 66301 - VDA Flächenschnittstelle

- VDAPS/DIN V66304 - VDA Programmierschnittstelle für Norm- und Zukaufteile

- VDA-IS - VDA IGES Subset

- XBF - Experimental Boundary File

Umwandlungsfunktionen können beim Einsatz genormter Schnittstellen von Vorteil sein; sie erlauben die Umsetzung der einzelnen Normen und die Integration verschiedener Darstellungsarten.

Im CAD-Bereich besitzt IGES in der Version 3.0 (1986) die größte Verbreitung. Version 4.0 beinhaltet auch Elemente zur Volumenmodellierung.

Probleme bei der Anwendung von IGES treten nach Karl [8] auf, weil :

- die einzelnen CAD-Systeme einen unterschiedlichen Elementeumfang besitzen,

- die IGES-Spezifikationen nur eingeschränkt realisiert sind,

- Konvertierungsfehler durch Mehrdeutigkeiten und Implementierungsfehler auftreten,

- Übertragungsfehler beim Austausch von IGES-Dateien auftreten und
- Fehler nur unzureichend erkannt und behandelt werden.

Der Verband der Automobilindustrie benutzt eine eigene Schnittstelle zum Austausch von Freiformflächen. Seit 1986 ist VDAFS 1.0 eine DIN Norm. Der Verband hat aber auch eine Untermenge von IGES ausgewählt (VDA-IS), die ergänzend verwendet wird.

SET ist eine CAD-Schnittstelle aus Frankreich. Sie hat sich u.a. beim Airbus-Projekt bewährt. Da bei der Konstruktion vielfach Normbauteile verwendet werden, bietet VDAPS die Möglichkeit, Norm- und Zukaufteile einzubinden.

Im Sinne einer CIM-Vernetzung muß man beachten, daß Robotersimulation nur ein Teilbereich ist. Dies bedeutet, daß neben einem geometrischen Modell weitere produktdefinierende Daten hinzukommen. Insgesamt lassen sich diese nach [8] wie folgt gliedern :

- Geometriedaten (Modelltyp, Modellbeschreibungsverfahren)

- technologische Daten

- funktionsbestimmende Daten

- fertigungsorientierte Daten

- Qualitätsmerkmal- und Prüfdaten

- betriebswirtschaftliche und organisatorische Daten

Vom Standpunkt des optimalen Datenaustausches sind weiterhin folgende Anforderungen zu stellen :

- einheitliches Datenmodell für technische, betriebswirtschaftliche, organisatorische, planerische und marketingorientierte Daten

- gemeinsame Datenbank

- Systemverwaltung aller Bereiche

- einheitliche Zugriffsverfahren

- einheitliche Benutzeroberfläche

Ein Schritt in diese Richtung wird durch die Entwicklung von STEP [17] geleistet. STEP, von dem 1988 ein erster Entwurf vorgelegt wurde, soll die derzeitigen Schnittstellen ablösen und eine umfassende und neutrale Schnittstelle darstellen. Nachdem sowohl die EG als auch die USA an der Entwicklung beteiligt sind, könnte hiermit eine allgemein akzeptierte Lösung entstehen.

3 Zell- und Roboterprogrammierung

3.1 Programmierverfahren

Einer der Vorteile des Einsatzes einer Roboterzelle liegt in der Flexibilität, mit der die Zelle an verschiedene Aufgaben angepaßt werden kann. Oft reicht allein die Änderung des Programms, das den Ablauf in der Einrichtung bestimmt, um eine neue Aufgabe durchführen zu können. Die Erstellung aller Programme, die den Ablauf in einer Roboterzelle bestimmen, wird als Programmierung der Roboterzelle bezeichnet.

Eine Programmerstellung ist für die folgenden Komponenten oder Bereiche erforderlich :

- für verschiedene Robotertypen und Robotersteuerungen

- für speicherprogrammierbare Steuerungen (SPS)

- für NC-Maschinen

- für Sensorsysteme (z.B. Bildverarbeitungssysteme)

- für Zellenrechner

- für Verriegelungs- und Sicherheitskonzepte

Eine wichtige Aufgabe bei der Programmierung einer Roboterzelle ist die Programmierung der Roboter [2,3,11]. Bei den Programmierverfahren für Roboter ist nach Blume [1] zu beachten, "daß sich weder eine einheitliche Benennung der Verfahren noch eine begriffliche Abgrenzung durchgesetzt hat. Die Programmierverfahren werden daher funktionsorientiert aus der Sicht des Programmierers unterteilt".

Aus diesem Grund wird hier für die Programmierung von Robotern zwischen zwei wesentlichen Verfahren unterschieden : der direkten (On-Line) und der indirekten (Off-Line) Programmierung. Bild 3 (übernommen aus [13]) zeigt die weitere Unterteilung beider Verfahren.

Das direkte Programmieren des Roboters durch Einlernen (Teach-In) ist das zur Zeit industriell am meisten benutzte Verfahren. Der Robotereffektor wird mit Hilfe einer tragbaren Steuereinheit, genannt Programmiereinheit oder Programmierhandgerät, an den gewünschten Ort gebracht, und die Achskoordinaten werden in der Robotersteuerung gespeichert. Zusätzlich können weitere Informationen abgelegt werden, wie z.B. die Geschwindigkeit und Zeitdauer der Bewegung, Angaben über das Schließen und Öffnen des Greifers, sowie Signale für externe Geräte. Das mit diesem Verfahren erstellte Programm besteht aus der gespeicherten Sequenz der Achskoordinaten und den Zusatzinformationen.

Nach Blume [1] versteht man unter textueller Programmierung "die symbolische Beschreibung von Operationen und Daten, die in Form von Zeichenfolgen angegeben werden".

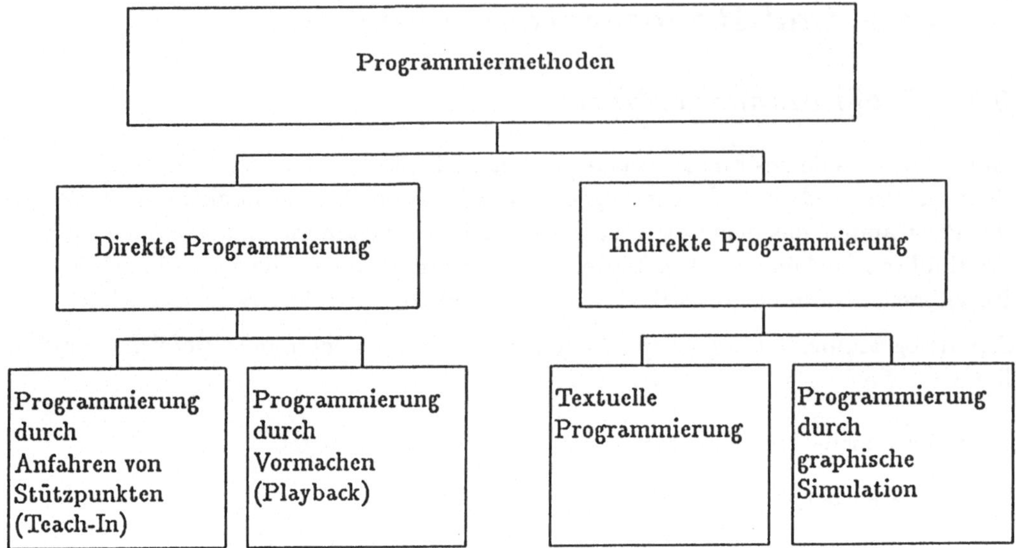

Bild 3: Programmiermethoden für Roboter

Das Programmieren mit textuellen Programmierverfahren verläuft analog zum Programmieren mit höheren Programmiersprachen wie C, Fortran oder Pascal. Die Programmierung des Roboters geschieht zunächst ohne Roboter (Off-Line) durch die Angabe von Kommandos in Form von Texten an einem Bildschirmgerät, die in ihrer Gesamtheit das Roboterprogramm bilden.

Textuelle Programmierverfahren haben den großen Vorteil, daß Sensorinformationen einfach einbezogen werden können, und somit eine situationsabhängige Anpassung des Programms möglich ist. Der Nachteil der textuellen Programmierung liegt darin, daß Programme nur durch qualifizierte Programmierer erstellt werden können.

Der Programmierung von Robotern können mehrere Konzepte zugrunde liegen :

- das Frame-Konzept

- das Konzept der expliziten Programmierung

- das Konzept der impliziten Programmierung

Beim Frame-Konzept werden Frames zur Definition von Orten und von Orientierungen eingesetzt. Ein Frame ist eigentlich die Beschreibung einer Transformation in homogenen Koordinaten [15,23]. Ein Frame läßt sich aber auch interpretieren als Beschreibung eines kartesischen Koordinatensystems, wobei das Frame die Information beinhaltet, an welcher Stelle sich der Ursprung befindet (Ort) und wie die Achsen ausgerichtet sind (Orientierung). Ort und Orientierung werden hier zusammen als Position bezeichnet.

Die Verwendung von Frames erleichtert die Programmierung eines Roboters erheblich, da ein Frame bedeutend leichter angegeben werden kann als ein Achskoordinatenvektor eines Roboters.

Das Konzept der expliziten Programmierung bedeutet, daß der Programmierer jede Änderung der Daten und jedes Detail eines Programms bei der Erstellung selbst vorgeben muß. Mit dieser Methode sind kurze Rechenzeiten möglich.

Beim Konzept der impliziten Programmierung [9,10] wird versucht, den Programmierer von Detailangaben zu entlasten. Der Programmierer kann während der Programmierung auf ein sog. Weltmodell zurückgreifen, welches alle für die Programmierung relevanten Daten enthält und auch während der Programmausführung ständig aktualisiert wird.

Die implizite Programmierung ermöglicht die Angabe von aufgabenbezogenen Kommandos, wie z.B. "lege Welle in Kiste ab". Ein Programm kann zunächst auch unabhängig von einem bestimmten Robotertyp erstellt werden, da Positionen zunächst als Symbole durch den Programmierer angegeben werden können. Anstatt die numerischen Werte einer Position anzugeben, kann einfach ein Symbol, z.B. die Zeichenkette "Zielposition_3", verwendet werden. Mit Hilfe des Weltmodells werden die notwendigen Informationen über Positionen und Wege später automatisch ermittelt.

In der Zukunft wird auch die montagegerechte Produktgestaltung [18] eine große Rolle spielen. Dies wird auch einen erheblichen Einfluß auf die Programmierung haben.

3.2 Programmierung in Simulationssystemen

Für die Programmerstellung in Simulationssystemen gibt es mehrere Ansätze. Sie kann völlig unabhängig vom Robotertyp erfolgen. Hierbei wird ein Programm mit neutralem Code erzeugt. Mit Hilfe nachgeschalteter Prozessoren wird dieses Programm dann in Codes für die jeweilige Robotersteuerung umgesetzt. Dieser Ansatz bietet Vorteile, wenn der Einsatz verschiedener Robotertypen untersucht werden soll, da für die Programmierung nur eine Programmiersprache erlernt werden muß.

Die Programmerstellung kann aber auch direkt in einer roboterspezifischen Programmiersprache erfolgen. Dieser Weg ist von Vorteil, wenn erfahrene Programmierer die Eigenschaften eines speziellen Robotertyps gezielt nutzen möchten. Das zusätzliche Erlernen der Programmiersprache des Robotersimulationssystems entfällt bei dieser Methode.

3.3   Datensätze der Programmierung

Das geometrische Modell der Roboterzelle muß für die Programmerstellung Datenstrukturen enthalten für :

- die geometrische Beschreibung aller Zellkomponenten

- die Beschreibung aller Kinematiken

- die Objektpositionen für Handhabungsobjekte

Die während der Programmierung anfallenden Daten lassen sich unterteilen in :

- aktuelle Positionen

- Beschreibungen der Verbindungen der Teile

- aktuelle Konfigurationen der Kinematiken

- eingelernte Arbeitspositionen der Roboter

- vorgegebene und eingelernte Bahnparameter

3.4   Programmiersprache

Bei der Beurteilung einer Simulations-Programmiersprache für Roboter lassen sich folgende Kriterien zu einer Beurteilung angeben :

- Befehlstypen, Befehlsumfang und Makrobefehle

- Hilfsmittel zur Programmerstellung und zum Programmtest (Syntaxüberprüfung, Debugging-Hilfsmittel, Ausgabe sinnvoller Fehlermeldungen)

- Programmierung der simultanen Aktionen mehrerer Roboter und Maschinen

- verschiedene Möglichkeiten zur Vorgabe der Roboterbasiskoordinaten

- freie Definition und Verfügbarkeit verschiedener Tool-Center-Points

Die Programmerstellung erfolgt sinnvoll in einem interaktiven Dialog mit dem Simulationssystem. Sie geschieht durch die graphische Manipulation der Zellkomponenten und der Spezifikation von Kommandos. Alle Kommandos werden hierbei in einem editierbaren File mitgeschrieben, welches das erzeugte Programm darstellt.

Die Umsetzung neutraler Programme in eine spezifische Programmiersprache kann in einem Interpreter- oder einem Compiler-Mode erfolgen. Stehen beide Arten gleichzeitig zur Verfügung, kann eine Programmentwicklung im Interpreter-Mode erfolgen; das endgültige Programm kann dann mit Hilfe des Compilers erzeugt werden.

Eine weitere Möglichkeit ist die Erzeugung von genormtem Roboter-Code, dem IRDATA-Code. Diese Möglichkeit wird näher in Abschnitt 3.7 beschrieben.

Bei einem Simulationssystem stehen zusätzlich zu den reinen roboterspezifischen Befehlen noch weitere Befehle zur Verfügung. Alle Befehle können nach folgenden Klassen unterschieden werden :

- Allgemeine Befehle : Definitionen, arithmetische und logische Operationen, strukturelle Befehle (do,while,case,...), Makros, etc.

- Roboterspezifische Befehle : Bewegungsbefehle, Definition der Bahnparameter, Greiferaktionen, Sensorbefehle, Kommunikationsbefehle, Vorgabe von Geschwindigkeits- und Beschleunigungsprofilen, etc.

- Simulations- und darstellungsspezifische Befehle : Montagefunktionen, Teilemodifikation, Bahnverlaufsbeschreibung anhand des Weltmodells ("senkrecht zur Oberfläche"), Projektionsart, Umfang und Art des Kollisionstests, etc.

3.5 Programmierart

Die numerische Spezifikation bekannter Positionen erfolgt auch bei der Simulation sinnvollerweise durch Einlernen mit Hilfe des graphischen Robotermodells.

Für das Programmieren durch Einlernen (Teach-In) sollte der Ablauf in der Simulation der am realen Roboter entsprechen. Alle Roboter können in Achskoordinaten, die meisten auch in kartesischen Roboterkoordinaten, verfahren werden. Viele Robotersteuerungen beinhalten das Frame-Konzept und stellen somit kartesische Weltkoordinaten zur Verfügung. Typische Bahnarten sind die Punkt-zu-Punkt Bewegung (PTP) und die Linearbewegung (continuous path, CP). Weitere Bahnfunktionen erleichtern die Programmierung spezieller Aufgaben, z.B. die Vorgabe zirkularer Bahnen, die Aktivierung von Palettierfunktionen, Pendelbewegungen, Folgebewegungen, etc.

Existiert die exakte Nachbildung des Programmierhandgerätes, so ist das Einlernen (Teach-In) wie am realen Roboter möglich. Dies kann für die Akzeptanz eines Simulationssystems von großer Bedeutung sein.

Neben der Programmierung der Roboter müssen auch Bewegungsvorgaben für die weiteren kinematischen Mechanismen der Zelle gemacht werden können. Auch die Vorgabe des Signalaustausches der einzelnen Komponenten ist wichtig. Dies ermöglicht z.B. den Test von Verriegelungskonzepten. Ein weiterer wichtiger Punkt ist die Vorgabe von Prozeßparametern für Zellkomponenten.

Nicht immer stimmt das Verhalten des realen Roboters mit dem simulierten überein. Generell ist die exakte Nachbildung des Verhaltens der realen Steuerung wünschenswert : Verhalten an Singularitäten, Art der Bahngeneration, Behandlung von Mehrdeutigkeiten, Implementierung der Rückwärtstransformation und Nachbildung der Verschleif-Algorithmen.

3.6 Schnittstellen

Ist mit Hilfe der Simulation ein Programm erzeugt worden, so muß dieses geeignet in die Robotersteuerung übertragen werden. Hierfür sind Schnittstellen zu schaffen, die das Laden und das Zurücklesen von Programmen zur bzw. von der Robotersteuerung ermöglichen. Es wird auch häufig vorkommen, daß ein Zurücklesen von Positionen, die mit Hilfe des realen Roboters eingelernt wurden, erfolgen soll.

Die Verfügbarkeit einer Schnittstelle zur Robotersteuerung ermöglicht auch die Verwaltung und Pflege der vorhandenen Programme.

Die Ausführung derartiger Funktionen muß in jedem Fall geeignete Sicherheitsmaß-nahmen beinhalten, die eine unzulässige Modifikation des Roboterprogramms, z.B. während des laufenden Betriebs, ausschließen.

3.7 IRDATA

Einen Ansatz zur Definition einer einheitlichen Roboterprogrammiersprache bietet IRDATA (Industrial Robot Data, VDI 2836, Blatt 1)[19]. Ein IRDATA-Programm ist jedoch nicht mit einem Programm einer höheren Programmiersprache vergleichbar. Das nachfolgende Beispiel (aus [21]) zeigt ein IRDATA-Programm :

```
1,22100,2,15,0,'Testprogramm';
2,222000,0,0,1,16;
3,1000,1;
4,1000,3;
5,2003,0,132,1,50;
6,1000,4;
7,21400,16,2,1,132,1,500.0,132,1,600.0,132,1,800.0,
   132,1,0.,132,1,180.0,132,1,0.;
8,5000,0,16,1,0,0;
9,1000,5;
10,21400,16,2,2,132,1,600.0,132,1,500.0,132,800.0,
   132,1,0.,132,1,180.0,132,1,0.;
11,5000,8,16,2,0,0;
12,1000,7;
13,22210;
14,22190;
```

Dieses Programm beschreibt das Setzen der Geschwindigkeit aller Achsen auf 50% der Maximalgeschwindigkeit, eine PTP-Bewegung und eine CP-Bewegung mit den jeweiligen Zielachskoordinaten. Also in einer fiktiven Hochsprache formuliert :

```
DEF TESTPROGRAMM
VELO 50%
PTP 500.0,600.0,800.0,0.0,180.0,0.0
CP  600.0,500.0,0.0,800.0,0.0,180.0
END
```

Ein IRDATA-Programm besteht im wesentlichen aus einem Deklarationsteil und einem Ausführungsteil, der die speziellen IRDATA-Befehle enthält.

Jedes IRDATA-Statement besteht aus einer Sequenz einzelner "records". Jeder "record" besteht aus einzelnen Wörtern, die wiederum aus einzelnen Buchstaben ("characters") bestehen. Insgesamt ergibt sich somit eine Abfolge von Buchstaben und Zahlen. Diese Art der Programmierung läßt sich somit näherungsweise mit der Assembler-Programmierung von Rechnern vergleichen.

In IRDATA wurde versucht, die Leistungsfähigkeit aller wichtigen Robotersteuerungen zu erfassen. Dies bedeutet aber, daß eine reale Steuerung immer nur eine Teilmenge der verfügbaren IRDATA-Statements verarbeiten kann.

Aufgrund der gewählten Syntax ist das Lesen von IRDATA-Programmen nur von geübten Anwendern möglich. Es ist somit der Einsatz von Pre- und Postprozessoren erforderlich, wenn ein Programm sinnvoll entwickelt werden soll. Dies impliziert aber, daß IRDATA nicht als eine Norm zur textuellen Roboterprogrammierung gesehen werden sollte, sondern als ein Ansatz, auf Steuerungsebene eine einheitliche Sprache bereitzustellen.

IRDATA beinhaltet ebenfalls die sichere Übertragung des Programms gemäß DIN 66267 oder wahlweise auch den Einsatz des MAP-Protokolls.

Diese Eigenschaften sind für praktische Applikationen von großer Wichtigkeit. Da wohl immer der Rechner, der die Simulation ausführt, von der realen Zelle weiträumig getrennt ist, ist die absolut fehlerfreie Übertragung der Programme von äußerster Wichtigkeit.

3.8 Kalibrierung

Die Abmessungen der realen Roboterzelle und ihres Modells stimmen meistens nicht exakt überein, so daß eine Kalibrierung, also die Anpassung an die tatsächlichen geometrischen Verhältnisse, erforderlich ist. Eine Kalibrierung basiert auf komplexen 3D-Transformationen, die mit Hilfe von Sensoren ermittelt und dann weiterverarbeitet werden müssen. Ein Simulationssystem muß deshalb zur erfolgreichen Durchführung Verfahren bieten, die einfach zu bedienen sind .

Eine Kalibrierung ist grundsätzlich zur Anpassung der beiden Bezugskoordinatensysteme erforderlich : des Bezugskoordinatensystems der Simulation, auf das sich das Simulationsmodell bezieht, und des Bezugskoordinatensystems der Zelle, das beim Roboter in der realen Zelle verwendet wird.

Sind beide Koordinatensysteme identisch, so können trotzdem weitere Abweichungen auftreten. Typische Fehlerquellen sind :

- Fehler in Längenangaben, z.B. der Abmessungen der Roboterachsen

- Fehler der Positionsgeber der Achsen (Offset-Fehler)

- Fehler in der Form und Größe von Handhabungsobjekten

- Fehler in der Position von Handhabungsobjekten

- Fehler durch Vernachlässigung physikalischer Phänomene, z.B. Elastizität, Reibung

- Fehler bei Objekteigenschaften und Parametern, z.B. Gewicht oder Beschaffenheit von Oberflächen

Treten solche Abweichungen auf, so ist weiterhin die Anpassung der graphisch eingelernten Positionen und/oder des erstellten Roboterprogramms erforderlich.

4 Animation des Modells

Allgemein bezeichnet man mit Computer-Animation die Gestaltung von Bewegungsabläufen mit Hilfe des Computers. Die genaue Spezifizierung nach Willim [22] lautet : "Herstellung von dreidimensionalen synthetischen Laufbild-Sequenzen mit Hilfe eines Rechners und geeigneter Programme". Für die Darstellung aller Abläufe in einer Roboterzelle werden spezielle Techniken der computergestützten Visualisierung von Simulationsergebnissen verwendet.

Die im Rahmen der Robotersimulation verwendeten Techniken sind nur ein kleiner Ausschnitt eines weiten Feldes mit phantastischen Möglichkeiten, wie der computergestützten Erzeugung von Zeichentrickfilmen, der Generierung fotorealistisch aussehender künstlicher Objekte, der Erzeugung von künstlichen Menschen und künstlichen Welten, in denen diese agieren.

Mit Hilfe der Animation steht ein völlig neuartiges Hilfsmittel zur Verfügung, welches in Zukunft eine sehr große Bedeutung haben wird : technische Inhalte können visuell dargestellt werden !

So kann sich ein Betrachter frei von physikalischen Zwängen in der Zelle bewegen. Künstliche Kameras können an jeder beliebigen Stelle angebracht werden, z.B. im TCP eines Roboters oder an einem Handhabungsobjekt. Da sich die gesamte

Darstellung im Prinzip auch durch eine Kamera betrachtet vorstellen läßt, können somit die Bewegungen des Roboterarms auf völlig neuartige Weise verfolgt werden. Ist eine Kamera an einem Handhabungsobjekt fixiert, erlaubt dies die visuelle Verfolgung aller Bearbeitungsvorgänge und aller Aktionen, die mit dem Objekt durchgeführt werden.

4.1 Animation der Bewegungsabläufe und der Aktionen

Die dreidimensionale Animation erfordert die simultane Darstellung aller Bewegungsabläufe und ausgeführten Aktionen. Eine 3D-Animation kann mit Hilfe von Drahtrahmenmodellen oder mit Festkörpermodellen erfolgen. Für die Darstellung sollten folgende Funktionen verfügbar sein :

- Schrittmodus

- Vorwärts-Rückwärtsfunktionen

- Zeitlupe und Zeitraffer

- Echtzeitdarstellung

- Auswahl einzelner Komponenten für die Darstellung

- Darstellung von Bearbeitungsvorgängen (Teileveränderung, Montage)

- Erzeugung von Plots zur Dokumentation einzelner Situationen

- Erzeugung eines Files zur Dokumentation (Log-File) des Simulationsablaufes

4.2 Kollisionsüberprüfung

Ein Vorteil der Simulation ist der risikolose Test, ob Komponenten einer Roboterzelle kollidieren. Ein Simulationssystem sollte deshalb Verfahren beinhalten, die eine schnelle Kollisionsüberprüfung ermöglichen. Mit der Anzeige kollidierender Komponenten können Modifikationen am Programmablauf erfolgen.

4.3 Nachbildung von Sensorfunktionen

Bei der Simulation intelligenter Roboter ist die Nachbildung von Sensorfunktionen unerläßlich. Ein Simulationssystem muß die Nachbildung der Funktionalität der wichtigsten Sensortypen beinhalten. Diese ist während des Programmablaufs wichtig, da sensorbasierte Entscheidungen im Programm vorgenommen werden können und zur Simulation die Funktion des Sensors benötigt wird.

4.4 Anzeige der Kommunikations-Signale

Bei der Animation ist die Darstellung der einzelnen Signale der Zellkomponenten hilfreich. Damit ist der Test des ordnungsgemäßen Zusammenspiels aller Teile, welches z.B. durch das sog. "Verriegelungskonzept" festgelegt ist, möglich.

Die Darstellung kann auf verschiedenste Weise erfolgen, z.B. durch Ausgabe von Zahlenwerten. Eine graphisch unterstützte Ausgabe ist sehr hilfreich für die schnelle Suche nach Fehlern.

4.5 Analysefunktionen

Bei der Simulation fallen Daten in unterschiedlichster Form und in großer Zahl an. Es ist deshalb von großem Vorteil, wenn verschiedene Analysefunktionen zur Verfügung stehen, um die Interpretation der Simulationsdaten zu unterstützen. Wichtige Aspekte hierbei sind u.a. :

- die Analyse der einzelnen Bahnen

- die Taktzeitermittlung

- die graphische Aufbereitung der anfallenden Daten

- die Analyse der Bahnqualität (Optimierungsunterstützung)

- die Datensammlung zur statistischen Auswertung

5 Benutzerschnittstelle

Die Art und Weise, wie ein Simulationssystem bedient werden kann, welchen Bedienungskomfort und welche Unterstützung es bietet, ist für den Erfolg und die Akzeptanz von entscheidender Bedeutung. Alle diese Punkte können unter dem Begriff Benutzerschnittstelle zusammengefaßt werden.

5.1 Benutzerführung

Für die Benutzerführung ist die Art der Bedienungsoberfläche ausschlaggebend. Hierbei werden bei neueren Software-Systemen fast ausschließlich nur noch sog. Fenster-Oberflächen (Window-Systeme) eingesetzt. Dabei wird die Bildschirmoberfläche in verschiedene Fenster unterteilt. Überlappen sich Fenster oder liegen sie übereinander, so wird der jeweilige Inhalt nicht gelöscht. Die einzelnen Fenster können Graphiken, Menüs oder Ausgabe/Eingabetexte enthalten. Mit dieser Technik kann die begrenzte Bildschirmoberfläche vergrößert und eine Vielzahl von Informationen eingeblendet werden. Durch die freie Wahl und Anordnung kann der Benutzer sich seine eigene Bedienungsumgebung schaffen.

Die Interaktion geschieht bei Window-Systemen mit Hilfe einer Maus, einem Eingabegerät, welches die Positionsveränderung seines Gehäuses in eine entsprechende Bewegung eines Graphiksymbols, z.B. eines Cursors, überträgt. Diese Art der Bedienung ist durch die Kombination von visuell angebotenen Kommandos am Schirm, z.B. in Form eines Menüs oder von Icons und der Aktivierung der Funktion durch Tastendruck ("Klicken"), sehr leicht erlernbar und wird mittlerweile von vielen Anwendern akzeptiert. Auch die Manipulation von graphischen Objekten ist auf diese Weise möglich.

Als Kriterien, die für eine Beurteilung der Benutzerführung verwendet werden können, lassen sich allgemein anführen :

- die Art der Bedienungsoberfläche : Menüs, Maus/Fenstertechniken, Icons

- Existenz hierarchischer Sicherheitskonzepte : Systemverwalter, Benutzergruppen, Paßwort-Mechanismen

- die Adaption an verschiedene Benutzerniveaus

- Hilfefunktionen, Fehlermeldungen, Reaktion auf Bedienungsfehler

- die Transparenz des Systemverhaltens

- die Anzeige des Systemstatus

- die Vorbesetzung und Vorschläge für wichtige Werte

- die Verfügbarkeit von Makrobefehlen

- die Verfügbarkeit programmierbarer Funktionstasten

5.2 Eingabemöglichkeiten

Der Umgang mit mehreren Dimensionen, wie es bei Robotern notwendig ist, verlangt auch fortgeschrittene Verfahren der Eingabe. Ein Simulationssystem sollte deshalb benutzer- und umgebungsangepaßte Eingabemöglichkeiten zur Verfügung stellen, z.B. Tastatur, Touch-Screen, Tablett/Maus-Funktionen, 6D-Eingabe, Spracheingabe/ausgabe.

5.3 Daten- und Dateienverwaltung

Die große Datenmenge, die während der Simulation anfällt, erfordert die effiziente Verwaltung aller erzeugten Daten und Dateien. Neben der Sicherstellung der Datenkonsistenz ist ein Schutz vor ungewollten Datenmodifikationen vorzusehen.

Für die Datenverwaltung bieten sich Konzepte mit Datenbanksystemen an, hierbei treten jedoch die gleichen Fragestellungen und Probleme wie bei der Kopplung mit CAD-Systemen auf.

6 Checkliste

Die folgende Checkliste ist zur systematischen Evaluierung von Robotersimulationssystemen gedacht.

6.1 Konstruktion von Roboterzellen

- Geometrische Modellierung
- Modellierung der Zellkomponenten
- Verfügbare Robotertypen
- Layout-Erstellung der Zelle
- Schnittstellen zu CAD-Systemen
- Erzeugung von Montage/Fertigungsunterlagen
- Verwaltungsfunktionen zur Datenmanipulation und Handhabung

6.2 Benutzerschnittstelle

- Benutzerführung
- Eingabemöglichkeiten
- Daten/Dateien Verwaltung

6.3 Zell- und Roboterprogrammierung

- Verfügbare Programmiersprachen
- Verfahren zur Roboterprogrammierung
- Verfahren zur Programmierung aktiver Zellkomponenten
- Integration von Sensordaten
- Ansteuerung der realen Roboter
- Down-Loading, Up-Loading der Programme
- Adaption an die reale Zelle (Kalibrierung)

6.4 Animation der Bewegungsabläufe

- 3D-Darstellung der Bewegungsabläufe und der Aktionen

- Kollisionsüberprüfung und Kollisionsvermeidung

- Ergebnis-Analysefunktionen, Datenaufbereitung und Datensammlung

- Anzeige der Kommunikations-Signale

- Nachbildung von Sensorfunktionen

6.5 Sonstige Aspekte

- Integration in ein CIM-Konzept

- Einbeziehung der Roboterdynamik

- Flexible Arme

- Implizite Programmierung

- Einsatz wissensbasierter Methoden

- Einsatz von Lernverfahren - Lernende Roboter

- Einsatz von Optimierungstechniken

- Wirtschaftlichkeitsanalysen

6.6 Anwendungen

- Referenzinstallationen

- Einsatzgebiete

- Vorteile

- Vorgehen

- Ergebnisse

Literaturverzeichnis

[1] Blume, C.; Dillmann, R. *Frei programmierbare Manipulatoren*. Vogel Verlag, Würzburg, 1981

[2] Blume, C.; Jakob, W. *Programmiersprachen für Roboter*. Vogel Verlag, Würzburg, 1983

[3] Brady, M. *Robot Motion*. MIT Press, Cambridge, 1982

[4] Denavit, J.; Hartenberg, R. *A Kinematic Notation for Lower-Pair Mechanisms Based on Matrices*. ASME Journal of Applied Mechanics, 22(6):215–221, 1955

[5] Digital Equipment Corporation, Maynard, USA. *PHIGS Reference Manual*, 1989

[6] Foley, J.; van Dam, A. *Fundamentals of Interactive Computer Graphics*. Addison-Wesley Publishing Company, Reading, Massachusetts, USA, 1982

[7] Kämpfer, S. *Roboter - Die elektronische Hand des Menschen*. VDI Verlag, Düsseldorf, 2, 1985

[8] Karl, B. *Nationale und internationale Standardisierungstendenzen im Bereich CAD/CAM* in Ingenieurqualifikation für das Jahr 2000, Computer und Ausbildung, Band 2, Seite 35–48. LTV-Verlag, Alsbach, 1989

[9] Liebermann, L. *AUTOPASS : An Automatic Programming System for Computer Controlled Mechanical Assembly*. IBM Journal of Research and Development, 21(4):321–333, 1977

[10] Lozano-Perez, T. *LAMA : A Language for Automatic Mechanical Assembly*. Proceedings of the 5th International Conference on Artifical Intelligence, Seite 710–716, Massachusetts, USA, 1977

[11] Lozano-Perez, T. *Robot Programming*. Proceedings of the IEEE, 7(7):821–841, 1983

[12] Mortenson, M. *Geometric Modeling*. John Wiley, New York, 1985

[13] Naval, M. *Roboter Praxis*. Vogel-Verlag, Würzburg, 1989

[14] Newman, W.; Sproull, R. *Principles of Interactive Computer Graphics*. McGraw-Hill Book Company, New York, 1979

[15] Paul, R. *Robot Manipulators*. MIT Press, Cambridge, 1981

[16] Spur, G.; Krause, F. *CAD-Technik*. Carl Hanser Verlag, München, 1984

[17] STEP. *Standard for the Exchange of Product Model Data*. ISO TC 184/-SC4/N38, 1989

[18] Swift, K. *Knowledge-Based Design for Manufacture*. Kogan Page, London, GB, 1987

[19] VDI-2836. *VDI-Richlinie 2836, IRDATA, Allgemeiner Aufbau, Satztypen und Übertragungen*. Beuth-Verlag, Berlin, 1987

[20] Warnecke, H.; Jordan, G.; Josub, A. *Wissensbasierte Entscheidungsunterstützung bei der Einsatzplanung von Industrierobotern* in Robotersimulation. Robotersimulation. Wloka, D. (Hrsg.), Springer Verlag, Heidelberg, in Vorbereitung

[21] Weck, M.; Clemens, R. *Experiences with Off-Line Robot Programming via Standardized Interfaces* in NATO ASI Serie F, Band 50, Seite 223–234. Springer Verlag, Berlin, 1988

[22] Willim, B. *Leitfaden der Computergraphik*. Drei-R-Verlag, Berlin, 1989

[23] Wloka, D. *Grundlagen der Robotertechnik*. Vorlesungsmanuskript zur gleichnamigen Vorlesung, Universität des Saarlandes, Saarbrücken, 1987

[24] Wloka, D. *Modelling and Simulation of Large Robot Cells*. Proceedings of the 1988 IMACS International Symposium on System Modelling and Simulation, Seite 99–105, Cetraro, Italy, September 18-21, 1988

[25] Wloka, D. *A New Approach for Modelling Complex Manufacturing Cells*. Proceedings of the European Simulation Multiconference, Seite 99–104, Nice, France, June 1-3, 1988

SMS
Ein 3D-Simulationssystem zur Planung und Programmierung von Fertigungsanlagen

Gerhard Angermüller, Gerhard Drechsler, Peter Kolbenschlag
Jürgen Lindner, Klaus Moritzen

1   Benutzerschnittstelle

1.1   Wer ist der Benutzer ?

Es ist mit Sicherheit nicht nur der Steuerungsprogrammierer, der mit SMS Off–Line–Roboterprogramme erstellt. Als Benutzer von SMS kommen auch Konstrukteure und Fertigungsplaner in Frage. Es können sogar mehrere Benutzer gleichzeitig sein, z.B.: Der Konstrukteur benutzt SMS, um den Fertigungsmittelbauern seine Konstruktion zu erklären oder der Vertriebsbeauftragte stellt seinen Kunden zur besseren Veranschaulichung eine Roboterzelle mit SMS vor.

Um jedem der möglichen Benutzer ein schnelles Arbeiten mit SMS und ein leichtes Erlernen von SMS zu ermöglichen, wurde eine klare Trennung der zwei Hauptkomponenten SIRPA (Zellaufbau und Roboterprogrammierung) und MOKID (Erzeugen von Robotern (komplexe Objekte)) durchgeführt. So konnte eine klar strukturierte Menühierarchie mit geringer Schachtelungstiefe von in der Regel 3 Ebenen realisiert werden.

1.2   Wie sieht die Benutzeroberfläche aus ?

Der Benutzer erkennt neben dem Grafikfeld drei Menüblöcke (Bild 1). Links ein umgebungsabhängiges, dynamisches Menü, rechts oben ein globales statisches Menü und rechts unten ein funktionsabhängiges dynamisches Menü. Das umgebungsabhängige Menü wechselt je nach Programmteil und Umgebung und bietet die an dieser Stelle relevanten Funktionen an. Funktionen, die häufig und in jeder Umgebung Verwendung finden, werden durch das funktionsabhängige Menü unterstützt (z.B. Plazierungsfunktionen durch die Move–Box). Die Menütasten sind als "ICONS" gestaltet (Symbol oder Kurzbezeichnung) und sind erfreulich groß, was ein sicheres und ermüdungsarmes Arbeiten gewährleistet.

Menütasten, mit denen System– oder Steuerungsparameter eingestellt werden, sind als "SWITCHES" ausgelegt und werden nach dem Aktivieren entsprechend neu gestaltet und dienen somit auch als Statusanzeige.

In der letzten Menüebene finden in der Regel "Popup–Menüs" Verwendung, die nach ihrer Abarbeitung selbständig schließen. Des weiteren werden "Popup–Eingabefelder" verwendet, die sowohl über einen "Scrollbar" verfügen als auch eine Eingabe über Tastatur zulassen.

Ein Dateien–Ausgabefeld unterhalb des Grafikfeldes erlaubt auch während der Abarbeitung einen Einblick in das aktuelle Programm. Rechts daneben befindet sich das Dialogfeld. Hier werden vom System Meldungen und Anweisungen ausgegeben.

Informationen im größeren Umfang z.B. über den Signalverkehr mehrere Roboter, werden mit Hilfe der Mehrfenstertechnik als Info–Tafel angezeigt.

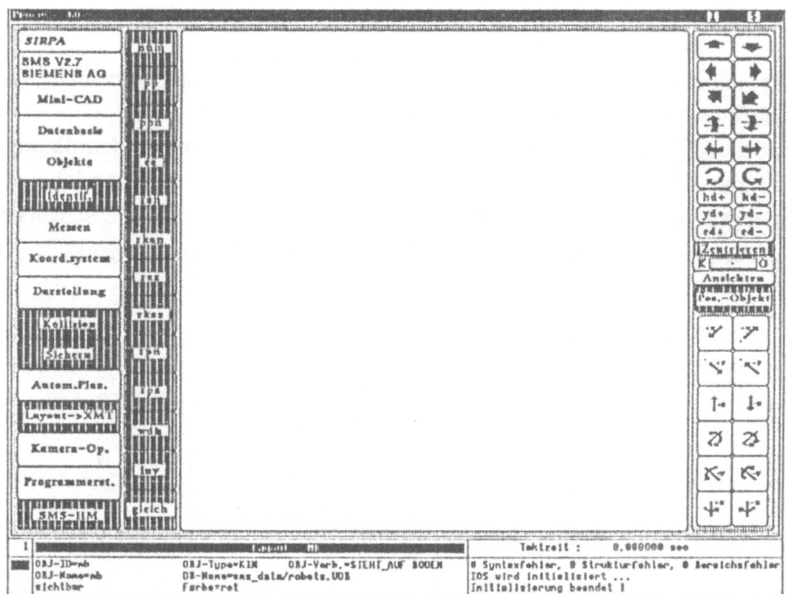

Bild 1: SMS – SIRPA Oberfläche

1.3   Welche Benutzerführung ?

Menügesteuerte, graphische, interaktive Benutzerführung mit Unterstützung über Dialogfeld lautet die Antwort.

SMS bedient sich mehrerer Hilfsmittel der Benutzerführung, was vor allem dem Einsteiger zugute kommt und vom Profi ja nicht beansprucht werden muß.
Z.B.: Während der Benutzung wird derAnwender durch das Menü geführt. Durch Anklicken einer Menütaste mit der rechten Maustaste läßt sich ein kurzer Hilfstext über die Funktion der entsprechenden Menütaste einblenden, durch Anklicken mit der linken Maustaste wird die Funktion ausgeführt. Beinhaltet die angewählte Funktion mehrere Aktionen z.B. Picken von Objekten, so werden über das Dialolgfeld kurze Anweisungen über die Abarbeitung ausgegeben, die der Neuling dankend annimmt und der Profi ja nicht zu lesen braucht. Somit wird das System beiden gerecht, ohne jeweils den anderen zu behindern.

Damit sehr wichtige Anweisungen und Systemmeldungen nicht übersehen werden, werden diese über ein "Popup Ausgabefeld" ausgegeben und müssen vom Benutzer quittiert werden.

1.4   Welche Eingabemöglichkeiten ?

SMS bedient sich mehrerer Hilfsmittel zur Eingabe. Prinzipiell stehen die Maus, die Tastatur und die Sensorkugel zur Verfügung.
Mit der Sensorkugel lassen sich bis zu 6 Freiheitsgrade steuern, wobei es dem Benutzer freigestellt ist, ob er damit Geometrie–Objekte oder Kinematik–Objekte verfährt oder sich während eines Bewegungsablaufes eine neue Ansicht einstellt. Die Tatsache, daß die Sensorkugel parallel zur Maus verwendet werden kann, ist für jeden Profi eine Herausforderung.

2   Konstruktion von Roboterzellen

Folgende Arbeitsschritte sind bei einem Off–Line–Programmiersystem grundsätzlich durchzuführen:

1.   Erzeugung der einzelnen Zellkomponenten
2.   Erzeugung der Roboterzelle aus den einzelnen Zellkomponenten
3.   Zell– und Roboterprogrammierung

Die von SMS dazu angebotene Funktionalität wird im folgenden besprochen.

2.1   Erzeugung der einzelnen Zellkomponenten

Aus der Sicht von SMS werden als Zellkomponenten betrachtet:

–   einfache Objekte, wie z.B. ein Arbeitstisch, Kisten, die einzelnen Achsen
eines Roboters, aber auch Lichtquellen und Koordinatensysteme

–   komplexe Ojekte, dazu gehören selbstverständlich Roboter, aber auch
Greifer und Sensoren

Fast allen diesen Objekten ist die sichtbare Geometrie (grafische Darstellung) gemeinsam, so
daß CAD–Funktionalität zentral für die Erzeugung der Zellkomponenten ist. Diese ist nun in
drei Abstufungen in SMS realisiert:

–   Leistungsfähige 3D–Schnittstellen zu verschiedenen CAD–Systemen
(Zur Verdeutlichung: SMS ist als CAE–Werkzeug nur ein Baustein neben
CAD–Systemen in Verfahrensketten und nicht als CAD–System mit
Kinematikbaustein gedacht.)

Hierzu gehören:

– Schnittstelle zum SIEMENS–CAD–System SIGRAPH–CAD 2D/3D.
Sie funktioniert in beiden Richtungen, so daß
in SMS erstellte Assemblies (z.B. Roboterzellen) zurück zum CAD–System
gebracht werden können, dort bemaßt oder z.B. geplottet werden.

– Schnittstelle von EUCLID nach SMS
– Eine neutrale IGES (3D–) Schnittstelle
– VDAFS – Schnittstelle
– Schnittstelle zu AutoCAD via DXF–Datei

–   Zur Modellierung einfacher Geometrien enthält SMS ein Mini–CAD–System,
mit dem Linienzüge, Quader, Kegel, allg. Translations– und Rotationskörper
erzeugt werden können.

–   Als dritte Möglichkeit bietet SMS die Verwendung von Objekten, deren
Geometrie fest vorgegeben ist. Hierzu gehören z.B. Koordinatensysteme
oder etwa Lichtquellen.

Damit lassen sich nun einfache Objekte realisieren und recht einfach in den Verwaltungsbereich von SMS transferieren, unter Angabe, wo das einzelne Objekt im CAD–System liegt, wie es heißen soll und in welcher Datenbasis es abgelegt werden soll.

Objekte, die im Mini–CAD–System erzeugt werden, können in der Datenbasis abgelegt werden.

Wie entstehen nun komplexe Objekte wie z.B. Roboter oder Greifer ?
Hierzu bietet SMS einen eigenen Systembereich MOKID (MOdellierung von KInematik und Dynamik) an, in dem ein Anwender Kinematiken beliebiger Art, lineare Ketten, Baumstrukturen oder Kinematiken mit Schleifen und beliebiger Anzahl von Gelenken erzeugen kann.

Ein Anwender erreicht diesen Bereich nach Start von SMS und Anklicken des Menüpunktes MOKID. Danach wird ihm vom System eine Auswahl bereits vorhandener Arbeitsumgebungen zur Weiterarbeit angeboten oder er erzeugt sich unter Angabe eines Namens eine neue Arbeitsumgebung. Hier werden dann von SMS–MOKID alle relevanten Daten nach Anklicken des Menüpunktes "SICHERN" abgelegt und für spätere Sitzungen wieder zugänglich gemacht.

Über den Menüpunkt "OBJEKTVERWALTUNG" können nun die zur Erstellung eines Roboters benötigten Achsen unter Angabe einer Objekt–ID (muß in dieser Arbeitsumgebung eindeutig sein, erlaubt so die Mehrfachanwendung eines Teiles), des Namens des Teiles, unter dem es in die Datenbasis abgespeichert wurde, unter Angabe der Datenbasis, wo das Teil liegt, einer Farbe, in der es am Bildschirm erscheinen soll und einer Position und Orientierung mit der es in die symbolische SMS–Welt gebracht werden soll, geladen werden.

Eine wichtige Anmerkung scheint hier angebracht zu sein: Der Anwender ist nicht genötigt, die Teile so in ihrer Lage im CAD–System zu konstruieren, die sie später dann am Roboter einnehmen. Er hat die Freiheit, sie beliebig in ihrem Modellkoordinatensystem zu erzeugen und SMS stellt eine ganze Reihe von Plazierungsoperationen zur Verfügung, mit denen die Einzelteile in die richtige Lage zueinander gebracht werden können (Bild 3). Nach jeder Operation werden für die davon betroffenen Objekte von SMS die Koordinaten aktualisiert und dem Anwender angezeigt (siehe Benutzeroberfläche). Zur besseren Orientierung und zur Hilfe bei den Plazierungsfunktionen gibt es in SMS ein ganzes Menü von Meßfunktionen und die Möglichkeiten, Koordinatensysteme umzusetzen.

Sind die Einzelteile dann in ihre richtige Lage zueinander gebracht, so können zwischen ihnen in einem eigenen Menüpunkt "KINEMATIK" fixe, rotatorische und translatorische Verbindungen definiert werden und unmittelbar danach interaktiv, unter Berücksichtigung der angegebenen Bewegungsgrenzen, bewegt werden. Ein geübter Anwender kann so ein Gelenk in kürzester Zeit erzeugen (Sekunden bis Minuten). Selbstverständlich kann jederzeit Kollisionskontrolle der Einzelteile gegeneinander während der Bewegung durchgeführt werden.

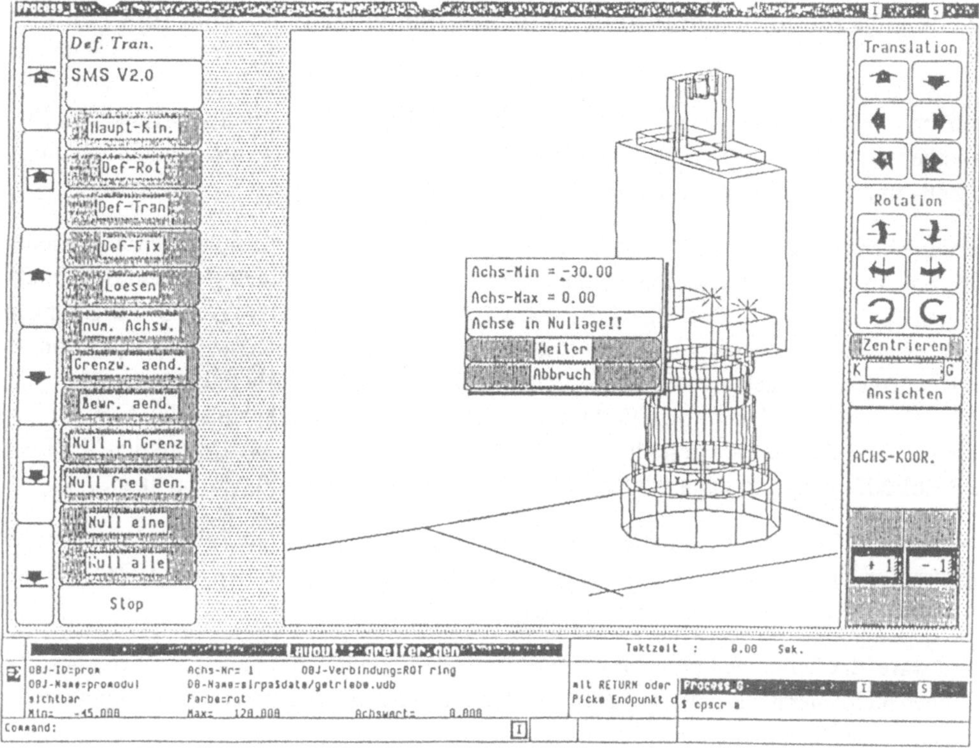

Bild 2: Achsdefinitionen

In einem weiteren Menüpunkt "DYNAMIK" kann eine so erzeugte Kinematik interaktiv um
Kraft– und Momentenangaben ergänzt werden und auf Wunsch erzeugt SMS dazu automatisch
symbolische Differentialgleichungen und ein dazugehöriges Integrationsprogramm. Die notwendigen kinematischen und dynamischen Parameter, wie z. B. Gelenkvektoren, Massen, Trägheitsmomente werden erzeugt bzw. automatisch aus CAD–Daten übernommen. Die symbolische Vorgehensweise hat den Vorteil, daß nur einmal ein größerer Zeitaufwand in die Erzeugung der Differentialgleichungen gesteckt werden muß (Minuten bis Stunden je nach Komplexität der Kinematik) und danach die Integration relativ schnell erfolgt. Der Anwender kann dabei immer wieder neu die dynamischen Parameter ändern. Das Integrationsergebnis kann in der
Kinematikbewegung "angesehen" oder in Form von Diagrammen ausgewertet werden.

Der Dynamikbereich wurde nur der Vollständigkeit halber erwähnt; er spielt für die Roboter–
Off–Line–Programmierung momentan noch eine untergeordnete Rolle. SMS wird z. B. im Entwurf elektromechanischer Geräte besonders wegen des Dynamikbereiches eingesetzt.

Ist nun die gewünschte Kinematik erzeugt, so kann diese optional unter Angabe einer zugehörigen Steuerung, als komplexes (oder auch "aktives") Objekt in einer SMS–Datenbasis abgespeichert werden. Danach steht sie für die Roboter–Off–Line–Programmierung zur Verfügung. Der
Anwender kann natürlich auch auf eine bereits vorhandene Roboterbibliothek zurückgreifen.

2.2   Erzeugung der Roboterzelle aus den einzelnen Zellkomponenten

In einem zweiten, neben MOKID stehenden Bereich SIRPA (SImulation von Robotern, Programmierung und Animation) kann nun die Roboterzelle entworfen werden und anschließend die Zell– und Roboterprogrammierung durchgeführt werden.

Die Vorgehensweise beim Zellenentwurf ist ähnlich wie bei der Kinematikgenerierung. Wieder muß vom Anwender eine Arbeitsumgebung ausgewählt werden. Mit den gleichen Menüpunkten OBJEKTVERWALTUNG, PLAZIEREN, MESSEN, KOORDINATENSYSTEME können Objekte aus der Datenbasis geholt (nun Roboter als "ein" Objekt) und zueinander positioniert werden. In dieser Umgebung stellt SMS noch die beiden logischen Verbindungstypen "fest_an" und "steht_auf" zum Aufbau von Verbindungshierarchien zur Verfügung, so daß z. B. ein Roboter auf einen Arbeitstisch gestellt werden kann (interaktiv mit Plazierungsfunktion "EBENE AUF EBENE" z.B.) und dann mit "steht_auf" an dem Tisch befestigt werden kann.

Wird nun der Tisch bewegt, geht der Roboter relativ zum Tisch mit, der Roboter kann aber im Gegensatz zu einer "fest_an"–Verbindung noch relativ zum Tisch bewegt werden. Dabei aktualisiert SMS selbstverständlich wieder alle Objektpositionen.

Damit wäre die Zellmodellierung abgeschlossen und die Programmierung kann beginnen. Zu erwähnen bleibt hier noch, daß SMS noch eine Menge weiterer Funktionen zur Verfügung stellt, mit denen eine Zelle modelliert werden kann:

-     die verwendete Farbtafel kann interaktiv verändert werden
-     Objekte können umgefärbt werden
-     Objekte können unsichtbar gemacht werden
-     Objekte können natürlich wieder aus der Zelle entfernt werden
-     die Zelle kann beliebig von allen Seiten betrachtet werden
-     es kann zwischen einer und vier Ansichten gewählt werden
-     bis zu 16 Lichtquellen können in der Zelle plaziert werden
-     usw.

Daß Sicherungsfunktionen vorhanden sind, die eine so erstellte Roboterzelle abspeichern und dadurch wiederverwendbar machen, versteht sich von selbst.

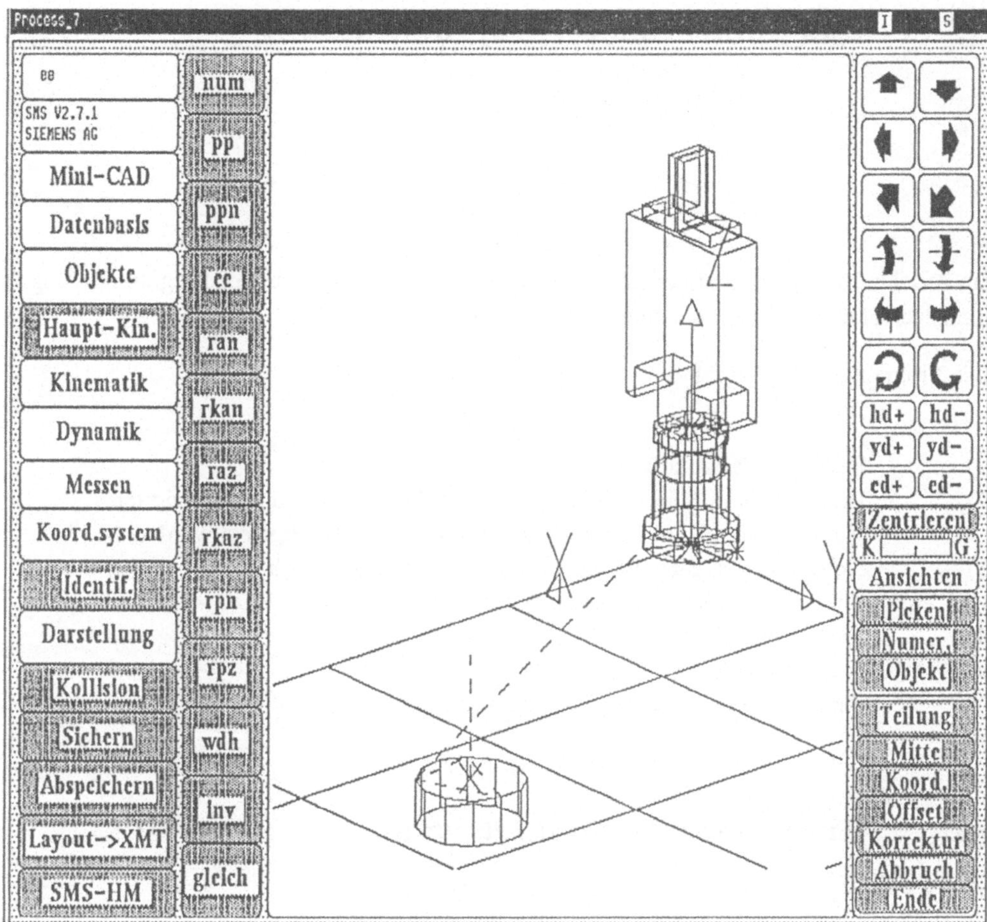

Bild 3: Positionierung von Objekten

3 Zell– und Roboterprogrammierung

Im Anschluß an den vorläufigen Layoutentwurf der Roboterzelle wird die Programmierung der einzelnen aktiven Zellkomponenten durchgeführt.

Die Programmierung umfaßt im wesentlichen folgende Schritte:

1) Festlegung von Anfahrpositionen
2) Erstellung von Simulationsprogrammen, in denen die oben definierten Anfahrpositionen in Form von Bewegungsbefehlen abgelegt werden
3) Definition von Signalleitungen, mittels derer die einzelnen Simulationsprogramme aufeinander abgestimmt werden
4) Einsatz von Sensorik
5) Programmtest
6) Steuerungskopplung und Programmtransfer

3.1 Einstellen von Roboterarbeitspunkten

Neben der numerischen Vorgabe der Raumposition, kartesisches, achs– und werkzeugspezifisches Bewegen des Roboterarbeitspunktes hat der SMS–Benutzer eine ganze Reihe weiterer Plazierungsfunktionen. Als Beispiel sei hier nur das flächenparallele Greifen eines einfachen Werkstücks erwähnt, was in der realen Roboterzelle einen größeren Zeitaufwand bedeutet. Im Simulationssystem wird diese Operation mittels grafisch interaktiver Benutzerführung (Bestimmung der Kontaktebenen über jeweils drei Flächenpunkte) im Sekundenbereich durchgeführt. Die dabei erreichte Positioniergenauigkeit ist in der realen Zellenumgebung nicht so ohne weiteres einzustellen.

Eine Besonderheit ist die Kopplung des Roboterarbeitspunktes mit einem hardwaremäßig angeschlossenen 3D–Eingabegerät (Sensorkugel). Mit diesem komfortablen Eingabemedium lassen sich auch sehr komplexe Roboterbewegungen im dreidimensionalen Raum durchführen.

Die eingestellten Zielpositionen können nun zum einen grafisch als Koordinatensysteme (Frames) und zum anderen textuell in einer Framedatei im System hinterlegt werden. Eine Zielposition läßt sich auch durch eine einfache Koordinatensytemdefinition bestimmen und setzt nicht unbedingt eine eingestellte Roboterposition voraus. Sie ist nur für sofortige Erreichbarkeits– und Kollisionstests relevant.

Je nach Robotertyp und Lage im Arbeitsraum gibt es nur eine oder mehrere Kombinationen von Achsstellungen, die zu ein und derselben Arbeitsposition gehören. Das System stellt dem Bediener auf Anforderung automatisch alle Kombinationsmöglichkeiten zur Verfügung, die dieser dann per Tastendruck auswählen kann und die geänderten Achsstellungen in der Grafik angezeigt bekommt.

In diesem Stadium lassen sich sehr schnell notwendige Erreichbarkeitstests durchführen und im Wechselspiel mit der Layouterstellung die Roboterposition im Zellenaufbau optimieren.

Ein weiterer Aspekt betrifft die richtige Wahl des Robotertyps. Aufgrund der verschiedenen Anfahrpositionen und Erreichbarkeitstests läßt sich schon in der Planungsphase einer Roboterzelle erkennen, ob der gewählte Robotertyp für die jeweilige Aufgabenstellung überdimensioniert ist oder ihr nicht gerecht wird. Natürlich sind für diese Entscheidungsfindung noch andere Aspekte (z.B. spätere Taktzeitbetrachtungen) zu berücksichtigen.

3.2 Erstellung von Steuerungsprogrammen

3.2.1 Einteilung der aktiven Zellkomponenten in zwei Hauptgruppen

Für die Programmierung werden die aktiven Zellkomponenten in zwei Hauptgruppen eingeteilt:

a) Industrieroboter (IR) mit zugehöriger Steuerung

Im Gegensatz zu manch anderen Offline–Programmiersystemen werden in SMS die Roboterprogramme in der Programmiersprache der Steuerung des jeweiligen Roboters erstellt (vergleichbares Konzept im SImulationssystem USIS [Wrba, P.]). Dies gilt einerseits für Roboter mit der SIEMENS–Steuerung RCM (Programmiersprache SRCL = Siemens Robot Control Language), andererseits für PUMA– und ADEPT–Roboter (Programmiersprache VALII).

Die Vorteile einer derartigen Vorgehensweise sind sofort erkennbar:

- ◆ dem Steuerungsprogrammierer steht seine gewohnte Programmierumgebung zur Verfügung; das Erlernen einer für ihn neuen Bedienersprache ist nicht erforderlich.

- ◆ Steuerungseigenheiten können besser berücksichtigt werden, was wiederum die Qualität der erstellten Programme um ein Vielfaches erhöht.

- ◆ SMS kann zu Schulungszwecken von Roboterprogrammierer eingesetzt werden, da eine Fehlbedienung des Roboters in der Simulation lediglich mit einer Systemmeldung bestraft wird ...

♦ das Überspielen von fertigen Roboterprogrammen (UP–/DOWNLOAD)
wird wesentlich erleichtert, da ein Vorschalten von Postprozessoren nicht
mehr benötigt wird. Hiermit wurde eine nicht unbedeutende Fehlerquelle
eliminiert.

b) Sonstige aktive Zellkomponenten

Zu einer kompletten Ablaufsimulation gehören neben den spezifischen IR–Steuerungsprogrammen auch noch Ablaufprogramme für alle anderen aktiven Systeme(z.B. allgemeine Transport–,
Handhabungs– und Fertigungssysteme). Für diesen Zweck steht dem Anwender in SMS die
Programmiersprache ALSIS (ALlgemeine SImulationsSprache) zur Verfügung. Mit dieser Programmiersprache können komplexe Steuerungsaufgaben in Ablaufprogrammen beschrieben
werden, die den jeweiligen Systemeinheiten zugeordnet sind. In der aktuellen SMS–Version
umfaßt ALSIS unbedingte und bedingte Sprünge auf Adressen oder in Unterprogramme
(Schachtelungstiefe = 3), Arithmetikbefehle und Parameterprogrammierung.

3.2.2 Einfügen von Steuerbefehlen in das Ablaufprogramm

Es werden hier zwei Möglichkeiten angeboten:

– Eingabe der Programmbefehle mittels eines Texteditors des Arbeitsplatzrechners.

Dieser Editor wird von SMS für das zu bearbeitende Steuerungsprogramm aktiviert und kann in
seiner gesamten Funktionalität genutzt werden (z.B. Kopieren ganzer Programmblöcke aus bestehenden Programmen in das zu bearbeitende Programm). Da an dieser Stelle die Eingabe der
Befehle von SMS nicht kontrolliert wird, können vom Benutzer falsche Befehlsstrukturen erzeugt werden. Damit diese Eingabefehler nicht erst zur Laufzeit der Bewegungssimulation erkannt werden, unterliegt das bearbeitete Programm beim Verlassen des Editors einer automatischen Überprüfung hinsichtlich Programmstruktur und Befehlssyntax. Der Benutzer wird über
Fehlerzeile und Fehlertyp informiert und kann sofort korrigierend eingreifen.

– Eingabe der Programmbefehle durch benutzerführende Fenstertechnik
(z.B. Popups).

Je nach Steuerungstyp werden für die Eingabe der Programmbefehle unterschiedliche Auswahlfenster angeboten. Der Programmierer wird nach Auswahl eines Programmbefehls derart durch
die Befehlsstruktur geführt, daß kein Eingabefehler auftreten kann. Für die Programmierung
von Industrierobotern, die mit einer RCM–Steuerung (Robot Control M) der SIEMENS AG ar-

beiten, ist die Befehlseingabe besonders realitätsnah zu bedienen. Auf dem Bildschirm erscheint ein Abbild des Bedienfeldes der realen RCM–Steuerung. Die Benutzung dieses Bedienfeldes unterliegt nun den Vorgaben des Handbuchs der realen Steuerung. Es sei hier wiederholt auf die Möglichkeit hingewiesen, SMS zu Schulungszwecken zu verwenden.

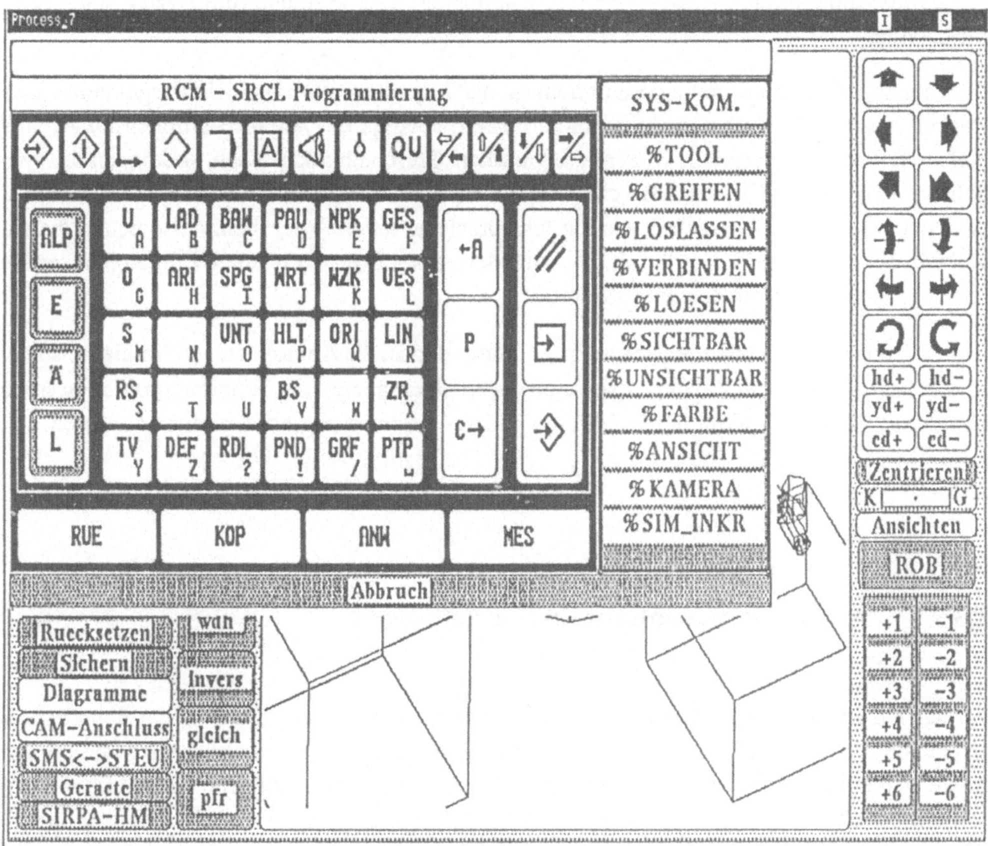

Bild 4: Programmieroberfläche für RCM–gesteuerte Roboter

3.2.3 Symbolische Programmierung mit Relativpositonen

In Roboterprogrammen werden Anfahrpositionen in Absolutwerten bezüglich ihres Roboter-koordinatensystems hinterlegt. Dies führt bei veränderten Randbedingungen (z.B. abgeänderte Bearbeitungsposition eines Werkstücks) zu einem zeitraubenden Nachteachen der Anfahrpositionen des Roboters. Aus diesem Grunde wurde in SMS die symbolische Programmierung implementiert. Unter symbolischer Programmierung ist hier die Definition von Relativpositionen zu Objekten verstehen, die in eigenen Positionsdateien hinterlegt werden. Ein Eintrag in dieser Datei umfaßt den Positionsnamen, den Namen des Bezugsobjekes und die Position relativ zum Bezugsobjekt. Im Roboterprogramm wird neben den Absolutdaten der symbolische Positionsname eingetragen. Abhängig vom eingestellten Simulationsparameter wird nun beim Interpretieren des Programmbefehls auf die Absolutposition oder auf den symbolischen Positionsnamen zugegriffen. Im zweiten Fall werden stets die aktuellen Ortskoordinaten des Bezugsobjektes berücksichtigt.

Eine derartige Programmierung ermöglicht es, daß Layoutkorrekturen in der Regel kein Nachteachen bestehender Roboterprogramme erfordert, solange die Anfahrpositionen im Arbeitsraum des Roboters verbeiben. Sind alle Layoutkorrekturen abgeschlossen, so können die symbolischen Positionen per Tastendruck in die Absolutwerte umgewandelt und das Programm an die Robotersteuerung übergeben werden. Entsprechend ist die Vorgehensweise beim Übertragen von Programmen in die Simulation. Aus den Absolutwerten werden vollautomatisch die symbolischen Anfahrpositionen generiert.

Ein weiterer Aspekt der symbolischen Programmierung ist die Anpassung der Simulationsdaten an das reale Zellenmodell. Hier lassen sich durch Übernahme vom Referenzpositionen in die Simulation Layoutkorrekturen durchführen und das Roboterprogramm einfach anpassen.

3.3 Aufbau von Kommunikationsleitungen

Für das Zusammenwirken mehrerer aktiver Zellkomponenten werden zusätzlich Signalleitungen benötigt, mit deren Hilfe die einzelnen Simulationsprogramme synchronisiert werden. Der Anwender wählt beim Aufbau des Kommunikationsnetzes durch grafische Pickfunktionen die einzelnen Kommunikationspartner aus, und benennt lediglich Ein- und Ausgänge. Ein umständliches und zeitraubendes Beschreiben der Verbindungen durch textuelle Eingabe bleibt auch hier dem Anwender erspart. Die aufgebauten logischen Verbindungen können nun über Kommunikationsbefehle (Setze-,Rücksetze–Ausgang und Warte–Eingang) innerhalb der Roboterprogramme bearbeitet werden. Menüfunktionen für das Auftrennen von Signalleitungen erleichtern Untersuchungen der Ablaufsimulation hinsichtlich der Betriebssicherheit einer Anlage. So können problemlos verschiedene Störfälle und ihre Auswirkungen in der Zelle simuliert werden. Eine Statusanzeige der Ein- u. Ausgänge kann jederzeit abgerufen werden.

3.4 Nachbildung der Sensorik

Der Aufbau eines Kommunikationsnetzes erleichtert nun auch die Einbeziehung von nachgebildeten Sensorkomponenten in die Ablaufsimulation. Der Anwender erstellt sich in der Modellierungsphase seine eigenen Sensorbibliotheken und übernimmt jetzt aus diesem Vorrat die benötigten Sensortypen in sein Zellenlayout. In SMS werden zur Zeit der Einsatz folgende Sensortypen unterstützt:

- Taster/Schalter
- Bero
- Lichtschranke
- Abstandssensor

Eine Sensortypbeschreibung beinhaltet Aussagen über Meßbereich und Meßprinzip (mechanisch, optisch, induktiv, kapazitiv). Das Meßprinzip wird künftig entscheiden, ob ein Objekt beim Eindringen in den Meßbereich aufgrund seiner physikalischen Eigenschaften (Technologiebeschreibung) überhaupt von diesem Sensortyp erfaßbar ist. Der Meßbereich ist als 3D–Geometrieobjekt in der vollständigen Sensorgeometrie hinterlegt. Ein Eindringen von Objekten in den Meßbereich erfolgt über eine Kollisionberechnung mit der Meßgeometrie des Sensors. Um den Berechnungsaufwand für eine Sensorfunktion zu reduzieren, können jedem Sensor Listen von zu überwachenden Objekten zugeteilt werden. Ein Sensor besitzt sein eigenes Steuerungsprogramm, in dem neben Befehlen der ALSIS–Programmiersprache zusätzlich Sensorbefehle zum Aktivieren und Deaktivieren des Sensors, Aufrufen von Überwachungslisten und Weitergabe der Sensorinformationen in das Kommunikationsnetz abgelegt sind. Sensorbefehle der gekoppelten Robotersteuerung verarbeiten dann die ankommenden Sensorinformationen.

3.5 Programmtest

An dieser Stelle sei darauf hingewiesen,daß die bisher verwendete Beschreibungsreihenfolge der einzelnen SMS–Funktionalitäten für die Programmerstellung nicht zwingend ist. Bei der Konzepterstellung wurde darauf geachtet, daß die Bereiche Layout– und Programmerstellung in der Bedienoberfläche zwar eindeutig voneinander getrennt sind, daß jedoch ein Überwechseln in den jeweils anderen Bereich jederzeit gestattet ist. Um diese Flexibilität zu erreichen, werden die Roboterprogramme vor Programmstart nicht einem vollständigen Compilerlauf unterzogen, sondern jede Programmzeile wird von einem Interpreter bearbeitet.

Für den Programmtest hat der Anwender mehrere Kontrollmechanismen:

44

a) Programmcodeanzeige

Während der Programmabarbeitung wird ein Ausschnitt desjenigen Programmteils am Bildschirm dargestellt, in dem sich der momentan auszuführende Programmbefehl befindet, der zusätzlich noch durch einen Programmzeiger gekennzeichnet ist. Dieser Zeiger kann über die Tastatur an jede beliebige Stelle im Roboterprogramm positioniert und somit wahlweise Befehle ausgetestet werden. Eine Programmstatuszeile informiert den Benutzer, welcher Programmstrukturteil (Haupt– oder Unterprogramm) SMS bearbeitet. Wirken in einer Zellenlayout mehrere aktive Komponenten zusammen, so können alle Ablaufprogramme parallel simuliert werden. Die Zahl der simultan ablaufenden Prozesse ist in SMS nicht nach oben beschränkt.

b) Achswerteanzeige und Verfahrtrace

Für die Bewertung von Anfahrpositionen und Verfahrwegen ist es für den Programmierer wichtig, ständig Informationen über Achswerte des Roboters und 3D–Darstellung seiner Arbeitspunktbewegung zu erhalten. Dies geschieht zum einen über Achswerteanzeige (aktuelle Achswerte und Verfahrbereichsgrenzen) in einem Grafikfenster. Zudem kann eine Bewegung des Roboterarbeitspunktes als 3D–Liniengrafik visualisiert werden.

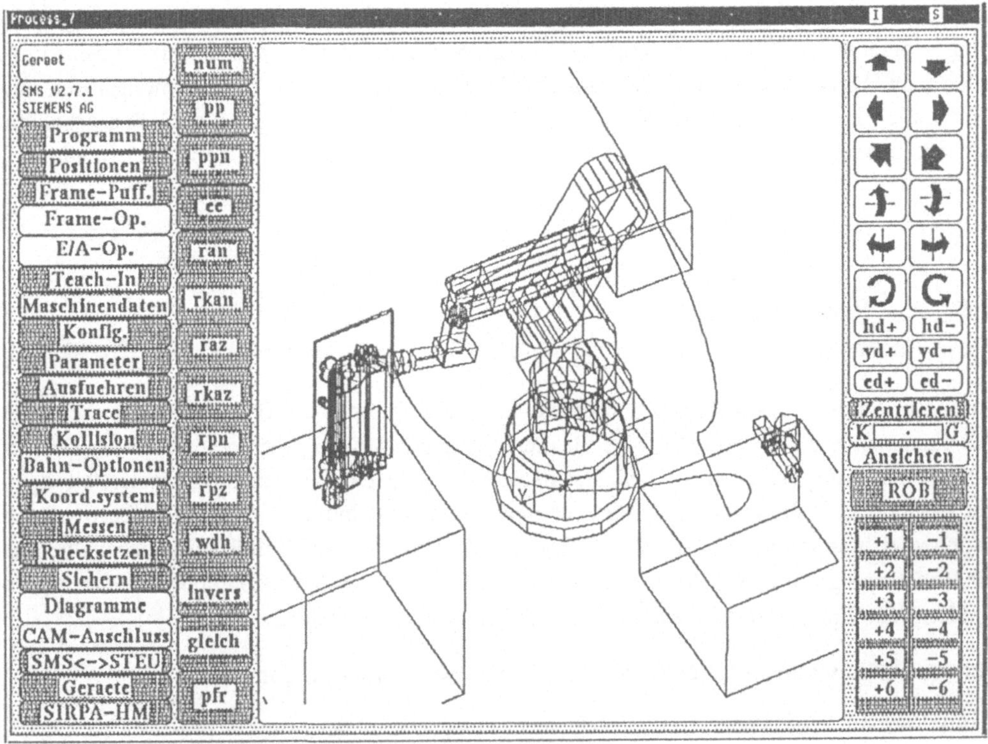

Bild 5: Anzeige des Verfahrtrace

c) Diagrammfunktionen

Um Achsbewegungen eines Roboters genauer analysieren zu können, erweisen sich Diagrammdarstellungen als sehr wirkungsvoll. Unmittelbar nach der Bewegungssimulation eines oder mehrerer Roboterbefehle kann die 3D–Grafik in den Diagrammdarstellungsmodus umgeschaltet werden. Der Programmierer kann für beliebige Roboterachsen Diagrammdarstellungen der Bewegungsparameter – Beschleunigung, Geschwindigkeit und Achswert – aufgetragen über die Zeitachse auswerten. Eine Gegenüberstellung der Diagramme ist ebenso möglich wie die Zusammenfassung mehrerer Kurvenverläufe innerhalb eines Diagramms. Zoomfunktionen, Auszeichnung bestimmter Kurvenpunkte, Einblendung der einem Verfahrbereich zugehörigen Programmgefehle unterstützen dabei die Auswertung. Die notwendigen Daten zur Aufbereitung der Diagramme wurden hier während eines Simulationsabschnitts mitprotokolliert und sind in einer Textdatei abgelegt. Der Aufbau dieser Datei ist genau spezifiziert und kann als Schnittstelle für die Einkopplung beliebiger Datenreihen genutzt werden. Dem Anwender steht damit die gesamte Diagrammfunktionalität für die Auswertung seiner Daten zur Verfügung. Die grafisch angezeigten Diagrammverläufe können gleichzeitig auf einen Drucker ausgegeben werden.

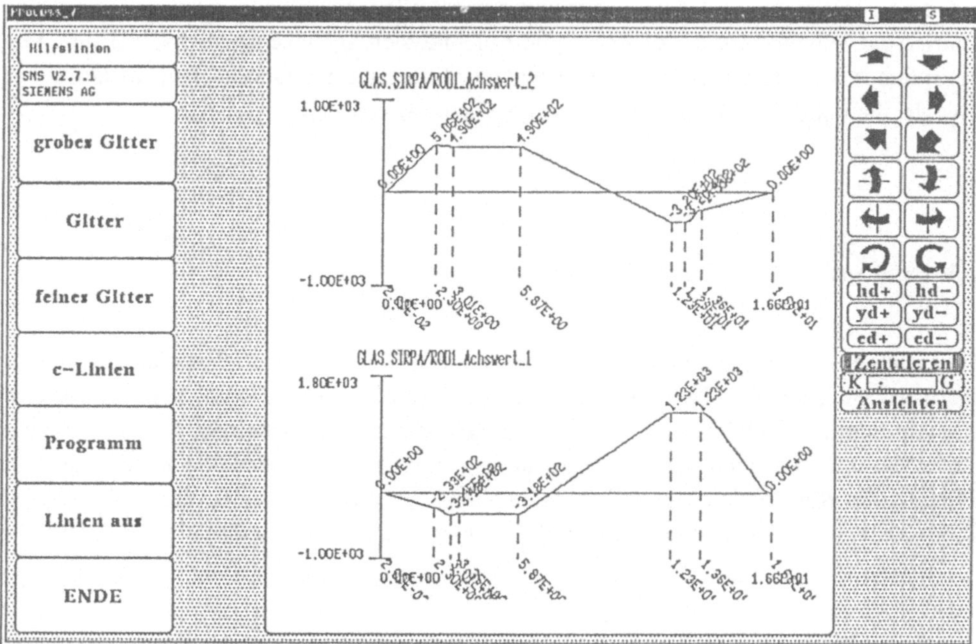

Bild 6: Diagrammanzeige von Achswerten eines Roboters

d) Simulierte Roboterbewegungen im Vergleich zur Bahnplanung der realen
   Steuerung

Der unmittelbare Vergleich mit der Realität ist für die Qualitätssteigerung der Simulationsergebnisse ein wichtiger Faktor. So können aufgezeichnete Steuerungsdaten wie Ist– und Sollwerte von Roboterachsen in SMS übernommen und als Vorgabe für die Bewegungssimulation verwendet werden. Diagrammfunktionen unterstützen auch an dieser Stelle die Auswertung der
Achsbewegungen und lassen Steuerungseigenheiten besonders deutlich erkennen.

e) Kollisionskontrolle

In SMS können parallel zur Roboterbewegung zusätzlich noch Veränderungen des Betrachter-
standpunktes durchgeführt werden. Doch häufig reichen diese visuellen Kontrollen nicht aus,
um in kritischen Zonen miteinander kollidierende Objekte zu identifizieren. Zur Unterstützung
des Anwenders ist deshalb ein schnell arbeitender automatischer Kollisionsalgorithmus vorhanden, der bei auftretendem Kollisionsereignis den betreffenden Layoutbereich im Grafikfenster
zentriert darstellt und eine Meldung ausgibt. Auf Anforderung berechnet und visualisiert dieser
Algorithmus die sich ergebenden Verschneidungslinien auf den Oberflächen der kollidierten
Objekte, die unter Beibehaltung der Bewegung entstanden wären.

f) Maschinendaten und Taktzeitberechnung

Ein wichtiger Bewertungsfaktor für eine Anlagensimualion ist eine möglichst präzise Aussage
über benötigte Montage– bzw. Fertigungszeiten. Grundlage hierfür ist die Einbeziehung von
Maschinendaten der realen Steuerung in die Bahnplanungsalgorithmen der Simulation. Dabei
sind nicht nur Geschwindigkeits und Beschleunigungswerte von Bedeutung, sondern auch das
Verhalten der Robotersteuerung in bestimmten Bewegungsabläufen (z.B. alpha5–Problem bei
RCM–Steuerung). Einen Auszug der modifizierbaren Maschinendaten sehen Sie in Bild 7.

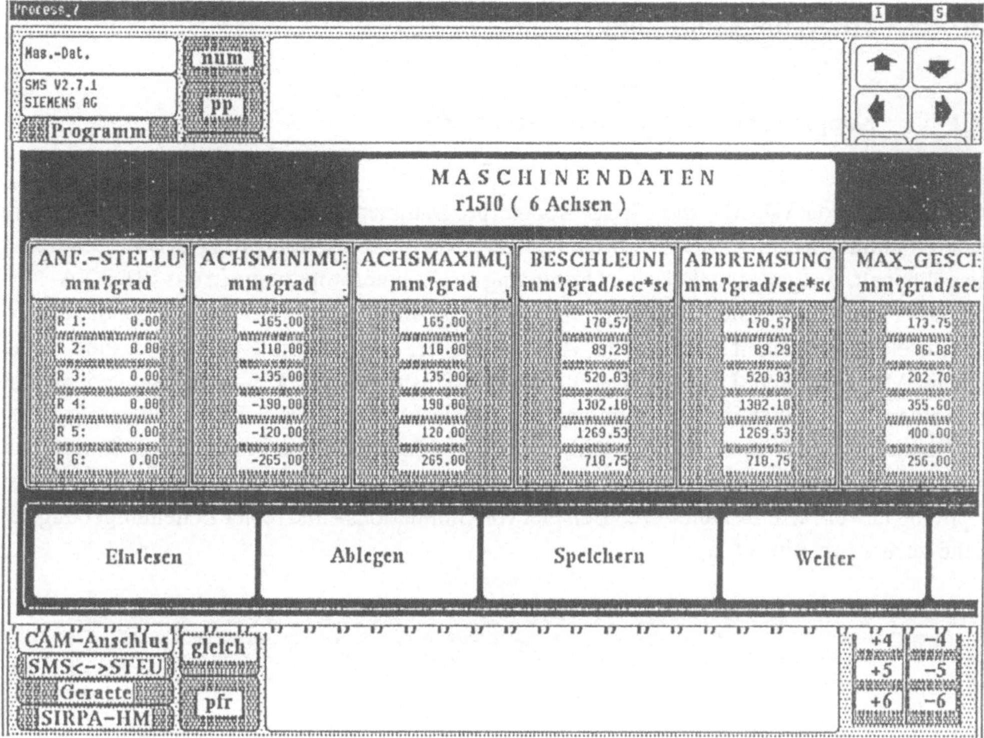

Bild 7: Maschinendaten

g) Optimierung

Dieser Aspekt umfaßt ein weites Feld von Problemstellungen und wird zur Unterstützung des Anlagenplaners an Bedeutung gewinnen. Hier sind neben Taktzeitoptimierungen beispielsweise auch Untersuchungen zur Minimierung der Antriebsbelastungen in den einzelnen Robotergelenken einzuordnen. Als Einstieg in diese Thematik ist in SMS ein Optimierungsverfahren für Roboterbewegungen hinterlegt. Es bestimmt über eine Folge von Anfahrpositionen eine Kombination von Zielstellungen, die unter Berücksichtigung der programmierten Geschwindigkeiten die kürzeste Verfahrzeit in der Bewegungsfolge ergibt.

3.6   Steuerungskopplung

3.6.1   Kopplung zur realen Robotersteuerung

Die Übergabe von VALII– und SRCL–Roboterprogrammen an Robotersteuerungen kann in
beiden Richtungen erfolgen (Down– und Upload). Mit der RCM–Steuerung ist SMS besonders
eng gekoppelt. Ausgangspunkt ist die Umsetzung der Roboterprogramme in das IRDATA–Format. Der Programmtransfer kann dann über das Programmiergerät oder direkt über die DNC–
Schnittstelle abgewickelt werden. Die Ausnutzung der DNC–Schnittstelle bietet eine Reihe
weiterer Möglichkeiten. Über ein Kommunikationsfenster seiner SMS–Arbeitsumgebung löst
der Anwender Aktionen in der Steuerung aus, wie die Auflistung vorhandener Hauptprogram-
me, Übertragung, Löschen oder Anwahl eines Hauptprogramms zur Ausführung, Starten und
Anhalten des Roboters, Abfragen aktueller Positions– und Speicherdaten. Eine derartig enge
Kopplung läßt ein sehr flexibles Wechselspiel von Simulations– und realer Zellenumgebung zu.
(siehe auch Abschnitt 3.5 d)

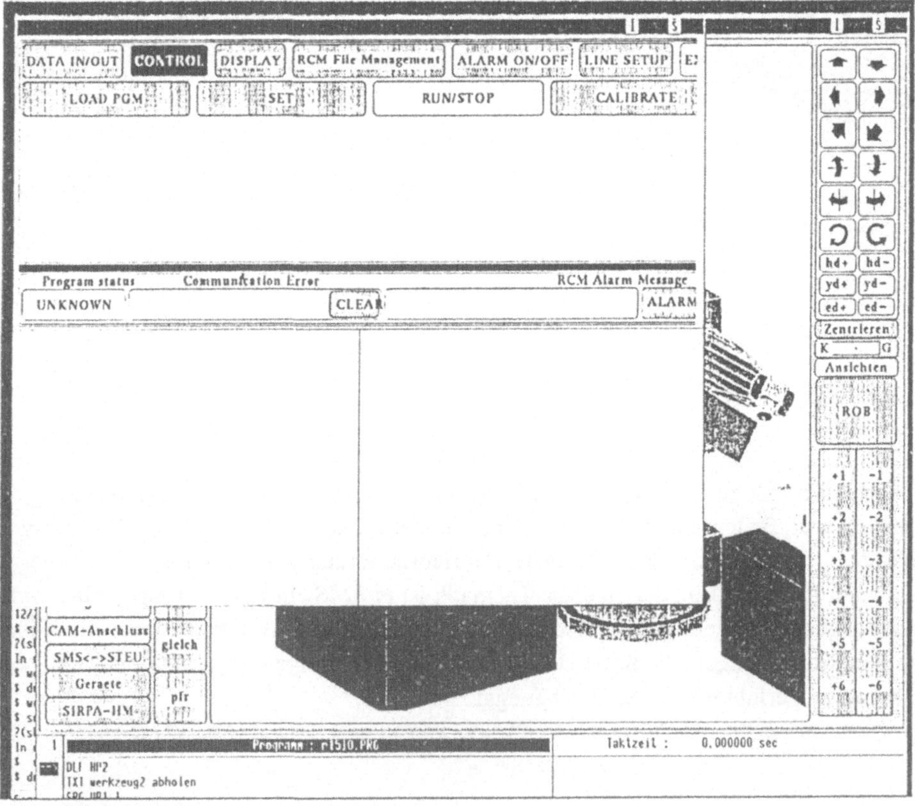

Bild 8: DNC–Schnittstelle zur RCM–Steuerung

3.6.2 Speicherprogrammierbare Steuerungen (SPS)

Simulationsergebnisse eines Fertigungs– oder Montageprozesses können mit SMS auch zur Erstellung von Programmen speicherprogrammierbarer Steuerungen genutzt werden. Die automatische Generierung von Funktionsplänen nach DIN 40719 für alle in der Simulation eingesetzten SPS–gesteuerten Kinematiken unterstützt die Projektierung und Programmierung dieser Bausteine bei der Realisierung einer Anlage.

rob1.prg

```
HP ROB1
     %UNSICHTBAR BODEN
     %UNSICHTBAR gestell
     %VERBINDEN buendel2 buendell S
     %VERBINDEN stuelp1  buendell S
     %VERBINDEN stuelp1  buendell S
     LAD P2 1
     SPG UP einst_par
     VGL P1 P2
     SPG UP anf_stell
ENDE

UP einst_par
     GF A 1 50.0
     GF A 2 50.0
     GF A 4 50.0
     GF A 5 50.0
     GF A 6 50.0
     GF ALLE 50.0
     ADD P1 1
ENDE

UP abholen
     ASYNC anf
     SYNC vorgreif
     %ANSICHT a1
     SYNC vorgans
     SYNC gans
     %ANSICHT a2
     %GREIFEN buendel1 ROB1.4
     SYNC greif
     WARTE Z 2.0
     %ANSICHT a3
     SYNC zunge
ENDE

UP ablage
     %ANSICHT a4
     SYNC vorablage
     ASYNC ablage
     SETZE A 2
     %LOSLASSEN buendel1
ENDE

UP anf_stell
     GF ALLE 100.0
     SSYNC entfern
     SYNC anf
ENDE
```

rob1.fkp

SMS Version 2.7.1
23.5.1990 10h 11min

FUNKTIONSPLAN FUER DAS PROGRAMM ROB1

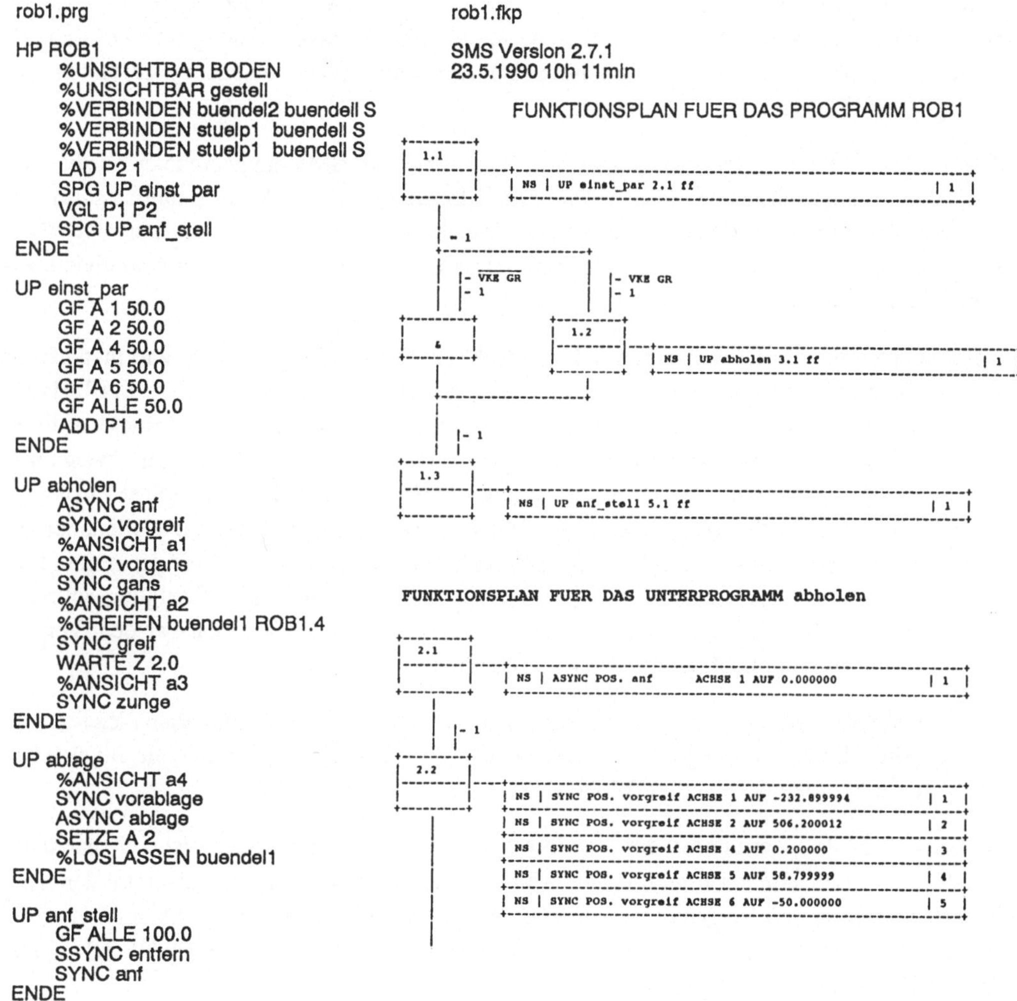

Bild 9: ALSIS–Programm und Funktionsplan

4 Kollisionstest und Kollisionsvermeidung

Ein Kollisionstest ist ein Algorithmus, der feststellt, ob zwischen zwei Objekten eine Kollision auftritt. Falls ja, errechnet er ggf. die Umstände der Kollision, z.B. betroffenes Objektpaar, Schnittlinien, verursachende Bewegungsachsen, etc.. Kollisionsvermeidung ist eine Strategie bei der Bahnplanung von Bewegungsachsen einer Kinematik, bei der versucht wird, festen oder beweglichen Hindernissen auszuweichen.

Für den Entwurf von kollisionsvermeidenden Steuerungen ist SMS ein geeignetes Testbett, da die Bahnplanung zunächst ohne Sachschaden in SMS getestet werden kann. Dennoch auftretende Kollisionen können durch den eingebauten Kollisionstest gemeldet werden. Derselbe Algorithmus kann auch in der Steuerung verwendet werden, um zu prüfen, ob zu durchfahrende Positionen kollisionsfrei sind.

Bei Planung von Fertigungsabläufen mit am Markt käuflichen Komponenten wird man häufig Kinematiken verwenden, in derern Steuerung kaum noch Eingriffe möglich sind (z.B. IR, Handhabungsgeräte, numerische Achsen etc.). Dann kann man Kollisionen nur vermeiden durch geeignete Festlegung des Layouts, Setzen von geeigneten Zwischenpunkten in den Bewegungsbahnen und geeignete Synchronisation kooperierender Kinematiken. Hierfür ist SMS ein geeignetes Hilfsmittel. Durch den zuschaltbaren Kollisionstest wird der Planer auf Kollisionen im Ablauf aufmerksam gemacht und kann geeignete Maßnahmen (s.o.) treffen, bis der Ablauf kollisionsfrei ist. Dann erst müssen sich Layout und Programme in der realen Fertigungszelle bewähren. Falls die Simulation (Geometrie, Layout, Steueralgorithmen, etc.) nahe an dem Verhalten der realen Geräte bleibt, ist das Kollisionsrisiko gering.

Der Kollisionstest in SMS arbeitet mit derselben Geometrie, die auch zum Visualisieren verwendet wird. Hierbei sind Objekte von ebenen Polygonen begrenzt, wodurch reale Objekte beliebig genau approximiert werden können.

Jeder Kollisionstest, der nur mit der (detaillierten) Objektgeometrie arbeitet, ist rechenzeitaufwendig, da kombinatorisch komplex. Durch eine spezielle Aufbereitung der Daten für den Kollisionsalgorithmus und Vorschaltung von einfachen Tests kann die komplexe Berechnung häufig erspart oder stark reduziert werden. Der Kollisionstest wird dadurch sehr schnell und erlaubt damit auch interaktive Kollisionstests bei komplexen Zellengeometrien.

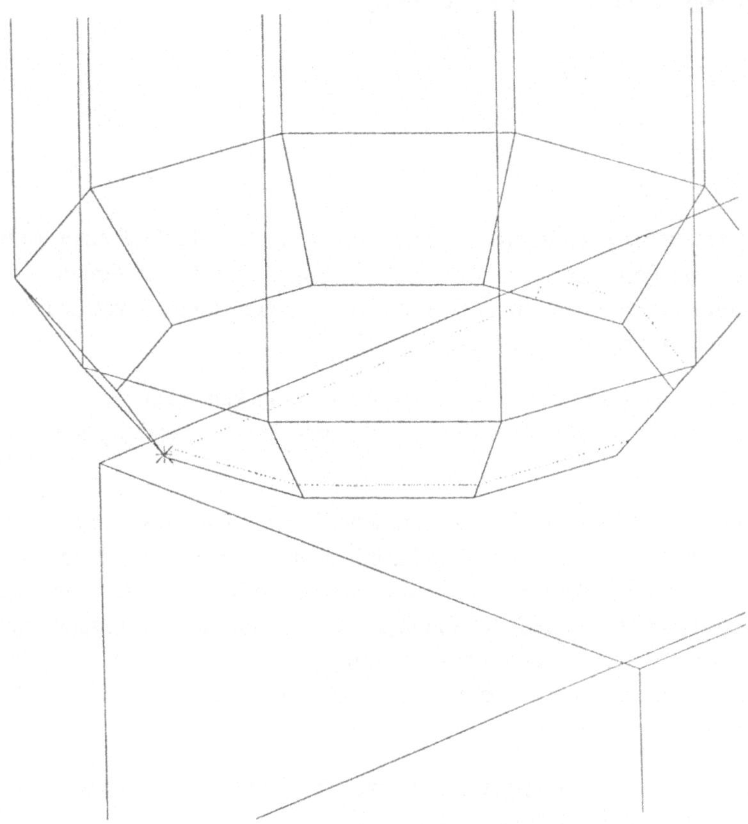

Bild 10: Kollisionskontrolle und Verschneidungslinien

5   SMS als CAE – Werkzeug

Die Off–Line–Programmierung von Industrierobotern bildet i.a. den Abschluß einer Reihe von Planungsschritten, die zur Fertigung eines Produktes nötig sind. Aus diesem Grund wird auch die Leistungsfähigkeit eines Robotersimulationssystems daran gemessen, in welchem Maße es sich in solche Verfahrensketten einfügen läßt.

Die wirtschaftliche Bedeutung der Integration in Verfahrensketten kann nicht genug betont werden, ist sie doch ein wesentliches Mittel zur Kostensenkung bei der Entwicklung neuer Produkte.

Bei der Entwicklung von SMS wurde eine ganzheitliche Betrachtungsweise zugrunde gelegt: Ziel war es, ein Simulationssystem zu entwickeln, mit dem Bewegungssimulationen in den wichtigsten Planungsfeldern der Konstruktion und Fertigungsvorbereitung durchgeführt werden können. Damit soll erreicht werden, daß die unterschiedlichen Planungsgruppen mit dem gleichen Werkzeug arbeiten können. Dies hat – wie die bisherigen Einsätze bestätigt haben – dazu geführt, daß die Kommunikation zwischen Konstruktion, Fertigungsvorbereitung und Fertigungssteuerung verbessert wurden.

Bild Nr. 11 zeigt verschiedene Planungsgebiete, in denen SMS eingesetzt wird; sie werden im Folgenden kurz mit einigen Beispielen erläutert.

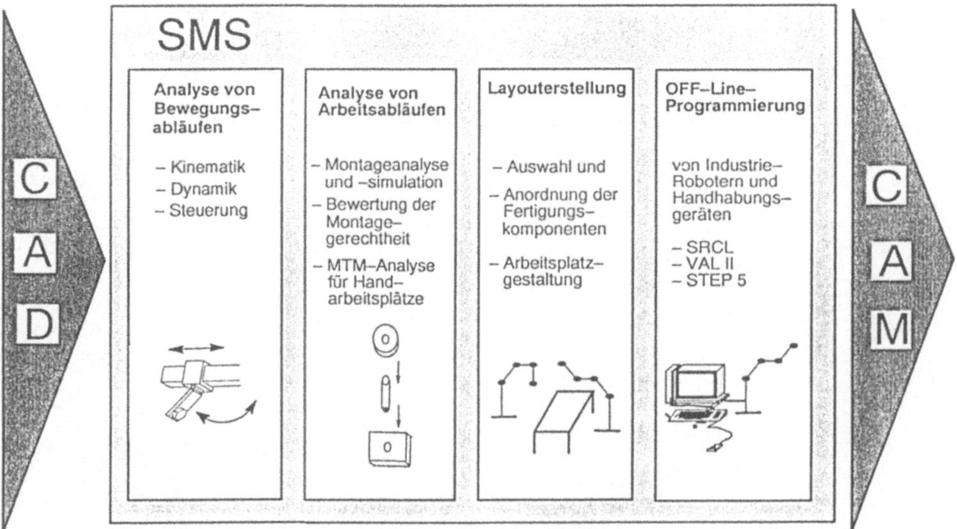

Bild 11:   SMS als CAE–Werkzeug

5.1   Entwurf von Kinematiken

Die Bewegungsfunktionen eines neuen Gerätes schon in der Entwurfsphase überprüfen zu können, gehört zu den Vorteilen einiger 3D–Simulationssysteme. SMS bietet dazu Konstrukteuren
die Möglichkeit, beliebige Kinematiken (d.h. auch solche mit kinematischen Maschen) zu simulieren. Bild. 12 zeigt eine Depalletiereinrichtung mit 21 Achsen, die mit SMS simuliert worden
ist. Bei solchen Anwendungen hat es sich als vorteilhaft erwiesen, daß mit SMS beliebig viele
simultan ablaufende Prozesse simuliert werden können, z. B. auch mit Simulation von Störun-
gen in den Kommunikationskanälen.

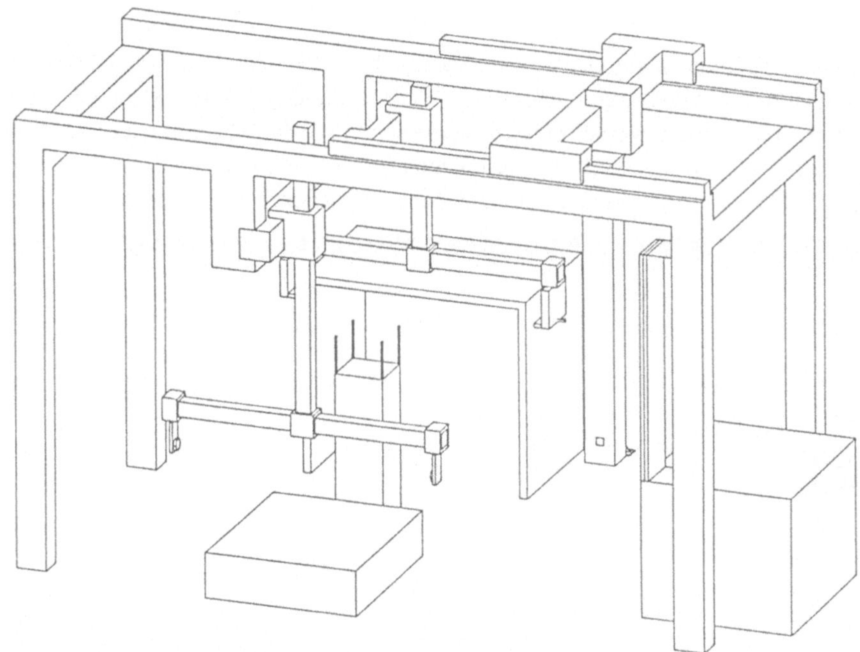

Bild 12: Depallettiereinrichtung

5.2   Berechnung der Dynamik von Starrkörpersystemen

In SMS ist ein Berechnungsprogramm integriert, mit dem die Dynamik von Starrkörpersyste-
men berechnet werden kann. Die Berechnung erfolgt dabei im wesentlichen in 2 Schritten:

Im ersten werden die Differentialgleichungen, die die Dynamik beschreiben, symbolisch erzeugt. Für diese Formel–Manipulationen ist in SMS die Software MESA VERDE [Wittenburg/
Wolz] integriert; die für MESA VERDE nötigen Eingaben werden automatisch bei der grafisch–interaktiven Eingabe abgeleitet.

54

Der zweite Schritt besteht aus einer numerischen Integration der Differentialgleichungen. Auch dafür werden Parameter wie Trägheitsmomente oder Schwerpunkte automatisch bereitgestellt (soweit sie aus einem CAD–System bekannt sind).

Auf diese Weise kann die Dynamik beliebiger Starrkörpersysteme berechnet werden, also z.B. nichtplanare oder solche mit geschlossenen kinematischen Schleifen. Die Auswertung der erhaltenen Zahlenwerte ist auf zwei Weisen möglich:

* 3D–Animation des Bewegungsablaufes mit automatischer Kollisions–
  erkennung
* 2D– und 3D–Diagramme von Abhängigkeiten unter den berechneten
  Größen.

Die Zerlegung des Berechnungsvorganges in zwei Schritte hat den Vorteil, daß die relevanten Antwortzeiten kurz gehalten werden können. Da zur Optimierung von Geräten i.a. sehr viele Berechnungen durchgeführt werden müssen, ist es wichtig, die dafür benötigten Zeiten so gering wie möglich zu halten. Bei SMS liegen diese Zeiten für viele Anwendungen im Sekunden– bis Minutenbereich. Bild 13 zeigt eine Dynamikberechnung an einem elektromechanischen Gerät.

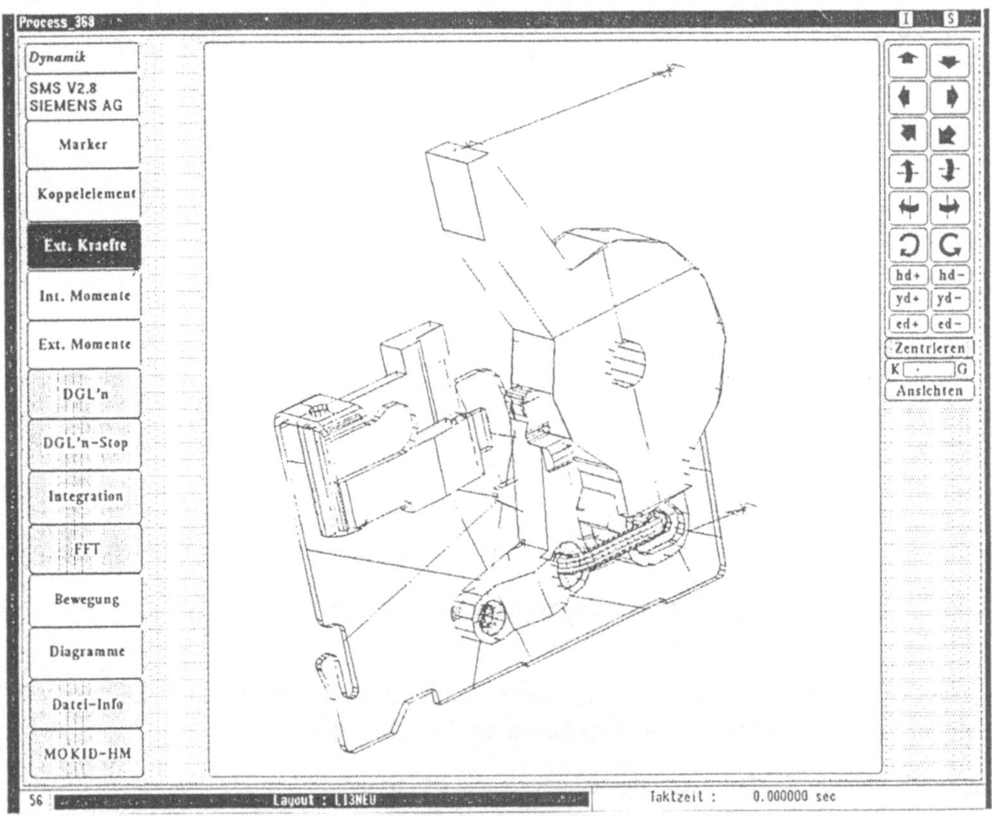

Bild 13: Schalter

5.3 Simulation von Steuerungsalgorithmen

Bild 14 zeigt die Simulation eines 5–achsigen redundanten Prüfgeräts, Bild 15 die Spur des End-effektors. Mit SMS wurden Algorithmen entwickelt, die den Endeffektor auf den gezeigten Sattelkurven verfahren lassen.

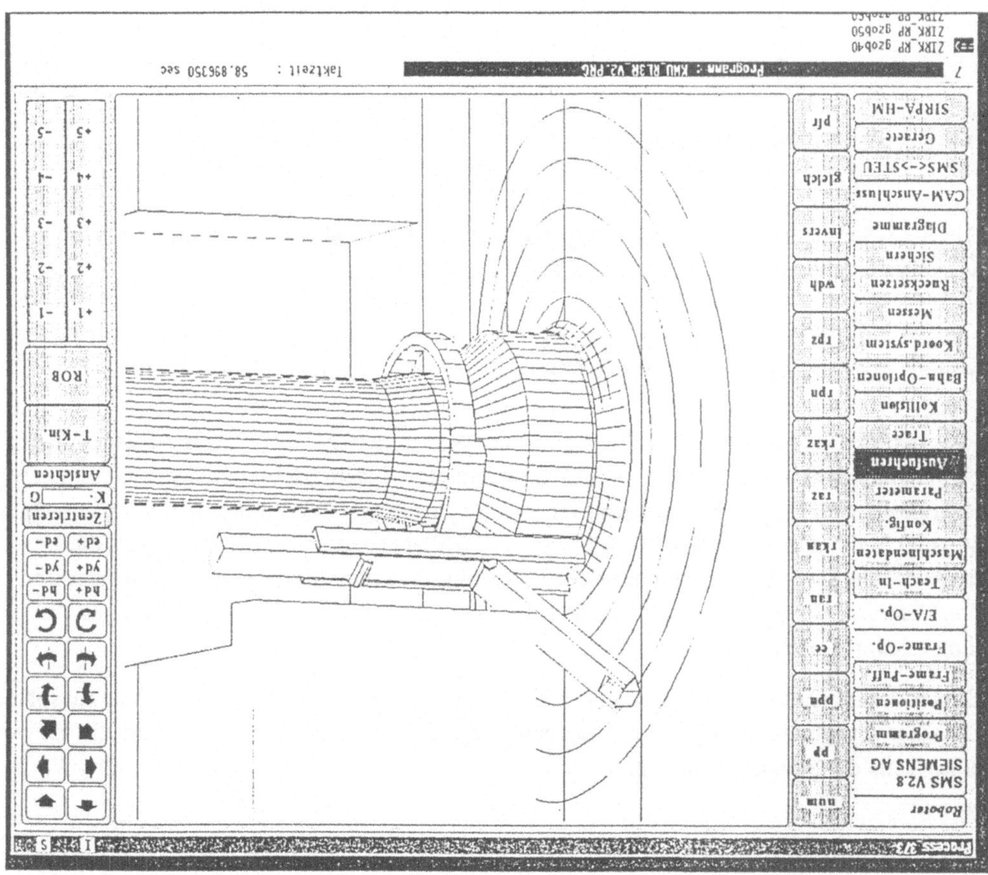

Bild 14: Ultraschallmanipulator

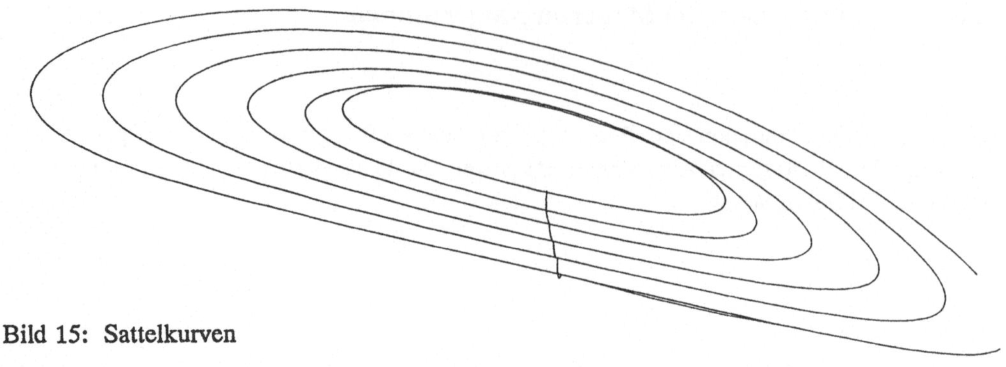

Bild 15: Sattelkurven

5.4   Montagesimulation

Die 3–D–Simulation der Montagevorgänge eines neuen Produktes legt einzelne Aspekte der Montagegerechtheit des Produktentwurfes offen.

Hierzu wird das Produkt Bauteil für Bauteil interaktiv demontiert. Restriktionen von Nachbarbauteilen auf Reihenfolge und Fügerichtung der Montage werden hierbei deutlich.

Integriert werden soll außerdem eine Bewertung des Produktentwurfes auf Basis der Montageoperationen mit einem einfachen Klassifikationsschema. Jedem Montageschritt steht eine Montageoperation entgegen. Es wird ein Menü mit anwendbaren Bewertungssymbolen aufgeblendet, evtl. schon mit Vorschlägen des Systems. Der Planer akzeptiert oder korrigiert die Bewertung der Operation. Die Kombination der Bewertung einzelner Montageschritte zu einer Bewertungskennzahl für den ganzen Produktentwurf und die Anzeige einer übersichtlichen Aufstellung erledigt das System automatisch.

Die bei der Bewertung von Montagealternativen anfallenden Teilepositionen bleiben für spätere Off–Line–Programmierung des Montagevorgangs gespeichert und ersparen dort die Eingabe eines Teils der Anfahrpositionen.

5.5   Arbeitsplatzgestaltung

In SMS sind Werker – Modelle (vgl. [Pfrang]) integriert, mit denen manuelle Arbeitsabläufe simuliert werden können. Bild 16 zeigt eine solche Arbeitsplatzgestaltung. Diese Werker sind aktive Kinematiken wie z.B. Roboter, haben aber einige zusätzliche Funktionen.

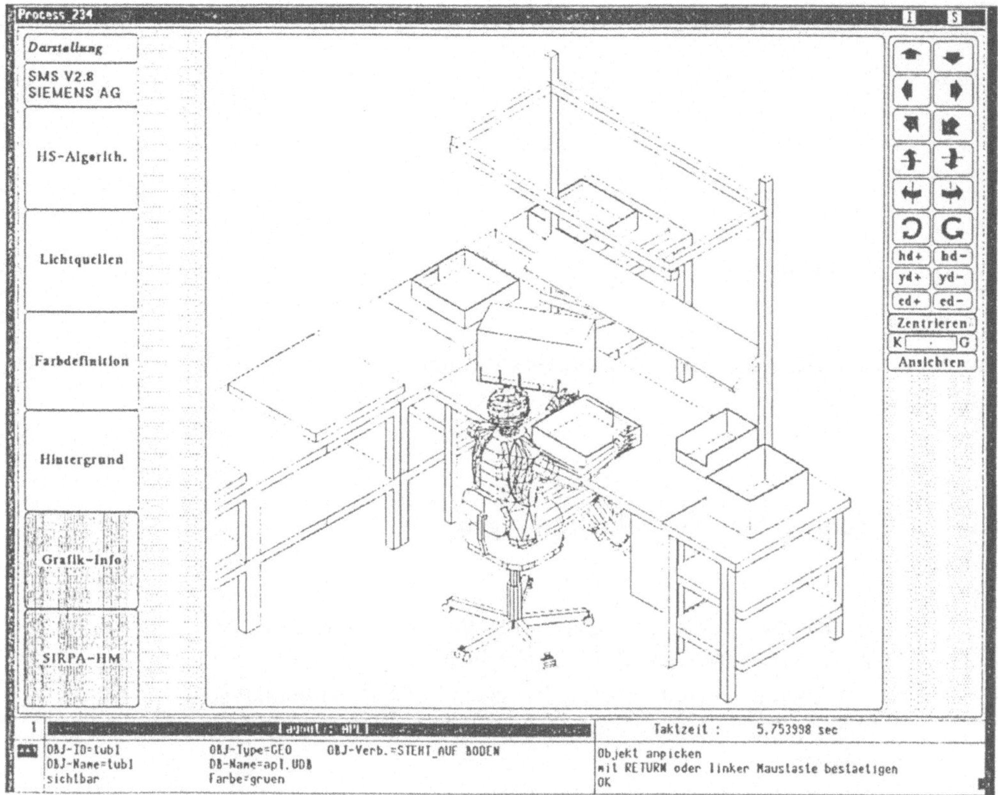

Bild 16: Werker am Arbeitsplatz

Blickfeld und Greifbereiche nach DIN können eingeblendet werden, um ergonomische Anordnung von Teilen und Werkzeugen zu überprüfen. Die Steuerung der Bewegung kann allerdings nicht wirklichkeitsgetreu nachgebildet werden, da die Bewegungskoordination des Menschen zu komplex und im Detail nicht bekannt ist..

Allerdings kann das Bewegungsprogramm des Werkers in SMS mit MTM–Analyse ausgewertet werden. Dabei ergibt sich nicht nur der vollständige MTM–Analysebogen, sondern auch die Zeitanteile für jeden analysierten Bewegungsbefehl. Hierdurch wird die Simulation zeitgetreu und es kann auch das zeitliche Zusammenspiel zwischen Werker und Automatisierungskomponenten untersucht werden. Durch die MTM–Analyse kann sowohl der Arbeitsablauf (z.B. Parallelarbeit der rechten und linken Hand) als auch die Layoutgestaltung (z.B. günstige Anordnung von Greifbehältern) optimiert werden.

6 Anwendungsbeispiel Entgratzelle

6.1 Aufgabe

Mit einem Industrieroboter Manutec r3 sollen Druckergehäuse nach der spanenden Bearbeitung entgratet werden.

6.2 Vorgegebene Randbedingungen

- Es sind zwei Aufspannungen für das Werkstück vorgesehen
- Werkzeugwechsel ist zu berücksichtigen
- Das Entgratwerkzeug muß in der realen Zelle sensorgeführt sein
  (d.h. der Tool–Center–Point muß im Arbeitspunkt des Entgratwerkzeuges liegen)
- Dichtflächen dürfen nicht beschädigt werden

6.3 Vorgehensweise bei der Layoutgestaltung

Der Manutec r3 IR steht aus der Roboter–Bibliothek zur Verfügung.

Werkstück, Werkzeug und Aufspannung wurden mit dem integrierten Mini–CAD System erzeugt. Die Anordnung des jeweiligen Entgratwerkzeuge am Roboterflansch wurde festgelegt. Ein vorläufiger Layoutentwurf wurde festgelegt. Anfahrpositionen wurden an den Eckpunkten des Werkstückes definiert und ein erster grober Erreichbarkeitstest mit ausgerichteten WZ wurde durchgeführt. So konnte im Wechselspiel der Layoutentwurf immer weiter verfeinert werden.

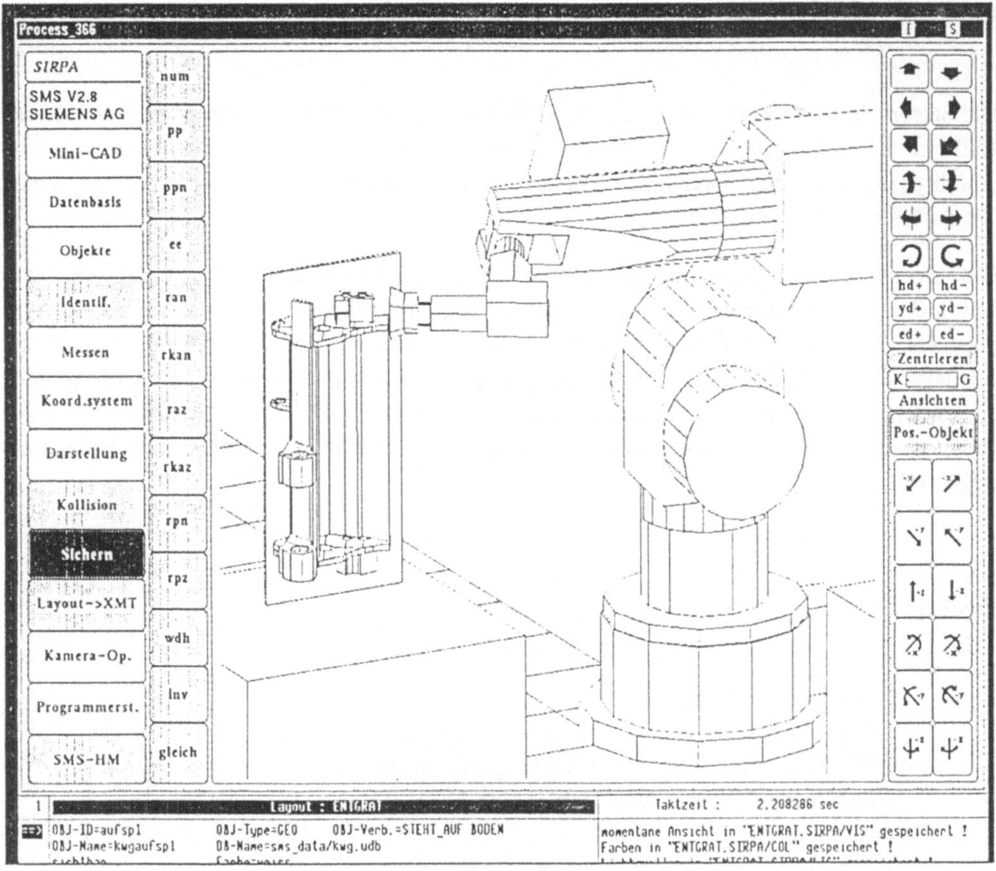

Bild 17: Entgratzelle

6.4 Vorgehensweise bei der Programmerstellung

Die entsprechenden Werkzeugkorrekturen wurden ermittelt. Referenzpositionen (zur späteren Kalibrierung der Zelle) wurden an Werkstück, Werkstückträger und Werkzeugablage geteacht. Anfahrpositionen bezogen auf das Werkstück wurden festgelegt. (Frame–Modus > absolut zum Werkstück > relativ zum Roboter)

Die Abarbeitungsreihenfolge und die Grundkonfiguration wurden so gewählt, daß möglichst wenig Umkonfigurationen nötig wurden. Beim kontinuierlichen Bewegungsablauf wurden vorgegebene Bahngeschwindigkeiten auf Machbarkeit untersucht und die Zelle automatisch auf Kollision überprüft. Da keine Umplazierungen mehr vorgenommen werden mußten, konnten die relativen Anfahrpositionen (Frame–Modus) per Knopfdruck in absolute überführt werden und das komplette Roboterprogramm über die DNC–Schnittstelle in die Robotersteuerung übertragen werden.

Ergebnis:

- Aufdeckung von Schwachstellen
- Machbarkeitsbeweis
- Layout–Plan mit genauer Anordnung der Komponenten
- Werkzeuganordnung und Werkzeugkorrekturwerte
- Referenzpunkte zur Kalibrierung der Zelle
- Kollisionsfreiheit
- optimierter Bewegungsablauf mit Taktzeitangabe
- Roboterprogramm

```
00001,22100,2,0,1,'HP01';
00002,28000,DEF HP1;
00003,28000,TXT  WERKZEUG2 ABHOLE;
00004,28000,U M1;
00005,28000,BAW F;
00006,28000,SPG UP1 1;
00007,28000,GES ALL 100;
00008,28000,GES BAN 20.0;
00009,28000,SPG UP2 1;
00010,28000,RS A22;
00011,28000,GES OV 50;
00012,28000,GES BAN 5.000;
00013,28000,PTP X-90.0 Y+825.6 Z+513.3 A-144.330 B+0.253 C+119.000   UEB A1P A2N A3N A4P A5P A6N;
00014,28000,PTP X-104.3 Y+834.0 Z+513.1 A-121.186 B-0.266 C+179.449   UEB A1P A2N A3N A4P A5P A6N;
00015,28000,S A22;
00016,28000,GES BAN 2.400;
00017,28000,SPG UP3 1;
00018,28000,RS A22;
00019,28000,RS A22    ;
00020,28000,RS B1;
00021,28000,RS B2;
00022,28000,END HP1;
00023,28000,DEF UP1 HP1 A;
00024,28000,S M1;
00025,28000,TXT UNSICHTBAR BODEN;
00026,28000,TXT TOOL TOOL0;
00027,28000,PTP X-593.1 Y-254.8 Z+626.0 A+59.948 B-0.015 C+179.992   UEB A1N A2N A3N A4N A5P A6N;
00028,28000,LIN X-593.1 Y-254.8 Z+586.0 A+59.948 B-0.015 C+179.992   UEB A1N A2N A3N A4N A5P A6N;
00029,28000,TXT GREIFEN TOPF R15;
00030,28000,TXT TOOL WZK2;
00031,28000,LAD P1 DIS +0.3500;
00032,28000,LAD P2 DIS +1.5000;
00033,28000,LAD VSP2 P1 DIS;
00034,28000,LAD VSP3 P2 DIS ;
00035,28000,WZK 1 T+141.0  L+260.0   D-60.000;
```

Bild 18: Roboterprogramm

6.5 Sonstige Aspekte

Die Programmerstellung für den eingesetzten Industrieroboter konnte in vergleichbarer Zeit (wie durch Teach–in in der realen Zelle) durchgeführt werden; die Stillstandzeiten des Roboters können dadurch erheblich reduziert werden. Darüberhinaus konnte die Genauigkeit beim Programmieren durch die grafischen Programmiermöglichkeiten wesentlich gesteigert werden (z.B. Drehachse der Bürste senkrecht positionieren auf schmaler Kantenfläche).

7 Technische Daten zu SMS in Stichpunkten:

Entwicklungsbeginn: Sommer 1986
Entwicklungsaufwand: bisher etwa 30 MJ

Programmiersprachen:
         Grundsoftware: PASCAL und C
         Dialogsoftware: DIALOGUE von Apollo Domain
         Grafiksoftware: 3D–GMR von Apollo Domain

Betriebssystem: AEGIS von Apollo Domain
Programmgröße (comp. und geb.):   etwa 2,6 MB
Hardware: jede SIEMENS WS 30 Workstation

8 Literatur

Pfrang, W.:
Graphische Simulation manueller Arbeitsabläufe mit integrierter Vorgabezeitermittlung nach einem System vorbestimmter Zeiten

Wittenburg, J. / Wolz, U.:
MESA VERDE. ein Computerprogramm zur Simulation der nichtlinearen Dynamik von Vielkörpersystemen

Wrba, P.:
Computed Aided Handling – eine neue Cim– Komponente
Technische Rundschau Nr. 17 (1986)

Simulation und Offline-Programmierung von Industrierobotern mit ROBCAD

K. Breitenbach

DAS ROBCAD SYSTEM

Abschnitt 1   Einführung

In modernen Fertigungsanlagen werden zunehmend flexible Automatisierungssysteme eingesetzt zur Erhöhung des Produktionsvolumens, der Produktivität, konstanter Qualität und Sicherheit im Produktionsablauf. Die Einführung von Automation ist dabei häufig schwierig und kostenintensiv.

Die Planung von Automatisierungsanlagen beginnt in vielen Fällen mit der Konstruktion des Werkstückes. Diese Arbeiten werden dabei oft auf anderen CAD Systemen durchgeführt. Danach oder gleichzeitig planen dann Ingenieure die Produktionslinien in einem zeitaufwendigen, und oft fehlerbehafteten Prozess. Layouts werden erstellt, Alternativen untersucht, Vergleiche durchgeführt bis letztendlich zur Programmierung von verschiedenen Steuerungen. Das Planen einer einzelnen Lackieraufgabe kann Monate, das einer neuen Linie Jahre beanspruchen. Wurde dabei aber die optimale Zykluszeit erreicht? Wie leicht ist es ein Programm zu modifizieren bei Werkstückveränderungen? Wieviel Papier war erforderlich, um zu erklären, was ein dreidimensionales Bild zeigen kann?

Das hier beschriebene System ermöglicht es alle Konstruktionsarbeiten zur Definition von Produktionslinien und Zellen auf dem Bildschirm einer CAD (Computer Aided Design) -Arbeitsstation durchzuführen, vollkommen unabhängig von der tatsächlichen Produktionsanlage. Wenn die Ablaufprogramme der Produktionsmaschinen eingehend getestet und gravierende Fehler beseitigt wurden, werden diese in kurzer Zeit in die Maschinensteuerung übertragen.

Damit wird die Planungszeit verkürzt, Konstruktionsfehler werden rechtzeitig erkannt, kürzere Taktzeiten werden erreicht, die Programmoptimierung wird reduziert und die Qualität erhöht. Eine neue Linie kann in anschaulichster Form, und in kürzester Zeit grafisch dargestellt werden, bevor diese real aufgebaut wird.

1.1 Ziele

Die Entwicklung erfolgte in der Hauptsache für industrielle Anwender, wobei immer die neuesten Software-Technologien für die Planung und Programmierung von Automatisierungsanlagen eingesetzt werden. Die Ziele sind:

- Die Entwicklung und Lieferung von Werkzeugen und Verfahren mit denen Fabrikationsprozesse geplant, ausgewählt und off-line-programmiert werden können.
- Die Integration in vorhandene Konstruktions- und Fabrikationsumgebungen, sowie der Import von externen Geometrie-Daten bis zum download von erzeugten Programmen in die Steuerung von Produktionsmaschinen und deren Ablauf in der Realität.
- Die Bereitstellung einer anwenderfreundlichen, interaktiven, umfassenden Arbeitsumgebung, die für das Erreichen vorgenannter Ziele erforderlich ist.

1.2 Aufgabenstellung

Das Einführen von flexibler Automation erfordert sehr viel Fachwissen, und kann sehr zeitaufwendig sein. Das hier beschriebene CAD/CAM-System ermöglicht die effektive Lösung dieser Probleme:

- *Reduziert das Risiko falsche Konzepte auszuwählen* durch die Möglichkeit, schnell neue Konzepte grafisch zu modellieren, zu modifizieren, Vergleiche anzustellen und das für die jeweilige Aufgabe passende Konzept auszuwählen.

- *Verkürzt die Planungszeit wesentlich* durch die effiziente Detaillkonstruktionen des Systems, mithilfe von umfangreichen Roboter, Automationskomponenten und Anwender-CAD-Dateien -Bibliotheken.

- *Stellt sicher, daß teure Maschinen optimal genutzt werden* durch die genaue Simulation des geplanten Arbeitsablaufes, zur richtigen Auswahl der Anlagenkomponenten, deren Plazierung in dem zur Verfügung stehenden Raum, Überprüfung des Bewegungsablaufes der Ablaufsteuerung und· der zu erzielenden Zykluszeit.

- *Verkürzt die Installationszeit und schließt das Risiko von Kollisionen zwischen teuren System-Komponenten aus* durch das Off-line-Programmieren des Automations-Systems und das Hinunterladen der mit dem Simulationssystem erzeugten Programme in die verschiedenen Maschinen-Steuerungen.

- Es können bemaßte Zeichnungen von einzelnen Komponenten oder auch der kompletten Anlage erstellt werden entsprechend den gängigen Industriestandards. Das Entstehen der Anlagenplanung kann damit komplett dokumentiert werden.

- Erzeugt Videos oder Simulationen für Angebote und interne oder externe Präsentationen. *Entscheidungskremien und Kunden können vorgeschlagene Konzepte beurteilen. Entscheidungen werden beschleunigt.*

1.3 FUNKTIONSUMFANG

Zur Durchführung der Aufgaben (siehe Abb. A), werden umfangreiche Funktionen zur Verfügung gestellt, die dem Anwender folgende Planungs-und Konstruktionshilfen eröffnen:

- Die 3-dimensionale Modellierung von Komponenten auf verschiedenen Weisen.

- Erzeugen von Robotern und Vorrichtungen mit mehreren Freiheitsgraden.

- Optimierung des Anlagenlayouts.

- Automatische oder manuelle Bahnerzeugung.

- Die Durchführung von dynamischer Reichweitenüberprüfung und automatischer Plazierung von Robotern unter Berücksichtigung der Gelenkgrenzen.

- Die Absicherung, daß alle Vorrichtungen und Anlagenkomponenten tatsächlich mit dem ausgewählten Roboter erreicht werden können.

- Das interaktive Schreiben von Roboter- und Vorrichtungsprogrammen mit einer Rechnerhochsprache, oder in der robotereigenen Programmiersprache.

- Das interaktive Beschreiben der logischen Zusammenwirkung von allen Elementen in der Arbeitszelle, die eine Bewegung ausführen und voneinander abhängig sind.

- Die Zusammenwirkung von gleichzeitig arbeitenden Robotern und Maschinen kann in der Simulation beobachtet werden.

- Verschiedene Roboter können für die gleiche Aufgabe getestet werden.

- Kollisionen und beinahe Kollisionen sowie Arbeitsbereichsüberschneidungen können statisch und dynamisch während der Planungsphase in Simulationsläufen erkannt, überprüft und beseitigt werden.

- Zykluszeiten werden gemessen und überprüft.

- Die Anlage kann in der Simulation aus verschiedenen, vordefinierten oder interaktiv festgelegten Standorten gleichzeitig durch das Mehrfach-Fenstersystem analysiert werden.

- Programme können direkt in die Robotersteuerung geladen werden. (wenn das Programm in der Robotersprache geschrieben wurde bzw. durch einen "postprocessor", wenn das Programm in der Rechnerhochsprache TDL geschrieben wurde).

- Die Genauigkeit des in die Steuerung geladenen Programmes wird durch einen dynamischen Kalibrationsprozess bereits optimiert.

- Vorhandene Programme können aus der Robotersteuerung hochgeladen werden, um diese Off-line zu modifizieren.

- Es werden Dokumentationen in verschiedener Form erstellt.

Abbildung A: Arbeitskonzept

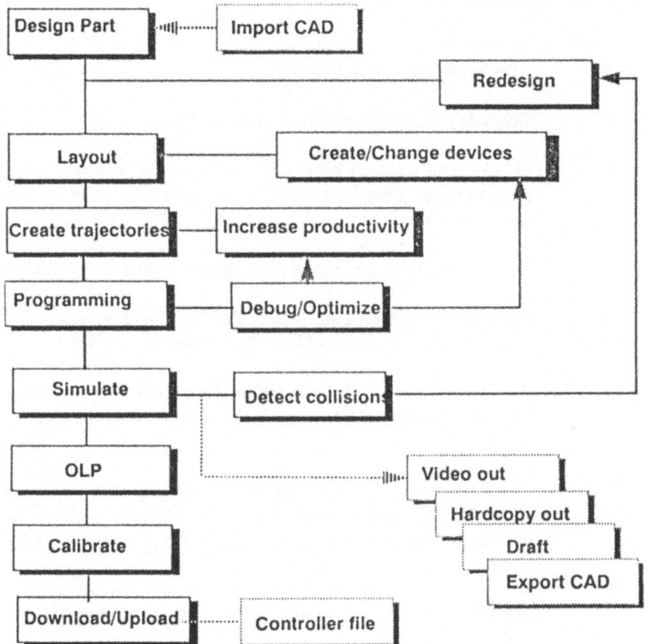

ABSCHNITT 2   GRUNDSÄTZLICHES

In diesem Abschnitt werden die verschiedenen Merkmale und Funktionen beschrieben.

2.1 GRAFIK

Das System nutzt die neuesten auf dem Computergrafikmarkt verfügbaren grafische Darstellungstechniken und Funktionen:

- 3D-Grafik-Modellierung.

- Schnelle grafische Simulation in Realzeit ist möglich.

- Objekte und Anlagen können in beliebigen Ansichten dargestellt werden. Die Ansicht kann zu jeder Zeit ohne Leistungsverlust verändert werden, auch während der Simulation.

- Die Darstellung kann perspektivisch oder in Parallelprojektion erfolgen.

- Mit einem speziellen-Mehrfach-Fenster System wird die gleichzeitige grafische Darstellungen von unterschiedlichen Ansichten ermöglicht.

- Befehle oder grafisch dargestellte Objekte können beliebig auf dem grafischen Bildschirm gepickt oder mit der Tastatur durch Eingabe des Namens gewählt werden.

- Die Farben von Objekten können beliebig gewählt und modifiziert werden. Mit einem leistungsfähigen Farb-Editor wird die Farbe des Bildschirmhintergrundes, des Grafik-Fensters, des Menüs und des Bodens beliebig gewählt.

- Objekte können als Drahtmodell, mit oder ohne verdeckte Kanten oder als schattiertes Volumenmodell mit geringer, mittlerer oder hoher Transparenz dargestellt werden.

- Eine erweiterte Gouroudschattierung für Volumen und Flächenmodelle erlaubt eine grafisch anspruchsvolle Darstellung.

- Für schattierte Darstellungen:
  Schatten und Böden können dargestellt werden.
  Die Position von Lichtquellen kann verändert werden.
  Eine schnelle Realzeit-Animation von Arbeitszellen kann ausgeführt werden.

2.2 Benutzer Schnittstelle (UI)

Umfangreiche Funktionen und Arbeitshilfen werden zur Verfügung gestellt, mit denen die hohe Anwenderfreundlichkeit und Flexibilität des System erreicht wird:

- Ein integriertes Fenster-Systeme (NeWS oder 4Sight) wird genutzt. Während das System arbeitet, kann der Anwender eine Reihe von parallelen UNIX-Prozessen durchführen. Die Unterteilung des Bildschirmes ist leicht durchzuführen.

Die Benutzer-Schnittstelle orientiert sich an dem OSF/Motif-Standard, einer Benutzerschnittstelle die voraussichtlich Industriestandard für Computer-Grafik wird.

- OSF/Motif "look and feel":
  Druckknopfähnliche Icons.
  Eingaben über Formblätter ("Forms"), oder über Fensterauswahl.
  "Pop-Up"-Listen zur Informationsausgabe für den Anwender.
  Interaktive Informationsausgaben wo erforderlich.
  Einfach in der Anwendung, durch hierarchische Menüebenen.
  Tastatur-Eingaben sind auf ein Minimum reduziert.

Abbildung B: Beispiel der Benutzerschnittstelle.

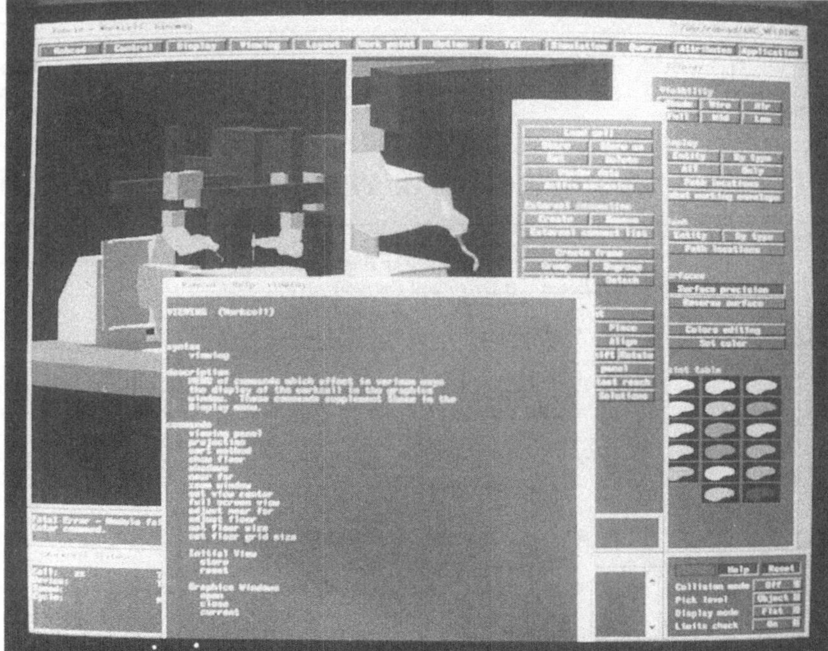

2.3 Grundfunktionen

Der Anwender kann seine Arbeitsumgebung durch die Auswahl von verschiedenen globalen Parameter definieren:

- **Maßeinheiten** — Entfernungen, in Millimetern, Zentimetern, Metern, Inches oder Fuß. Winkel in Grad oder Bogenmaß.

- **Bewegungsgrenzen** — Bewegungen können durch vordefinierte Grenzen kontrolliert werden, mit Ausgabe einer entsprechenden Information. Alternativ dazu können Bewegungsgrenzen auch außer Kraft gesetzt werden.

- **Kollisionen** — Bewegungen können automatisch auf auftretende Kollisionen oder beinahe Kollisionen überprüft werden. Dabei kann wahlweise die Simulation angehalten bzw. lediglich eine Information an den Anwender ausgegeben werden.

Drei spezielle Funktionen sind jederzeit verfügbar:

- **On-Line-Hilfe** — Für jeden Systembefehl wird On-line-Hilfe bereitgestellt. Unter diesem umfangreichen Befehlsumfang wird die komplette ROBCAD-Dokumentation bereitgestellt.

- **Befehlrücknahme** — Die Befehlrücknahmefunktion (Undo) ermöglicht es dem Anwender seines letzten Befehl zurückzunehmen. Diese Funktion ist für die meisten Befehle anwendbar.

- **Zurücksetzen** — Das Rücksetzen (Reset) ermöglicht es die ursprüngliche Gestaltung des Bildschirms in seiner Default-Einteilung aufzurufen.

2.4 DATEN-UND DATEIEN SYSTEM OPERATIONEN

Es werden verschiedene Funktionen zur Verfügung gestellt, zum bearbeiten und manipulieren von Daten und Dateien:

2.4.1 Auskunfts-Menü

Ein leistungsfähiger Auskunfts-Befehl ist jederzeit verfügbar. Eine umfassende Datenausgabe liefert spezifische Informationen zu Elementen in der Arbeitszelle, wie z.B.:

- Geometrische und kinematische Daten zu Objekte, Gruppen und Zusammensetzungen.

- Die Position und Orientierung von Objekten.

- Winkel oder Abstände zwischen Objekten oder anderen Komponenten.

2.4.2 Datatool

Datatool ist ein Daten-Managment-Modul. Es wurde entwickelt als Hilfe zur Durchführung von Dateien-System-Operationen, ohne Kenntnisse zu benötigen von dem jeweiligen Betriebssystem.

Folgende Hauptfunktionen sind verfügbar:

- Auflisten von Komponenten, Arbeitszellen, Simulations-Dateien, Zeichnungs-Dateien, Log-Dateien und Programmen.

- Editieren von Dateien.

- Kopieren, löschen, umbenennen und sichern von Komponenten, Arbeitszellen, Simulations- und Zeichnungs-Dateien.

- CAD Import/Export-Befehle.

- System-Hilfs-Funktionen wie, Log-Datei zeigen, Log-Datei drucken, Disk Belegung Datei-Größen.

2.4.3 Projekt

Es besteht die Möglichkeit zwischen Projekten zu wechseln, ohne die Arbeitsumgebung zu verlassen.

2.5 HARDWARE

ROBCAD kann auf verschiedenen UNIX-Arbeitsstationen eingesetzt werden:

- Silicon Grafics.

- IBM RS6000.

- HP 9000 Serien.

- SUN

Beispiel einer Basis-Konfiguration.

- 16 MB RAM

- 380 MB Disk.

- 32 color bit planes und Z-Buffer.

- 19" RGB Monitor.

- 150 MB Tape drive.

2.6 EINBINDUNG IN NETZWERKE

Der Einsatz kann unvernetzt unabhängig von anderen Arbeitsumgebungen erfolgen, oder als Teil eines Netzwerkes (siehe Abb. C). Es werden NFS, ETHERNET und TCP/IP-Standards unterstützt.

- Daten können von mehreren Anwendern genutzt werden.

- Der Datentransfer zu Robotersteuerungen ist sicherer und schneller.

- Gleiche Datenquellen können genutzt werden. Zeichnungen und andere Ausgaben können jeweils über nur ein Gerät erfolgen.

Abbildung C: Netzwerkdarstellung

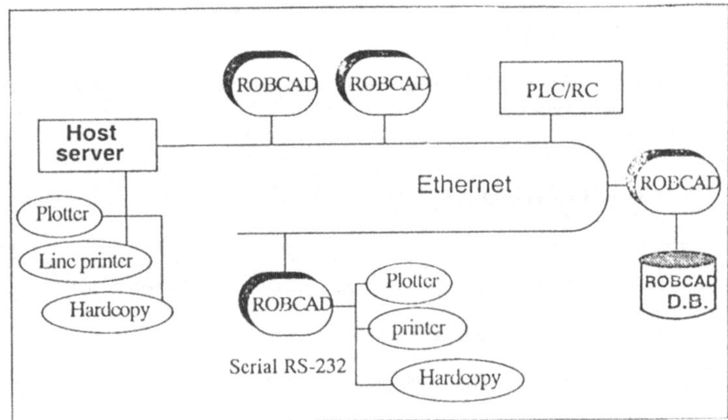

ABSCHNITT 3   ARBEITEN MIT ROBCAD

In diesem Abschnitt werden Schritt-für-Schritt die einzelnen Funktionen beschrieben.

3.1 MODELLIEREN

Um eine Arbeitszelle aufzubauen und die einzelnen Funktionsweisen zu simulieren, müssen die einzelnen Funktionsbereiche der Arbeitszelle in der Datenbank existieren. Das Erzeugen dieser Funktionsbereiche wird mit dem vorhandenen 3D-Modellierer und der Roboter-Bibliothek durchgeführt. Über 100 marktgängige Robotermodelle sind in der Bibliothek verfügbar und können ohne Modifikation benutzt werden. Roboter, die nicht in der Bibliothek existieren, können modelliert und in der Datenbank gespeichert werden bis zu deren Nutzung. Der Datenbestand wird ständig erweitert.

3.1.1 Geometrische Modellierung

Beliebige geometrische Modelle können erzeugt und in der Datenbank für die spätere Nutzung gespeichert werden. Es sind Möglichkeiten vorgesehen für das Modellieren von Volumenmodellen und Flächenmodellen in 3D und Drahtmodelle in 2D oder 3D.

3.1.1.1 Modellierung von Volumenmodellen.

Folgende Möglichkeiten sind vorgesehen zum Erzeugen und Editieren von Volumenmodellen:

- *Erzeugen von einfachen Körpern (Primitives):* Wie Würfel, Box, Kegel, Zylinder, Rohr, Prisma, Kugel, Torus, Kegelstumpf, Keil.

- *Boolsche Operationen können durchgeführt werden:* Wie subtrahieren, zusammenfügen, Schnittvolumen bestimmen usw..

- *Berechnen von Objekt-Eigenheiten:* Wie Volumen, Oberfläche, Schwerpunkt, Trägheitsmoment usw..

- *Die Genauigkeit der Darstellungen kann kontrolliert werden:* Wie geometrische Genauigkeit, Anzahl der Segmente mit denen Kurven dargestellt werden, Anzahl der Facetten mit denen gekrümmte Flächen dargestellt werden.

- *Drehen und dehnen* von Flächen.

3.1.1.2 Modellieren von Flächen

Es stehen verschiedene Möglichkeiten zur Erzeugung und zur Modifizierung von Flächen zur Verfügung die aus anderen CAD-Systemen, übertragen wurden.

- *Mathematische Darstellung* von Flächen und Kurven (einschließlich trimmed-surfaces und Nurbs).

- *Modellieren* von Regelflächen und rotationssymmetrischen Flächen.

- *Genaue Definition* von Arbeitspunkten und Bahnen auf Flächen.

3.1.1.3 Daten-Reduzierung

In vielen Fällen sind Drahtmodell-CAD-Daten, die von CAD-Systemen übertragen wur
den, illegal. *Daten-Reduzierungs* Funktionen *analysieren und korrigieren automatisch diese
illegalen Daten* und ihre Umwandlung in Flächen und Volumenmodelle.

3.1.1.4 Modellierung von Drahtmodellen

Es besteht die Möglichkeit der Modellierung von 2D und 3D Drahtmodellen:

- *Erzeugen einfacher Figuren:* Wie Punkt, Linie, Kreis, Rechteck, Polygon, Kreis, El-
lipse.

- *Erzeugen von 3D-Körpern aus 2D-Figuren:* Wie Drahtmodell in Volumenmodell
umwandeln, dehnen und drehen von 2D-Figuren um daraus Volumenmodelle zu
bilden.

3.1.1.5 Grafische Objekte handhaben

- *Kopieren und modifizieren von Objekten:* Wie kopieren, duplizieren, verschieben,
spiegeln, skalieren.

- *Objekte plazieren:* Wie drehen, verschieben, setzen, plazieren, ausrichten, interaktives Plazierungs-Panel.

3.1.2 CAD Daten-Übertragung - Die ROBFACE-Funktion

ROBFACE ist eine *neutrale, geometrische Schnittstelle,* die es dem Anwender ermöglicht
CAD-Daten zwischen ROBCAD und beliebigen anderen CAD-Systemen zu übertragen.
Die Nutzung von ROBFACE bietet sehr viele Vorteile.

- *ROBFACE ist Anwender-freundlich:* Die Syntax macht die Nutzung einfach.

- Wenn keine Standard-CAD-Schnittstelle genutzt wird (z.B. IGES, VDAFS, die
von ROBCAD unterstützt werden), ist ROBFACE der beste Zugang zur Datenbank.

3.1.3 Modellierung von Kinematiken

- *Roboter:* Ein Mechanismus mit einem Werkzeug-und einem Basis-Frame. Ein solcher Mechanismus kann folgendermaßen bewegt werden:
  Direkter Modus -Gelenk für Gelenk, bis die geeignete Roboterstellung erreicht ist.
  Inverser Modus -automatische Berechnung der erforderlichen Gelenkstellungen, um das Werkzeug mit einer gewünschten Position und Orientierung zu plazieren in einem "frame".

- *Vorrichtung (Device):* Ein Mechanismus ohne Werkzeug-und Basis-Frame. Er kann nur im direkten Modus bewegt werden.

Das System erlaubt die einfache Modellierung von Robotern und Vorrichtungen.

Folgende Funktionsumfänge stehen zur Verfügung:

- **Ein automatischer "closed form inverse kinematic solutions generator."**

- Eine logische und einfache Definition von Achsen, Gelenken, Basis-und Werkzeug-Frame.

- Die Definition von funktionellen Abhängigkeiten zwischen Gelenken erfolgt interaktiv. Dadurch kann der Anwender einfach komplexe Mechanismen wie z.Bsp. Pressen, geschlossene Gelenkketten usw. modellieren.

- Jeder Roboter und jede Vorrichtung kann bis zu 40 Gelenke enthalten.

- Mechanismen mit Parallelogrammstruktur sowie Baum-Struktur-Mechanismen mit offenen oder geschlossenen Gelenkgliedern, können leicht modelliert werden.

Abbildung D: Kinematikbeispiel

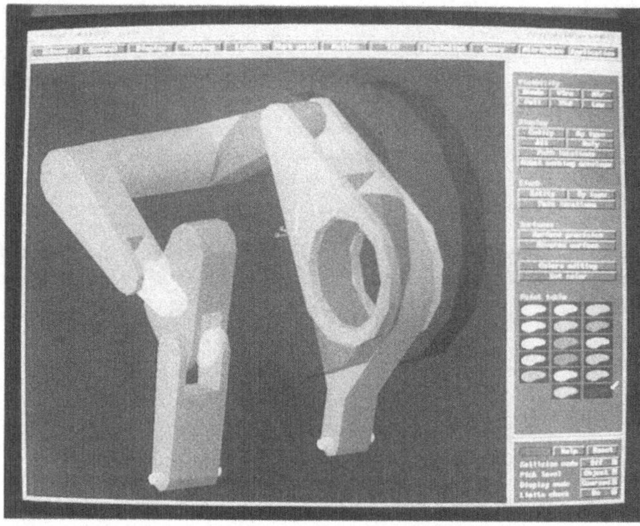

3.2 ARBEITSZELLEN LAYOUT

Kinematische und nicht-kinematische Komponenten können beliebig neu modelliert und beim Aufbau von Arbeitszellen eingesetzt werden. Das Festlegen des Layouts, Abstimmen der Roboter oder Maschinen Bewegungen, Erzeugen der Arbeitspunkte und Bahnen sowie das Simulieren des Arbeitsablaufes in der Arbeitszelle sind iterative Prozesse. Die in jeder Phase gewonnenen Daten werden zum Modifizieren und Optimieren des Layouts genutzt.

3.2.1 Layout

Beim Erstellen des Layouts werden viele Befehle genutzt zur Zuordnung und Handhabung von Objekten in der Arbeitszelle, wie (get) aufrufen, plazieren, gruppieren, externe Verbindungen definieren usw. Einige Bsp.:

3.2.1.1 Plazierungs-Befehle

Leistungsfähige Plazierungs-Befehle wie: *Setzen (Put), Montieren (Mount), Plazieren (Place), Ausrichten (Align), Anordnen (Adjust)* usw. erlauben ein äußerst schnelles und leichtes aufbauen der Arbeitszelle. Objekte können mit Hilfe der auf dem Bildschirm sichtbaren Teilegeometrie plaziert werden. Zum Beispiel:

- *Automatisches plazieren* in Abhängigkeit und im Verhältnis zu den bereits positionierten Elementen in der Arbeitszelle.

- Nutzung eines interaktiven Transfer-Panels für die Plazierung und Fein-Ausrichtung von Objektpositionen, bezogen auf andere Objekte in der Arbeitszelle.

Für die Plazierung von Robotern stehen weitere Spezialfunktionen zur Verfügung, wie zum Beispiel:

- *Autoplace* - Eine Roboterposition wird ermittelt von der aus alle definierten Arbeitspunkte erreicht werden können. Der Roboter wird automatisch in dieser Position plaziert. Wenn mehrere Lösungen existieren, kann der Roboter zur Auswahl der besten Position zwischen allen Möglichkeiten verschoben werden.

- *Dynamic test-reach* - Wenn der Roboter neu plaziert, oder auf einer externen Achse bewegt wird, werden zuvor definierte Ziel-Arbeitspunkte auf Erreichbarkeit getestet. Sie verändern ihre Farbe, wenn sie vom Roboter-TCP (Tool Center Point) nicht erreicht werden können.

- *External connections* - In einigen Applikationen arbeiten Roboter an sich bewegenden Werkstücken die z.B. auf Förderbändern, Positionierern etc liegen. Diese Bewegung kann mit der Roboterbewegung synchronisiert werden.

3.2.2 Erzeugen von Arbeitspunkten

Es sind verschiedene Spezial-Funktionen vorgesehen, mit denen Arbeitspunkte leicht bestimmt und als Zielpunkte für Roboter oder Vorrichtungen definiert werden können.

- *Globale Arbeitspunkte* können jedem beliebigen Roboter oder jeder Vorrichtung in der Arbeitszelle zugeordnet werden.

- *Lokale Arbeitspunkte* sind nur bedeutend für einzelne Roboter oder Vorrichtungen. Diese Punkte sind der Steuerung des jeweiligen Roboters oder der Vorrichtung zugeordnet. Sie werden üblicherweise mit dem "Lernen" (teach)-Befehl festgelegt.

- *Via-Punkte (fahre über Punkte)* werden automatisch erzeugt, um Hindernisse in der Bahn zu umgehen.

- Arbeitspunkte werden leicht und genau auf Flächen, Splines, Kurven usw. erzeugt.

3.2.3 Bahnen erzeugen

Es können Bahnen als Folge von Arbeitspunkten definiert werden.

- Bahnen können automatisch auf Flächen oder Kurven erzeugt werden.

- Existierende Bahnen können durch Anhängen oder Einfügen von Arbeitspunkten, durch Löschen von existierenden Arbeitspunkten und durch Umkehren der Reihenfolge in der Bahn, modifiziert werden.

- Die Arbeitspunkte auf einer Bahn sind durch Liniensegmente verbunden und hervorgehoben um ihre Reihenfolge anzuzeigen.

3.2.4 Bewegungsbahnen planen

Eine Voraussetzung für die genaue Simulation einer Roboterbewegung im Raum ist die präzise Emulation der entsprechenden Steuerung. Durch Bewegungsplanungsfunktionen (Motion Planing features) (MOP) werden die realen Funktionen der Steuerungen emuliert.

- Zum Berechnen der Roboter-Bewegungsbahnen werden reale Steuerungs-Algorithmen genutzt. Daraus resultiert:

  Genaue Bewegungssimulation. Über 100 verschiedene Bewegungs-Parameter können in einer spezifischen Datei für jeden Roboter (Gelenke-Geschwindigkeit- und Beschleunigung, lineare TCP-Geschwindigkeit, Verzögerungs-und Haltezeiten usw.) editiert werden. Sie stellen die Datenbank für die präzise Emulation der entsprechenden Steuerungen dar.

  Genaue Bewegungsbahnen. (Die TCP-Bahn entspricht der realen Bahn)

  Genaues Bewegungsverhalten. (Geschwindigkeitsüberschreitungen, Singularitäten etc.)

- Für die präzise Steuerungsemulation werden die tatsächlichen Parameter in der realen Roboter-Steuerung nachgemessen.

- Vier Bewegungsarten sind verfügbar: joint (Gelenkkoordinaten), Linearinterpolation, Circularinterpolation und unsynchronisierte Gelenkbewegung.

- Für die letzten drei Roboter-Gelenke werden *Dreh (Turns)*-Begrenzungen berücksichtigt. Die Anzahl der tatsächlichen oder erforderlichen Drehungen der Drehgelenke wird angezeigt.

- Die Genauigkeit, mit der der Roboter-TCPF Zwischenpunkte erreicht, kann festgelegt werden. Man bezeichnet dies als *Zonen*. Verfügbare Zonen sind: *grob (coarse), mittel (medium), fein (fine)* oder *"keine Verzögerung" (no deceleration)*. Wählbare Zonenarten sind: *Entfernung (distance), relative Entfernung (relative distance), Geschwindigkeit (speed)* oder *Gelenk-Wert (joint value)*.

- Befehle, die den Roboter zu den Arbeitspunkten (lokale Punkte) präzise oder annähernd bewegen, können geteacht werden, indem sie einen Teil des Programmes für den Roboter bilden.

Abbildung E: Beispiel Bewegungsbahn

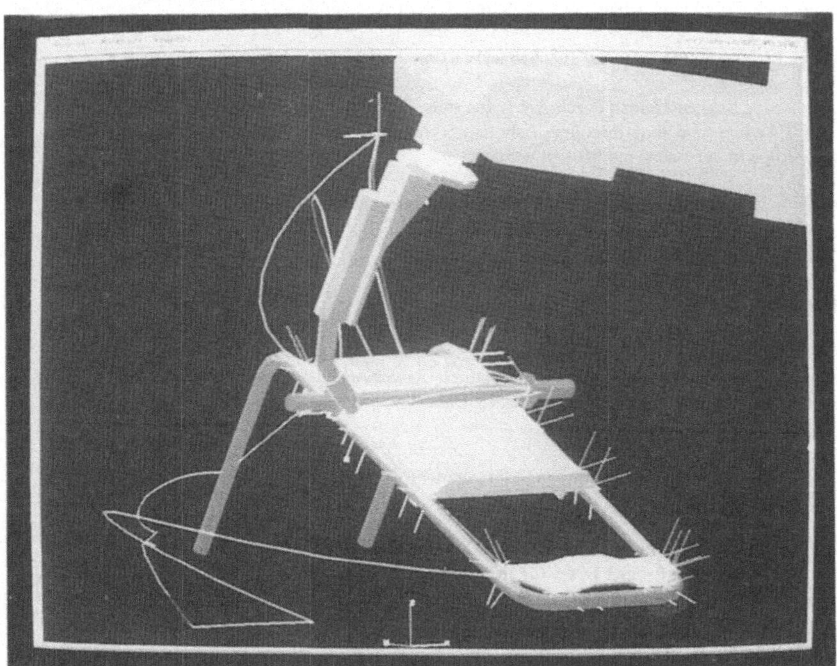

3.3 PROGRAMMIEREN

Wenn Layout, Arbeitspunkte und Bahnen bestimmt sind, werden die Vorrichtungen programmiert. Dies kann ohne die entsprechenden Funktionen eine zeitraubende, unangenehme Arbeit sein.

Im System steht eine interaktive, grafisch unterstützte Programmierumgebung zur Verfügung. Dabei werden sowohl simulationsspezifische Befehle, als auch Roboterbefehle zur Definition des kompletten Simulationsprogrammes zur Verfügung gestellt.

3.3.1 Aufgaben-Beschreibungs-Sprache

Die Aufgaben-Beschreibungs-Sprache (TDL- Task-Description-Language) ist eine strukturierte, Computerhochsprache. Sie arbeitet mit allen Roboter, Vorrichtungen, Objekten und den zur Verfügung stehenden Befehlen. Sie ist spezifisch, so daß alle TDL-Dateien in die Roboter-Sprache übersetzt werden können.

TDL enthält den kompletten Befehls-Satz für Bewegungen, Objekt-Handhabung, Kommunikation zwischen den Aufgaben und Signalfluß. Zusätzlich können Vorgänge und Anwender-Funktionen eingefügt werden.

TDL-Merkmale:

- Aufgaben orientierte Simulationen.

- Parallele Aufgaben von mehreren Elementen können bearbeitet werden.

- "When"-Blocks zur Unterstützung von Verzweigungen.

- Synchronisierte und nicht-synchronisierte Kommunikation.

- Kommunikation mit externen C-Programmen durch UNIX-Funktionen wie: "pipes".

- Abfrage Funktionen ermöglichen das Abfragen von z.Bsp. Werten wie Elemente-Positionen, Gelenk-Werte, vorhandene inverse Lösungen für einen Arbeitspunkt usw. Diese Informationen können für die Simulation genutzt werden.

- Die Bewegung von Objekten ohne Kinematic (z.B. AGVs).

3.3.2 Programmierarten

Es können 2 Programmierarten genutzt werden (siehe Abb. F):

3.3.2.1 Interaktive Programmierung

- "Teach-pendant", grafische, interaktive Programmierung.

- Die Programmierung ist intuitiv, ähnlich wie das teachen eines Roboters.

- Programmieren mit Hilfe des TDL-Interpreters oder in der jeweiligen Robotereigenen Sprache.

- Der Anwender kann jeder Vorrichtung eine eigene Sprache zuordnen.

Abbildung F: grafisches, interaktives Programmieren.

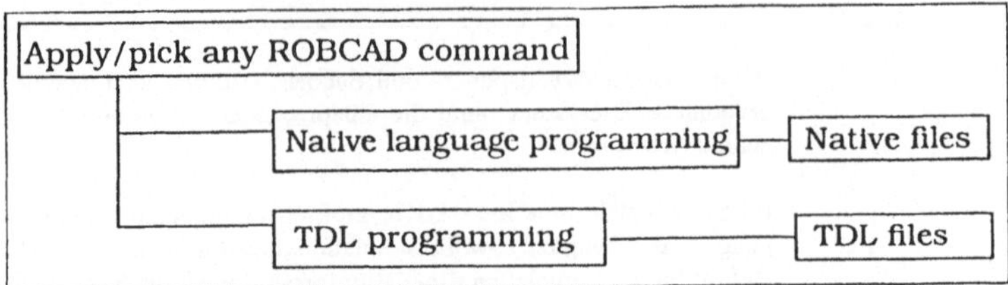

3.3.2.2 Komplette Programmierumgebung

- Alle Dateien können in einer Arbeitsumgebung interaktiv editiert, kompiliert und verbunden werden. Das. Ergebnis sind Simulations-Dateien, die sofort simuliert werden können. (siehe Abb. G)

- Alle Signalverbindungen zwischen verschiedenen Aufgaben können interaktiv durch picken auf dem Bildschirm definiert werden. Das Koordinieren der Bewegungen in der Zelle wird dadurch vereinfacht.

3.4 SIMULATIONEN

In der Simulation ist die Qualität der bildlichen Darstellung von äußerster Wichtigkeit. Die Vorbereitung, das Festlegen der gewünschten Ansichten und das Erzielen der erwarteten Ergebnisse wird dem Anwender in der Simulations-Umgebung leichtgemacht.

3.4.1 Vorbereiten der Simulation

Sobald die Simulation fertiggestellt ist, kann der Anwender zur besseren bildlichen Darstellung und Präsentation der Ergebnisse Kameras und verschiedene Ansichten definieren. Es ist möglich:

- Mehrere Kameras zu definieren und editieren.

- Eine Simulation kann vorbereitet werden, wobei das Aktivieren von einzelnen Kameras durch die Simulationsablaufsteuerung vorgenommen wird. Dadurch wird ein filmähnlicher Ablauf erzielt.

- Manuelles Ausschalten der Kameras während des Simulationsablaufes.

- Das Präsentieren des Ergenisses auf der Arbeitsstation oder die Übertragung auf Video.

Der Prozess der Simulationsvorbereitung ist für jede Programmiersprache identisch.

Abbildung G: Vorbereitung einer Simulation

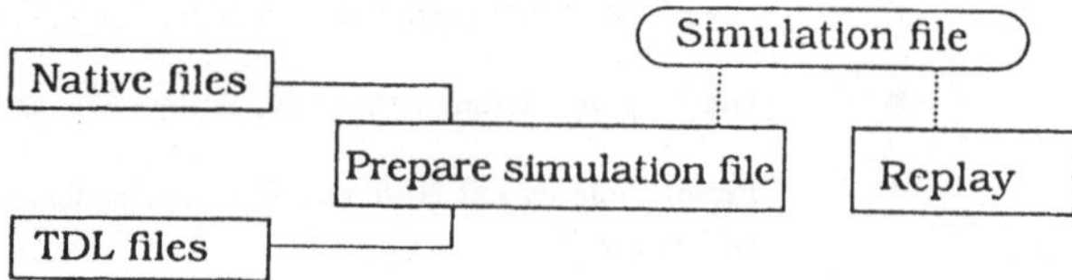

3.4.2 Auswertung einer Simulation

Das System stellt verschiedene Möglichkeiten zur Verfügung zur Auswertung der Arbeits-
zellen-Simulation und des Ablaufs in der Zelle sowie zur Optimierung des Layouts und des
Programms.

- Einige Simulations-Aktivitäten werden in einer Log-Datei für weitere Analyse aufgezeichnet.

- Es werden Kollisionen automatisch erkannt und können grafisch als auch textuell dargestellt werden. Die Ergebnisse werden in der Log-Datei aufgezeichnet.

- Die gesamte Zykluszeit der Simulation und die Zykluszeiten einzelner Abschnitte sind für Analysen verfügbar. Uhren können gesetzt und gelöscht werden um Verzögerungszeiten aufzudecken und die Zykluszeit zu optimieren.
  Die Zykluszeit wird für die meisten Simulationen mit einer Genauigkeit von über 95 % erreicht. Die Zeiten für spezifische Bewegungsarten können mit einer Präzision von 99,9 % erreicht werden.

- Die Simulations-Geschwindigkeit kann variiert, Bemerkungen für das Simulations-Programm können dargestellt und die Simulation selbst kann beliebig beendet, angehalten oder schrittweise ausgeführt werden.

- Kollisionen und Überschneidungen können automatisch erkannt werden; die kollidierenden Körper und die sich überschneidenden Volumen werden deutlich dargestellt.

3.5 OFFLINE-PROGRAMMIERUNG

Nachdem die Programme getestet und Fehler beseitigt wurden, können sie direkt in die
Steuerungen der entsprechenden Vorrichtungen und Roboter hinuntergeladen werden. Es
sind entsprechende Funktionen vorhanden, die diese Arbeit leicht machen (siehe Abb. H):

3.5.1 Anwender-definierter Translator (User Defined Translator)

UDT ist eine vom Anwender definierte Übersetzungsmöglichkeit. Sie ermöglicht dem Anwender das Schreiben eines maßgeschneiderten Kommunikations-Programmes zum Über-
setzen eines TDL-Programmes in die Sprache jeder beliebigen Roboter-Steuerung. In
kürzester Zeit kann der eigene "Postprozessor" geschrieben werden.

Abbildung H: Hinunterladen von Programmen.

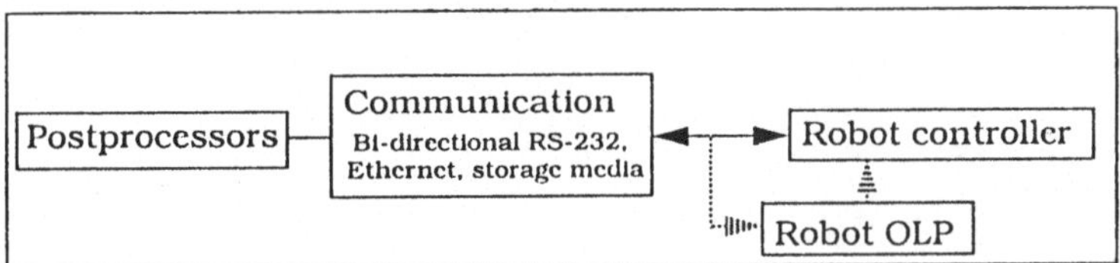

Zusätzlich zu UTD werden weitere, optionale Postprozessoren angeboten für gebräuchli-
che Roboter-Programmier-Sprachen.

3.5.2 ROBCAD-Offline-Programmierung Funktionen

- Steuerungs-und logische Befehle, ebenso wie Bewegungsbefehle und Befehle für die Kommunikation zwischen den Aufgaben, können übersetzt werden.

- Übersetzte Dateien können vor dem Hinunterladen editiert werden; sie können ebenso für weiteres editieren in das System hinaufgeladen werden um neue Arbeitspunkte für das Arbeitszellen-Modell aufzunehmen.

- Statements, die für den Roboter oder die Vorrichtung, jedoch nicht für die Simulation benötigt werden, können in das Programm eingeschlossen werden. Sie werden vom Simulations-Kompiler ignoriert, aber für das Hinunterladen übersetzt.

- Befehle, die für die Simulation, jedoch nicht für den Roboter oder die Vorrichtung benötigt werden, können vor dem Hinunterladen automatisch ausgefiltert werden.

3.5.3 Kalibration

- Genauigkeit ist entscheidend für jedes Off-line Programm. Das System liefert spezielle Werkzeuge zur statischen und dynamischen Kalibration.

- Die erreichte Genauigkeit hängt von der jeweiligen Applikation und dem eingesetzten Roboter ab. Es wurden bereits Genauigkeiten von besser als 1mm erzielt.

3.6 ROBCAD - EIN OFFENES SYSTEM

Das System bietet die Möglichkeit zur Entwicklung eigener Applikationen bei gleichzeitiger Nutzung der vorhandenen Bibliotheken. Mit vielen verschiedene Optionen wird eine sehr hohe Vielseitigkeit, Offenheit und Flexibilität erreicht. Dadurch wird es einfach, das System in jede beliebige Arbeitsumgebung zu integrieren.

3.6.1 Schnittstelle, Eingabe /Ausgabe

3.6.1.1 Meta-Dateien

Eine Meta-Datei ist eine neutrale Datei, mit einer bestimmten Struktur und Syntax. Solche Dateien sind für den Anwender zugänglich zum Editieren, Drucken usw. Durch entsprechende Eingabe und Editierung einer solchen Datei, werden diese Teil der Datenbank. Verfügbare Dateien sind:

- ROBFACE

- Die .e-Datei ist eine ASCII-Datei, mit der Bewegungsplanungs-(Kinematic)-Parameter definiert werden für jeden Roboter in der ROBCAD Datenbank.

- Eine Arbeitspunkte-Metadatei wird zur Übermittlung von Arbeitspunkten wie z.Bsp.. Schweiß-Punkten auf Flächen oder anderen Komponentenarten zur Verfügung gestellt.

- Plotter-Meta-Datei.

3.6.1.2 Postprozessoren

Postprozessoren machen das System kompatibel für die Sprache von verschiedenen, bekannten Roboter-Steuerungen.

3.6.1.3 Schnittstelle zu CAD

Es stehen Module zur Verfügung, die es möglich machen geometrische Datendateien von anderen CAD-Systemen und umgekehrt zu übertragen. Alle geometrischen Schnittstellen haben verschiedene Merkmale gemeinsam:

- Alle Geometrien können in die Datenbank importiert werden.

- Für importierte Komponenten kann die automatische Kollisions-Erkennung genutzt werden.

- Die Präsentationen von Flächen und Kurven sind mathematisch exakt.

- Volumenmodelle werden dargestellt als "faceted boundary representations"

- Arbeitspunkte und Bahnen können präzise auf importierten Komponenten definiert werden.

3.6.1.4 Ausgabe-Vorrichtungen

- Plotter-Schnittstellen.

- Hardcopy - Laser Emulation für Zeilen-Drucker oder Printer.

- Video-Output - erzeugt PAL-oder NTSC-Format, VHS-Video-Tapes von Arbeitszellen und Simulationen.

3.6.2 ROSE - offene System-Umgebung

Planungs und Entwicklungs-Abteilungen von Anwendern und/oder Roboter-Lieferanten
sind oft gezwungen Werkzeuge zu entwickeln, ohne ihr know-how offenlegen zu wollen.
Die ROBCAD-Open-System Umgebung (ROSE) ist eine Plattform für Anwender-defi-
nierte Entwicklungen, die es dem Anwender möglich machen selbst Entwicklungen in der
System Umgebung durchzuführen.

3.6.2.1 ROSE eröffnet dem Anwender folgende Möglichkeiten:

- *Entwickeln und integrieren von beliebigen, Anwender-geschriebenen Applikationen* in
  die System-Umgebung.

- *Entwickeln von eigenen Applikationen.*

3.6.2.2 ROSE besteht aus 3 Basis-Elementen (siehe Abb. G):

- RobUIL - ROBCAD User-Interface-Language(Sprache) erlaubt dem Anwender
  maß-geschneiderte Benutzer-Schnittstellen für Applikationen zu entwickeln und
  ihnen das System "look & feel" zugeben. Es basiert auf OSF/Motif UIL-Standard.

- RobAPI - ROBCAD Application Programming Interface besteht aus System-Pro
  zessen die in Ihre Applikation eingefügt werden können.

- Anwender-geschriebene C-Programme können in die Applikations-Umgebung
  eingefügt werden.

Abbildung K: Applikations-Entwicklungs-Prozess.

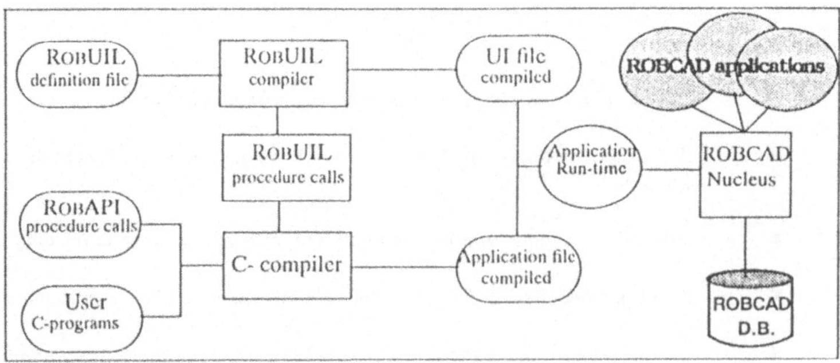

3.6.3 Zeichnen und Dokumentieren

Mit dem Zeichnen-Modul können Hardcopy-Zeichnungen von individuellen Elementen oder ganzen Arbeitszellen erstellt werden in Industrie-Standard-Format.

- Zusätzlich zu den Standard-Zeichnungs-Formaten können spezielle Zeichnungs-Formate definiert werden.

- Zeichnungen und Dimensionierungen können dem ANSI- oder ISO/DIN-Standard angepaßt werden.

- Einzelne Zeichnungs-Ebenen können zur Unterscheidung zwischen Objekten, Ansichten, Dimensionierungen usw. definiert werden.

- Die Breite und Höhe von Linien, Texten und Dimensionierungen können beliebig verändert werden.

- Zwei-dimensionale Elemente können konstruiert, modifiziert und skaliert werden.

- Dimensionen können automatisch berechnet und an den gewünschten Stellen plaziert werden. Sie können horizontal, vertikal, parallel, diametral, radial und winkelförmig geschrieben werden.

- Die Art und Größe der Dimensions-Maßpfeile und die Präzision der berechneten Dimensionen, können definiert werden.

- Ansichten können verschoben, hinzuaddiert oder mit anderen Ansichten verbunden werden.

- Linien können durchgehend, gestrichelt oder als Mittellinie gezeichnet werden.

- Der Dokumentationstext kann horizontal, vertikal, winkelförmig oder parallel geschrieben werden.

- Zeichnungen von Objekten oder Arbeitszellen können als Drahtmodelle oder mit verdeckten Kanten angefertigt werden.

- Zeichnungen können in voller Größe, skaliert oder so wie dargestellt geplottet werden. Die Darstellung kann beliebig mit Zoom, Pan oder Verschiebefunktionen modifiziert werden.

- Zusätzlich zu den bereitgestellten Standard-Treibern für verschiedenen gängige Plotter, ermöglicht eine Plotter-Meta-Datei das Schreiben von Schnittstellen für praktisch jeden Plotter.

3.7 ROBCAD APPLIKATIONEN

Die meisten modernen Software-Lösungen erfordern eine Anpassung an die spezifischen Applikationserfordernisse und Kundenwünsche. "Tools & Methodologies" ist ein Konzept das maßgeschneiderte Lösungen für definierte Fabrikationsprozesse anbietet.

Es werden professionelle Werkzeuge für Punkt-Schweißen, Lichtbogen-Schweißen, Bohren & Nieten, Lackieren und Teleoperation zur Verfügung gestellt. Jedes Produkt hat eine spezifische Umgebung, die den gegebenen Problemen des jeweiligen Appplikatiosprozesses anpaßt wurde.

Abbildung L: Beispiel Lackierapplikation.

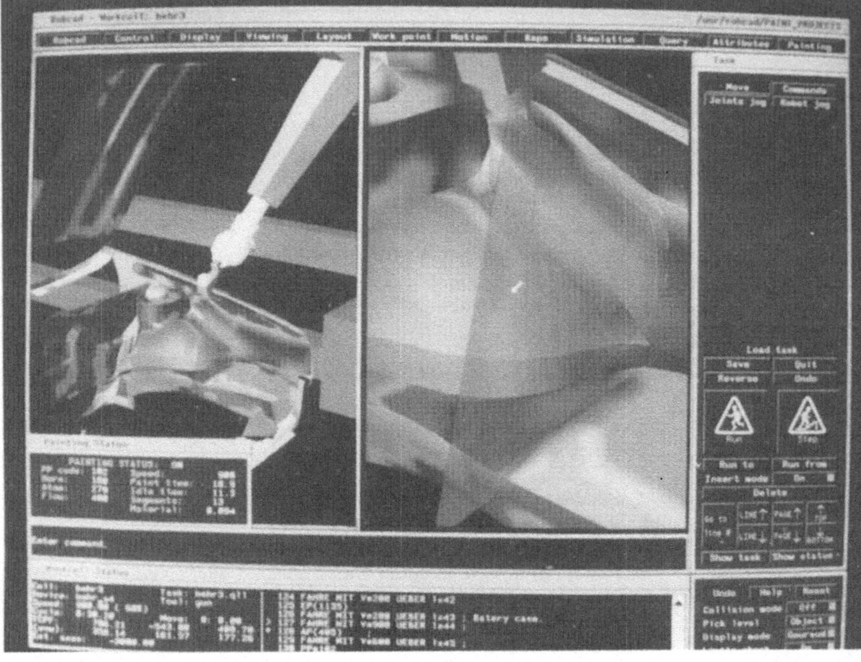

RKS – Ein Kernsystem für graphisch unterstützte Planung und Simulation von Robotikanwendungen

Fan Dai [1]
Fachgebiet Graphisch-Interaktive Systeme
Technische Hochschule Darmstadt

Zusammenfassung

Die Anforderungen an Softwaresysteme zur Unterstützung von Robotikanwendungen steigen mit den Anforderungen an die Robotersysteme. Flexibler Einsatz von Robotersystemen erfordert auch flexible Planungssysteme. RKS ist ein Kern-System, das allgemeine Kernfunktionen beinhaltet und einen leicht konfigurierbaren Aufbau besitzt. Durch Ergänzung von RKS mit 'Wissen' über Objekte, über Funktionalitäten der Objekte, sowie über spezielle, anwendungsbezogene Lösungsmethoden, erhält man ein den jeweiligen Anwendungen angepaßtes System zur Unterstützung der Planung von Robotikanwendungen. Diese Fähigkeit wird u.a. durch die Benutzung eines allgemeinen Objektmodells und die hierarchische Aktionsplanung erreicht. RKS besitzt außerdem noch eine komfortable graphische Benutzeroberfläche und eine integrierte graphische Simulationsumgebung. In diesem Aufsatz werden die wichtigen Aspekte von RKS beschrieben.

---

[1]Der Autor bedankt sich bei Frau Elke Siemon und Herrn Klaus M. Bauer für das sorgfältige Korrekturlesen des Manuskriptes.

1 Das Konzept von RKS

Roboter und Roboterarbeitszellen sind wichtige Komponenten einer hochflexiblen, automatisierten Fertigungsumgebung. Die hohe Flexibilität, die man anstrebt, verlangt ein komfortables System zur Programmierung der Roboter bzw. Roboterarbeitszellen, das an die verschiedensten Anwendungsbereichen anpaßbar ist. Daher wird am Fachgebiet Graphisch-Interaktive Systeme (GRIS) der Technischen Hochschule Darmstadt seit 1985 an einem Kernsystem für graphisch unterstützte Planung und Simulation von Robotikanwendungen gearbeitet [10, 6]. Dieses System wird RKS - Roboter-Kern-System genannt.

RKS setzt sich aus mehreren Modulen zusammen. Die Gesamtstruktur von RKS wird in Abbildung 1.1 veranschaulicht. Die Hauptkomponente des RKS sind:

- Der *Aktionsplaner* übernimmt die Beschreibung der funktionalen Abläufe zu einem Arbeitsgang. Hier geht es darum, die Aufgaben der Komponente einer Roboterbeitszelle zu definieren und das Zusammenwirken der Komponente zu koordinieren. Das geschieht über das Definieren von Aktionen.

- Der *Bewegungsplaner* generiert bzw. unterstützt die Generierung der räumlichen und zeitlichen Koordination der beteiligten Roboter und anderer Maschinen, um die durch Aktionsplanung festgelegten Aufgaben zu erfüllen.

- Der *Simulator* führt die Aktionen auf Basis eines rechnerischen Modells der Arbeitszelle aus, entdeckt Fehlersituationen und erlaubt dem Benutzer, Änderungen an der Planung vorzunehmen.

- Der *Modellierer* dient zum komfortalen Aufbau des rechnerischen Modells zur Beschreibung der zur Arbeitszelle gehörenden Objekte sowie der Arbeitszelle selbst.

- Die *Wissensbasis* enthält Informationen über die Arbeitszelle, über die Eigenschaften verschiedener Objekte, über die Regeln zur Interpretation und Manipulation der Daten sowie Prozeduren zur Lösung bestimmter Teilprobleme.

- Ein *Graphik-Interaktions-Manager* enthält alle nötigen graphischen Funktionen zur Verwaltung der graphischen Benuter-System-Interaktion.

Die Komplexität und der Vielfalt der Robotikanwendungen veranlaßt es, statt ein allmächtiges System ein Kernsystem zu entwickeln, das sich an verschiedene Anwendungen durch Ergänzungen anpassen läßt. RKS ist danach konzipiert und trägt folgende Merkmale:

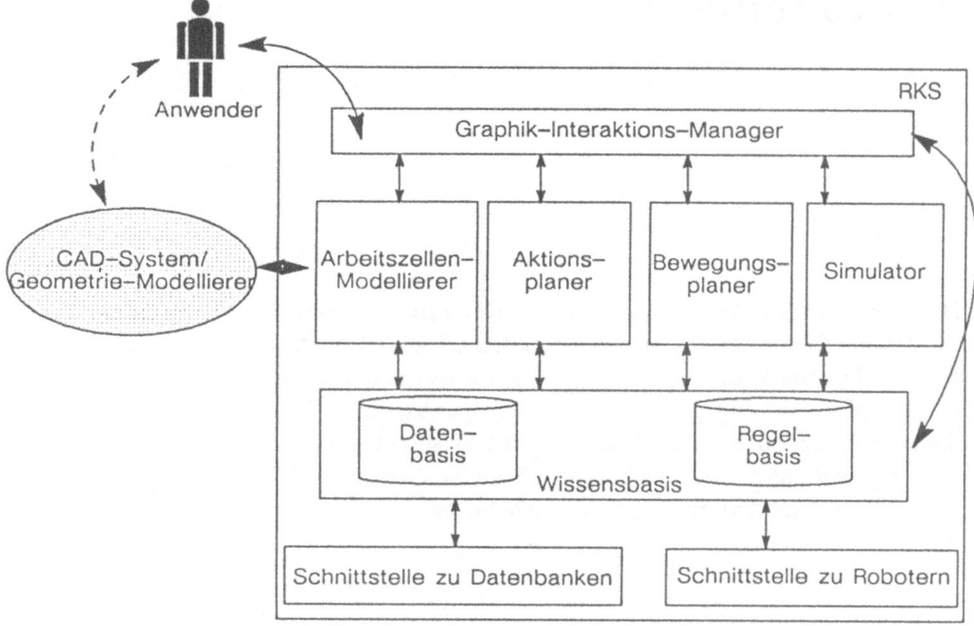

Abb. 1.1: Die Struktur von RKS

- Es basiert auf allgemeinen Kernfunktionen, die für die meisten Anwendungen verwendbar sind. Neue Kernfunktionen lassen sich leicht einfügen. Andere Funktionen werden auf Basis einer festdefinierten Schnittstelle realisiert. Das erleichtert die Erweiterung und Konfigurierung des Systems.

- Es verfolgt ein wissensbasiertes Konzept, so daß das System sich an verschiedene Anwendungen anpassen läßt, ohne die Systemkonfiguration zu ändern oder neue Funktionen zu implementieren.

- Es besitzt eine Graphikschnittstelle, die auf verschiedenen Rechnerumgebungen relativ leicht zu implementieren ist. Die Graphik-Funktionen beinhalten sowohl Darstellungsfunktionen als auch Kontrollfunktionen für die graphische Interaktion.

- Es verwendet ein allgemeines Objektmodell zur Beschreibung von beliebigen Arbeitszellenkonfigurationen. Objektdaten werden einheitlich verwaltet.

- Aktions- und Bewegungsplanung werden durch eine interaktive, graphische Simulationsumgebung unterstützt. Die graphische Benutzeroberfläche erlaubt leichte Eingriffe in alle Planungsphasen und stellt notwendige Hilfsfunktionen jeder Zeit zur Verfügung.

- Die globale Wissens bewirkt schnelle Kopplungen zwischen verschiedenen Planungsphasen. Es ermöglicht die Optimierung des Gesamtprozesses.

Im folgenden werden die Aspekte *Modellierung*, *Planung*, und *Simulation*, sowie die *graphische Interaktion* mit RKS erläutert.

2 Modellierung

Durch die Modellierung erhält man die Grundlage weiterer Planungphasen. Hier werden die Eigenschaften der verwendeten Objekte beschrieben. Auf Basis dieser Beschreibungen können die Fertigungsprozesse nachgebildet werden.

Zur Modellierung gehören zwei wichtige Aspekte: das Modell und das Modellierungsverfahren. Das Modell legt die Möglichkeiten der Benutzung und Verwaltung von Informationen fest, und ein komfortables Modellierungsverfahren ist für komplexe Anwendungen unentbehrlich.

2.1 Das allgemeine Objektmodell

Um die Flexibilität und Erweiterbarkeit des Modells zu garantieren, arbeitet RKS mit einem allgemeinen Objektmodell zur Beschreibung der Roboterarbeitszellen und ihrer Komponenten. Dieses Objektmodell umfaßt alle objektbezogenen Informationen, die für die Planung und Simulation von Robotikanwendungen notwendig sind [4, 3, 17].

Das Objektmodell besitzt folgende Beschreibungskomponente:

- *Identitätsnummer*
- *Name*
- *Typ*
- *Charakteristiken*
- *Status*
- *Koordinatensystem*
- *Struktur*
- *Relation*
- *Geometriebeschreibung*
- *Kinematikparameter*
- *Graphische Repräsentationen*
- *Zusatzdaten*

Dabei dienen die *Identitätsnummer* der systeminternen Verwaltung der Daten und der *Name* der benutzerseitigen Kennzeichnung des Objektes.

Der *Typ* eines Objektes gibt an, zu welcher Objektklasse (s. nächsten Kapitel) es gehört. Damit wird auch festgelegt, welche *Charakteristiken* das Objekt besitzt und wie sein prinzipieller Aufbau ist. *Charakteristiken* sind Merkmale der Objekte, mit deren Hilfe verschiedene Regeln zur Manipulation der Objekte definiert werden können [12]. Welche Merkmale wichtig sind, hängt von den Anwendungen ab. Standardmäßig werden Merkmale vorgesehen, wie z.B.:

- *aktiv*,
- *beweglich*,
- *als Werkzeug benutzbar* und
- *handhabbar*

Der *Status* hingegen gibt den momentanen Zustand des Objektes an. So z.B. ob das Objekt gerade *aktiv* oder *in Bewegung* ist.

Das *Koordinatensystem* und die *Geometriebeschreibung* legen die Lage, Orientierung sowie Form und Größe des Objektes fest. Dies ist eine bei der Planung der Bewegungen sehr wichtige Information.

Falls ein Objekt aus mehreren Unterobjekten zusammengesetzt ist, wird der Aufbau dieses Objektes mit *Struktur* beschrieben. Durch die *Relationen* können sowohl logische Abhängigkeiten der Objekte voneinander, als auch die mechanischen Verbindungen zwischen den Unterobjekten ausgedrückt werden. Es sind z.B. die folgenden Relationen möglich:

- wird einem Objekt zugeordnet (bearbeitet, gegriffen, transportiert etc.)
- loser, geometrischer Kontakt,
- rotatorische Gelenkverbindung,
- translatorische Gelenkverbindung, und
- feste Verbindung (Schraub-, Klemmverbindungen).

Für mechanische Verbindungen, insbesondere für Gelenkverbindungen werden weitere Informationen benötigt. Dazu gehören die *Kinematikparameter*: Bewegungsgrenzen und Bewegungsachsen. Speziell für kinematische Ketten wird die Denavit-Hartenberg-Notation benutzt[8].

Die Möglichkeiten der *Handhabung* müssen bei den Werkstücken und Werkzeugen, sowie einigen Hilfsmitteln (z.B. kleine Behälter) angegeben werden. Im allgemeinen genügen hier die Angabe möglicher Greifpositionen und die zugehörigen Freiheitsgrade. Greifkraft bzw. -druck ist meistens abhängig vom Material des Objektes.

Graphische Repräsentationen werden bei der Manipulation der Objekte durch den Benutzer benötigt. Es sind visuelle Informationen für den Benutzer, um wichtige Eigenschaften eines Objektes direkt zu erkennen. Die Darstellung der Objektgeometrie ist nur ein Beispiel davon. Es sind auch Ikons oder vereinfachte Strichzeichnungen denkbar, um die Funktionalität oder Struktur eines Objektes zu visualisieren [7, 19].

2.2 Das Klassenprinzip

Um ein Objekt mit dem allgemeinen Modell nachzubilden, benötigt man einerseits genaue Kenntnisse über das Objekt, andererseits auch Informationen über die Möglichkeiten, verschiedene Objekte mit dem allgemeinen Modell zu beschreiben. Das ist eine zu hohe Anforderung für den Normalbenutzer. Um dies zu vermeiden, werden Objekte nach ihren funktionalen Eigenschaften sowie ihrem Aufbau klassifiziert. Die Zugehörigkeit eines Objektes zu einer Klasse wird durch den Typ des Objektes gekennzeichnet. Für jede Klasse kann dann von Experten eine Musterbeschreibung zur Verfügung gestellt werden.

Diese Musterbeschreibung nennen wir *Klassenmodell*. Sie besitzt ähnliche Beschreibungskomponenten wie ein Objektmodell, mit der Ausnahme, daß der Typ einer Klasse eine Referenz auf die Oberklasse ist und statt Status eine Kennzeichnung für alle übrigen Beschreibungskomponente vorgesehen ist, die besagt, ob die Objektmodelle dieser Klasse die entsprechenden Beschreibungskomponente besitzen und ob diese Beschreibungen fest oder änderbar sind. Das entspricht der Vererbung von Eigenschaften oder der Verfeinerung der Beschreibung. Damit wird die Konsistenz der Objektmodelle garantiert.

Die Referenz auf die Oberklasse ermöglicht eine hierarchische Klassifizierung der Objekte. So können die Objektmodelle stufenweise verfeinert bzw. konkretisiert werden (Abbildung 2.1). Z.B. hat die Klasse *aktive Objekte* die Charakteristik *aktiv* und die anderen Eigenschaften sind frei definierbar. Objekte der Klasse *Roboterarm* müssen dann zusätzlich eine Struktur in Form einer Kettenverbindung aufweisen. Zu dem können die Roboterarme ihren Effektor bewegen, d.h. sie können die Aktion *bewege_effektor* ausführen. Bei einem 'Puma'-Roboter steht dann fest, wie die Verbindungen zwischen den Unterobjekten definiert sind.

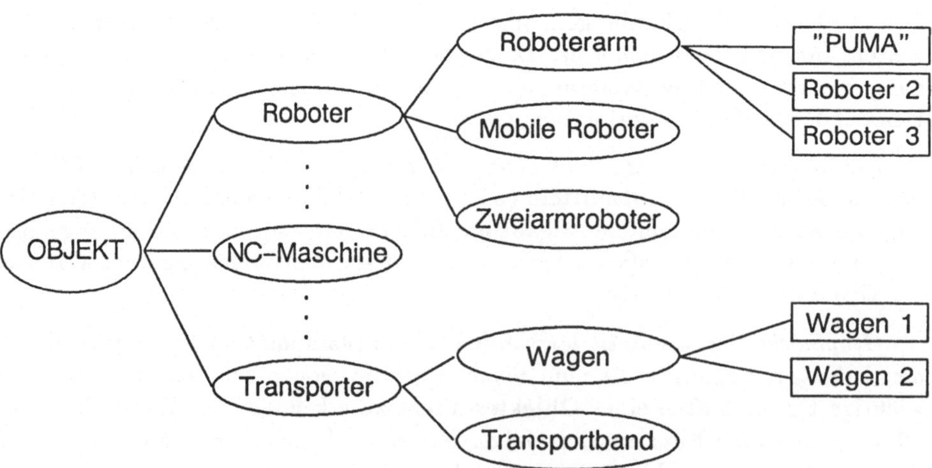

Abb. 2.1: Hierarchische Klassifizierung der Objekte

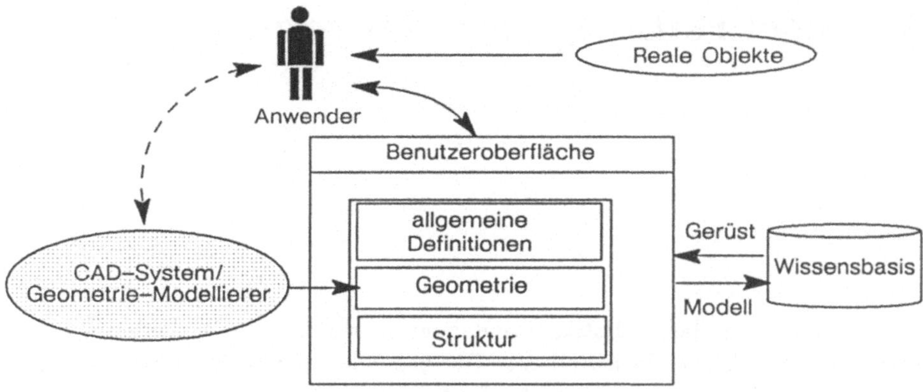

Abb. 2.2: Modellierung eines Objektes

2.3 Modellierung der Objekte

Beim Modellieren eines Objektes nach der Klassenbeschreibung werden die notwendigen Ergänzungen und Konkretisierungen durchgeführt. Der Benutzer benötigt keine speziellen Kenntnisse über das Objektmodell. RKS bietet graphische Unterstützung bei der Modellierung. Die Datenstruktur eines Objektmodells wird graphisch dargestellt. Der Benutzer kann die Beschreibungskomponenten, die nach der Klassenbeschreibung relevant sind, näher spezifizieren. Eine Gruppe von Beschreibungskomponenten wird direkt graphisch dargestellt und kann auch direkt editiert werden. So z.B. der Name des Objektes. Mit Hilfe spezieller Prozeduren, die durch Anwählen entsprechender Ikons aktiviert werden, können andere Komponenten editiert werden.

Die geometrische Modellierung der Objekte erfolgt durch Skalieren bestimmter Körper, deren Beschreibung mit beliebigen Geometrischen Modellierern generiert, in einem RKS-eigenen Format gespeichert und bei Bedarf nachgeladen werden können.

Zum Zusammensetzen eines Objektes aus mehreren Unterobjekten dient ein Struktureditor. Dort werden die Unterobjekte bestimmt und die Relationen (Verbindungen) zwischen den Unterobjekten festgelegt. Dafür existieren verschiedene Methoden. Z.B. können Roboter sowohl durch das Definieren von Denavit-Hartenberg-Parametern [7] als auch mittels graphischem Zusammenfügen von Teilen [21] modelliert werden.

3 Beschreibung der Anwendung

Die Arbeitsabläufe bei Robotikanwendungen lassen sich durch Änderungen der Zustände der Objekte beschreiben. Die zentrale Steuereinheit einer Arbeitszelle veranlaßt die aktiven Objekte, bestimmte Aktivitäten auszuüben. Diese verändern die Position (beim Transportieren) oder Form (beim Verarbeiten) der Zielobjekte (Werkstücke), stellen Verbindungen zwischen mehreren Objekten her (Montieren) oder ermitteln Daten (Sensoren). Durch Zusammenwirken aller beteiligten aktiven Objekte (Roboter, Wagen, Transportband, Werkzeugmaschinen etc.) erfüllt eine Roboterarbeitszelle ihrer Aufgabe. Die Funktionalitäten dieser Objekte und auch die der gesamten Arbeitszelle beschreiben wir mit Aktionen.

3.1 Aufbau einer Aktionsbeschreibung

Eine Aktionsbeschreibung setzt sich aus folgenden Komponenten zusammen:

- *Identitätsnummer*: die systemseitige Kennzeichnung der Aktion,
- *Name*: die benutzerseitige Kennzeichnung der Aktion,
- *Typ*: eine Klassifizierung der Aktionen nach ihrem Aufbau.
- *Algorithmus*: die genaue Beschreibung ihrer Funktionalität
- *Bedingungen*: Voraussetzungen für die Ausführung der betroffenen Aktion.
- *Parameter*: Parameter für die Bedingungen P_B und für den Algorithmus P_A
- *Status*: Momentaner Zustand der Aktion

Allgemein lassen sich diese Elemente so interpretieren:

$$\text{wenn } \textit{Bedingung}(P_B) \text{ dann } \textit{Algorithmus}(P_A)$$

Der Aktionstyp legt fest, wie der Aktionsalgorithmus zu interpretieren ist. Es wird zwischen Grundaktionen, Aktionen mit sequentiellem und Aktionen mit parallelem Aufbau unterschieden. Bei einer Grundaktion beinhaltet der Algorithmus direkte Manipulationen der Objektdaten. Beim sequentiellen Aktionsaufbau setzt sich der Algorithmus aus mehreren Unteraktionen zusammen, die sequentiell auszuführen sind. Beim parallelen Aktionsaufbau werden die Unteraktionen hingegen gleichzeitig ausgeführt.

Aktionsbedingungen lassen sich auch in zwei Gruppen aufteilen: Bedingungen, die für die Ausführung einer Aktion allgemeingültig sind (*implizite Bedin-*

gung), und Bedingungen, die im Zusammenhang mit der Verwendung der Aktion als Unteraktion, d.h. nur in bestimmter Umgebung relevant sind (*explizite Bedingung*). So enthält der Algorithmus einer zusammengesetzten Aktion die Unteraktionen und die dazugehörigen expliziten Bedingungen. Die impliziten Bedingungen sind in der Beschreibung der Unteraktionen selbst enthalten. Eine Unteraktion wird dann ausgeführt, wenn die expliziten *und* impliziten Bedingungen erfüllt sind.

Im Algorithmus werden die zu der Aktion gehörigen Änderungen in der Arbeitszelle beschrieben. Der Algorithmus einer Grundaktion wird zwangsläufig prozedural implementiert.

Die Parameter hängen von den Bedingungen und Algorithmen ab. Da die Aktionen letztenendlich Manipulationen der Objektdaten und evtl. auch Aktionsdaten sind, können alle Arten von Beschreibungskomponenten als Parameter der Aktionen dienen. Die Parameter werden festgelegt durch

- *Name*: die Kennzeichnung des Parameters. Es dient der Identifikation des Parameters bei der Definition der Aktion und auch der Übergabe der Daten,
- *Typ*: Typ der Daten. Er besagt, wie die Daten zu interpretieren sind (Z.B. Objekt_ID, Matrizen, Bewegungsdaten, Objektzustand etc.),
- *Wert*: die eigentlichen Daten (Matrix, Nummer, Zahlenwerte etc.). Für eine funktionale Beschreibung einer Aktion sind die Daten unwesentlich. Bei der Ausführung der Aktion müssen die Parameter bestimmte Werte erhalten.

3.2 Aktion als Funktionalität der Objekte

Aktionen sind objektunabhängig definiert. Ohne konkrete Parameterdaten sind sie als Eigenschaften bestimmter Gruppen von Objekten anzusehen. Sie beschreiben Funktionalitäten der Objekte bzw. der gesamten Arbeitszelle. Daher wird bei den Objekten nur vermerkt, welche Aktionen sie ausführen dürfen.

Abbildung 3.1 zeigt das Prinzip beim Definieren von Aktionen. Eine objektunabhängige Aktion bezeichnen wir als *abstrakte Aktion*. Sie kann von verschiedenen Objekten ausgeführt werden. Wenn aber die Parameter explizit angegeben sind, dann beschreibt die Aktion einen konkreten (Teil-)Prozeß in der Arbeitszelle. Sie wird objektabhängig.

Nach diesem Prinzip stehen alle definierten Aktionen für die Definition weiterer Aktionen zur Verfügung. Sie sind eine Art von Wissen: Wissen über die Funktionalitäten der Objekte bzw. der Arbeitszelle. Daher muß der Endbenutzer des Systems für eine konkrete Anwendung i.a. keine Aktionen vollständig neu, d.h. aus Grundaktionen zusammensetzen. Er kann die vorhandenen Aktionen, die für ein bestimmtes Anwendungsgebiet vordefiniert werden können, zur Hilfe nehmen.

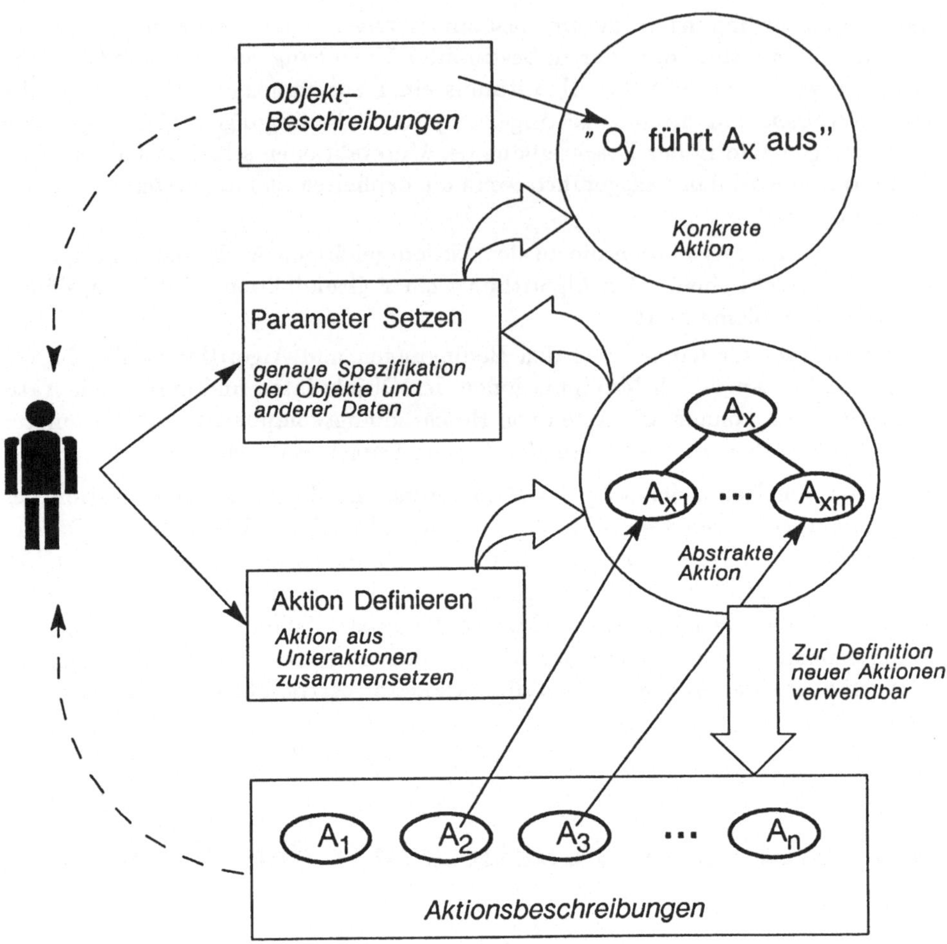

Abb. 3.1: Das Definieren einer Aktion

3.3   Grundaktionen und Grundbedingungen

Die zur Verfügung gestellten Grundaktionen und Grundbedingungen legen fest, welche Arten von Aktionen sich überhaupt von Benutzern definieren lassen. Diese Grundaktionen und Grundbedingungen werden wegen der Effizienz prozedural implementiert. Besonders häufig benutzte komplexe Aktionen können durchaus auch als Grundaktion implementiert werden. RKS sieht folgende Grundaktionen vor:

- *ändere_objekt*: Diese Aktion ist die allgemeinste Grundaktion. Sie erlaubt die Änderung aller modifizierbaren Objektdaten - vom logischen Zustand bis zu Geometriedaten. Alle anderen Aktionen lassen sich theoretisch auf sie abbilden.

- *bewege_objekt*: Bewegen eines Objektes für ein bestimmtes Zeitintervall oder eine bestimmte Wegstrecke. Diese Aktion beschreibt die wichtigste und häufigste Änderung von Objektdaten. Hier werden die Bewegungsinformationen benötigt. Unter Einhaltung der Randbedingungen werden Relationen und Zustände der beteiligten Objekte analysiert, und je nach Modus (mit oder ohne Kollisionserkennung, -vermeidung und/oder Korrektur durch den Benutzer) die Bewegungsinformationen konkretisiert.

- *bewege_effektor*: Hier wird ein Effektor (oder Endsegment) eines Roboters bewegt. Es gelten dieselben Regeln wie bei *bewege_objekt*. Wegen der Häufigkeit und Komplexität (inverse Kinematik) ist es sinnvoll, diese Aktion auch als Grundaktion anzubieten.

- *maschine_ein*:
  maschine_aus: Diese Aktionen beziehen sich auf logische Änderungen oder komplexe Änderungen in der Arbeitszelle, die nur funktional betrachtet werden. Die eigentliche Wirkung der Aktion hängt vom Typ der Maschine ab.

Die Aktionen werden unter Einhaltung bestimmter Konsistenzbedingungen an Objektdaten ausgeführt. Außer diesen Bedingungen muß der Benutzer die Möglichkeit haben, die Aktionen anhand der Situationen in der Arbeitszelle bzw. der Zustände der Objekte und Aktionen sowie der Beziehungen zwischen den Objekten und Aktionen zu steuern. Dazu dienen die Grundbedingungen:

- *objekt_attribut*:
  aktions_attribut: Dies sind die grundlegendsten Bedingungen. Alle Eigenschaften der Objekte bzw. Aktionen können abgefragt und als Bedingung benutzt werden.

- *objekt_zustand*:
  aktions_zustand: Häufig werden die logischen Zustände als Bedingungen benötigt. Daher können sie als Grundbedingung formuliert werden.

- *aktions_ergebnis*: Das Ergebnis einer Aktion, z.B. Ermitteln bestimmter geometrischen Informationen, die keine direkten Objektdaten sind, sind auch wichtige Bedingungen für die Ausführung weiterer Aktionen.

3.4 Ein Beispiel

Abbildung 3.2 zeigt eine Arbeitszelle, bestehend aus zwei Förderbändern (F_1, F_2), einer Maschine (M), zwei Wagen (T_1, T_2) und drei Roboterarmen (R_1, R_2, R_3)[1]. Die Aufgabe dieser Arbeitszelle ist, das Produkt X aus zwei Teilen W_1 und W_2 (transportiert von F_1 und F_2) zusammenzusetzen, solange Teile vorhanden sind. Die Aktion kann wie in Abbildung 3.3 dargestellt aussehen.

Da die Aktionen hierarchisch aufgebaut werden, läßt sich die Aktionsplanung durch Aufteilung der Aufgabe in mehrere (hier zwei) Teilaufgaben vereinfachen. Die Teilaktionen werden über Bedingungen miteinander koordiniert.

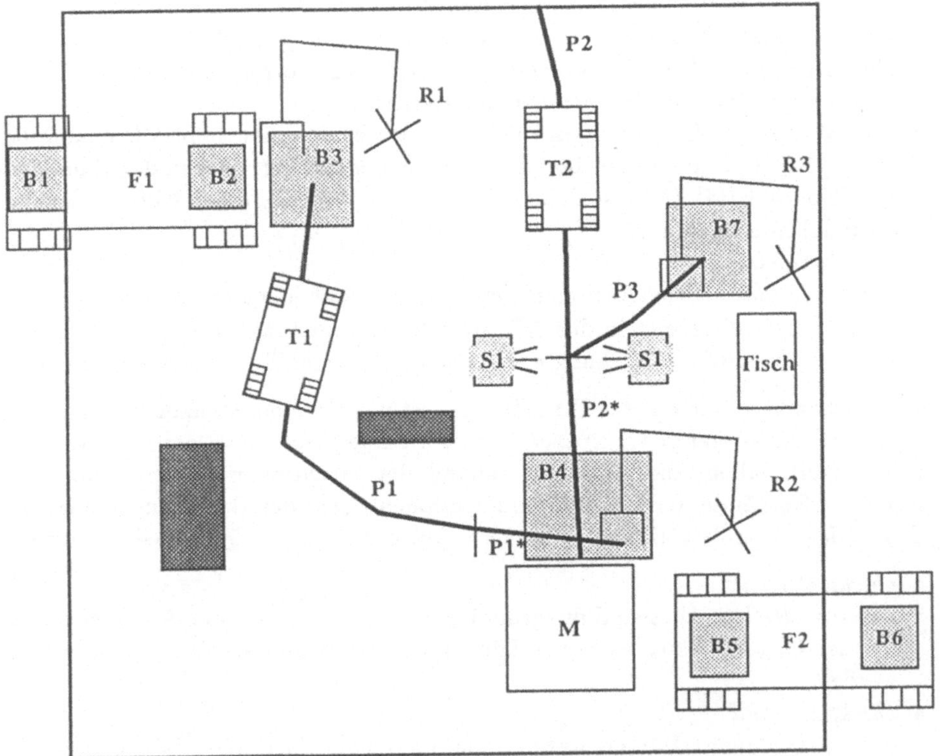

Abb. 3.2: Schematische Darstellung einer Arbeitszelle

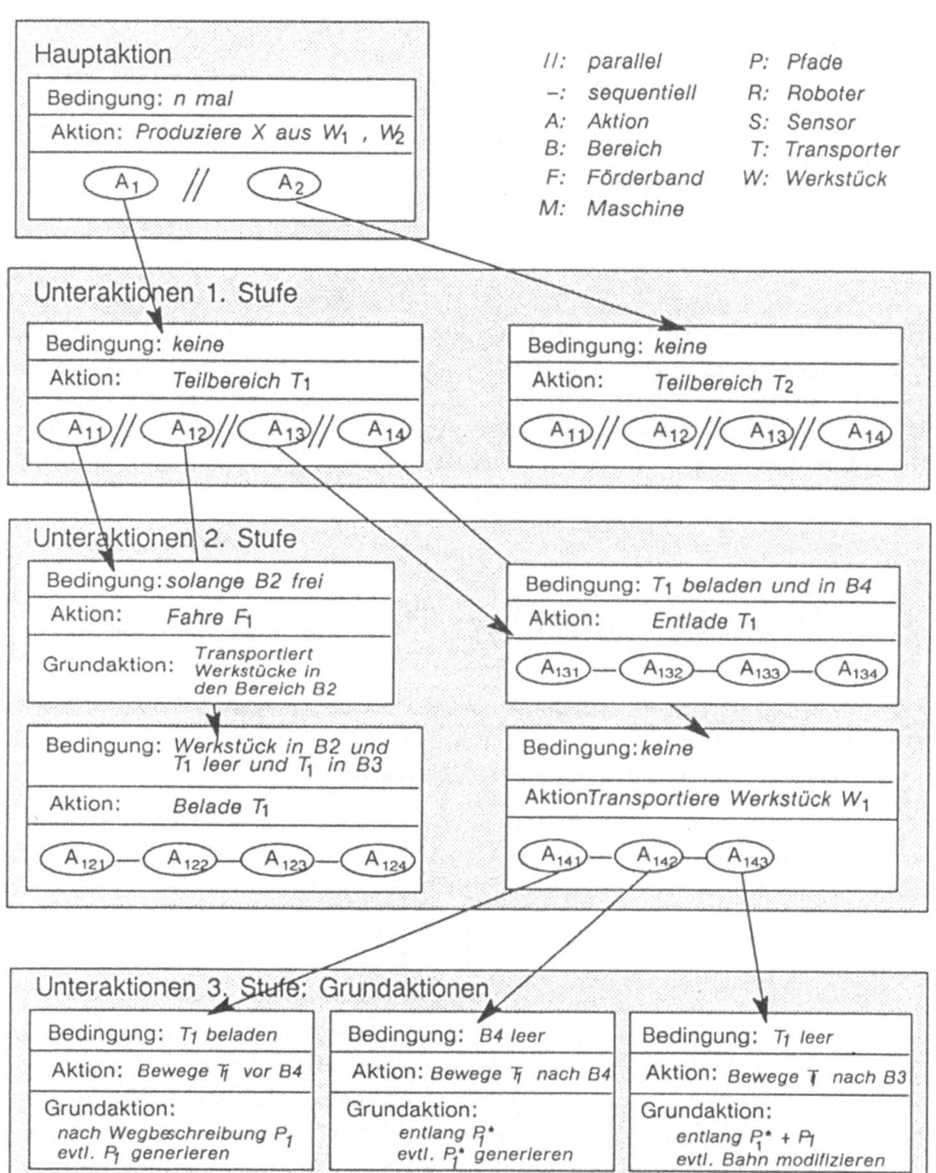

Abb. 3.3: Aufbau einer Aktion

4 Bewegungsplanung

Die Aktionen beschreiben nur funktionell, welche Zustandsänderungen zur Durchführung einer Aufgabe notwendig sind und in welcher Beziehung die Teilschritte zueinander stehen. Oft müssen sie noch konkretisiert werden, insbesondere diejenigen, die sich mit Bewegungen der Objekte, z.B. Roboter befassen. Die Bewegungen der Objekte schaffen Voraussetzungen für die meisten Zustandsänderungen in der Arbeitszelle.

4.1 Beschreibung eines Bewegungsablaufs

Die Bewegung ist eine räumliche Änderung der Position und Orientierung des Objektes in Abhängigkeit der Zeit. Bei einem 3D-Körper werden die Position und Orientierung durch den Konfigurationsvektor

$$\vec{s} = \begin{pmatrix} x \\ y \\ z \\ \alpha \\ \beta \\ \gamma \end{pmatrix}$$

beschrieben. Aus Sicht des Planers ist die zeitliche und räumliche Änderung von $\vec{s}$ oft nicht direkt anzugeben. Was der Mensch aus den Anforderungen der Anwendung ermitteln kann, sind wichtige Zwischenzustände, d.h. Konfigurationen und Geschwindigkeiten des Objektes an bestimmten Stellen. Daher ist es zweckmäßig, den Bewegungsablauf eine Objektes durch zwei Teilfunktionen zu beschreiben: die räumliche Bewegungsbahn

$$v = v(s)$$

und das Geschwindigkeitsprofil

$$\vec{s} = \vec{s}(s)$$

Die Raumkurve kann durch Angabe von Stützstellen und Interpolations- bzw. Aproximationsregeln festgelegt werden. Eine anschauliche Repräsentation von

$\vec{s}$ ist die Darstellung des Koordinatensystems mit Dreibein (Abbildung 4.1).
Auch die Geschwindigkeitsänderungen lassen sich durch Stützstellen und be-

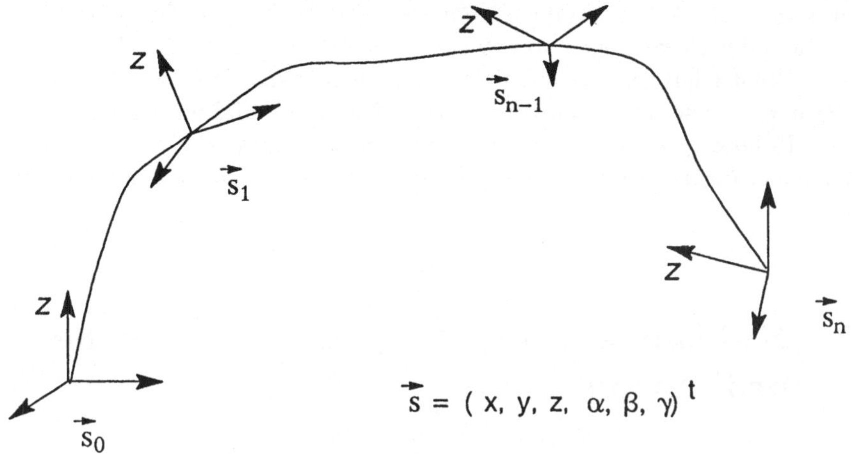

Abb. 4.1: Beschreibung einer Bewegungsbahn

stimmte Regeln festlegen (Abbildung 4.2). Die Stützstellen sind sinnvollerweise
mit Raumlage gekoppelt, die identisch mit den Stützstellen bei der Kurvende-
finition sind, denn Geschwindigkeitsänderungen sind meistens mit der Konfi-
gurationsänderungen eng verbunden. RKS bietet als Vorbelegung eine lineare
Interpolation der Raumkurve und des Geschwindigkeitsprofils an. Es können

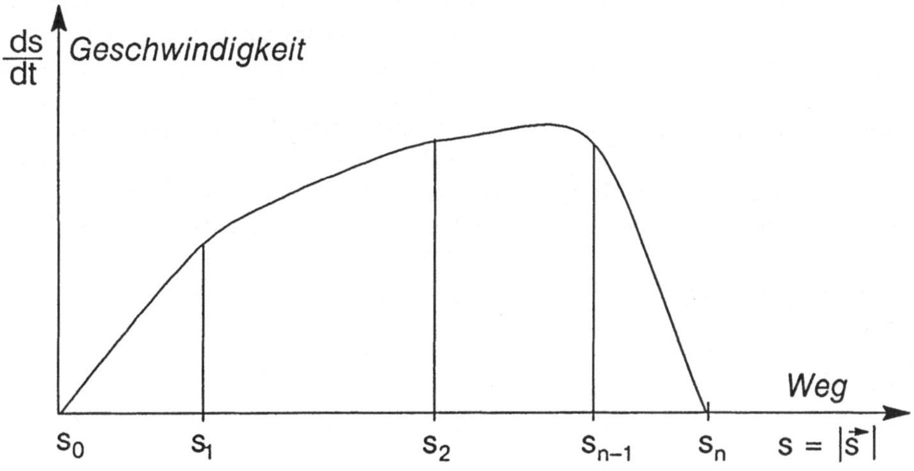

Abb. 4.2: Die Geschwindigkeit in Abhängigkeit des Weges

aber beliebige Regeln dazu implementiert werden. Methoden zur Definition von Bahnkurven mit verschiedenen Geschwindigkeitsprofilen findet man z.B. in [15].

Bewegungen der Roboter oder anderer mechanischer Einrichtungen werden durch seinen die Arbeit direkt ausführenden Teil (z.B. Greifer) betimmt. Die Ermittlung der Bewegungen von Robotersegmenten erfolgt über die Lösung der Kinematik-Gleichungen. In RKS ist ein numerisches Verfahren basierend auf der Pseudo-Inverse und verallgemeinertem Newton-Verfahren eingebunden, damit alle Robotertypen bzw. kinematische Ketten berücksichtigt werden können. Spezielle Lösungen für bestimmte Robotertypen lassen sich leicht implementieren [11].

4.2 Kollisionsvermeidung und räumliche Koordination

Die Bewegungsinformationen werden als Parameter der Grundaktion *bewege_objekt* oder *bewege_effektor* verwendet. Die Benutzereingabe, oder auch die Vorbelegung durch das System dienen als Grundlage der Planung von Bewegungen. Die Bewegungen müssen z.B. auf Kollisionsgefahr getestet und gegebenfalls korrigiert werden.

Die Modifizierung der Bewegungen kann sowohl automatisch, als auch durch den Benutzer vorgenommen werden. Zu empfehlen ist die gemischte Vorgehensweise, nämlich: Das System testet die Bewegung auf Kollisionsgefahr, zeigt Kollisionen und Änderungsvorschläge an und der Benutzer entscheidet, wie die Bewegung durchgeführt werden soll. Das vermeidet die Benutzung von komplexen Algorithmen zur automatischen Weggenerierung und -optimierung, da diese noch sehr rechenaufwendig und bei komplexen Szenen kaum einzusetzen sind.

RKS bietet ein kombiniertes Verfahren zur teilweise automatischen Bewegungsplanung. Ein Octree-Verfahren wird für vorwiegend globale Kollisionserkennung und Raumresourcen-Analyse verwendet [2]. Für die Kollisionsvermeidung werden zusätzliche Analysen der kollidierenden Objekte zur Hilfe genommen [5]. Der Benutzer trifft Entscheidungen über die Verwendung von Strategien und greift auch ein, wenn einfache Algorithmen die Situation nicht meistern können.

Für eine derartige Bewegungsplanung ist eine Simulation der Bewegung notwendig.

5 Simulation

Die Simulation ist die rechnerische Nachbildung des Vorgangs. Die Parameter der Aktionen werden dabei konkretisiert und in Abhängigkeit der Zeit gemäß der spezifizierten Bedingungen und Funktionen (Aktionsbeschreibung) verändert. Die Simulation dient der Überprüfung der Planung. Bei der Simulation entdeckt man Planungsfehler, durch Simulation kann man verschiedene Planungsvarianten vergleichen und schließlich die Planung optimieren.

Hierzu ist die graphische Darstellung der Zustände des Simulationsprozesses eine fast unentbehrliche Hilfe bei den heutzutage immer komplexer werdenden Anwendungen.

5.1 Integrierte Simulation

Der ganze Prozeß von Planung und Simulation ist ein interaktives Verfahren. Daher ist es sinnvoll, die graphische Simulation sowohl in die Planung der funktionalen Abläufe, als auch in die Planung der Bewegungen zu integrieren. Dadurch wird eine schnelle Rückkopplung der Durchführungstests auf die Beschreibung und Planung der Prozesse ermöglicht.

Die Integration der Simulation erfordert die Möglichkeit, Objekt- und Aktions-daten, sowie die Ergebnisse aller Teilschritte der Planung zu jeder Zeit zur Verfügung zu haben, und daß die Planungen und die Simulation auf gleichen Daten arbeiten, damit die Wirkung der Änderungen sofort sichtbar wird. Dafür ist das Konzept der globalen Wissensbasis sehr vom Nutzen (s. Abbildung 1). Die Wissensbasis enthält im wesentlichen:

- *Objektbeschreibungen*, die die Arbeitszelle darstellen.
- *Klassenbeschreibungen*, welche als Regeln zur Interpretation der Objektdaten dienen.
- *Aktionsbeschreibungen*, die die Funktionalitäten der Objekte in der Arbeitszelle beschreiben.

Die andere Grundlage für die Integration ist die Benutzeroberfläche, mit deren Hilfe der Planer mühelos zwischen den Modulen wechseln kann und auch komfortable Werkzeuge zur Manipulation der Daten zur Verfügung hat (s. Abbildung 6.1).

5.2 Zeitliche Beziehungen zwischen den Aktionen

Die integrierte Simulation ist als fester Bestandteil der Planung anzusehen. Schließlich müssen bei der Steuerung der Roboter und Maschinen konkrete Befehle (konkrete Aktionen) generiert werden. Hier werden die Aktionen rechnerisch nachgebildet und ausgeführt. Funktionale Zusammenhänge werden geprüft, Bewegungsabläufe werden getestet. Hier wird auch die konkrete zeitliche und räumliche Koordination der einzelnen Aktionen geplant.

Die relativen zeitlichen Beziehungen zwischen den Aktionen werden vom Planer bei der Definition der Aktionen festgelegt. Bei der Simulation wird die Zeit konkretisiert. Zumindest die Zeitpunkte, an denen eine logische Zustandsänderung stattfindet, müssen festgehalten werden. Dies betrifft den Anfang und das Ende jeder (Teil-)Aktion. Um die Zeitpunkte zu ermitteln, muß die Zeitdauer einzelner Grundaktionen festgelegt werden.

5.3 Graphische Darstellung

Die graphische Darstellung dient der Veranschaulichung der Probleme gegenüber dem Benutzer. Hier können die Abläufe visualisiert werden. Es gehören dazu einerseits die Visualisierung der geometrischen Änderungen in der Arbeitszelle, andererseits die Visualisierung der funktionalen Abläufe. Zur Echtzeitsimulation der Abläufe sind nicht nur die Zeitpunkte der logischen Zustandsänderungen festzulegen, sondern auch die logischen und geometrischen Zustände der Objekte zu jedem Abtastpunkt zu ermitteln und ggf. darzustellen.

Funktionale Abläufe lassen sich durch Darstellung von wichtigen Zwischenzuständen der Arbeitszelle veranschaulichen. Dabei genügen meistens relative Zeitbeziehungen zwischen diesen Zuständen. Für die Darstellung eignen sich Funktionsbilder und Graphen oft besser als die genaue Geometrie der Szene. Räumliche Änderungen müssen durch 3D-Darstellung der Szene in einander folgenden Bildsequenzen visualisiert werden (Abbildung 5.1).

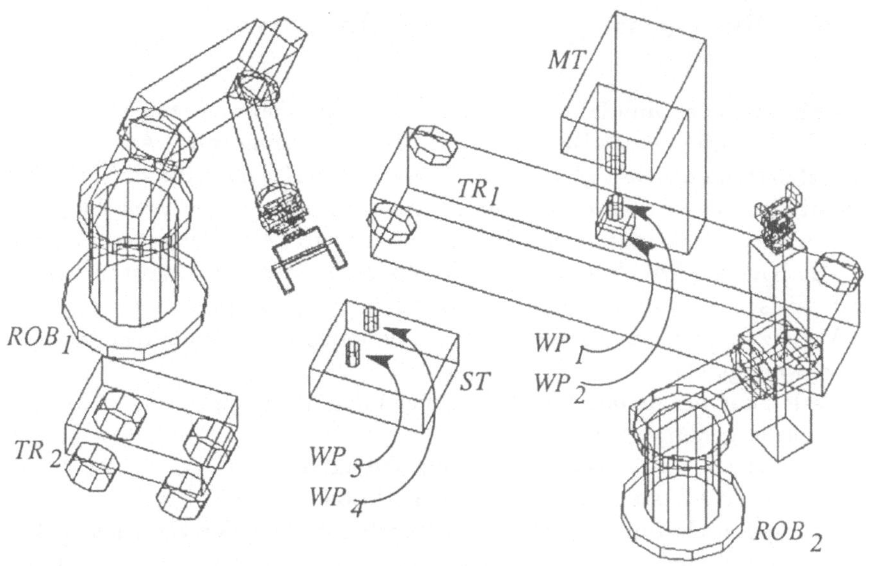

ROB: Roboter   *TR: Transportsystem*   *WP: Werkstück*
MT: Werkzeugmaschine   *ST: Ablage/Speicher*

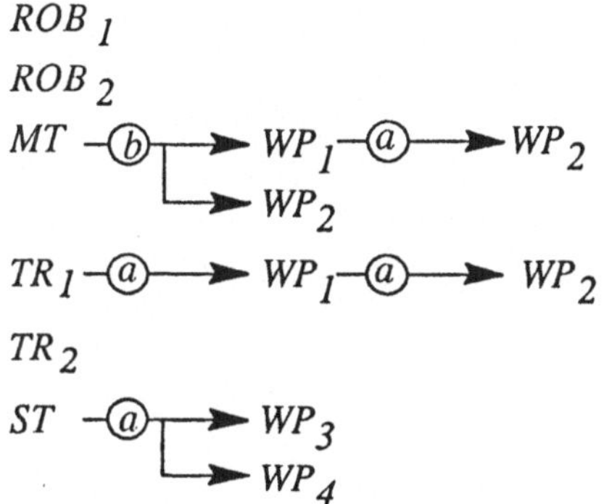

@: Ablagezuordnung
ⓑ: Bearbeitungszuordnung

Abb. 5.1: Eine Szene und die Relationen zwischen den Objekten

5.4 Steuerung der Simulation

Die Funktion der Simulationsumgebung für Robotikanwendungen ist vergleichbar mit der Funktion eines Debuggers für die Programmierung. Außer den Darstellungsfunktionen benötigt man noch Kontrollfunktionen für die Steuerung der Simulation. Diese erlauben es, die Aktionen in bestimmten Situationen anzuhalten, wichtige Informationen anzuzeigen, und evtl. Änderungen vorzunehmen.

Im RKS wird die Simulation nicht nur bei Fehlerfällen unterbrochen, sondern auf Wunsch auch unter folgenden Abbruchbedingungen:

- Verletzung der Datengrenzen (z.B. Bewegungsgrenzen der Gelenke, Höchstgeschwindigkeit);
- Verletzung der definierten Bedingungen der Aktionen;
- Kollsionsgefahr bei Bewegungen;
- Spezifizierte Zustandsänderung eines Objektes;
- Spezifizierte Zustandsänderung einer Aktion.

Wenn die Simulation angehalten wurde, erlaubt RKS, den Zwischenzustand festzuhalten und alle anderen sinnvollen Funktionen von RKS zu aktivieren. Abbildung 5.2 verdeutlicht den gesamten Ablauf einer Simulation.

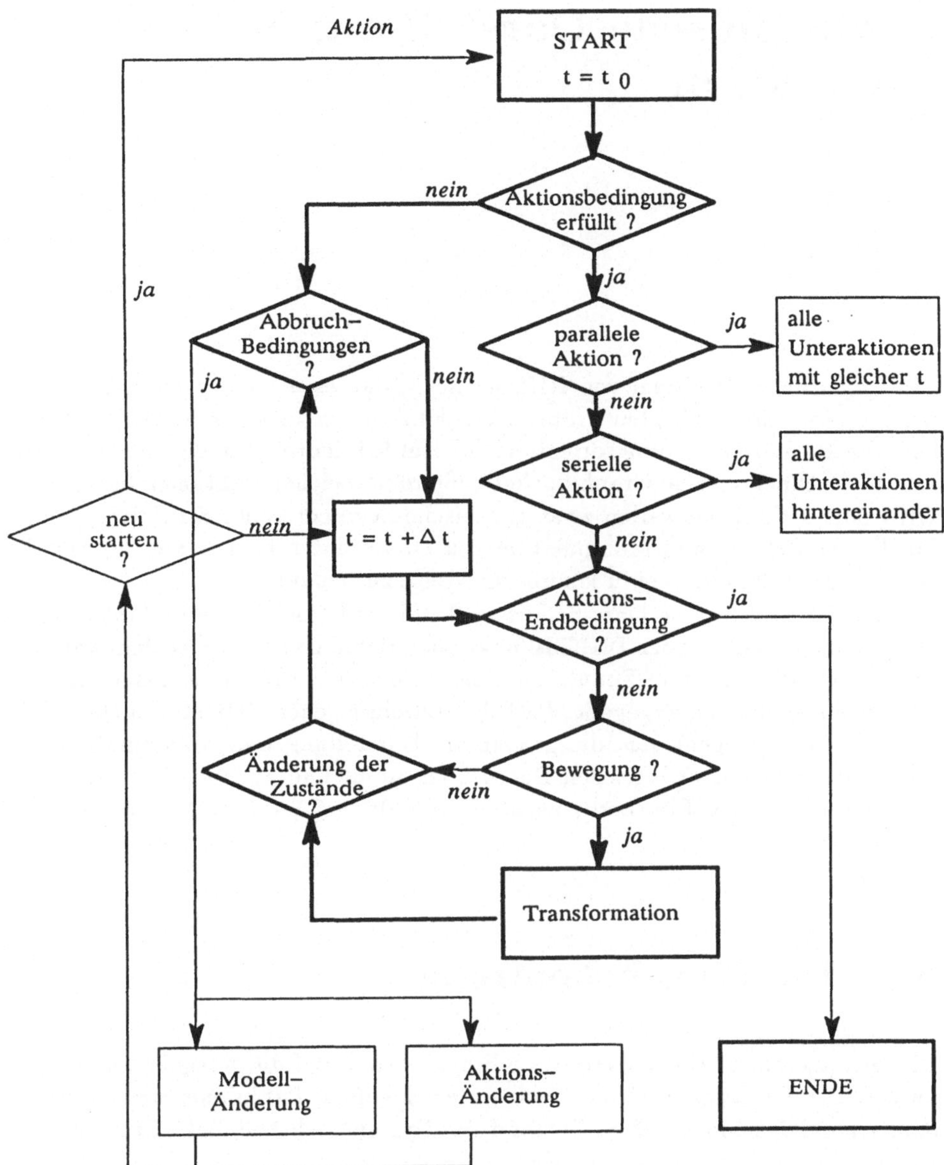

Abb. 5.2: Der Ablauf einer Simulation

6 Graphische Darstellung und Interaktion

Ein wesentliches Merkmal von RKS ist auch, daß es einen eigenständigen Teil besitzt, der alle benötigten graphischen Funktionen in einer mehr funktionalen, objekt- und anwendungsorientierten Form beinhaltet. Im allgemeinen besitzen die Rechnersysteme Graphikpakete, die reine Zeichenfunktionen beinhalten. GKS oder PHIGS verwalten zwar graphische Segmente oder Strukturen, es ist für die Darstellung und Manipulation von Objektdaten aber immer notwendig, verschiedenen Funktionen in komplexer Weise zu benutzen.

Im RKS gibt es eine klare Schnittstelle, die auf einem höheren funktionalen Niveau als die GKS- oder PHIGS-Funktionen definiert ist. Sie ist den Anforderungen der Planung und Simulation von technischen Prozessen, insbesonderen Robotikanwendungen angepaßt. RKS besitzt ein eigenes GIM-Modul (Graphik-Interaktions-Manager), das die graphische Darstellung und Manipulation von Objekten und anderer logischen Daten übernimmt und auch die Interpretation und Verwaltung der Ein- und Ausgabe. Abbildung 6.1 verdeutlicht die Zusammenhänge.

6.1 Die Eingabekontrolle

Die Benutzeroberfläche verwaltet die Eingabe vom und die Ausgabe an den Benutzer. Bei der Eingabe können viele unterschiedliche Funktionen aktiviert werden, jen achdem, in welchem Zustand das System sich befindet. Eine zentrale Prozedur übernimmt diese Aufgabe.

Die elementaren Eingabegeräte sind Tastatur, Positionsgeber und Funktionstasten. Die Eingabeinformationen aus diesen Eingabegeräten werden interpretiert und aktivieren entweder die Grundfunktionen: Menü, Picker, Lokalisierer, Wertgeber und Zeichengeber, oder direkt die Standardfunktionen vom RKS:

- *Objekteditor:* zeigt Informationen über ein Objekt an und erlaubt das Ändern der Objektdaten. Da auch eine Arbeitszelle als ein Objekt definiert ist, kann

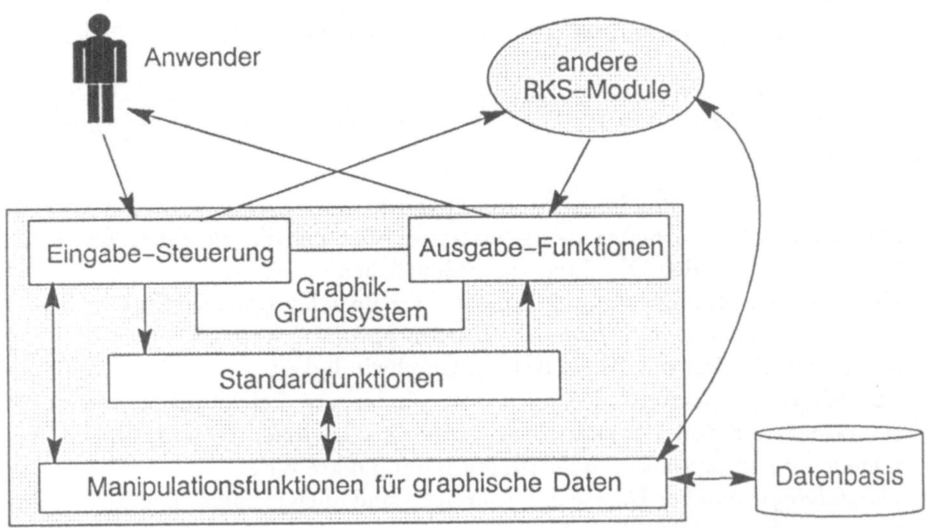

Abb. 6.1: Graphische Darstellung und Interaktion

mit Hilfe des Objekteditors die Layoutplanung durchgeführt werden. Diese Funktion ist nicht nur beim Modellieren einzusetzen, sondern auch bei der Bewegungsplanung und Simulation.

- *Aktionseditor:* zeigt Informationen über eine Aktion an und erlaubt das Ändern der Aktionsdaten. Diese Funktion bietet bei der Aktionsplanung und Simulation nützliche Hilfe.

- *Viewportkontrolle:* ermöglicht das Aktivieren und Deaktivieren von Darstellungsbereichen (Viewports) sowie das Ändern deren Größe und Position. Sie ist eine allgemeine Funktion zur übersichtlichen, individuellen Gestaltung der Ausgabefläche.

- *Viewingkontrolle:* ermöglicht die Änderung der Darstellungsparameter für einen Viewport. Diese Funktion muß bei der Bewegungsplanung und -simulation zur Verfügung stehen.

Neben diesen Standardfunktionen stehen auch die vier Hauptmodule des RKS jederzeit zur Verfügung. Dies ist möglich, da die Informationen über die globale Wissensbasis vom Modul zum Modul transferiert werden können.

6.2 Die Ausgabe und Ausgabefläche

In RKS werden hauptsächlich folgende Klassen von graphischen Informationen
verwendet:

- *3D-Körper:* Sie werden benötigt, um die Form der einzelnen Objekte sowie die
  Szene der Roboterarbeitszelle darzustellen, oder um die geometrischen Beziehungen zwischen den Objekten zu verdeutlichen.
- *Zeichnungen:* Zur Darstellung funktionaler Beziehungen und Stukturen werden Strichzeichnungen verwendet. Kurven und Diagramme visualisieren physikalischen Größen wie Wege, Kräfte, Geschwindigkeit.
- *2D-Bilder:* Bitmuster oder auch unveränderbare Zeichnungen dienen der
  Repräsentation von Funktionalitäten der verschiedenen Objektgruppen, verschiedener Eigenschaften, oder stellen Menüpunkte dar.
- *Darstellungsbereiche:* Darstellungsbereiche sind auch graphische Objekte. Insbesondere für die Benutzeroberfläche werden die logischen Bereiche oder die
  Viewports als graphische Information gehandhabt.

Die gesamte Bildfläche wird in drei Bereiche aufgeteilt: Die Standard-Ein-
und Ausgabe, der Darstellungsbereich und das temporäre Menü- und Ausgabefeld (Abbildung 6.2). Der Standard-Ein- und Ausgabebereich beinhaltet die
Standardmenüleiste, die Statusanzeige und einen Bereich für einfache alphanumerische Ein- und Ausgabe.

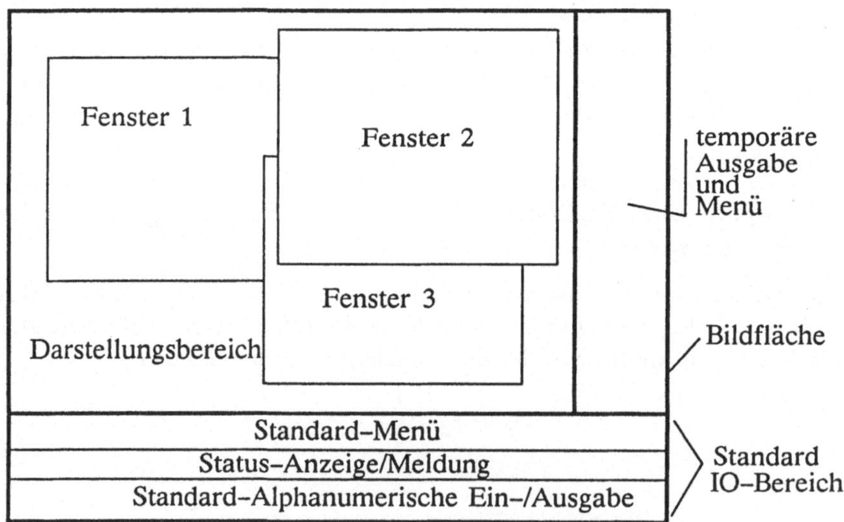

Abb. 6.2: Die Aufteilung der Bildfläche

Dem Darstellungsfeld untergeordnet existieren noch mehrere Standardfenster und temporäre Fenster. Die Standardfenster sind:

- 3D-Darstellung der Szene mit Betrachterreferenzsystem.
- Ansichten der 3D-Szene wie beim technischen Zeichnen.
- Anzeige von Systemparametern des RKS.
- Darstellung und Manipulation einzelner Objekte,
- Darstellung und Modifikation einzelner Aktionen.

Diese Viewports sind den Standardeingabefunktionen zugeordnet.

6.3 Repräsentation graphischer Daten

Alle graphische Informationen werden in einer einheitlicher Form als graphische Elemente definiert. Dies ermöglicht eine einheitliche Behandlung der graphischen Daten. Darum wird auch nur eine minimale Menge von Verwaltungsfunktionen benötigt.

Ein graphisches Element wird durch folgende Attributen beschrieben:

- *Name:* Die Bezeichnung, um die Identifikation des Elementes zu ermöglichen.
- *Charakteristiken:* Feste Merkmale des Elementes, z.B. selektierbar, beweglich, aktiviert Funktionen.
- *Status:* Momentaner Zustand, z.B.: selektiert, Daten geändert, unsichtbar.
- *Priorität:* Die relative Priorität innerhalb derselben Hierarchie. Die Priorität dient der eindeutigen Identifikation der Elemente bei Überdeckung.
- *Koordinatensystem:* Die aktuelle Position des Elementes. Sie wird durch eine 3x4-Matrix beschrieben.
- *Daten-Typ:* Eine Klassifizierung der zugehörigen graphischen Daten. Anhand des Datentyps werden die Daten interpretiert.
- *Daten:* Die genauen graphischen Daten des Elementes, z.B. Punkte, Linien, Bitmuster, Zeichenketten etc.
- *Elementhierarchie:* Ein Referenz auf das Vaterelement. Zusammen mit der Elementstruktur ermöglicht sie einen hierarchischen Aufbau der graphischen Elemente.
- *Struktur:* Die Unterelemente.

Durch den hierarchischen Aufbau der graphischen Elemente vereinfacht sich deren Handhabung. Die Darstellung eines Objektes erfolgt implizit durch die Instanziierung des zugehörigen graphischen Elementes in die Elementstruktur des gewünschten Darstellungsbereichs. Durch den Status der Darstellungsbereiche und der instanziierten graphischen Elemente wird festgelegt, ob die Objekte auf dem Bildschirm sichtbar sind (Abbbildung 6.3).

Die graphischen Informationen werden auch in der globalen Datenbasis gespeichert.

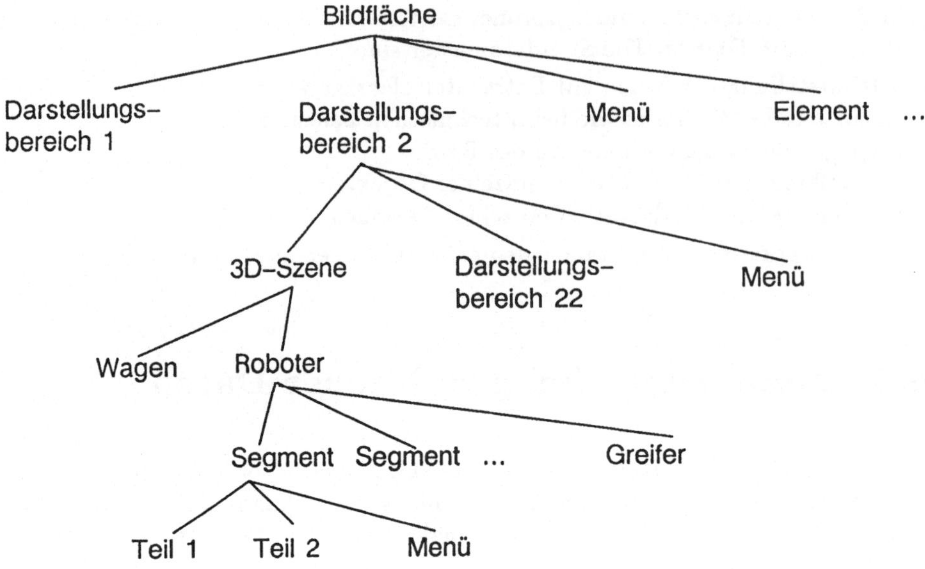

Abb. 6.3: Der hierarchische Aufbau der graphischen Elemente

7 Implementierung

Das Roboter-Kern-System folgt dem Prinzip, daß ein Gerüst und die Kernfunktionen zur Verfügung gestellt werden, worauf weitere, den realen Anwendungen angepaßte Erweiterungen realisiert werden können. Diese Erweiterungen geschehen im allgemeinen Fall nicht durch Neuimplementierung von Funktionen, sondern durch das Ergänzen der Wissensbasis mit näheren Informationen (hier insbesondere Objektdaten und Aktionen).

So wird als erstes ein Grundsystem implementiert, das den beschriebenen Aufbau besitzt. Die Module sind als Prototypen entwickelt. Die verwendeten Algorithmen und Methoden zur Aktionsplanung, zur Bewegungsbeschreibung und zur Kollisionserkennung und -vermeidung sind als Beispiele anzusehen. Durch diese Beispiele wird die Funktionalität des Systems präsentiert.

Zur Definition von Objektklassen werden die in [12] beschriebene Klassifizierung der Objekte sowie die dazugehörigen Merkmale und Regeln verwendet. Außer den oben genannten Grundaktionen werden auch weitere häufig benutzte Grundaktionen implementiert, die in [1] beschrieben sind.

Die Programme sind in Programmiersprache C geschrieben. Als Rechnersystem wurden WS30-Workstations benutzt. Das Graphik-Paket GMR (Graphics Metafile Resource) [16] wird zur Implementierung des Graphik-Interaktion-Managers verwendet.

Die Graphikfunktionen sind auch auf andere Systeme portierbar. Es kann jeweils die effizienteste Lösung benutzt werden. Wenn auf die direkte Portierbarkeit der Software Wert gelegt wird, kann GIM auf GKS oder PHIGS aufgebaut realisiert werden. Wenn aber GIM direkt hardwarenah implementiert wird, können die Overheads, die bei der Realisierung auf GKS oder PHIGS vorhanden sind, vermieden werden.

Für die Darstellung der Geometrie wird bei RKS die Boundary-Repräsentation (Begrenzungsflächen und Kanten) verwendet. Die Möglichkeit der graphischen Ein- und Ausgabe wird durch das verwendete Rechnersystem beschränkt. Z.Z. kann eine interaktive Planung nur unter Verwendung von Wire-Frame-Darstellung vorgenommen werden. Zur Generierung realitätsnaher Bildfolgen wird eine Kopplung mit anderen Animationssystemen benutzt. Es ist aber prinzipiell möglich, diese Fähigkeit bei höherer Rechenleistung auch in RKS zu realisieren. Zum neutralen Datenaustausch ist eine Schnittstelle zu STEP [14] geplant.

Folgende Bilder sollen einige Ergebnisse der Implementierung dokumentie-
ren. Abbildung 7.1 zeigt die gesamte Bildfläche von RKS. Dort wird die Auf-

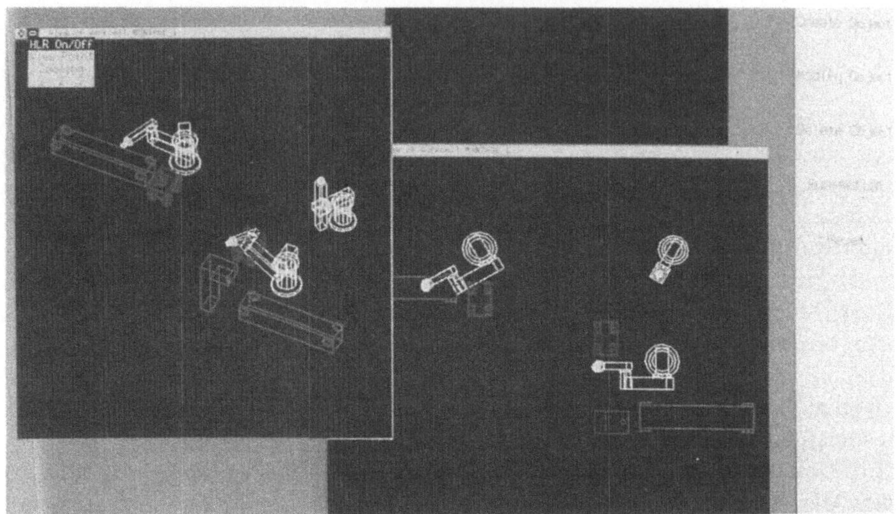

Abb. 7.1: Die Bildfläche von RKS

teilung der Bildfläche sichtbar. Die Ikons in der Standard-Menüleiste entsprechen den Standardfunktionen und den Hauptmodulen. Im Darstellungsbereich
sind als Beispiele einige Fenster zu sehen. In Abbildung 7.2 wird eine Szene
in Wireframe-Darstellung in drei Ansichten und einer Schiefprojektion gezeigt.
Durch diese Darstellung ist die räumliche Lage der Objekte gut zu erkennen. Die
Bewegungsbahnen der Wagen und Robotergreifer sind eingezeichnet. Eine Darstellung ohne verdeckte Kanten gibt einen besseren Überblick (Abbildung 7.3).
Abbildung 7.4 ist ein Auszug aus einer Bildfolge, die die Bewegungen in einer
Arbeitszelle realitätsnah wiedergibt. Durch geeignete Wahl des Bildausschnittes
und der Projektionsparameter lassen sich Details in der Arbeitszelle analysieren
(Abbildung 7.5).

RKS ist ein System, das als Forschungsobjekt entwickelt wurde und sich noch
in der Entwicklung befindet. Für den realen Einsatz des Systems bedarf es noch
weiterer Untersuchungen anhand konkreter Anwendungen aus der Praxis. Die
Schnittstelle zur realen Roboterarbeitszelle ist noch zu realisieren, um die Ein-
satzfähigkeit des Systems zu überprüfen. Es sind außerdem auch Verbesserungen
der Implementierung notwendig.

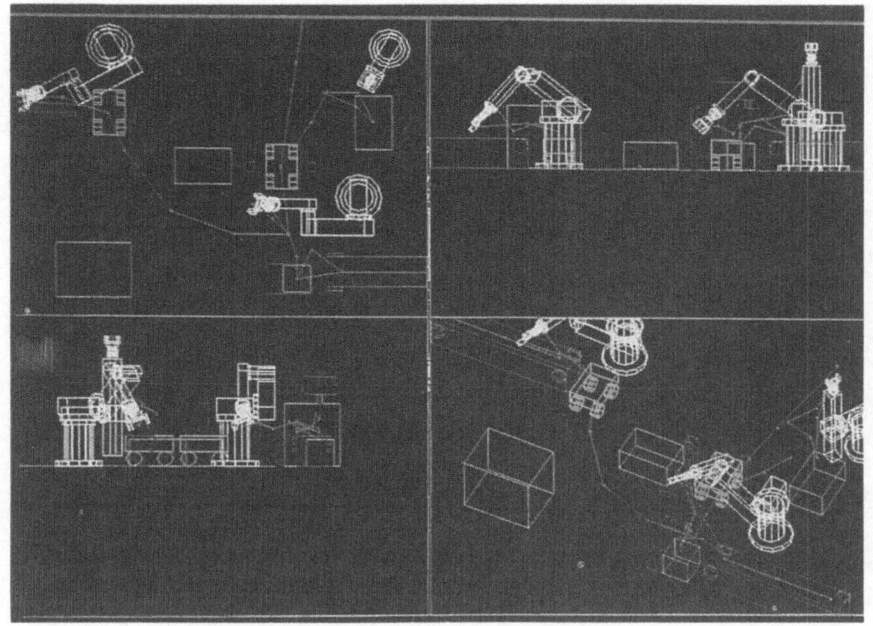

Abb. 7.2: Ansichten und Schiefprojektion

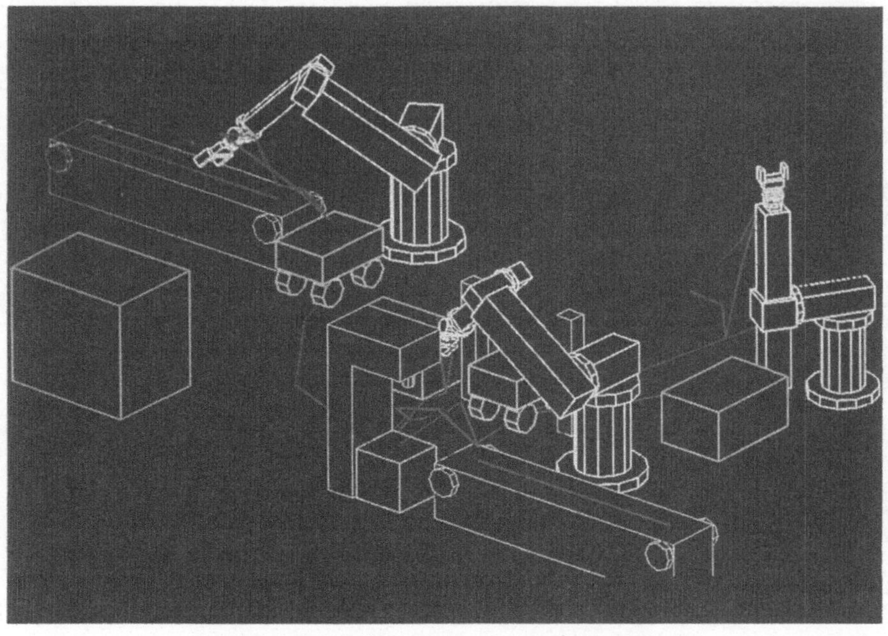

Abb. 7.3: Darstellung ohne verdeckte Kanten

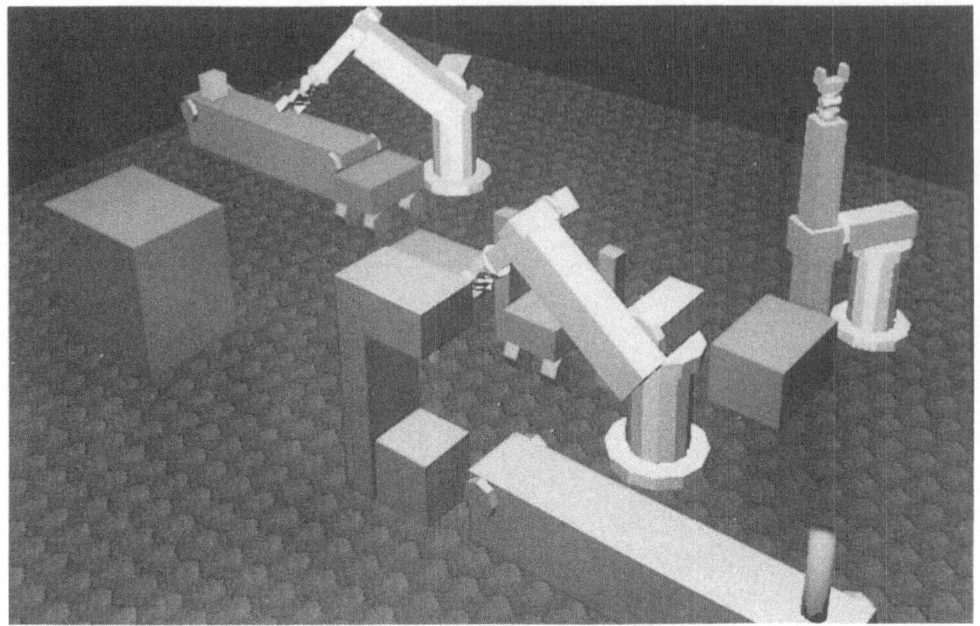

Abb. 7.4: Solid-Darstellung

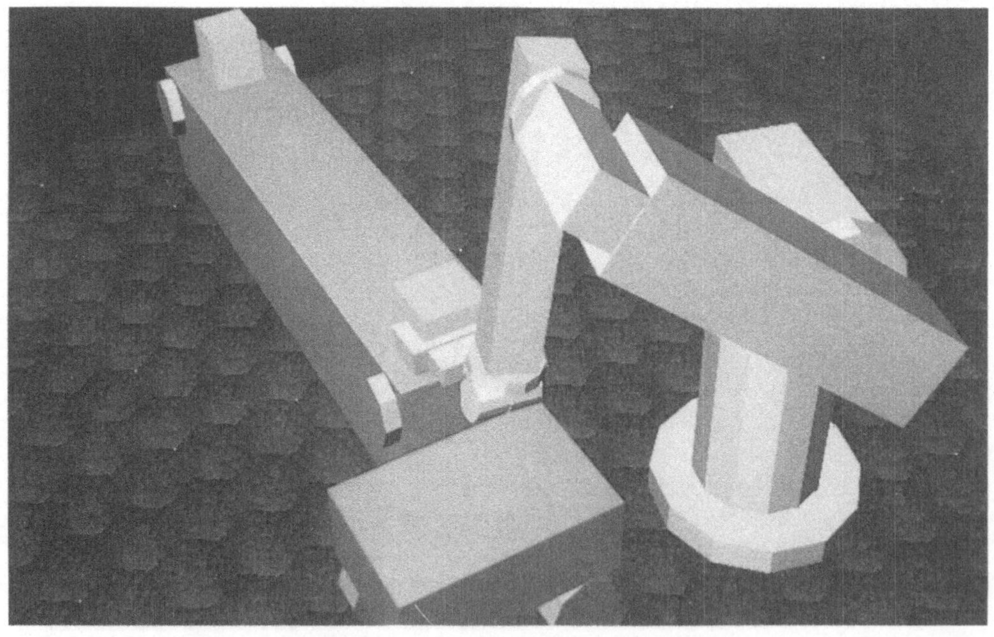

Abb. 7.5: Ein Ausschnitt der Szene

Literaturverzeichnis

[1] Bauer, K.M.: Entwicklung einer interaktiven Simulationsumgebung zur Integration von Aktions- und Bewegungsplanung für Roboterarbeitszellen. Diplomarbeit am Fachgebiet Graphisch-Interaktive Systeme, Fachbereich Informatik, Technische Hochschule Darmstadt. 1990.

[2] Brast, G.: Schnelle Bewegungsplanung mehrerer unabhängiger Objekte in unstrukturierten 3D-Roboterarbeitszellen unter Verwendung graphisch-interaktiver Hilfsmittel. Diplomarbeit am Fachgebiet Graphisch-Interaktive Systeme, Fachbereich Informatik, Technische Hochschule Darmstadt. 1989.

[3] Dai, F.: Modelling of Robot Workcells for a Programming and Simulation System. IMACS SMS'88. Cetraro Italy, Sept. 1988.

[4] Dai, F.: Aspekte der Wissensbasierten Aktionsplanung für integrierte Roboterarbeitszellen. WIMPEL'88 (1. Konferenz über Wissensbasierte Methoden für Produktion, Engeniering und Logistik). München, Juni 1988.

[5] Dai, F.: Collision-Free Motion of an Articulated Kinematic Chain in a Dynamic Environment. IEEE Computer Graphics & Applications. January 1989.

[6] Dai, F., Encarnação, J.L.: Graphical interactive robotics core system for supporting flexible robot applications. Advances in CAD/CAM, Xian, 1987.

[7] Dai, F., Kampfmann, T.: Graphische Simulation von Robotern mit einem graphisch-funktionalen Modell. Robotersysteme 3, 73-77 (1987).

[8] Denavit, J. and Hartenberg, R.S.: A Kinematic Notation for Lower-Pair Mechanisms Based on Matrices. ASME Jounal of Applied Mechanics. (June, 1955) 215-221

[9] Dillmann, R., Huck, M.: A Software System for the Simulation of Robot based Manufacturing Processes. Robotics 2, 3-18 (1986).

[10] Encarnação, J.L.: Unterstützung der Simulation von Arbeitsvorgängen von Robotern durch eine graphische Workstation mit dem Ziel der rechnerunterstützten CAD-Roboterprogrammierung. Antrag auf Gewährung einer Sachhilfe an die Deutsche Forschungsgemeinschaft Fachbereich Graphisch-Interaktive Systeme, TH Darmstadt, 1984.

[11] Eppinger, M., Kreuzer, E.: Systematischer Vergleich von Verfahren zur Rückwärtstransformation bei Industrierobotern. Robotersysteme 5, 219-228, 1989.

[12] Frühauf, M., Dai, F.: Eine Wissensbasis zur Beschreibung von Roboterarbeitszellen. Robotersysteme 4, 87-91, 1988.

[13] Fujimura, K., Samet, H.: A Hierarchical Strategy for Path Planning Among Moving Obstacles. IEEE Transactions on Robotics and Automation, Vol. 5, No. 1, 1989.

[14] Grabowski, H., Glatz, R.: Schnittstellen zum Austausch produktdefinierender Daten. VDI-Z. 128, 333-343 (1986).

[15] Hornung, B., Huck, M.: Ein benutzerorientiertes Verfahren zur Erstellung von Roboterbewegungsprogrammen mit graphischer Visualisierung. In: Steuerung und Regelung von Robotern. VDI Berichte 598, S. 381-393. Düsseldorf: VDI Verlag 1986.

[16] Programming with Domain 3D Graphics Metafile Resource. Firmenschrift: Apollo Computer Inc. 1987.

[17] Kehrer, B., Dai, F.: Formale Definition von Standardobjekten zur Beschreibung von Roboterarbeitszellen (interner Bericht). Fachgebiet Graphisch-Interaktive Systeme, Fachbereich Informatik, Technische Hochschule Darmstadt. 1988.

[18] Paul, R.P.: Robot Manipulators: Mathematics, Programming and Control. Cambridge (Mass.): MIT Press, 1982

[19] Kirschbrown, R.H., Dorf, R.C.: KARMA - A Knowledge-Based Robot Manipulation System. Robotics 1, 3-12 (1985).

[20] Wloka, D.M.: ROBSIM - Programmsystem zur digitalen Simulation von Robotern. In: Steuerung und Regelung von Robotern. VDI Berichte 598, S.27-38. Düsseldorf: VDI Verlag 1986.

[21] Wloka, D.W., Holz, H.: Simulation von Robotern. CAE-Journal 2 (1985).

PC-basierte Modellierung und Simulation zur Off-line-Programmierung von Industrierobotern

C. Laloni, G. Plank, H. Rieseler, U. Schlorff, F. Wahl
Institut für Robotik und Prozeßinformatik
Technische Universität Braunschweig

Am Institut für Robotik und Prozeßinformatik der Technischen Universität Braunschweig ist in den letzten drei Jahren ein interaktives Robotermodellier- und Simulationssystem entwickelt worden. Das primäre Entwurfsziel war ein modulares, offenes und erweiterbares System, das sich insbesondere für die studentische Ausbildung eignet. Dies impliziert u.a. Merkmale wie einfache Erlern- und Bedienbarkeit, Einbeziehung neuer zukunftsweisender Konzepte und Lauffähigkeit auch auf Grafiksystemen der unteren Preisklasse, wie z.B. PCs mit EGA-Grafik. Der Funktionsumfang des Systems reicht von der Modellierung dreidimensionaler (3d) Körper, der Definition nahezu beliebiger Kinematiken, der Generierung komplexer Fertigungszellen über die Off-line-Programmierung bis hin zur Simulation von Robotern in Fertigungszellen mit Verifikationsmöglichkeiten und Zeitabschätzungen programmierter Bewegungsabläufe. Das System wurde bereits in mehreren vorlesungsbegleitenden Robotikpraktika erfolgreich erprobt. Studenten erlernen hierbei grundlegende Konzepte der Robotik, beispielsweise die frame-orientierte, kartesische Off-line-Roboter-Programmierung mit anschließender Erprobung der entwickelten Software in einer realen Roboterumgebung.

Das Simulationssystem besteht aus drei Untersystemen (siehe Abb. 1), die hier primär aus der Sicht ihrer Funktionalität beschrieben werden:

- Interaktiver Polyedermodellierer INTERPOL zur Erzeugung 3d translatorischer und rotatorischer Körper sowie zur Markierung von Referenzkoordinatensystemen auf den generierten Objekten

- <u>R</u>oboter<u>m</u>odellier<u>s</u>ystem RMS zur interaktiven Definition kinematischer Ketten sowie zur grafischen Modellierung von Robotern bis hin zu kompletten Fertigungszellen unter Verwendung der mit INTERPOL erzeugten Elementarobjekte

- <u>U</u>niverseller <u>R</u>oboter<u>s</u>imulator URSI zum grafisch-interaktiven Teach-in, zur Offline-Programmierung und Simulation von Bewegungsabläufen, zur Programmverifikation und zur Zeitabschätzung von Bewegungsabläufen.

Das System wurde aus Gründen der numerischen Komplexität zunächst auf die Simulation von Roboterkinematiken beschränkt, ist jedoch für die Behandlung dynamischer Probleme erweiterbar. Bevor wir die genannten Untersysteme detailierter beschreiben, gehen wir im folgenden Abschnitt zunächst auf einige wichtige Grundlagen der kinematischen Robotersimulation ein.

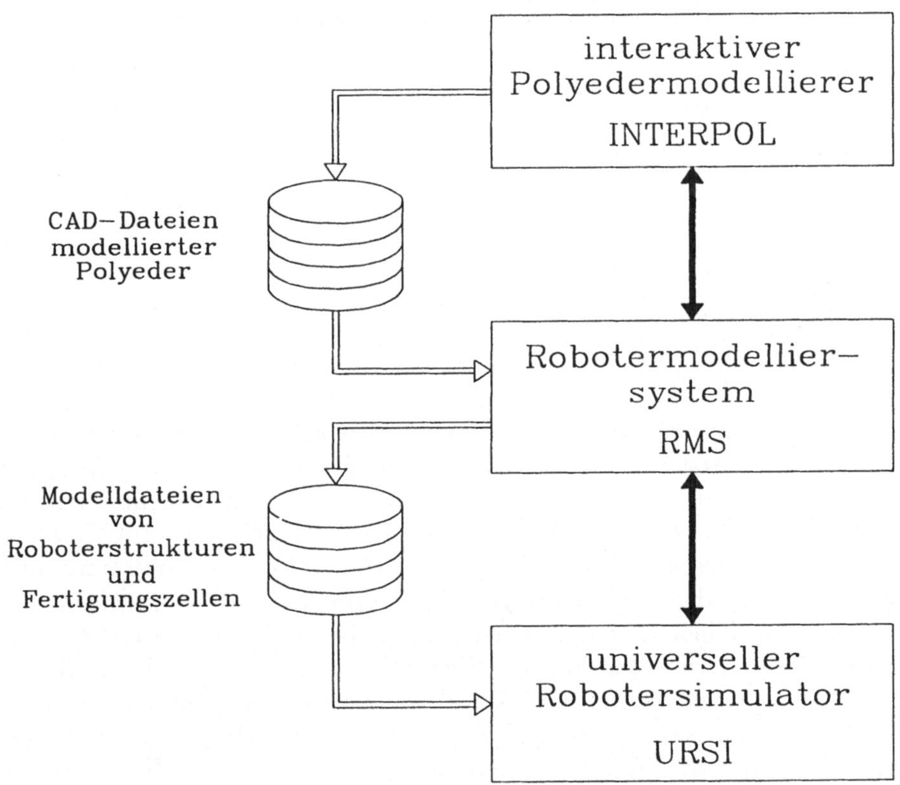

Abb. 1: Die Komponenten des Simulationssystems

1 Grundlagen der Robotersimulation

Die *Kinematikmodellierung* eines Roboters umfaßt die Beschreibung der kinematischen Struktur und die Festlegung der Stellbereiche sowie Geschwindigkeitsprofile seiner Gelenke. Zur mathematischen Definition einer Roboterkinematik [*Paul*, 1983] werden den Gliedern des Armes körperfeste Koordinatensysteme zugeordnet.

Die Lage eines Koordinatensystems, d.h. die Position und Orientierung bezüglich eines Referenzsystems, ist durch eine homogene Transformationsmatrix darstellbar. Mit Hilfe der Denavit-Hartenberg Notation (D-H Notation) kann der Übergang von einem Gliedkoordinatensystem T_{i-1} zu einem nachfolgenden Gliedkoordinatensystem T_i eines Roboters beschrieben werden (Abb. 1.1) [*Denavit-Hartenberg*, 1955] .

Die homogene Transformationsmatrix A_i, die diesen Übergang beschreibt, wird durch die vier Denavit-Hartenberg Parameter (D-H Parameter) θ_i, d_i, a_i und α_i folgendermaßen definiert:

$$
\begin{aligned}
A_i \;=\;& Rot(z_{i-1},\theta_i)\; Trans(z_{i-1},d_i)\; Trans(x_i,a_i)\; Rot(x_i,\alpha_i) \\[4pt]
=\;& \begin{pmatrix} \cos\theta_i & -\sin\theta_i & 0 & 0 \\ \sin\theta_i & \cos\theta_i & 0 & 0 \\ 0 & 0 & 1 & 0 \\ 0 & 0 & 0 & 1 \end{pmatrix}
\begin{pmatrix} 1 & 0 & 0 & a_i \\ 0 & 1 & 0 & 0 \\ 0 & 0 & 1 & d_i \\ 0 & 0 & 0 & 1 \end{pmatrix}
\begin{pmatrix} 1 & 0 & 0 & 0 \\ 0 & \cos\alpha_i & -\sin\alpha_i & 0 \\ 0 & \sin\alpha_i & \cos\alpha_i & 0 \\ 0 & 0 & 0 & 1 \end{pmatrix} \\[4pt]
=\;& \begin{pmatrix} \cos\theta_i & -\sin\theta_i\cos\alpha_i & \sin\theta_i\sin\alpha_i & a_i\cos\theta_i \\ \sin\theta_i & \cos\theta_i\cos\alpha_i & -\cos\theta_i\sin\alpha_i & a_i\sin\theta_i \\ 0 & \sin\alpha_i & \cos\alpha_i & d_i \\ 0 & 0 & 0 & 1 \end{pmatrix}
\end{aligned}
$$

Durch Angabe der vier Parameter für sämtliche n Gelenke eines Roboters und anschließender Multiplikation der Transformationsmatrizen ist die Stellung des Manipulatorarms kartesisch durch die Hand-Basis-Transformation definiert:

$$^{R}T_H = A_1 A_2 \cdots A_n \tag{1.1}$$

Durch eine einfache Erweiterung dieser Notation (Abb. 1.1 unten) lassen sich auch Greiferkinematiken modellieren. Nach zusätzlicher Angabe der Stellbereiche und Stellgeschwindigkeiten für sämtliche Gelenke ist die Kinematik des Roboters vollständig beschrieben [*Schlorff*, 1988], d.h. die Effektorlage und Effektororientierung

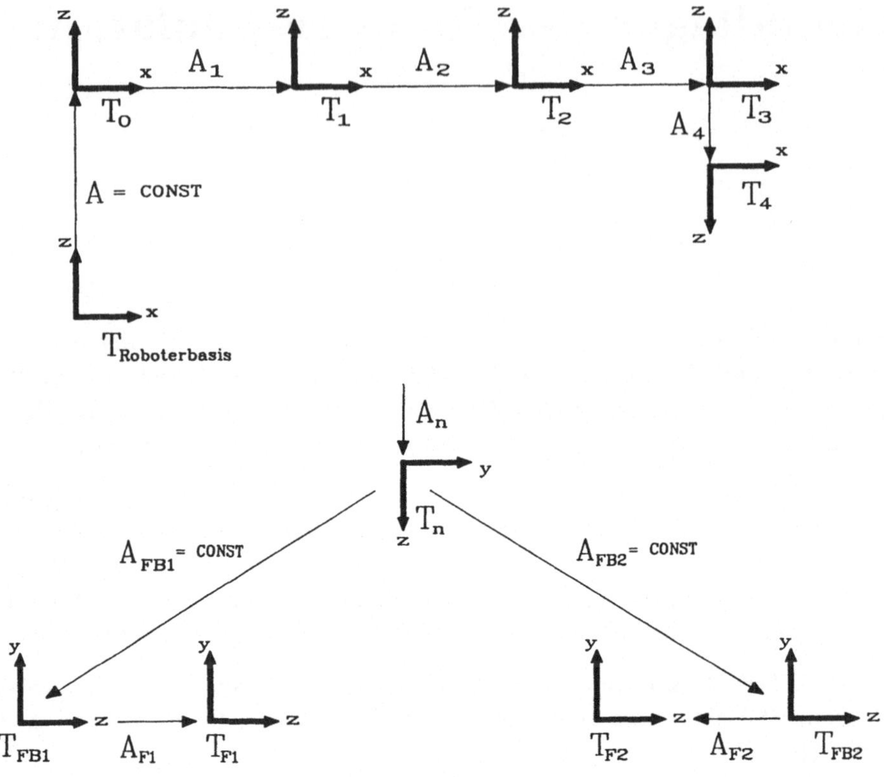

Abb. 1.1: Zur D-H Notation von Roboterkinematiken:
Oben: Struktur eines vierachsigen Manipulators
Unten: Kinematische Modellierung eines Zweifinger-Greifers

(oder kurz: Handframe) kann als Funktion der Robotergelenkvariablen auf einfache Weise angegeben werden.

Da der Anwender bei der Programmierung jedoch in kartesischen Koordinaten, d.h. in Translationen in Richtung der xyz-Achsen eines Referenzsystems bzw. in Rotationen um diese Achsen denkt, müssen die Gelenkvariablen in Abhängigkeit der kartesischen Vorgaben berechnet werden. Dieses Problem ist als inverse Kinematik bekannt. Da Gleichung (1.1) transzendenter Natur ist, läßt sie sich i.a. nur mit großer Mühe nach den Gelenkvariablen auflösen. In Abschnitt 4.6 beschreiben wir, wie sich das in Braunschweig entwickelte System SKIP zur automatisierten symbolischen Invertierung von nahezu beliebigen Roboterkinematiken vorteilhaft in ein Simulationssystem integrieren läßt.

Verbindet man die Ursprünge der einzelnen Gliedkoordinatensysteme durch Vektoren und stellt sie in einem grafischen System dar, so erhält man eine Skelettdarstellung der Roboterkinematik. Um eine körperhafte 3d Darstellung zu erreichen, ist eine Körpermodellierung erforderlich. Neben einer grafischen Darstellung mit eliminierten verdeckten Objektkanten bzw. Objektflächen ermöglicht diese auch eine Erkennung von Kollisionen. Der Geometriemodellierer eines Robotersimulationssystems sollte zusätzlich die Definition von Koordinatensystemen an Objektflächen erlauben, um so

Greif- oder Montagebezugspositionen festzulegen. In den meisten Simulationssystemen werden Polyeder zur Darstellung körperhafter Objekte verwendet, da zu dieser
Datenstruktur im Gegensatz zu anderen Repräsentationsmöglichkeiten eine Vielzahl
von effizienten Algorithmen existieren. Rotationskörper können auf diese Weise jedoch nur approximiert werden, wodurch bestimmte Operationen (z.B. das Fügen eines
Stifts in eine Bohrung) nur beschränkt darstellbar sind.

Sind die Roboterkomponenten modelliert, so muß schließlich ihre Plazierung und Ge-
lenkzuordnung vorgenommen werden. Die Plazierung der Körper erfolgt wiederum
durch Angabe homogener Transformationsmatrizen, die die Lage der Objektkoordinatensysteme definieren. Die Zuordnung der Körperelemente zu den Robotergelenken
erfolgt mit Hilfe sogenannter *Affixments* (Abb. 1.2).

Ein Affixment definiert

- eine Befestigung zwischen zwei Objekten. Ein Objekt A, das über ein Affixment mit
  einem Objekt B verbunden ist, ist mitzubewegen, wenn sich die Lage von Objekt
  B verändert

- die relative Lage zweier Objektkoordinatensysteme durch eine homogene Transformationsmatrix. Die relative Lage zweier aufeinanderfolgender Roboterglieder
  ist durch das dazwischenliegende Gelenk variabel. Die Transformationsmatrix im
  entsprechenden Affixmentelement stellt die oben beschriebene A-Matrix dar.

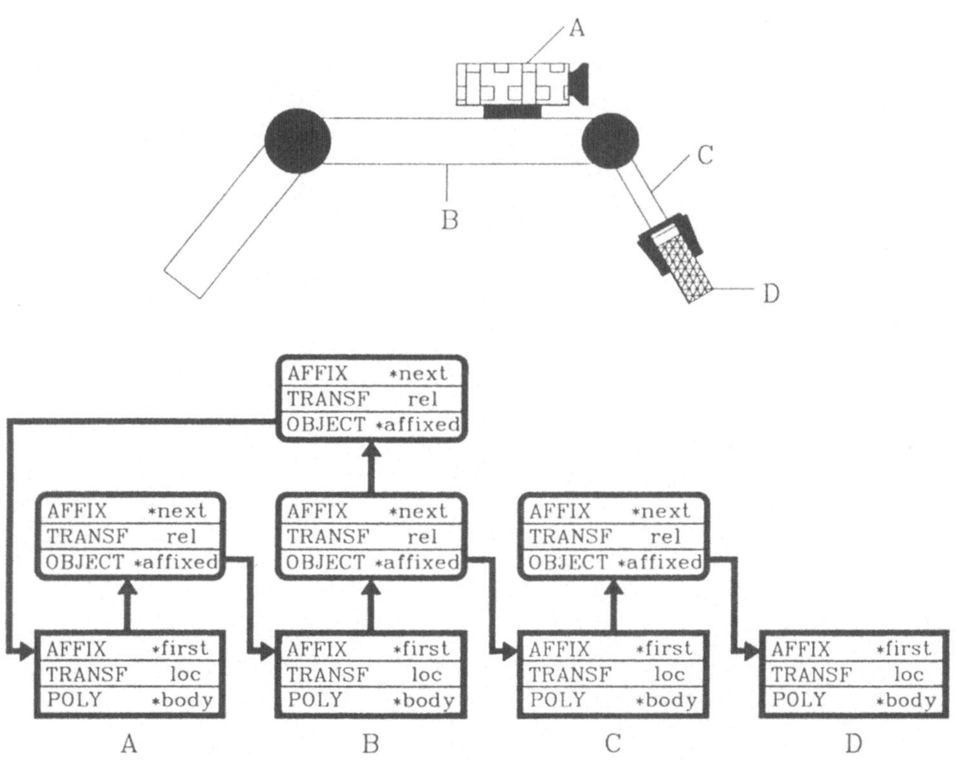

Abb. 1.2: Affixments zur relativen räumlichen Positionierung von Objekten

An einem Objekt können mehrere Objekte befestigt sein. Ein Affixment verweist daher auf weitere Affixmentelemente (siehe z.B. Objekt A und Objekt C an Objekt B in Abb. 1.2). Dieses Konzept ermöglicht so eine automatische Verwaltung komplexer Objekthierarchien (z.B. von Baugruppen), wie sie für eine Roboterfertigungszelle typisch sind. Schließlich sind mit dem dynamischen Auf- und Abbau von Affixmentdatenstrukturen zwischen einem Werkstück und einem Robotergreifer beispielsweise Pick-and-Place Operationen auf einfache Art und Weise darstellbar [*Schlorff*, 1988].

2 Der Polyedermodellierer INTERPOL

Der grafisch-interaktive Polyedermodellierer INTERPOL stellt ein Programmsystem dar, mit dessen Hilfe es möglich ist, primitive Polyeder mit definierten Maßangaben zu erzeugen und auf einem Grafiksystem darzustellen [*Laloni*, 1988]. Die erzeugten Polyeder können in einer Datei gespeichert werden und aufgrund des einheitlichen Dateiformates vom Robotermodelliersystem (RMS) zur Weiterverarbeitung geladen werden.

Die Erzeugung der Polyeder kann auf zwei Arten geschehen. Zum einen können Polyeder durch Translation einer zuvor definierten Fläche in den Raum erzeugt werden (Translationskörper); andererseits besteht die Möglichkeit, die definierte Fläche um eine Achse zu drehen und somit eine Ausdehnung in den Raum zu erhalten (Rotationskörper) (Abb. 2.1).

Obwohl die erzeugten Polyeder relativ einfache Strukturen aufweisen, ist durch Kombination mehrerer Polyeder unter Verwendung von RMS, eine relativ feine Modellierung eines Roboters oder einer Fertigungszelle möglich, die dann in URSI programmiert, simuliert und grafisch dargestellt werden kann (siehe auch Abb. 3.3 oben).

Die Bedienung von INTERPOL erfolgt menügesteuert. Insgesamt stehen dem Benutzer fünf Menüs zur Verfügung; ihre jeweiligen Funktionen werden im folgenden erläutert.

Hauptmenü
Das Hauptmenü dient zur Ablaufsteuerung des gesamten Programms. Von hier aus kann in die vier Untermenüs *Translationskörper*, *Rotationskörper*, *3D–Viewmenü* und *Koordinatensysteme* verzweigt werden. Weiterhin stehen Funktionen zum Sichern und Laden, sowie zum Löschen und Umbenennen von Polyederdateien zur Verfügung. Mit einer Funktion *Hardcopy* kann der aktuell geladene Polyeder in 3d Ansicht auf einem Laserdrucker ausgegeben werden. Eine Funktion *Polyederdaten* bietet die Möglichkeit die charakteristischen Polyederdaten wie z.B. Eckpunktkoordinaten, Anzahl der Flächen und Kanten usw. auf dem Bildschirm oder einem Drucker auszugeben.

Die Erzeugenmenüs (Translationskörper und Rotationskörper)
Innerhalb der Erzeugenmenüs können die zur Erzeugung eines Polyeders notwendigen Flächen unter dem Menüpunkt *Eingeben* definiert werden. Die Eingabe kann

einerseits durch numerische Angabe der Eckpunktkoordinaten, andererseits aber auch grafisch-interaktiv durch Zeichnen der Fläche auf einem Eingabefeld geschehen.

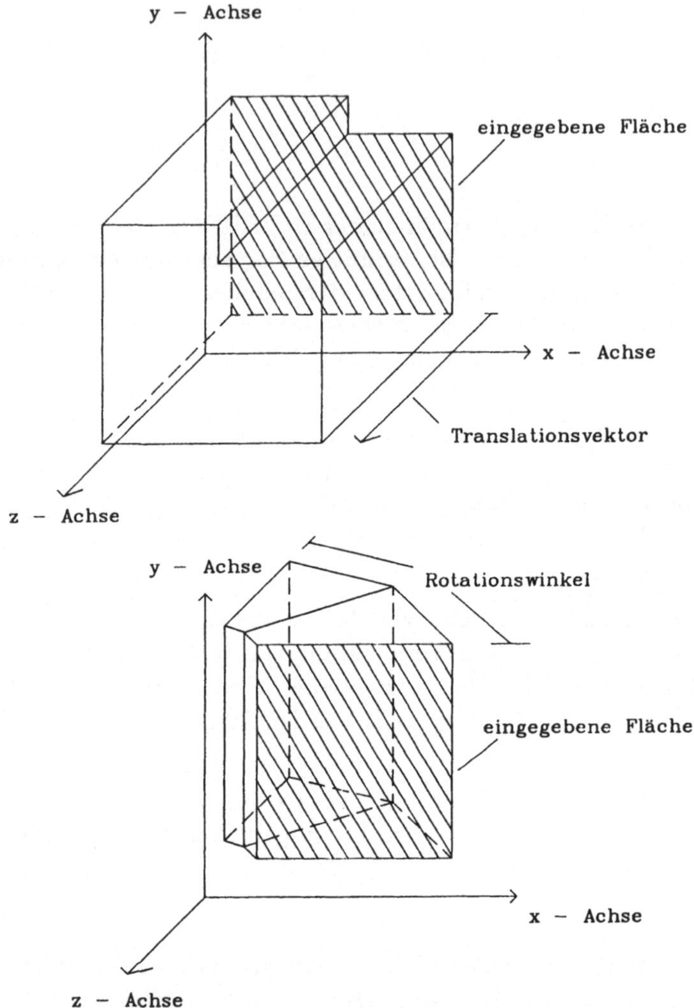

Abb. 2.1: Oben: Erzeugungsprinzip der Translationskörper
Unten: Erzeugungsprinzip der Rotationskörper

Für die grafisch-interaktive Eingabe steht eine zusätzliche Hilfsfunktion zur Verfügung, die es ermöglicht, Kreise bzw. Kreissegmente durch Angabe des Kreismittelpunktes, des Start- und Endpunktes sowie des Approximationsgrades automatisch zu erzeugen. Die eingegebenen Flächen können anschließend nochmals ediert werden, d.h. es können weitere Eckpunkte hinzugefügt bzw. auch wieder gelöscht werden.

Unter dem Menüpunkt *Erzeugen* kann nun die definierte Fläche in einen Polyeder umgewandelt werden. Dabei muß für einen Translationskörper die Größe der Translation und für einen Rotationskörper der Rotationswinkel sowie die Anzahl der Rotationsschritte festgelegt werden. Nachdem ein Polyeder erzeugt worden ist erfolgt die Darstellung des Polyeders im 3d–Viewmenü.

Auch im Erzeugenmenü besteht die Möglichkeit Polyeder zu sichern, sodaß aus einer Fläche mittels verschiedener Parameter mehrere Polyeder erzeugt und zur Weiterverarbeitung abgespeichert werden können.

3d–Viewmenü

Im 3d–Viewmenü wird ein zuvor erzeugter Polyeder in einer 3d Ansicht innerhalb eines großen Hauptfensters sowie aus der Ansicht der drei Hauptachsen in kleineren Nebenfenstern dargestellt.

Der Polyeder kann mittels der Funktion *Rotation* um die unter den Punkten *X-*, *Y-* und *Z-Rot* eingestellten Winkel in der unter *Steps* eingestellten Schrittzahl rotiert werden. Der Menüpunkt *Achsen* bietet die Möglichkeit die *xyz*-Achsen der charakteristischen Koordinatensysteme einzublenden. Diese Koordinatensysteme setzen sich zusammen aus dem Objektkoordinatensystem, dem Koordinatensystem um das der Polyeder gedreht werden kann, sowie zusätzlichen Koordinatensystemen die der Definition von Greif- und Montagebezugspositionen dienen (siehe auch *Koordinatensystemmenü* und Abb. 2.2 oben).

Zur Darstellung eines Polyeders kann der Benutzer unter dem Menüpunkt *Parallel/Perspektiv* noch zwischen einer Parallelprojektion und einer perspektivischen Projektion, die beide jeweils über eine einschaltbare Rückseitenentfernung verfügen, auswählen. Auch hier kann eine Ausgabe des Polyeders auf einen Drucker (*Hardcopy*) in der im Haupt- und in Nebenfenstern dargestellten Ansichten erzeugt werden.

Koordinatensystemmenü

Um das Objektkoordinatensystem oder um Koordinatensysteme zur Angabe von Greif- oder Montagebezugspositionen zu definieren, stehen hier die Funktionen *Objektsystem* und *K—System* zur Verfügung. Die Definition der Koordinatensysteme erfolgt durch grafisch-interaktive Positionierung des Ursprungs auf einer zuvor mit den Funktionen *Vorwärts* bzw. *Rückwärts* ausgewählten grafisch hervorgehobenen Fläche. Die Orientierung des Koordinatensystems wird durch Angabe der Lage der y-Achse erreicht, während die z-Achse per Definition normal zur ausgewählten Fläche ins Körperinnere zeigt.

Der Benutzer sieht bei der Flächenauswahl den Polyeder in 3d Ansicht sowie die ausgewählte Fläche in einer Draufsicht. Die definierten Koordinatensysteme können zur Referenzierung mit einem beliebigen Namen versehen werden.

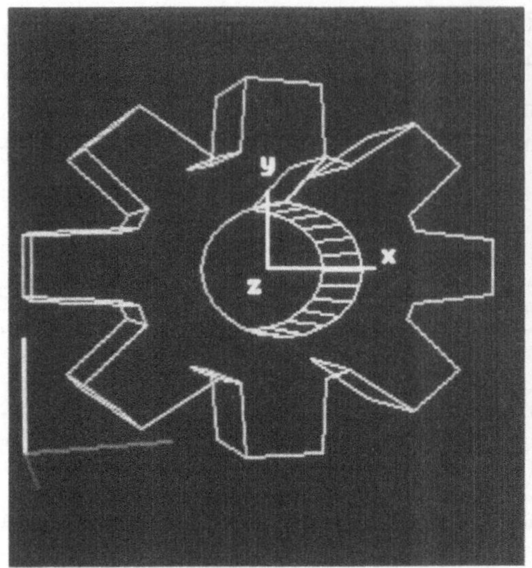

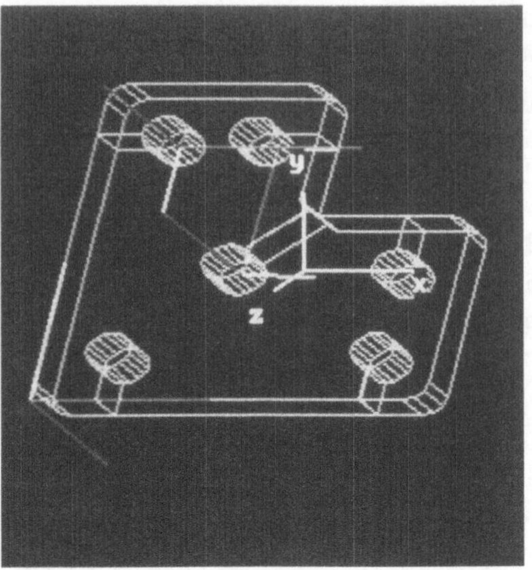

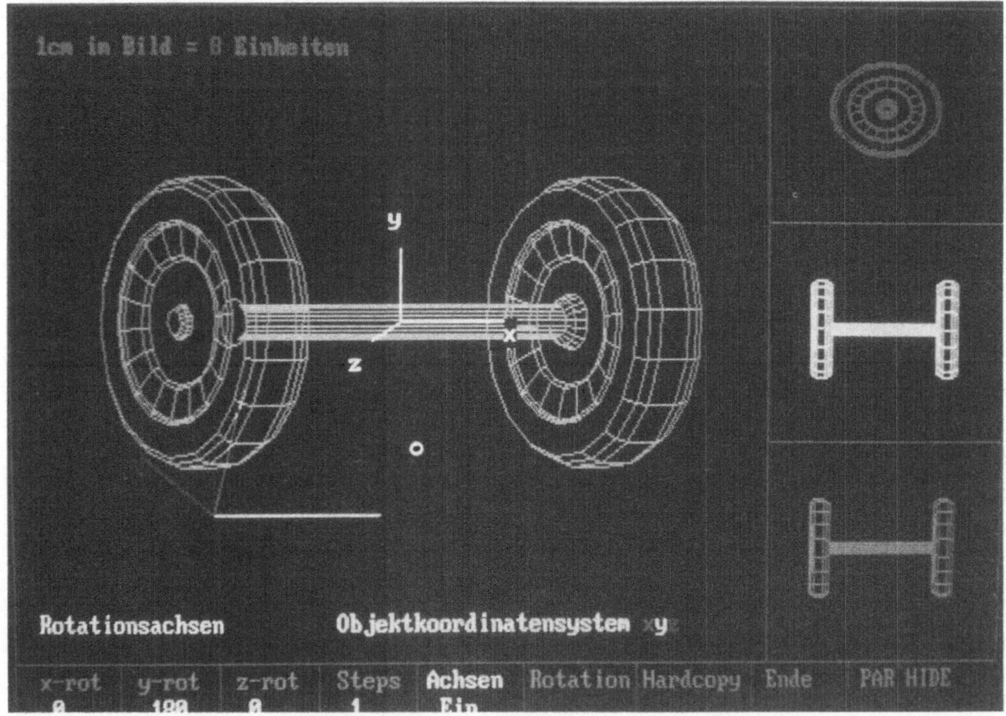

Abb. 2.2: Modellierung mit INTERPOL
Oben links: Eingeblendetes Objektkoordinatensystem an einem Translationskörper
Oben rechts: Translationskörper mit Löchern und Objektkoordinatensystemen
Unten: Rotationskörper

3 Das Robotermodelliersystem RMS

Robotersimulationsprogramme benötigen zur Bearbeitung ihrer Aufgaben möglichst exakte Modelle der zu simulierenden Roboteranwendung. Ein Robotermodelliersystem hat die Aufgabe, die Erstellung dieses Simulationsmodells zu unterstützen. Das in Braunschweig entwickelte Robotermodelliersystem RMS ermöglicht die Kinematik von Robotern interaktiv zu definieren, diese zu ändern und in einfachen Ansätzen zu testen. Desweiteren ist es möglich, Volumenmodelle von Objekten des Roboterkörpers zu erstellen und mit der Kinematik zu verbinden sowie Fertigungszellen zu modellieren (siehe Abb. 3.3). Dazu werden mittels INTERPOL modellierte Polyeder geladen und zu komplexen Szenen zusammengesetzt. Die auf diese Weise generierte Modellwelt kann anschließend in URSI (siehe Kapitel 4) simuliert und grafisch dargestellt werden.

Neben einer menügesteuerten Benutzeroberfläche und einem Grafikmodul setzt sich RMS aus den für die Robotermodellierung wichtigen Modulen *Kinematik* und *Volumenmodellierung* zusammen. Diese Module erzeugen die zur Initialisierung von URSI benötigten Datensätze (siehe Abb. 3.1).

Kinematikmodul

Im Kinematikmodul können unverzweigte, offene kinematische Ketten modelliert werden. Die Kinematiken werden durch Angabe der D-H Parameter der einzelnen Glieder definiert und sind mit einer Erweiterung zur Modellierung einfacher Greifer versehen (siehe Kapitel 1). Für die Simulation ist die Kinematikbeschreibung u.a. durch Parameter für Stellbereich, Referenzstellung und maximale Stellgeschwindigkeit der einzelnen Gelenke ergänzt worden. Für eine Dynamikmodellierung müßte eine Erweiterung beispielsweise für Trägheitstensoren und maximale Kräfte bzw. Drehmomente an den Robotergliedern vorgenommen werden.

Um die definierte kinematische Struktur zu veranschaulichen, wird sie dem Benutzer in Form eines Skeletts grafisch dargeboten (siehe Abb. 3.4 oben links mit dem Skelett eines Mitsubishi RM-501 Roboters). Hier sind die Strecken 'd' und 'a' der D-H Parameter als Linien dargestellt. Für Drehgelenke wird zusätzlich in die Rotationsebene (Ebene normal zum Drehgelenk) ein Quadrat eingeblendet. Bei translatorischen Gelenken deuten zwei kurze parallele Linien die Schubrichtung an.

RMS

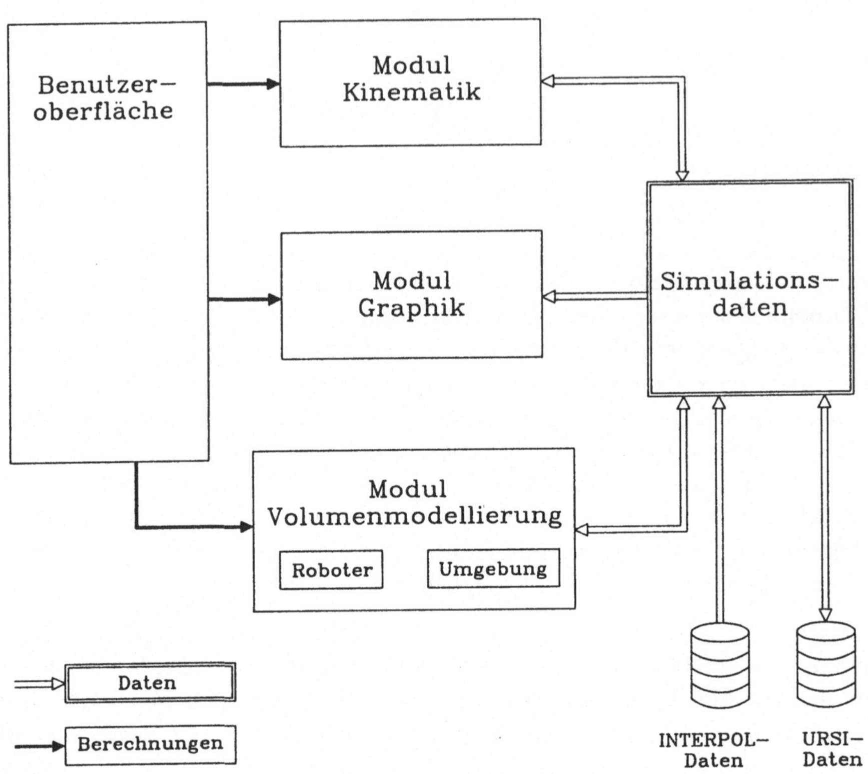

Abb. 3.1: Aufbau von RMS

Volumenmodellierung

Mit Hilfe dieses Skelettmodells ist bereits eine Simulation in URSI möglich. Um jedoch eine komplette Fertigungszelle bestehend aus Robotern, Zuführgeräten und Werkstücken simulieren und off-line programmieren zu können oder Kollisionserkennungen durchzuführen, ist eine Volumenmodellierung notwendig. Das Körpermodell der Fertigungszelle wird dazu aus einfachen Polyedern aufgebaut. Die Basisoperationen zur Manipulation der erzeugten Körperobjekte sind die Verschiebung und das Drehen von Polyedern im Raum sowie der Aufbau von Affixments.

Eine Verschiebung wird durch Angabe von Start- und Endpunkt des Verschiebevektors bestimmt (Abb. 3.2 links). Als Startpunkte können zum einen die Eckpunkte von Polyedern aus der Szene gewählt werden. Zum anderen ist es möglich beliebige 3d Koordinaten als Start- oder Endpunkt der Translation zu bestimmen. Diese Variante wird u.a. durch die Positionierung eines Fadenkreuzes unterstützt. Das Problem der 3d Koordinatenbestimmung bei 2d Ansichtsprojektionen wurde in RMS dadurch gelöst, daß neben einer frei wählbaren Ansicht der Szene ständig die drei orthogonalen Hauptansichten (xy-, xz- und yz-Ebene) dargestellt werden. Durch Positionierung des Fadenkreuzes in mindestens zwei dieser Ansichten ist der 3d Punkt dann eindeutig bestimmt.

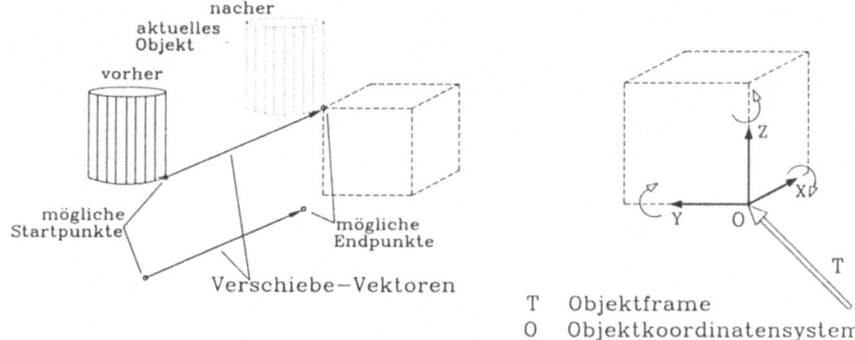

Abb. 3.2: links: Bewegen eines Objektes durch Verschiebevektoren
rechts: Drehen eines Objektes um die Koordinatenachsen

In RMS wurden zwei Möglichkeiten, ein Objekt zu drehen, implementiert. Zum einen kann eine absolute Rotation des Objektsystems bezogen auf das Weltkoordinatensystem angegeben werden. Die Drehwinkel um die Koordinatenachsen werden dann als Roll-Pitch-Yaw-Winkel aufgefaßt und entsprechend ausgeführt:

$$RPY(\phi, \theta, \psi) = ROT(z, \phi)ROT(y, \theta)ROT(x, \psi)$$

Die andere realisierte Möglichkeit ist eine relative Rotation bezogen auf das aktuelle Objektsystem (Abb. 3.2 rechts). Wird jeweils nur um eine der Koordinatenachsen gedreht, ist der Einsatz einer Maus möglich. Mit jeder Mausbewegung wird dann eine Rotation des Objektsystems um die ausgewählte Achse (z.B. in 1°-Schritten) durchgeführt und das resultierende Koordinatensystem on-line angezeigt.

Die Definition von Affixments, wie sie in Kapitel 1 beschrieben wurden, erfolgt über die grafische Auswahl der beiden zu verbindenden Objekte. Es wird dann die relative Transformation zwischen den beiden Objektsystemen berechnet und eine entsprechende Affixmentstruktur aufgebaut. Da als Objekte nicht nur Polyeder sondern auch, als Abstraktion des Objekts, die Glieder der Roboterkinematik in Frage kommen, können feste Beziehungen zwischen der kinematischen Struktur und dem Volumenmodell des Roboters aufgebaut werden.

Modellierungsbeispiel
Die Erstellung eines Robotermodells, am Beispiel des fünfachsigen Knickarmroboters Mitsubishi RM-501, erfolgt in zwei Schritten. Nach der Definition der Kinematik (Abb. 3.4 links oben) werden schrittweise die modellierten Einzelpolyeder geladen, positioniert und an den entsprechenden Gelenken befestigt. Abbildung 3.4 zeigt, wie ausgehend von der Kinematik, die Körper der Gelenke aufgebaut werden. In Abbildung 3.4 unten rechts ist der Roboter, vollständig modelliert und mit kleineren Details versehen, abgebildet. Der vollständige Grafikschirm ist in Abbildung 3.3 oben zu sehen.

Zusätzlich kann am Roboter, z.B. zwischen den Greiferbacken, der sogenannte Trajektorienpunkt markiert werden. In der Simulation ist es dann möglich, die Bahn dieses

Punktes anzeigen zu lassen (siehe Abschnitt 4.5). Auf die oben angegebene Weise können weitere Roboter in derselben Modellwelt erstellt werden und die Umgebung der Roboter aufgebaut werden (Fertigungszellenlayout).

Alle Daten der so modellierten Welt werden in lesbarem Format in Dateien abgelegt und an den Simulator übergeben. Ein Überblick über die Dateienstruktur findet sich in Abschnitt 4.2. Für Einzelheiten der Implementierung und einer genaueren Beschreibung des Programms, sei auf [*Plank*, 1989] verwiesen.

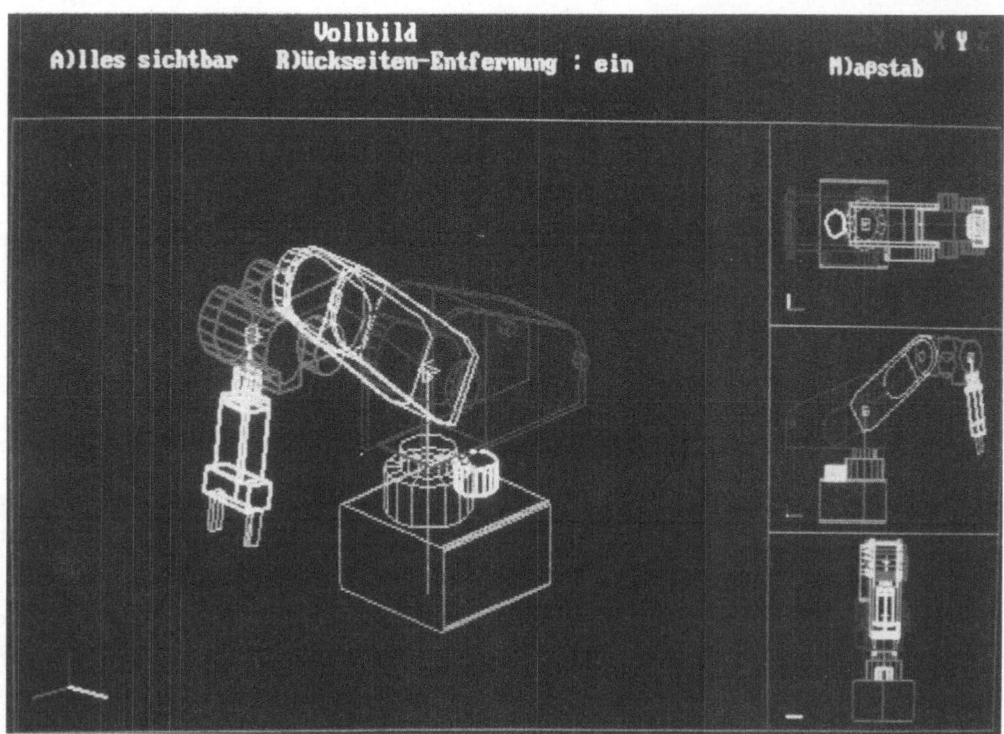

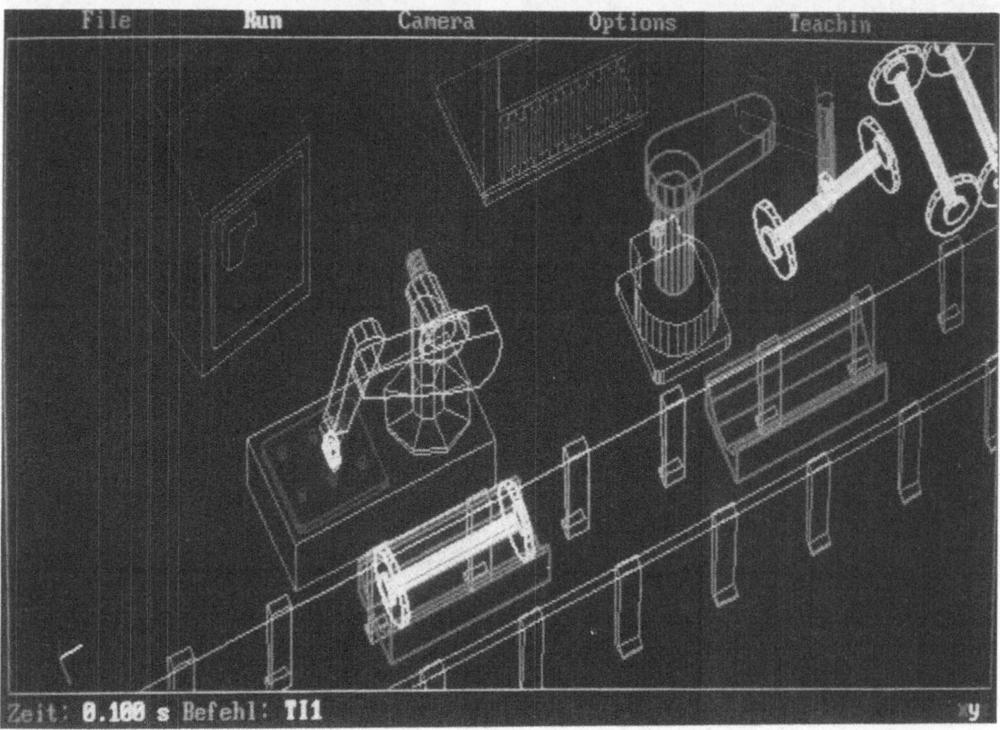

Abb. 3.3: Roboterentwurf (oben) und Fertigungszellenlayout (unten) durch RMS

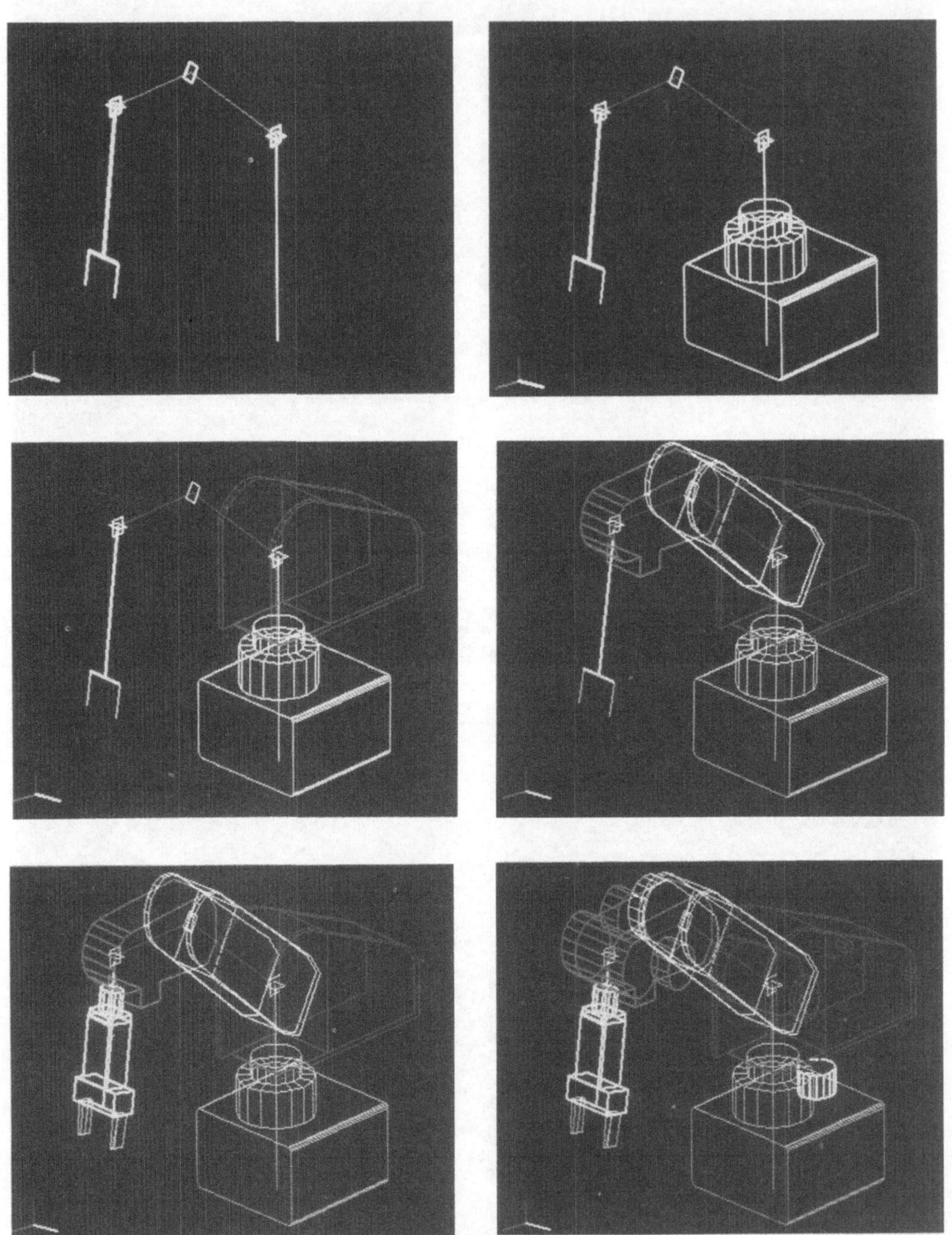

Abb. 3.4: Modellierung eines Mitsubishi Roboters

4 Der Universelle Robotersimulator URSI

Die Basisanforderungen für das grafisch-interaktive Robotersimulationssystem wurden wie folgt spezifiziert:

- Durch umfassenden grafischen Feedback unterstütztes, interaktives Arbeiten mit dem Modell einer Fertigungszelle, die verschiedene Roboter und Umgebungsobjekte enthalten kann

- Korrekte Simulation der Roboter- und Objektbewegungen mit komfortablen Möglichkeiten der visuellen Kollisionserkennung

- Interpretation und selbständige Ausführung off-line erstellter Roboterprogramme einschließlich der Erzeugung eines Laufzeitprotokolls

- Einfache Erweiterbarkeit und Portierbarkeit durch modularen Aufbau des Softwaresystems.

4.1 Aufbau des Simulationssystems

Aus den o.g. Anforderungen ergeben sich die drei Hauptkomponenten des Simulationssystems URSI (Abb. 4.1):

Simulatorkern mit Datenstrukturen und Unterprogrammen zur
- internen Repräsentation von Roboterstrukturen, Objekten und Objektrelationen, d.h. zur Erzeugung eines Modells der Fertigungszelle
- Berechnung und Simulation von Roboterbewegungen in diskreten Zeitschritten
- interaktiven Eingabe von Bahnpunkten (Teach-in)
- Programmierung und Simulation von Zeitgebern
- Simulation von Ein-/Ausgabekanälen
- Berechnung von Bewegungsbahnen (Trajektorien).

Grafikmodul mit Funktionen und Datenstrukturen zur
- Initialisierung und Berechnung von Transformationen zur Abbildung von Weltausschnitten in Bildschirmfenstern
- grafischen Darstellung von Robotern und anderen Objekten des Weltmodells

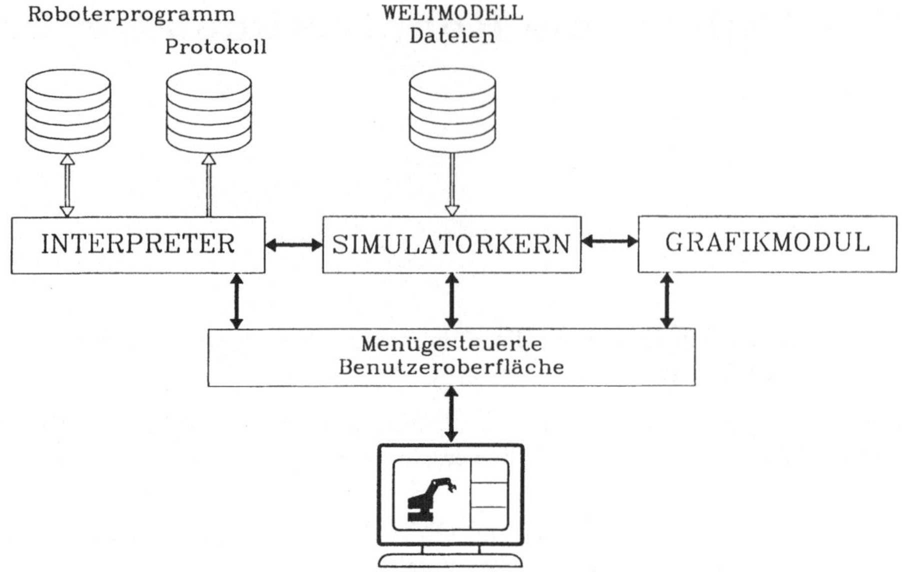

Abb. 4.1: Zusammenwirken der URSI-Hauptkomponenten

- Berechnung und Ausgabe von Bildern sog. virtueller Kameras
- effizienten Verwaltung der Menübilder.

Interpreter einer Roboterprogrammiersprache bestehend aus Datenstrukturen und Unterprogrammen zur

- Speicherung von Roboterprogrammen und Gelenkstellungen
- Ausführung von eingegebenen Befehlen und Roboterprogrammen
- Protokollierung des Zeitbedarfs der Befehlsbearbeitung
- interaktiven Programmentwicklung am Simulator.

Die Implementierung von URSI erfolgte wie die der beiden Systemkomponenten IN-TERPOL und RMS auf einem PC-AT unter MS-DOS in der Programmiersprache C. Zur grafischen Ausgabe auf dem Bildschirm des PCs ist eine dem EGA-Standard kompatible Grafikkarte erforderlich. Auf die Verwendung von Grafikstandards wie z.B. GKS wurde aus Performance-Gründen verzichtet. Die Unterprogramme benutzen ausschließlich Standard-C-Routinen, so daß die Portabilität des Simulators auf andere Rechnersysteme gewährleistet ist. Da kein leistungsminderndes Softwaresystem zur Erzeugung grafischer Ausgaben verwendet wurde, gilt dies selbstverständlich nicht für die hardware-abhängigen Grafikausgaberoutinen.

4.2 Interne Repräsentation einer Fertigungszelle

Die Verweise auf alle zum Aufbau des Modells einer Fertigungszelle beteiligten Dateien sind in einer Weltbeschreibungsdatei (WBD) zusammengefaßt (Abb. 4.2), die am Beginn einer Simulationssitzung vom Simulationsprogramm eingelesen wird, um die Initialisierung des Weltmodells vorzunehmen. Insbesondere enthält diese WBD die Namen der Roboterbeschreibungsdateien sowie die Positionen und Orientierungen der Basiskoordinatensysteme der zu simulierenden Roboter in Bezug auf das globale Weltkoordinatensystem. Somit können einmal modellierte Roboter in einer Fertigungszelle beliebig miteinander kombiniert werden, ohne daß aufwendige Neukonstruktionen für jeden Einzelfall erforderlich werden (Roboterbibliothek). Ergebnis des Aufbaus des Weltmodells sind

- die verkettete Liste aller definierten Objekte sowie ein "Netz" von Affixments zur Strukturierung dieser Objekte (siehe Kapitel 1)

- die initialisierten Felder zur Roboter- und Gelenkbeschreibung

- eine optionale Trajektorienbeschreibung

- eine Beschreibung des darzustellenden Weltausschnitts.

Roboterdatei 1	:	scara.rbd
Standpunkt x	:	100.0
Standpunkt y	:	100.0
Standpunkt z	:	0.0
Drehung x	:	0.0
Drehung y	:	0.0
Drehung z	:	180.0
Roboterdatei 2	:	–
Objektdatei	:	tisch.obd
Trajektoriendatei	:	traject.tbd
Ansichtsdatei	:	view.abd

Abb. 4.2: Beispiel einer Weltbeschreibungsdatei (WBD)

Die Beschreibung eines Roboters ist in einer Roboterbeschreibungsdatei (RBD) abgelegt, anhand derer der Simulatorkern die internen Roboterdarstellungen aufbaut. Der erste Teil einer RBD enthält

- den Namen des Roboters zur späteren Referenzierung

- die Anzahl der Gelenke

- den Namen der spezifischen Objektbeschreibungsdatei (OBD)

- die Lage des ersten Gelenks bezüglich der Roboterbasis

- die Beschreibung des Robotereffektors (z.B. Greifer).

Im zweiten Teil dieser Datei werden die Gelenke des Roboters beschrieben. Ein Gelenkbeschreibungssatz enthält für jedes Gelenk

- den Typ (rotatorisch, translatorisch)
- die Denavit-Hartenberg-Parameter θ, d, a und α
- die Stellbereichsgrenzen
- die maximale Stellgeschwindigkeit
- die Nest-Position zur Festlegung der Referenzstellung für Bewegungsbefehle
- Umrechnungsfaktoren, um interpreterspezifische Sollwertangaben in [°] bzw. [mm] umzurechnen.

Typ	Name	Bedeutung
character	*name*[20]	Bezeichnung des Roboters
character	*body_file*[20]	Name der Körperbeschreibungs-datei
...	...	Angaben zur Skelettausgabe und zur Effektordefinition
integer	*firstjoint*	Index des ersten Gelenks im Gelenkfeld
integer	*jointnumber*	Anzahl der Gelenke ohne Effektorgelenke
float	*base_height*	Höhe der Roboterbasis
OBJECT	*base*	Zeiger auf das Basisobjekt des Roboters

Abb. 4.3: Datenstruktur ROBOTTYPE

Typ	Name	Bedeutung
enum DGF	*dgf_type*	Gelenktyp
float	θ, d, a, α	Denavit-Hartenberg-Parameter
float	$\sin(\alpha), \cos(\alpha)$	Ergebnisse der Funktionsaufrufe
float	$\sin(\theta), \cos(\theta)$	Ergebnisse der Funktionsaufrufe
float	*minway, maxway*	Stellbereich des Gelenks
float	*offset*	Lage des Nullpunkts
float	*maxspeed*	maximale Stellgeschwindigkeit
float	*factor*	Faktor zur Umrechnung in [°] beziehungsweise [*mm*]
OBJECT	*objectpointer*	Zeiger auf zugeordnetes Gliedobjekt
AFFIX	*affixment*	Zeiger auf Affixment mit Transformationsmatrix

Abb. 4.4: Datenstruktur JOINTTYPE

Zur internen Verwaltung der Roboterbeschreibungen wurde die Datenstruktur RO-BOTTYPE (Abb. 4.3) definiert. Zur Plazierung des jeweiligen Roboters im Weltmodell wird ein körperloses Basisobjekt verwendet, auf das durch den Zeiger *base* verwiesen wird. Die Plazierung kann dann, wie in Kapitel 1 beschrieben, durch die Befestigung des Roboterkörpers über ein konstantes Affixment erfolgen, da alle zu einem Roboter gehörenden Objekte wiederum direkt oder indirekt mit dieser Basis per Affixments verbunden sind.

Die Komponente *firstjoint* der Struktur entspricht dem Index des 1. Robotergelenks in einem Gelenkfeld *joint* [MAXJOINT], in dem, ausgehend von der Roboterbasis, die Beschreibung der Arm-, der Hand- und der beiden Greifergelenke eines Roboters sukzessive abgelegt werden. Die abgelegten Gelenkbeschreibungen sind vom Typ JOINTTYPE (Abb. 4.4). Diese Datenstruktur enthält insbesondere einen Verweis auf eine Affixment-Struktur, die die homogene Transformationsmatrix des Gelenks enthält (siehe Kapitel 1). Somit kann die Änderung der Gelenkstellung auf einfache Weise durch die Aktualisierung dieses Affixments durchgeführt werden. Ein weiterer Zeiger verweist auf das erste, an diesem Gelenk befestigte Objekt.

Abbildung 4.5 gibt einen Überblick über das Zusammenwirken aller Datenstrukturen, die zur Darstellung eines Roboters benötigt werden.

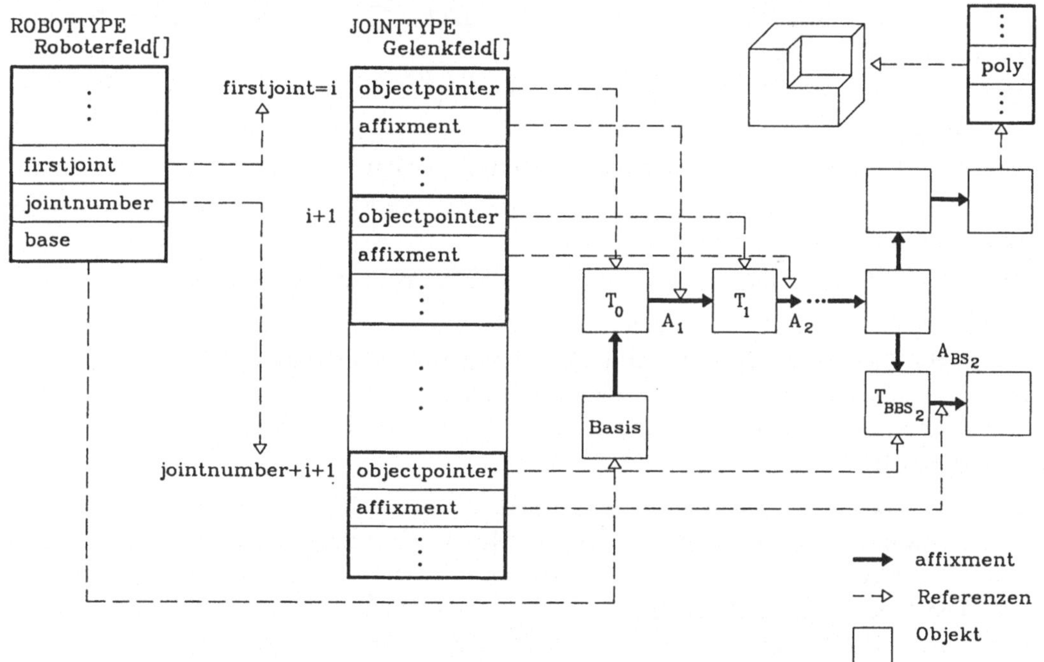

Abb. 4.5: Die Darstellung eines Roboters im Simulationssystem

Neben den erwähnten Dateien existieren desweiteren

- Objektbeschreibungsdateien, die Objekte und ihre Beziehungen zueinander beschreiben
- eine Trajektorienbeschreibungsdatei, die die Zuordnung eines Punktes zu einem Objektkoordinatensystem festlegt (siehe auch Abschnitt 4.5)
- eine Ansichtsbeschreibungsdatei, die den darzustellenden Weltausschnitt festlegt.

4.3 Merkmale des Interpreters

Die Aufgabe des in URSI implementierten Interpreters ist es, die Befehle einer durch ihn spezifizierten Roboterprogrammiersprache zu interpretieren, ggfs. in Verbindung mit den durch den Roboter benötigten Ausführungszeiten zu protokollieren und interpretierte Befehle zur Ausführung an den Simulatorkern weiterzureichen.

Der Interpreter arbeitet in zwei Modi: Im Modus DIREKT werden die Befehle vom Benutzer entgegengenommen und sofort zur Ausführung gebracht. Im Modus PROGRAMM, der durch einen Programmstartbefehl aktiviert wird, holt der Interpreter den durch einen Befehlszähler definierten nächsten Befehl aus einem Programmspeicher. Dieser Modus endet nach Bearbeitung des Progamms oder im Falle eines Fehlers zur Laufzeit oder aber auch auf besondere Anforderung des Benutzers.

Die Ausführung eines Roboterprogramms kann durch den Benutzer in vielfältiger Weise beeinflußt werden. Im einzelnen

- kann der Benutzer die Zahl der auszuführenden Befehle vorwählen
- können Bewegungs-, Greifer- und Wartebefehle auf Tastendruck unterbrochen und ebenso fortgesetzt werden
- wird in einem vom Benutzer aktivierbaren Step-Modus die Befehlsbearbeitung in Einzelschritten durchgeführt
- kann das Programm kontinuierlich bearbeitet werden
- kann die Bearbeitung eines Befehls abgebrochen werden, um Simulationsparameter oder das Roboterprogramm zu ändern
- kann der Befehlszähler auf die Programmstartadresse zurückgesetzt werden.

Programme in der Roboterprogrammiersprache können aus dem Dateisystem eingelesen, im Roboterprogramm- und Positionsspeicher des Simulators abgelegt und anschließend bearbeitet werden. Andererseits kann ein Programm, das mit dem Simulator off-line erstellt wurde, zusammen mit den Positionsdefinitionen im Dateisystem abgelegt werden.

Die zur Zeit aktuelle Version von URSI besitzt einen an die Sprache zur Programmierung des Industrieroboters RM-501 der Fa. Mitsubishi Electric angelehnten Interpreter, da dieser Roboter z. Zt. im Robotikpraktikum der TU Braunschweig eingesetzt wird. Die Syntax dieser Sprache ist sehr einfach: Variablen können nicht verwendet werden. Ein Befehl wird durch ein Wort der Länge 2 bezeichnet. Eventuelle Befehlsparameter sind ganzzahlig und liegen in einem definierten Wertebereich. Die Zuweisung einer Position an die Positionsspeicherstelle 1 erfolgt z.B. durch:

$$PS\ 1,-12000,0,0,0,0,0$$

Ein nicht direkt auszuführender, d.h. im Programmspeicher abzulegender Befehl wird durch eine vorangestellte Zeilennummer gekennzeichnet:

$$10\ MO\ 1$$

Weitere starke Einschränkungen der Funktionalität sind die Konsequenz eines fehlenden Programmstacks. So können keine geschachtelten Unterprogrammaufrufe bzw.

geschachtelte Schleifenkonstruktionen definiert werden. Diese starken Einschränkungen für die Strukturierbarkeit eines Roboterprogramms wurden in URSI durch die Einführung eines Programmstacks zur Aufnahme von Rücksprungadressen der Unterprogramme oder zur Aufnahme der Anzahl der Schleifendurchläufe gemildert.

Da in URSI mehrere Roboter gleichzeitig simuliert werden können, wurde ein zusätzlicher Befehl implementiert, mit dessen Hilfe zwischen mehreren simulierten Robotern umgeschaltet werden kann. Tritt dieser Befehl in einem Programm auf oder wird er vom Benutzer im DIREKT-Modus eingegeben, so beziehen sich alle nachfolgenden Befehle auf den ausgewählten Roboter.

Desweiteren wurden die Befehle AF (affix) und UF (unfix) hinzugefügt. Sie ermöglichen zusätzlich zu den Befehlen für das Öffnen und Schließen des Greifers ein gezieltes, Benutzer-gesteuertes Befestigen bzw. Lösen von zu greifenden Umgebungsobjekten am Basissystem der Greiferbacken eines Roboters. Dies ist notwendig, da in der Simulation nicht in jedem Fall ein Schließen des Greifers mit der Befestigung eines Umgebungsobjektes einhergehen muß. Die Bearbeitung dieser Befehle hat selbstverständlich eine Modifikation des internen Modellzustandes zur Folge. An der Affixment-Struktur des greifenden Roboters wird ein weiteres Objekt bzw. eine ganze Struktur von Objekten, wenn das gegriffene Objekt aus mehreren Teilen aufgebaut ist, befestigt.

Ein weiterer zusätzlicher Befehl erlaubt die Definition einer kartesischen Position und Orientierung. Er arbeitet in Verbindung mit der in Abschnitt 4.6 skizzierten Integration der inversen kinematischen Gleichungen und einem kartesischen Teach-in Modul.

Die Interpretation eines Befehls teilt sich auf in die

- Ermittlung des Befehlsindex in einer Codetabelle
- Ermittlung eventueller Befehlsparameter
- Überprüfung der Parameter auf Einhaltung der Definitionsbereiche
- Aktivierung der erforderlichen Aktionen.

4.4 Ausführung von Bewegungsbefehlen

Um eine möglichst effiziente Abarbeitung von Befehlen zu gewährleisten, wurde zwischen Interpreter und Simulatorkern eine leistungsfähige und universelle Schnittstelle mit nur wenigen Parametern vorgesehen. Insbesondere muß der Interpreter für jedes Gelenk eines Roboters Bewegungsbefehle an den Simulatorkern abgeben können. In URSI ist dies über ein Gelenkkanalfeld *jointchannel*[MAXJOINT] realisiert (Abb. 4.6), das für jedes Gelenk des Gelenkfeldes (siehe Abschnitt 4.2) einen Kanal für Bewegungsbefehle besitzt.

Ein Gelenkbewegungsbefehl für ein Gelenk besteht aus dem Sollwert und der Stellgeschwindigkeit, mit der diese Sollstellung anzufahren ist. Dabei gewährleistet eine Funktion `out_to_jointchannel()`, mit deren Hilfe der Interpreter Bewegungsbefehle für die Gelenke eines Roboters im entsprechenden Kanal ablegen kann, daß nur Sollwerte an ein Gelenk gelangen, die innerhalb des Stellbereichs dieses Gelenks liegen. Andernfalls wird durch den Funktionswert eine Fehlerkennung geliefert; das Simulationssytem gibt eine entsprechende Fehlermeldung an den Benutzer weiter. Der Bewegungsbefehl wird daraufhin ignoriert.

Typ	Name	Bedeutung
float	*data*	Sollwert des Gelenks
float	*actual*	Istwert des Gelenks
float	*speed*	Stellgeschwindigkeit zum Anfahren des Sollwerts
short	*moving*	Zeigt Bewegung des Gelenks an
short	*error*	Zeigt fehlerhaften Bewegungsbefehl an

Abb. 4.6: Aufbau eines Gelenkkanals durch die Datenstruktur J_CHANNEL

Die Bearbeitung eines Bewegungsbefehls durch den Simulatorkern erfolgt in diskreten Zeitschritten Δt. Die neuen Stellungen errechnen sich zu:

$$^{(ist)}\vec{q}(t + \Delta t) :=^{(ist)} \vec{q}(t) + \Delta t \cdot^{(stell)} \vec{v}$$

Die Größe eines Zeitschritts ist variabel. Er wird nach unten durch den Wert 0 und nach oben durch eine vom Benutzer wählbare Simulationszeitschrittweite *simstep* beschränkt. Würde ein Gelenk i seine Sollstellung innerhalb der nächsten Δt Sekunden erreichen, so muß Δt reduziert werden. Es wird auf diejenige Zeitspanne verkleinert, die das Gelenk i bei gleichförmiger Bewegung mit der gegebenen Geschwindigkeit benötigt, um seine Sollstellung zu erreichen:

$$\Delta t := \left| \frac{^{(ist)}q_i - ^{(soll)}q_i}{^{(stell)}v_i} \right|$$

Die Verkleinerung der Schrittweite ist notwendig, da das Gelenk i sonst über die vorgegebene Sollstellung hinausfahren würde. Dieser Test wird für sämtliche aktiven Gelenke durchgeführt. Anschließend wird zusätzlich geprüft, ob ein aktiver Zeitgeber innerhalb der nächsten Δt Sekunden seinen Zustand ändert. In diesem Fall wird Δt nochmals entsprechend verkleinert. Dieser weitere Test ist notwendig, um eventuelle Unterbrechungszeitpunkte zu erkennen und zu berücksichtigen.

Ist der minimale Zeitschritt Δt bestimmt, werden alle Gelenkstellungen berechnet, die die Gelenke bei der für sie vorgegebenen Geschwindigkeit nach Ablauf dieses Zeitintervalls erreicht haben. Daraufhin werden die zugehörigen A-Matrizen in den AFFIX-Elementen der Gelenke aktualisiert (siehe Abb. 4.4). Bei der anschließenden Neuberechnung der Objektlagen finden nur diejenigen Objekte Berücksichtigung, die direkt oder indirekt am von der Roboterbasis aus gesehenen ersten bewegten Gelenk eines Roboters befestigt sind.

Die Bearbeitung eines Bewegungsbefehls ist beendet, wenn alle Gelenke ihre Sollstellung erreicht haben. Unter der Vorausetzung das kein Zeitgeber aktiv ist, liefert die Ermittlung der Größe des nächsten Zeitschritts Δt dann den Wert 0.

Wie bereits in Kapitel 1 dargestellt, wird der Greifer eines simulierten Roboters über 2 translatorische Fingergelenke betrieben. Diesen beiden Gelenken sind, wie den Arm- und Handgelenken, ebenfalls Gelenkkanäle im Feld *jointchannel* [] zugeordnet. Der Interpreter kann somit die "Greifer-Öffnen"- und "Greifer-Schließen"-Befehle in zwei Gelenkbewegungsbefehle umsetzen, die, wie zuvor skizziert, vom Simulator bearbeitet werden.

4.5 Grafische Darstellung und Benutzeroberfläche

Die Objekte des Weltmodells werden in 4 Ausschnitten auf dem Bildschirm dargestellt, wobei die dem Betrachter abgewandten Flächen nicht angezeigt werden (siehe Abb. 4.8). Neben den voreingestellten Projektionen in die xy-, xz- und yz-Ebenen wird eine große Ansicht des Weltmodells in Parallel- oder Perspektivprojektion aus beliebiger Sichtrichtung angezeigt. Die gleichzeitige Darstellung in 4 Ansichten (Viewports) erlaubt beispielsweise eine einfache visuelle Erkennung von Körperdurchdringungen. Zur Verdeutlichung der jeweiligen Projektionsrichtungen enthält jeder Viewport ein kleines, farbiges Koordinatensystem, das die Lage der Koordinatenachsen in der jeweiligen Projektion widerspiegelt (siehe z.B. Abb. 4.8 oben). Die Farbcodierung der x-, y- und z-Achsen werden durch farbige Buchstaben in einer Informationszeile angezeigt.

Ein Objekt wird nur dann grafisch dargestellt, wenn das Objekt einen grafisch modellierten Körper besitzt. Zur Visualisierung der Bewegung eines Roboters kann der Benutzer in einem beliebigen Objektkoordinatensystem dieses Roboters einen Punkt auswählen. Dies erfolgt in der zur Roboterbeschreibung gehörigen Trajektorienbeschreibungsdatei (siehe auch Abschnitt 4.2). Die Trajektorie dieses Punktes während der Bewegung des entsprechenden Roboters kann auf zwei Arten grafisch dargestellt werden:

- Darstellung als Punktfolge: Bei dieser Darstellungsart erhält man neben der Information über den Bahnverlauf auch einen Eindruck von der Geschwindigkeit des Punktes entlang dieser Bahn. Je weiter benachbarte Trajektorienpunkte voneinander entfernt sind, umso höher ist die Bahngeschwindigkeit zwischen diesen Punkten.

- Darstellung als Polygonzug: Die benachbarten Punkte werden durch eine Linie miteinander verbunden. Der Polygonzug approximiert die eigentliche Bahnkurve, je nach Bahngeschwindigkeit des Trajektorienpunktes und der aktuellen Simulationsschrittweite mehr oder weniger genau (siehe Abb. 4.8 oben).

Während einer Simulationssitzung kann der Benutzer menügesteuert Simulationsparameter ändern, Roboterprogramme am Simulator entwerfen bzw. existierende Roboterprogramme testen, verbessern und in Dateien abspeichern sowie Roboterbefehle direkt eingeben, die sofort interpretiert und ggf. ausgeführt werden.

Neben diesen gängigen Darstellungsmöglichkeiten verfügt URSI über zwei Besonderheiten, die in vergleichbaren Simulationssystemen selten zu finden sind: Dem Benutzer steht ein grafisch-interaktives Teach-in zur Verfügung, wodurch entweder im Gelenkvariablenraum oder im kartesischen Raum von einem Roboter anzufahrende Positionen und Orientierungen definiert werden können. Beide Teach-in Varianten werden durch ein variables Zooming in den verschiedenen Viewports unterstützt.

Beim gelenkorientierten Teach-in führt der Benutzer die einzelnen Gelenke in ihre Zielstellung. Dies kann mit unterschiedlichen Schrittweiten für die Gelenke in Kombination mit einer niedrigen Grafikanzeigefrequenz durchgeführt werden, um den Zeitbedarf für das Erreichen der Zielstellung zu reduzieren. Eine auf diese Weise eingelernte Position kann im Positionsspeicher des Interpreters abgelegt werden. Diese Form des Lernens von Positionen ist der üblichen Vorgehensweise am realen Roboter nachempfunden.

Das kartesische Teach-in wird durch die getrennte Eingabe von Position und Orientierung ausgeführt. Dabei können sowohl numerische Angaben bezogen auf die Koordinatenachsen des Weltkoordinatensystems als auch eine grafisch-interaktive Positionierung und Orientierung des eingeblendeten Effektorkoordinatensystems verwendet werden. Das aus diesen Vorgaben resultierende Frame bildet die Eingabe für die inverse kinematische Transformation (siehe dazu Abschnitt 4.6). Die resultierenden Gelenkstellungen können anschließend im Positionsspeicher abgelegt werden.

Um die Benutzerfreundlichkeit des grafisch-interaktiven Teach-in zu erhöhen haben wir das Konzept der virtuellen Kameras eingeführt. Hierdurch wird die Simulation eines einfachen Kameramodells realisiert; die simulierten Kameras können an (auch in) beliebigen Objekten der Roboter oder der Umgebung befestigt werden. Das von den virtuellen Kameras gelieferte Kantenbild des in ihrem Blickfeld liegenden Weltausschnitts kann auf einem der Viewports ausgegeben werden. So kann zum Beispiel eine virtuelle Kamera am Ende des Armes eines simulierten Roboters befestigt und so orientiert werden, daß das Blickfeld durch den Greiferkörper hindurch nach außen gerichtet ist. Damit kann die Annäherung an ein zu greifendes Objekt beim Teach-in sehr genau gesteuert werden, da im Kamerabild sowohl die Greiferbacken als auch das zu greifende Objekt sichtbar sind (siehe Abb. 4.8 unten rechts).

4.6 Inverse kinematische Transformation

Ein generelles Problem beim Umgang mit kinematischen Strukturen stellt die Invertierung der kinematischen Gleichungen dar. Zur Lösung dieser Problematik gibt es eine Reihe von numerischen Ansätzen, die gegenüber analytischen Ansätzen den Vorteil besitzen, für beliebige Roboterstrukturen die Gelenkstellungen zu vorgegebenen kartesischen Lagen iterativ errechnen zu können. Aufgrund des i.a. hohen Rechenzeitbedarfs und den Konvergenzproblemen in der Nähe singulärer Roboterstellungen sind diese Ansätze insbesondere in einer PC-Umgebung ungeeignet. Bei Existenz sollten deshalb die analytischen Lösungen des inversen kinematischen Problems verwendet werden. Diese bilden z.B. durch das kartesische Teach-in (siehe Abschnitt 4.5) vorgegebene Lagen, in den Gelenkvariablenraum ab. Zur Berechnung dieser Abbildung existieren verschiedene Ansätze. Basierend auf dem in [*Paul*, 1983] geschilderten Ansatz wurde am Institut für Robotik und Prozeßinformatik das Programmsystem SKIP entwickelt, das in der Lage ist, für die meisten der heute verwendeten Industrieroboter die analytische Lösung des inversen kinematischen Problems zu bestimmen [*Rieseler*, 1990]. Da einerseits numerische Ansätze aus den o.g. Gründen zur Verwendung in URSI ausscheiden, andererseits die Verwendung der SKIP-Lösungen in Form von C-Code bei Modifikationen der kinematischen Kette ein aufwendiges Einbinden erforderlich machen würde, ist in URSI eine interpretative Auswertung der inversen kinematischen Gleichungen realisiert worden.

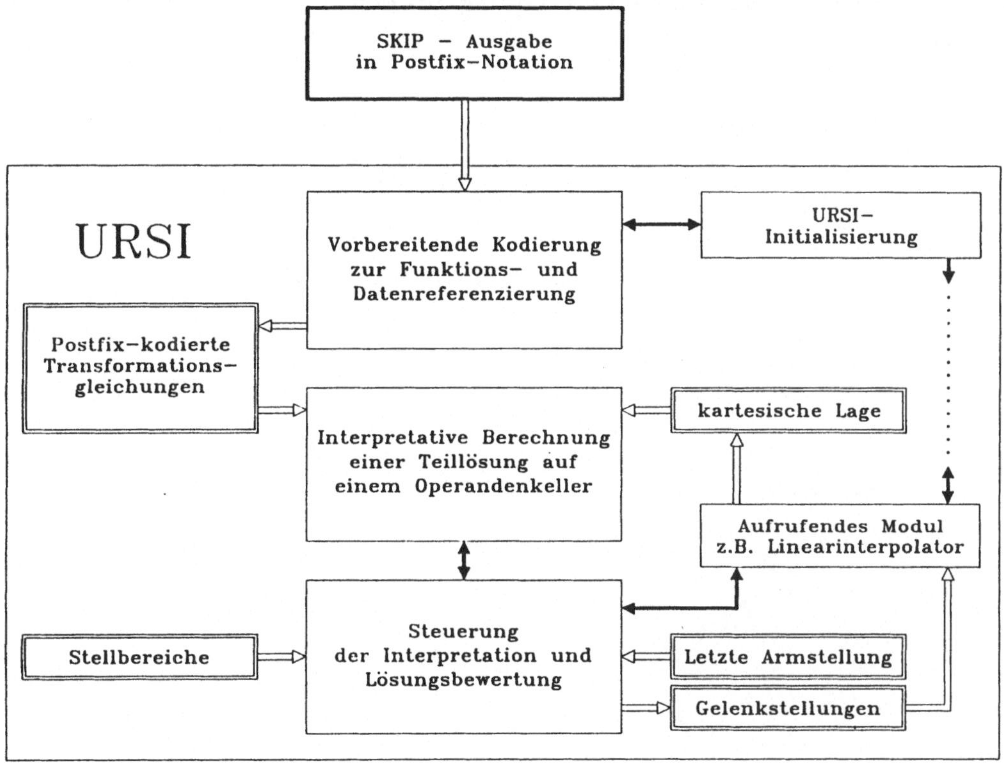

Abb. 4.7: Einbindung von inversen kinematischen Gleichungen in URSI

In Abbildung 4.7 ist das Prinzip der Integration der analytischen Lösungen in URSI dargestellt. Ausgehend von einer durch SKIP erzeugten Postfix-Notation baut URSI in einer Initialisierungsphase eine Liste auf, die Referenzen auf Operationen, die in der analytischen Lösung auftreten, und auf Daten, die einerseits aus dem Aufbau der kinematischen Kette, andererseits aus den Parametern der kartesischen Zielstellung folgen, enthält. Während der Simulation wird diese Liste interpretativ unter

Verwendung eines Operandenkellers ausgewertet. Dabei müssen die entstehenden Zwischenergebnisse auf Zulässigkeit geprüft werden. Beispielsweise wird getestet, ob das oberste Kellerelement negativ ist, wenn eine Referenz auf eine Wurzelfunktion zur Bearbeitung ansteht. Dieser spezielle Fall liefert sofort einen Hinweis auf die Unerreichbarkeit der Zielstellung durch den Roboter. Da die von SKIP ermittelte Rückwärtstransformation i.a. mehrere Lösungen besitzt, bietet das implementierte Invertierungsmodul dem Benutzer beim kartesischen Teach-in diese Alternativstellungen des Armes an. Erste Ergebnisse zeigen, daß im Falle von 4 Alternativlösungen für eine gegebene kartesische Lage, die Berechnung aller 4 Gelenkstellungssätze in ca. 35 ms auf einem PC-AT mit 80386/80387 16MHz möglich ist.

Aufbauend auf diesem Invertierungsmodul soll der Simulator um kartesische Bahninterpolatoren (lineare, zirkulare kartesische Bahnen, Spline-interpolierte Bahn) erweitert werden. Dabei ist vor allem das Problem der Berücksichtigung der letzten Gelenkstellungen bei der Auswahl der Lösung aus den o.g. Alternativlösungen von Interesse.

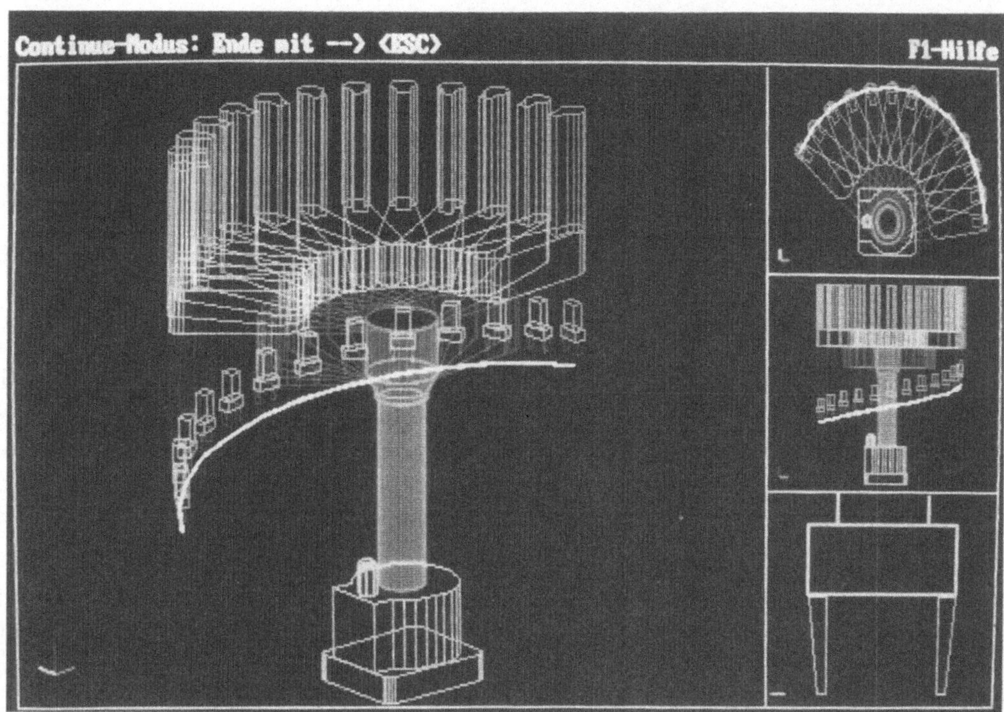

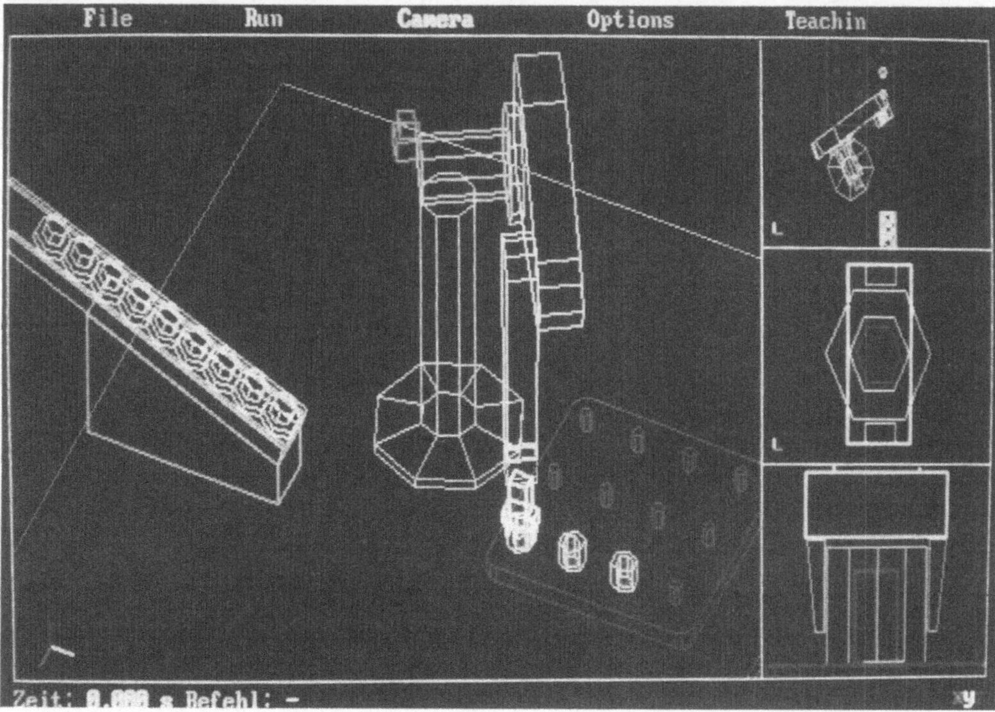

Abb. 4.8: Oben: Darstellung einer Trajektorie am Beispiel eines SCARA-Roboters
Unten: Palletierung mit eingeschalteten virtuellen Kameras (Ansichten rechts)

5 Ausblick

Der universelle Robotersimulator URSI wurde kürzlich auf einen Sun 4/260 Arbeitsplatzrechner mit spezieller Grafikhardware (GP2, z-buffer, double buffering) portiert [*Glave und Waltke*, 1990]. Insbesondere die Unterstützung der Hardware zur Erzeugung schattierter Darstellungen hat eine grundlegende Verbesserung der Anschauung zur Folge (siehe Abb. 5.1). Darüberhinaus steigert die deutlich höhere Prozessorleistung die Geschwindigkeit der Berechnung der Simulationszustände erheblich, so daß eine entsprechend höhere Darstellungsfrequenz erreicht wird.

Aufbauend auf dieser Version soll der Simulator mit den bisher unberücksichtigten Schnittstellen zur kommerziellen Welt ausgerüstet werden. Dazu gehören in erster Linie die Ergänzung eines Interpreters für IRDATA-Code und die Implementierung von gängigen CAD-Schnittstellen (IGES, VDA-FS).

Ein weiterer Schwerpunkt zukünftiger Entwicklungen wird die Anpassung an weitere kommerziell verfügbare und an höhere Roboterprogrammiersprachen sein. Insbesondere ist eine Integration der am Institut in Entwicklung befindlichen Roboterprogrammierumgebung ZERO geplant [*Mundhenke*, 1990]. ZERO ist eine C-basierte Entwicklungsumgebung, die neben dem Frame-Konzept zur Aufgabenspezifikation ein Monitorkonzept realisiert, das den Benutzer in die Lage versetzt, eigene Routinen zur Überwachung bzw. Steuerung von Roboterbewegungen im Roboterprogramm zu verwenden.

Ziel der vorgenannten Entwicklungen ist die Schaffung eines universellen Werkzeugs zur Lösung vieler offener Probleme auf dem Weg zur aufgabenorientierten Programmierung von Industrierobotern in Fertigungszellen. Dabei kommt insbesondere der integrierten Simulation von Sensorsystemen eine hohe Bedeutung zu. Mit dem Konzept der virtuellen Kameras in URSI ist bereits ein erster Schritt in dieser Richtung erfolgt.

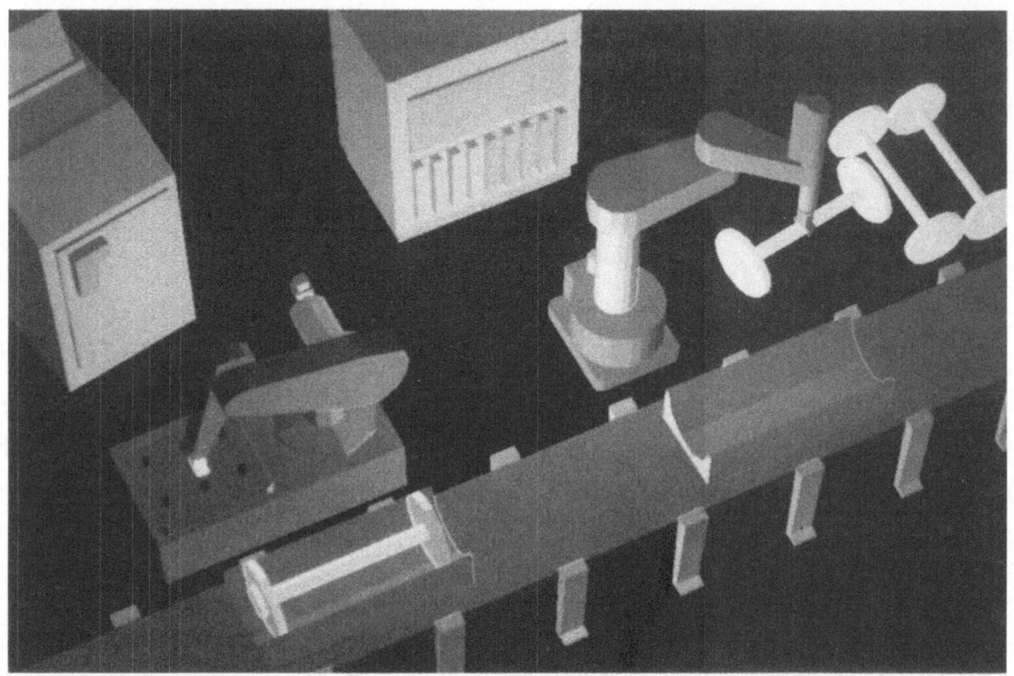

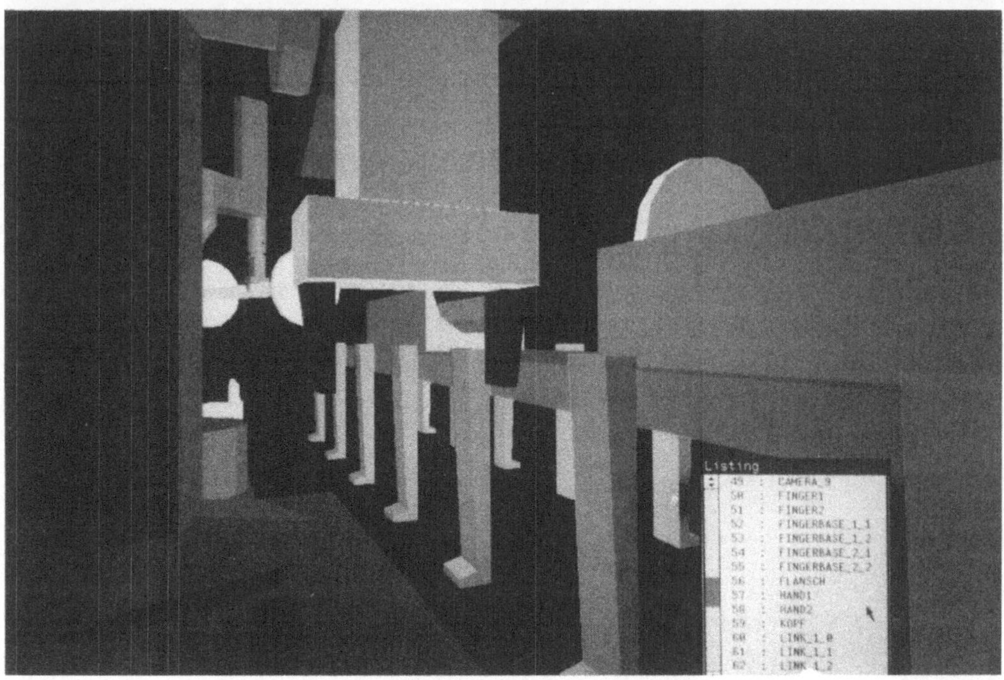

Abb. 5.1: Schattierte Darstellungen auf einer Sun 4/260

Literaturverzeichnis

[1] J. Denavit und R. Hartenberg: *A kinematic notation for lower pair mechanisms based on matrices*, Journal of Applied Mechanics Vol.22, 1955, 215-221.

[2] V. Glave und A. Waltke: *Implementierung des Robotersimulators URSI auf Sun-Workstations*, Studienarbeit, Institut für Robotik und Prozeßinformatik, Technische Universität Braunschweig, 1990.

[3] C. Laloni: *Grafisch-interaktiver Polyedermodellierer*, Studienarbeit, Institut für Robotik und Prozeßinformatik, Technische Universität Braunschweig, 1988.

[4] J. Mundhenke: *Implementierung des Roboterprogrammiersystems ZERO in einer heterogenen Prozessorumgebung*, Diplomarbeit, Institut für Robotik und Prozeßinformatik, Technische Universität Braunschweig, 1990.

[5] R.P. Paul: *Robot Manipulators: Mathematics, Programming and Control*, The MIT Press, 1983.

[6] G. Plank: *Entwicklung eines menügesteuerten, grafischen Robotermodelliersystems (RMS)*, Studienarbeit, Institut für Robotik und Prozeßinformatik, Technische Universität Braunschweig, 1989.

[7] H. Rieseler und F.M. Wahl: *Fast Symbolic Computation of the Inverse Kinematics of Robots*, IEEE International Conference on Robotics and Automation, Cincinnati, Ohio, Mai 1990.

[8] U. Schlorff: *Off-line Programmierung und kinematische Simulation von Industrierobotern*, in W. Rehr (editor): *Automatisierung mit Industrierobotern*, Vieweg, 1988.

S M A R T
Simulation of Manufacturing and Robot Tasks

Ein Softwaremodul zur Modellierung, Simulation und Offline-Programmierung von Industrierobotern in einem modernen CIM-Konzept

Herwig Mayr[*], Hermann Öllinger[+]

Zusammenfassung

Wir präsentieren eine detaillierte Übersicht über das SMART-Softwaresystem zur graphischen Simulation, Verifikation und Offline-Programmierung von Fertigungszellen. SMART (Simulation of Manufacturing And Robot Tasks) wurde von der Automations- und Informationssysteme Ges.m.b.H. in Linz/Österreich unter Mitarbeit österreichischer Universitätsinstitute unter der wissenschaftlichen Leitung des Research Institute for Symbolic Computation (RISC) der Johannes Kepler Universität Linz entwickelt.

Durch die Verwendung einer objektorientierten Modellbeschreibung einer Fertigungszelle können mit SMART sowohl eine realistische Animation des Fertigungsprozesses als auch ein Steuercode für Roboter und NC-Maschinen via IRDATA und Postprozessoren erzeugt werden. Somit präsentiert sich SMART als ein effizientes Werkzeug für das Design einer neuen Fertigungszelle sowie zur Simulation und Verifikation von Steuerprogrammen für bereits exisiterende Zellen. Praktische Anwendungen haben gezeigt, daß das System ein sehr nützliches Werkzeug zur Fertigungsautomation und ein äußerst universell einsetzbares Simulationssystem darstellt. Beim Design von SMART wurde darauf geachtet, möglichst Standardschnittstellen und genormte Ein/Ausgabeformate und -sprachen zu verwenden, wodurch verschiedenste Typen von Mechanismen von unterschiedlichsten Herstellern in einer Fertigungszelle kombiniert werden können.

---

[*]Research Institute for Symbolic Computation (RISC), Johannes Kepler Universität, Schloß Hagenberg, A-4232 Hagenberg/Linz, Österreich.

[+]Automations- und Informationssysteme Ges.m.b.H., Straßerau 6, Postfach 496, A-4010 Linz, Österreich.

In letzter Zeit wurde SMART um einige wesentliche Features erweitert wie z.B. ein modernes Multitasking-Konzept und Algorithmen zur Wegoptimierung im Zellraum. Derzeit werden die vorhandenen statischen Kollisionstests auf dynamische erweitert, wodurch dann eine Bewegungsbahn vollständig (als kontinuierliche Bahn) auf Kollisionsfreiheit überprüft werden kann. Auch Algorithmen zur vollautomatischen Wegplanung werden entwickelt. Obwohl also SMART ständig weiterentwickelt wird, ist das System bereits als kommerzielles Produkt erhältlich und wird erfolgreich industriell eingesetzt.

1 Systemanforderungen

1.1 Einsatzgebiete von Industrierobotern

Unter einem *Industrieroboter* wird im allgemeinen ein wiederprogrammierbares, für verschiedene Aufgaben einsetzbares, Handhabungsgerät verstanden. Industrieroboter werden eingesetzt zum Bewegen von Material, Werkzeugen und sonstigen spezialisierten Fertigungskomponenten, um über einen programmierten Bewegungsablauf eine bestimmte Arbeit zu verrichten.

Der Begriff Industrieroboter wird in diesem Bericht in einem eher weit gefaßten Sinn gebraucht [8, 24], der einfache, wiederprogrammierbare Handhabungsgeräte bis spezielle Roboter für komplexe Bearbeitungsaufgaben umfaßt.

Die zunehmende Verbreitung von Industrierobotern ist im Zusammenhang mit modernen Fertigungstechnologien und der fortschreitenden Automatisierung zu sehen. Industrieroboter bieten hier eine Reihe von Vorzügen, etwa:

- In der Massen- und Großserienfertigung kann der gleiche Robotertyp innerhalb eines Betriebes für vollkommen unterschiedliche Aufgaben eingesetzt werden. Einmal programmiert, führt er über einen langen Zeitraum gleichbleibende Arbeiten zuverlässig und mit hoher Dauerleistung durch.

- In der Klein- und Mittelserienfertigung tritt die Flexibilität und Wiederprogrammierbarkeit des Industrieroboters in den Vordergrund. Bei geeigneter Programmierunterstützung kann der gleiche Industrieroboter für häufig wechselnde Aufgaben bzw. für ein breites Produktspektrum vorteilhaft eingesetzt werden.

Nach [45] sind die heute häufigsten Einsatzgebiete für Industrieroboter:

- Punktschweißen,

- Bahnschweißen,

- Beschichten,

- Werkstückhandhabung,

- Beschickung und Entsorgung für Werkzeugmaschinen,

- Montage.

Neben dem Punktschweißen, wo der Industrieroboter vor allem in der Massenfertigung der Automobilindustrie Verwendung findet, und dem technologisch überaus anspruchsvollen Bahnschweißen mit oft besonders spezialisierten Robotern, handelt es sich bei den übrigen Bereichen meist um spezielle Handhabungsaufgaben.

Insbesondes bei flexiblen Fertigungssystemen werden häufig wiederprogrammierbare Industrieroboter eingesetzt, etwa bei NC-Bearbeitungszentren für Drehen, Bohren, und Fräsen im Bereich der automatisierten Werkstück- und Werkzeughandhabung.

Für die Zukunft ist eine zunehmende Verbreitung von verketteten Fertigungssystemen zu erwarten. Mehrere Industrieroboter bzw. roboterähnliche Vorrichtungen (z.B. auch Förderbänder) arbeiten hier in Interaktion.

1.2 Programmierung von Industrierobotern

Der wirtschaftliche Einsatz von Industrierobotern hängt wesentlich von den verwendeten Programmierverfahren und den eingesetzten Programmiersystemen ab. In manchen Anwendungen wird dieser Aspekt unterschätzt. So entstehen Kosten, die einer wirtschaftlichen Betrachtung nicht standhalten.

Heute noch weit verbreitet ist das Teach-in-Verfahren zur Roboterprogrammierung. Mit Hilfe eines Handprogrammiergerätes werden die Soll-Positionen des Roboters angefahren und per Knopfdruck abgespeichert. Moderne Industrieroboter können zusätzlich textuell programmiert werden. In einer eigenen Programmiersprache wird das Programm über ein Terminal eingegeben; das notwendige Austesten des Programmes erfolgt jedoch weiterhin am Roboter.

Die angeführten Verfahren weisen eine Reihe von Nachteilen auf (siehe z.B. [21, 22]):

1. Während der Zeit, wo am Roboter programmiert und getestet wird, steht er für die Produktion nicht zur Verfügung.

2. Für kompliziertere Aufgaben kann die Programmierzeit Tage und sogar mehrere Wochen dauern, was oft eine beträchtliche Produktionseinschränkung bedeutet.

3. Vorhandene Produktdaten (etwa aus einem CAD-System) können nicht übernommen werden.

4. Auch eine vorausplanende Arbeitseinteilung (etwa Taktzeitermittlung) ist mit den werkstattnahen Verfahren nur schwer möglich.

Wegen der Nachteile der gebräuchlichen Programmierverfahren gewinnen Offline-Programmiersysteme auch zur Programmierung von Industrierobotern eine immer stärkere Bedeutung. Im Bereich der Programmierung von NC-Maschinen sind sie bereits lange Zeit im Einsatz, oft werden nun solche Systeme um einen Zusatz zur Roboterprogrammierung (zumindest für einfachere Handhabungsgeräte) erweitert.

Bei Offline-Programmiersystemen werden die notwendigen Steuerprogramme auf einem eigenen Rechnersystem entwickelt, ausgetestet und erst dann an die Steuereinheit übertragen. Diese Vorgangsweise weist einige grundsätzliche Vorteile auf [23, 34]:

1. Das Programmieren erfolgt in einer allgemeinen, problemorientierten Weise und nicht in spezifischen Steuercodes.

2. Das Austesten der Programme geschieht entkoppelt von der Maschine (Roboter) und beeinträchtigt nicht die Produktion.

3. Vorhandene Daten können arbeitssparend direkt in das System übernommen werden.

4. Die Arbeitsplanung wird durch Entkopplung der Programmierung von der Produktion wesentlich erleichtert.

Nach [46] sind folgende Anforderungen an Offline-Programmiersysteme für die Praxis von entscheidender Bedeutung:

- Die Möglichkeit, Geometrie, Kinematik und Technologie modellieren zu können;

- eine problemorientierte Programmiersprache zur Offline-Programmentwicklung;

- Programmverifikation durch algorithmische Verfahren und graphische Bewegungssimulation unter Nutzung einer möglichst wirklichkeitsgetreuen, virtuellen Robotersteuerung und realistischer Graphik;

- geräteunabhängige Programmcode-Schnittstellen und eine Übertragung der Programme an die Steuerung via DNC.

1.3 Programmier- und Simulationssysteme

Von einem der Autoren wurde eine Übersicht über Softwarepakete erstellt, die sich zur Simulation von Fertigungsabläufen eignen [27]. Hierbei wurden im wesentlichen sogenannte *Fertigungssimulationssysteme* untersucht, die im allgemeinen eine effiziente Modellierung, Simulation und Programmierung von Fertigungszellen und (kleineren) Fertigungsstraßen ermöglichen. Der Begriff des Fertigungssimulationssystems läßt sich nach unten hin abgrenzen zum *Bearbeitungssimulationssystem*, bei welchem im wesentlichen die Bearbeitung am Werkstück und der Vorgang "in der Maschine" simuliert wird. Nach oben hin bilden die *Produktionssimulationssysteme* und *Produktionsplanungssysteme* die Abgrenzung, bei denen die Logistik und Kommunikation bei Fertigungsstraßen im Vordergrund stehen.

Die Untersuchung umfaßt 76 Systeme, von denen jedoch 37 nur geplant sind oder gestoppt bzw. nicht implementiert wurden. Von den 39 tatsächlich implementierten Systemen befinden sich 23 in der Testphase, 16 werden bereits für Industrieanwendungen eingesetzt. Der Großteil der verwendeten Systeme wurde in den USA (19), Deutschland (9) sowie Japan (4) entwickelt, bei den geplanten bzw. nicht implementierten Systemen liegen die USA (29) eindeutig voran.

Folgende Trends wurden festgestellt:

- **Implementierung:**
  Auf der Hardwareseite sind DEC Vax (19), Unix-Systeme (14) sowie PCs (10) relativ gleichmäßig vertreten. Die Softwareseite wird klar von FORTRAN dominiert (10 Systeme), gefolgt von C und Pascal (je 6). Bei vielen Systemen waren jedoch Software-Details nicht in Erfahrung zu bringen.

- **Objekteingabe:**
  Hier ist keine einheitliche Struktur zu erkennen. Von einer Beschreibungssprache, Koordinateneingabe, Teachen, einem inkludierten geometrischen Editor oder CAD-System bis hin zu Schnittstellen zu anderen CAD-Systemen (z.B. die IGES-Schnittstelle) ist alles vorhanden.

- **Programmierung:**
  Die Programmierung mittels einer kompilierenden Sprache wird dem Offline-Teachen am Schirm bevorzugt (28 Systeme im Vergleich zu 17), wobei aber kein Trend zu einer bevorzugten roboterspezifischen Programmiersprache festzustellen ist. Hier wären ein (Industrie-)Standard bzw. Normungsrichtlinien ein Fortschritt für den Benutzer. Sehr wenige Systeme (7) kombinieren die Vorteile von Programmiersprachen und Teachen, indem sie beide Möglichkeiten unterstützen.

- **Standards:**
  Die meisten der Systeme sind auf spezifische Graphik-Hardware ausgerichtet. Standards wie PHIGS oder GKS werden nur von 6 Systemen unterstützt, wodurch eine Portabilität der Softwarepakete kaum gegeben ist. Ähnliches kann auf der Seite der Steuercodegenerierung festgestellt werden. Von den Systemen, die einen solchen Steuercode generieren können (24), verwenden nur 10 einen Standard (vor allem IRDATA). Damit ist die Kombination von Mechanismen verschiedener Hersteller in den Simulationssystemen oftmals nicht möglich.

- **Prozeßkommunikation:**
  Wesentliche Punkte für die Synchronisierung der Abläufe zur Einbindung in ein flexibles Fertigungskonzept stellen die Zykluszeitberechnung sowie Multitasking-Fähigkeit dar. Während 28 Systeme Zykluszeiten ermitteln können, ist die Simulation mehrerer, kooperierender Mechanismen erst bei 13 Systemen möglich.

- **Verifikation:**
  Verifikationstools (Kollisionserkennung, Wegplanung etc.) sind noch sehr selten in die Systeme inkludiert. Während 17 Systeme wenigstens Ansätze zu einer einfachen Kollisionserkennung bieten, ist erst bei 6 (vor allem universitären) Systemen ein umfangreicheres Konzept (hierarchische Modellierung, Abstandsalgorithmen, Wegplanung) erkennbar.

Nach unserer Einschätzung dürfte die Gesamtzahl der Systeme maximal das Zweifache der untersuchten Systeme umfassen (also etwa 150), wobei die vorangenannten Trends erhalten bleiben dürften. Weil die Studie auch auf sehr intensivem Kontakt zu Universitäten und Forschungsinstituten fußt, dürften die neuen Entwicklungen auf dem Gebiet der Simulationssysteme sehr gut repräsentiert sein.

2 Die Struktur von SMART

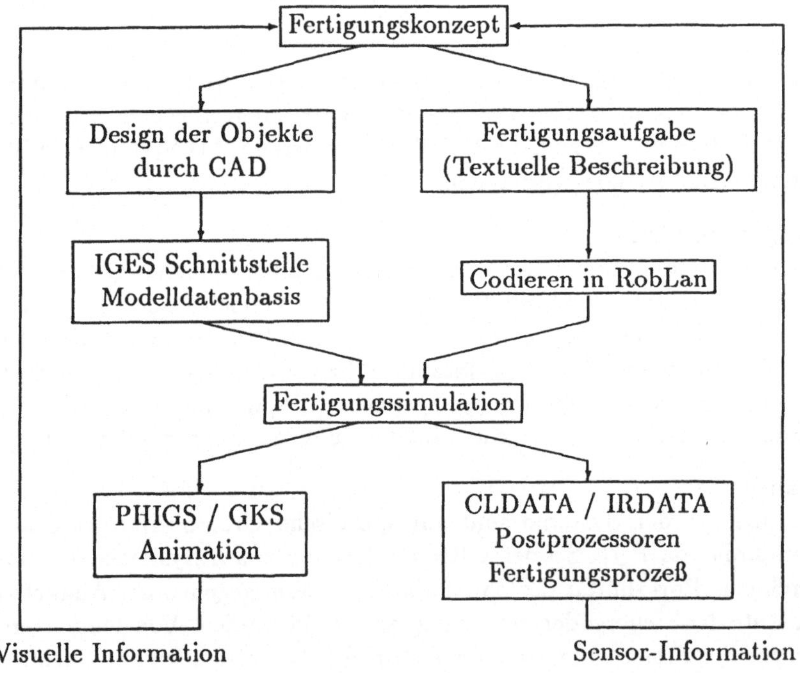

Abbildung 1: Die Struktur von SMART.

Da die Automations- und Informationssysteme Ges.m.b.H. nicht von einem bestimmten Hersteller von Robotern oder NC-Maschinen abhängig ist, war es möglich, SMART als eine flexible, graphische Simulations- und Programmierumgebung für beliebige Roboter und NC-Maschinen zu designen. Weil in einem modernen Betrieb häufig CAD-Systeme,

NC-Maschinen und Roboter von verschiedensten Herstellern verwendet werden, ist die bei SMART vorhandene Universalität bezüglich der Modellierbarkeit ein nicht unwesentlicher Vorteil gegenüber auf bestimmte Softwarepakete oder Gerätehersteller ausgerichtete Systeme. So gesehen hat sich die Herstellerunabhängigkeit als großer Vorteil erwiesen.

SMART erfüllt alle Anforderungen eines modernen, hochautomatisierten Betriebs. Fertigungs- und Produktionsplanung werden in folgender Weise unterstützt ([31], siehe auch Abb. 1):

Beginnend mit dem Produktionskonzept teilt sich die Planungsphase in zwei Komponenten, das *Modellieren* der Produktionsumgebung ("Produktionswelt") und das *Codieren* der Produktionsaufgabe unter Verwendung einer möglichst hohen Programmiersprache. Die Modellierung kann wiederum auf zwei Arten erfolgen: Entweder man verwendet ein beliebiges CAD-System, von dem die Daten via einer IGES-Schnittstelle von SMART übernommen werden können; oder es werden Objektbasen inkludiert, die vordefinierte Beschreibungen von Robotern, Beschickungs- und Entsorgungseinrichtungen, NC-Maschinen etc. enthalten. Auf letztere Weise wird das Design der Zelle auf das Auswählen geeigneter Mechanismen und Fertigungseinrichtungen reduziert, die modulartig zusammengesetzt werden.

SMART unterstützt diese modulare Zellbeschreibung durch eine objektorientierte Modelldatenbasis für die Zellwelt unter Verwendung einer adaptierten CSG-Modellierung (siehe Kapitel 3.3). Eine solche Objektrepräsentierung kann auf einfache Weise unter Zuhilfenahme eines CAD-Systems generiert werden.

Die verwendete Modell-Datenbasis ist sehr kompakt in bezug auf Speicher und ist hervorragend für effiziente Kollisions- und Wegplanungsalgorithmen geeignet, da eine hierarchische Modellierung der Objekte möglich ist.

Für das Codieren von Fertigungsaufgaben stellt SMART die Programmiersprache *RobLan* zur Verfügung. Diese Sprache ist eine allgemeine, task-orientierte Beschreibungssprache für Roboter- und NC-Aufgaben. Die symbolische, objektorientierte Programmierung von beliebigen Aufgaben (z.B. "Stelle die Palette auf dem Tisch ab.") wird durch eine effiziente Verbindung mit der Modelldatenbasis ermöglicht.

Der Simulator von SMART unterstützt Programmierung, Analyse und Verifikation eines beliebigen Fertigungsprozesses durch das geräteunabhängige Animationssystem. Über die Graphikschnittstelle 3D-GKS ist bei entsprechender Hardware-Leistung eine trickfilmähnliche, realistische 3D-Animation möglich.

Die visuelle Information, die der Zelldesigner durch das Animationssystem erhält, kann nun verwendet werden, um Differenzen zwischen dem beabsichtigten und dem tatsächlich programmierten Fertigungsprozeß zu erkennen (visuelles Feedback). Auf diese Weise können viele Fehler des Fertigungsprozesses und Zelldesigns bereits während der Designphase – am Computer – erkannt und korrigiert werden. Teure und aufwendige Tests im Betrieb werden somit auf ein Mindestmaß reduziert. Auch externe Ereig-

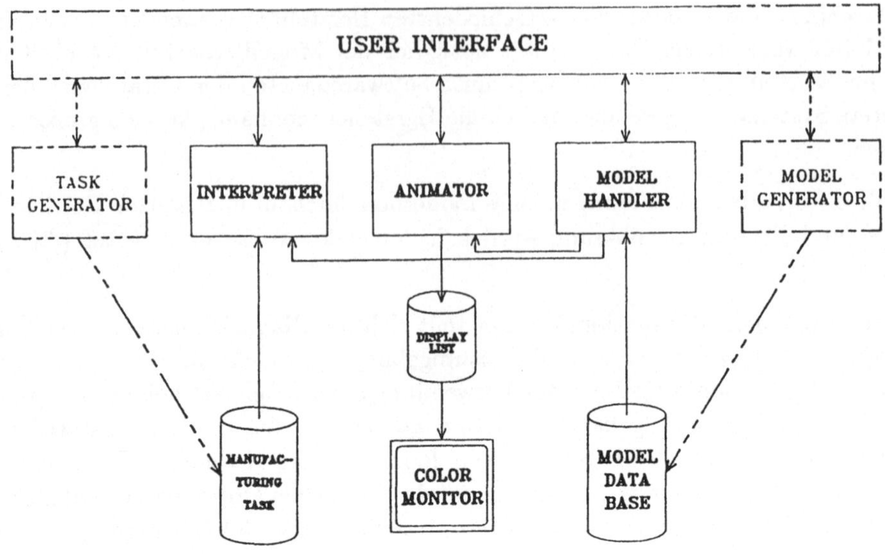

Abbildung 2: Die Struktur von SMART aus der Sicht des Benutzers.

nisse wie z.B. Sensorinterrupts können in SMART modelliert werden. Als Antwort auf solche Situationen können Servicetasks spezifiziert werden, die beim Eintreten der entsprechenden Situation ausgeführt werden. Auf welche Weise der Benutzer mit SMART interagieren kann, ist in Abb. 2 (aus [22]) dargestellt.

Sobald der durch die Animation dargestellte Prozeß die Anforderungen von Konstrukteur und Programmierer erfüllt, kann mit SMART über gerätespezifische Postprozessoren der Maschinencode für die einzelnen NC-Maschinen und Roboter erzeugt werden.

3 Modellierung einer Roboterzelle

3.1 Geometrie-Modell

Das Geometriemodell beschreibt die geometrische Form einzelner, in sich starrer, Objekte sowie deren Position innerhalb einer Fertigungszelle. Solche Objekte sind Arbeitstische, Werkzeuge, Paletten, Werkstücke, jedoch auch die starren Verbindungsglieder der Gelenke eines Roboters (Links) usw.

Die am häufigsten zur Modellierung eingesetzten "Grundmodelle" sind Constructive Solid Geometry (CSG), Boundary Representation (B-Rep) und Spatial Enumeration Techniken. In SMART wird ein Hybridmodell verwendet, das CSG und B-Rep miteinander verbindet. Hybridmodelle kommen in praktischen Anwendungen häufig vor, da sie die Vorteile mehrerer Modelle miteinander verbinden.

Beim CSG-Modell werden geometrische Objekte durch eine Menge von relativ einfachen Solid-Primitiva, wie Kugel, Quader, Zylinder usw., beschrieben, die entsprechend positioniert und dann paarweise durch mengentheoretische Operationen (Vereinigung, Durchschnitt und Differenz) miteinander verknüpft werden.

Beim B-Rep-Modell werden geometrische Objekte durch die Menge der sie begrenzenden, orientierten Flächen im Raum beschrieben. Die Flächen müssen im allgemeinen einer gewissen Klasse angehören, etwa ebene, durch einen geschlossenen Polygonzug begrenzte Flächen.

Das in SMART verwendete Hybridmodell ist einerseits ein vereinfachtes CSG-Modell, da nur die mengentheoretische Operation "Vereinigung" zugelassen ist. Andererseits ist es ein vereinfachtes B-Rep-Modell: Ebene, durch geschlossene Polygonzüge begrenzte Flächen mit beliebig vielen Ausnehmungen können modelliert werden.

Wichtig ist, daß im Modell die Solid-Primitiva und die Flächen völlig gleichberechtigt behandelt werden, d.h. ein geometrisches Objekt zum Teil mit Solid-Primitiva und zum Teil mit Flächen modelliert werden kann. Dies vereinfacht eine konkrete Beschreibung wesentlich und erhöht die Mächtigkeit des Geometriemodells.

Folgende Primitiva mit ihren definierenden Parametern sind derzeit im Geometrie-Modell von SMART zugelassen:

- *Kugel:* Radius;

- *Quader:* Länge, Breite, Höhe;

- *Pyramide:* Polygonzug, Höhenpunkt, Höhe;

- *gerades Prisma:* Polygonzug, Höhe;

- *gerader Kreiszylinder:* Radius, Höhe;

- *gerader Kreiskegel:* Radius, Höhe;

- *gerader Kreiskegelstumpf:* Radius, $Höhe_1$, $Höhe_2$;

- *ebene Fläche mit Ausnehmungen:* Polygonzug, Anzahl der Ausnehmungen, Polygonzug für jede Ausnehmung.

Die Position und Orientierung von in sich starren Objekten im dreidimensionalen Raum wird grundsätzlich über Frames beschrieben. Eine Ausnahme bilden die einzelnen Roboter-Links, ihre Position (und Orientierung) wird durch Gelenkskoordinaten angegeben.

Die Geometriedaten sind grundsätzlich in einem vorgegebenen Format als ASCII-File abgespeichert. Dieser File kann mit einem System-Editor bearbeitet oder über ein eigenes Hilfsprogramm aus einem IGES-File generiert werden. Damit sind auch von einem CAD-System übernommene Geometriedaten innerhalb von SMART veränderbar.

3.2 Kinematik-Modell

Das mechanische Verhalten von bewegten Mechanismen muß in einem allgemeinen kinematischen Modell beschrieben werden. Dabei sind zu unterscheiden: die *Position* und die *Orientierung* der einzelnen Links, der *Bewegungsraum* und das *Geschwindigkeitsprofil* der einzelnen Gelenke.

Die Position und die Orientierung der einzelnen Links eines Roboters können einfach und eindeutig in Gelenkskoordinaten beschrieben werden, wenn dazu eine Umrechnung in kartesische Koordinaten bekannt ist. Zur Beschreibung der Gelenkskoordinaten ist nur ein numerischer Wert pro Gelenk notwendig ("Joint Space"). Für Roboter, deren Mechanik durch eine *offene kinematische Kette* modellierbar ist (d.s. alle Roboter, die pro Gelenk nur zwei Links aufweisen), ist durch die sogenannte *Denavit-Hartenberg-Methode* (DH-Methode, siehe z.B. [35]) eine Umrechnung von Gelenks- in kartesische Koordinaten (und umgekehrt) möglich. Die DH-Methode bildet die Grundlage von SMART, da beinahe alle marktüblichen Roboter durch eine offene kinematische Kette modelliert werden können.

Nun treten bei solchen Mechanismen grundsätzlich zwei Arten von Problemstellungen auf:

1. Gegeben sind die Gelenkskoordinaten für alle Gelenke, gesucht sind die kartesischen Koordinaten eines speziell ausgezeichneten Frames am letzten Gelenk, dem Greifer-Frame (Problem der *Vorwärtskinematik*).

2. Gegeben sind die kartesischen Koordinaten des Greifer-Frames, gesucht sind die dazugehörigen Gelenkskoordinaten für alle Gelenke (Problem der *Inversen Kinematik*).

Im folgenden gehen wir nun darauf ein, wie diese beiden Probleme in SMART gelöst sind.

3.2.1 Vorwärtskinematik

Die Vorwärtskinematik ist bei nicht-parallelen Robotern stets eindeutig und generell eher einfach lösbar. Es genügt hier das Aufmultiplizieren der *DH-Matrizen*, das sind spezielle, durch die Parameter der DH-Methode definierte, 4 x 4 Matrizen, die wie folgt ermittelt werden können [20]:

Wenn zwei Links kinematisch miteinander verbunden werden sollen, wird der Frame des ersten Links (der "passive" Frame, der die Basis des Mechanismus darstellt) vom Benutzer selbst festgelegt. Unter Verwendung homogener Transformationen kann nun die Position des zweiten, "aktiven" Links relativ zum ersten beschrieben werden, indem die Transformationsmatrix ermittelt wird, die durch folgende vier Parameter bestimmt ist (DH-Parameter): die *Distanz d* sowie der *Winkel δ* zwischen den beiden Links; weiters die *Länge a* und die *Verdrehung α* des aktiven Links. Diese Matrix wird generell *A-Matrix* genannt, für ihre genaue Bestimmung siehe z.B. [35].

Wenn die numerischen Werte der Positionsframes der beiden Links bekannt sind (z.B. bei Erstellung des Mechanismus mittels CAD), können die DH-Parameter auf folgende Weise bestimmt werden: Man setzt die Transformationsmatrix gleich dem Positionsframe

$$
\begin{bmatrix}
cos(\delta) & -sin(\delta)cos(\alpha) & sin(\delta)sin(\alpha) & acos(\delta) \\
sin(\delta) & cos(\delta)cos(\alpha) & -cos(\delta)sin(\alpha) & asin(\delta) \\
0 & sin(\alpha) & cos(\alpha) & d \\
0 & 0 & 0 & 1
\end{bmatrix}
=
\begin{bmatrix}
n_x & s_x & a_x & p_x \\
n_y & s_y & a_y & p_y \\
n_z & s_z & a_z & p_z \\
0 & 0 & 0 & 1
\end{bmatrix},
$$

und erhält

$$
\begin{aligned}
d &= p_z, \\
\delta &= arctan(\tfrac{n_y}{n_x}), \\
a &= \sqrt{p_x^2 + p_y^2}, \\
\alpha &= arctan(\tfrac{s_z}{a_z}).
\end{aligned}
$$

Der Parameter d ist für ein translatorisches Gelenk variabel, der Parameter δ für ein rotatorisches.

Durch wiederholtes Anwenden dieser Methode erhält man nun die Transformationsmatrizen, die die einzelnen Gelenke und Links des Mechanismus vollständig beschreiben. Wenn nun diese Matrizen aufmultipliziert werden, so gibt die resultierende 4 x 4 Matrix die gesuchte Transformation für den Greifer-Frame an. Ein Teilmodul von SMART dient dazu, die DH-Parameter aus einer CAD-Konstruktionszeichnung des Roboters unter Verwendung eines Computer-Algebra-Systems für die Symbolische Lösung der Gleichungen zu extrahieren [37].

3.2.2 Inverse Kinematik

Verglichen mit der Vorwärtskinematik gestaltet sich die Lösung des Problems der Inversen Kinematik im allgemeinen wesentlich schwieriger. Einerseits ist die Lösung oft nicht eindeutig (bei Mechanismen mit mehr als sechs unabhängigen Gelenken ("Freiheitsgraden") sogar stets), andererseits ist sie oftmals kompliziert zu ermitteln, ja manchmal in einer geschlossenen Form analytisch gar nicht darstellbar.

In den Fällen, wo die geschlossene Form für die Inverse Kinematik berechnet werden kann (das ist glücklicherweise für die meisten marktgängigen Roboter der Fall), wird sie in SMART mithilfe der Methoden des Symbolischen Rechnens schrittweise wie folgt ermittelt [16, 33]:

1. Berechnen der A-Matrizen aus den Gelenksparametern,

2. Bestimmen der Gleichungen, die aus den A-Matrizen resultieren,

3. Generieren der geschlossenen Lösungen für die Gleichungen.

Für uns stellt das Ermitteln der geschlossenen, analytischen Lösungen die bessere Methode im Vergleich zur numerischen, näherungsweisen Lösung dar. Die Hauptgründe sind

- minimale Rechenzeiten während der Simulation durch die im Preprocessing ermittelte symbolische Lösung (dies ist essentiell für eine qualitativ hochwertige Simulation sowie Echtzeitanwendungen), sowie

- die Möglichkeit, durch die analytischen Methoden alle möglichen Lösungen zu bestimmen statt nur einer im numerischen Fall (dies erlaubt das Auswählen sicherer Wege bzw. das Optimieren der Bewegungsbahn).

Das Programm zur Bestimmung der geschlossenen (symbolischen) Form für die Inverse Kinematik entstand unter Zuhilfenahme des Computer-Algebra-Systems *Macsyma* [36], welches eine Übersetzung des generierten Programms in LISP zuläßt. Die Lösungen für einen Roboter werden zur Roboterdatenbasis hinzugefügt.

3.2.3 Bewegungsraum, Geschwindigkeitsprofil

Der *Bewegungsraum* ist jener Bereich der Gelenkskoordinaten, die ein Roboter grundsätzlich einnehmen kann. In der Praxis kommen hier sowohl diskrete Werte als auch Intervalle vor. Deshalb sind in SMART zur Angabe des Bewegungsraumes beide Möglichkeiten zugelassen.

Im allgemeinen wird jedes Gelenk eines Roboters in einer geregelten Form gesondert bewegt. Dabei wird immer zuerst beschleunigt, dann eine bestimmte Geschwindigkeit gehalten und schließlich wieder verzögert. Zur Beschreibung dieses *Geschwindigkeitsprofils* der einzelnen Gelenke benutzt SMART ein trapezförmiges Modell. Dieses Profilmodell ist durch die drei Werte Beschleunigung, Geschwindigkeit und Verzögerung vollständig bestimmt. Obwohl ein ausschließlich trapezförmiges Geschwindigkeitsprofil nur eine Annäherung an die reale Situation darstellt, hat die Praxis gezeigt, daß eine solche Modellierung durchaus ausreichend genau ist.

Eine Modellierung des dynamischen Verhaltens ist im Rahmen von SMART derzeit nicht eingebunden.

3.3 Zell-Modellierung

Über das Modelliersystem von SMART werden existierende oder geplante Fertigungszellen in ihren wesentlichen Aspekten beschrieben (modelliert) und in einem rechnerinternen Modell abgespeichert.

Fertigungszellen bestehen im allgemeinen aus einer Vielzahl verschiedener Objekte, etwa Handhabungsgeräte (Roboter), Bearbeitungsmaschinen, Werkzeuge, Paletten, Werkstücke usw. Diese Objekte weisen wiederum unterschiedliche Eigenschaften auf. So interessiert bei Handhabungsgeräten neben deren geometrischer Form die meist komplizierte Mechanik (Kinematik), während bei Paletten nur die geometrische Form von Bedeutung ist.

Derzeit stellt das Modellierungssystem einem Anwender einzelne Module in Form von Tools zur Verfügung, mit denen er eine Fertigungszelle modellieren kann.

Geplant ist eine Erweiterung in Richtung Designsystem für Fertigungszellen mit Industrierobotern: der Grundgedanke ist hier, aus einzelnen Zellkomponenten mit interaktiven Methoden eine Fertigungszelle zusammenzustellen, die für eine gewisse Klasse von Fertigungsaufgaben optimiert ist.

Im allgemeinen sind für einen Fertigungsablauf die einzelnen Komponenten der Zelle sowie deren räumliche Anordnung zueinander von wesentlicher Bedeutung, einerseits um überhaupt gewisse Abläufe zu ermöglichen (Arbeitsraum), andererseits um zeitlich optimale Abläufe zu finden.

Alle notwendigen Daten einer Fertigungszelle sind in der Modelldatenbasis (MDB, siehe [2]) enthalten. Sie besteht aus einem oder mehreren ASCII-Files, die von einem speziellen Programm in einen internen Binärfile übersetzt werden. Grundsätzlich kann auch ein Anwender von SMART die MDB generieren bzw. ändern.

In der MDB sind einzelne Entities beschrieben; sie sind mit einer eindeutigen Nummer (Entitynummer) versehen. Optionell kann zusätzlich ein alphanumerischer Name (Entitybezeichnung) angeführt sein. Über die Entitynummer oder die Entitybezeichnung wird das Entity für die Programmierung angesprochen. Jedes Entity gehört einem der folgenden vier Entitytypen an:

1. *Robot:* beschreibt einen Roboter. Folgende Daten sind zu jedem Gelenk angegeben: die DH-Parameter, der zulässige Bereich der Gelenkskoordinaten und das maximale Geschwindigkeitsprofil. Weiters ist die geometrische Form der einzelnen Links über das Geometriemodell beschrieben. Der Greiferanschlußframe ist relativ zum letzten Link spezifiziert.

2. *Gripper:* beschreibt einen Greifer. Die geometrische Form des Greifers ist über das Geometrie-Modell beschrieben, weiters ist der Frame des Greifermittelpunkts (Tool Center Point, TCP) angegeben.

3. *Object:* beschreibt ein sonstiges Objekt der Fertigungszelle, etwa Werkstücke,

Werkzeuge, Paletten usw. Nur die geometrische Form ist über das Geometrie-Modell beschrieben.

4. *Cell:* beschreibt die Anordnung der einzelnen Elemente innerhalb der Zelle über Positionsframes. Das Entity vom Typ *Cell* darf nur einmal in einer MDB-Beschreibung vorkommen. Auch dürfen nur Elemente vom Typ Robot und Object angeführt sein (Gripper werden über eine Sprachanweisung an einen Roboter "montiert"). Die Mehrfachnennung von Entities ist möglich, d.h. bei mehreren gleichen Werkstücken auf einer Palette braucht das Werkstück nur einmal als Entity vom Typ *Object* definiert sein, im Entity *Cell* muß es jedoch mehrmals positioniert werden.

Je nach Typ des Roboters (Anzahl und Art translatorischen und rotatorischen Gelenke) ist seine Inverse Kinematik unterschiedlich zu behandeln. In SMART ist eine Roboter-Library ist in Form eines FORTRAN-Programmes eingebunden, wo für einzelne Robotertypen eine eindeutige analytische oder numerische Lösung der Inversen Kinematik eingetragen ist. Im allgemeinen ist diese Lösung nicht eindeutig. In diesem Fall muß auf die entsprechende Robotersteuerung Rücksicht genommen werden.

Für jeden, in einer MDB beschriebenen bzw. in einem Taskprogramm verwendeten, Roboter muß der zugehörige Robotertyp in der Roboter-Library eingetragen sein.

4 Roboterprogrammierung

4.1 Die Programmiersprache RobLan

Zum Erstellen von Ablaufprogrammen verfügt SMART über *RobLan* (**Robot Language**), eine problemorientierte, höhere Programmiersprache. Das Austesten, Optimieren und Analysieren der Programme erfolgt auf graphischem und algorithmischem Weg.

Die RobLan-Programme werden mit einem Editor erstellt, anschließend compiliert und gelinkt. Aus einzelnen RobLan-Programmen entsteht so ein Programm in roboterunabhängigem Steuercode.

Eine Programmiersprache muß dem Programmierer Strukturen zur Verfügung stellen, mit denen er eine gestellte Aufgabe lösen und sie klar strukturiert beschreiben kann. RobLan wurde zur Beschreibung von Fertigungsvorgängen entwickelt und hat sich in der Praxis bereits bewährt. Hier sollen nur einige wesentliche Aspekte von RobLan hervorgehoben werden, die vollständige Sprachbeschreibung ist in [1] enthalten.

RobLan ist eine höhere Programmiersprache mit speziellen Datentypen, Operatoren, eingebauten Funktionen und modernen Kontrollstrukturen zur Programmierung von Fertigungsvorgängen mit Industrierobotern.

Jedes RobLan-Programm besteht aus einem Haupt- und beliebig vielen Unterprogrammen. Nach den Deklarationsanweisungen folgt die Sequenz der eigentlichen Programmanweisungen, wobei zwischen Steueranweisungen und Simulationsanweisungen zu unterscheiden ist. Nur die Steueranweisungen werden am Ende in das Steuerprogramm übersetzt, die Simulationsanweisungen dienen alleine zur Simulation.

RobLan kennt lokale und formale Variable sowie globale Parameter. Mit globalen Parametern (sogenannten Systemparametern) kann auf vordefinierte Daten sowie Daten der Modelldatenbasis zugegriffen werden.

Neben den üblichen Datentypen wie INTEGER oder REAL stehen auch die geometrischen Datentypen VECTOR und FRAME zur Verfügung. Mit ihnen kann eine Position (VECTOR) oder eine Position mit Orientierung (FRAME) im dreidimensionalen Raum angegeben werden. Auf allen Datentypen sind die üblichen geometrischen und logischen Operationen definiert.

Zur Ablaufsteuerung bietet RobLan die gängigen Konstrukte moderner, höherer Programmiersprachen: verschiedene Arten von Schleifen, if-then-else Strukturen usw. Damit lassen sich übersichtlich aufgebaute und gut strukturierte Programme schreiben.

Mit Bewegungs- und Greiferanweisungen werden Roboter im RobLan-Programm gesteuert. Es kann in Gelenkskoordinaten (Joint-Coordinates) oder kartesischen Koordinaten (World-Coordinates) programmiert werden. Gelenkskoordinaten beziehen sich direkt auf die einzelnen Gelenke des Roboters, kartesische Koordinaten auf den Greifermittelpunkt (TCP) des Roboters.

Bei der Bewegungsart erlaubt RobLan punktweise (Point-To-Point, PTP) oder bahnförmige (Continuous-Path, CP) Bewegungen. Bei einer PTP-Bewegung bewegt sich der TCP des aktiven Roboters von der aktuellen Position zur angegebenen Position in einer grundsätzlich unbestimmten Bahn, wobei mit gewissen Parametern (z.B.: sequentielle, korrelierte oder unkorrellierte Gelenksbewegungen, Zwischenframes), die tatsächliche Bahn vom Programm beeinflußt werden kann.

Bei einer CP-Bewegung muß eine Bahn im Raum (linear, zirkular oder eine aus linearen und zirkularen Elementen zusammengesetzte Bahn) vorgegeben sein. Der TCP des Roboters bewegt sich entlang der Bahn innerhalb einer gewissen Toleranz. Der rechnerische Aufwand bei einer CP-Bewegung ist wesentlich größer als bei einer PTP-Bewegung und daher für Roboter, die in ihrer Steuerung keine CP-Bewegung zulassen, auch wenig sinnvoll (wegen der übergroßen Datenmenge im Steuerprogramm).

Beide Bewegungsarten werden für unterschiedliche Anwendungen benötigt. Wenn nur die Position und Orientierung des Roboters – und keine exakten Bahnen – eine Rolle spielen, wie etwa beim Punktschweißen, bei gewissen Montagevorgängen und bei vielen sonstigen Handhabungsaufgaben, genügt die PTP-Bewegung vollauf. Jedoch gibt es einige Anwendungen, wo eine CP-Bewegung notwendig ist, z.B. beim Bahnschweißen oder beim Entgraten. Auch zur Kollisionsvermeidung wird oft eine bestimmte Bahn im Raum vorgegeben.

Weitere RobLan-Anweisungen sind: Peripherieanweisungen für Sensoren und Anweisungen an das Umweltmodell für die Simulation. Diese Anweiungen dienen in erster Linie dazu, dem System das tatsächliche Verhalten der Realität bekannt zu geben.

Die Testphase für RobLan-Programme wird durch einen symbolischen Debugger sehr erleichtert und vereinfacht.

4.2 Multitasking

Der wesentliche Begriff im Multitasking-Konzept ist der des *Task*. In RobLan wird zwischen drei Arten von Tasks unterschieden: dem *Monitortask*, dem *Task* und dem *Subtask*. Der Monitor-Task stellt eine Art Hauptprogramm dar. Von ihm werden Tasks aufgerufen, er erhält Meldungen von Subtasks und kann damit den Programmablauf entsprechend steuern. Die Tasks haben im wesentlichen nur die Aufgabe, Subtasks aufzurufen und gewisse zeitliche Synchronisationen herzustellen (paralleler bzw. sequentieller Aufruf von Subtasks). Die Bewegungsanweisungen stehen im allgemeinen in den Subtasks. Subtasks können zur globalen Ablaufsteuerung Meldungen an den Monitor-Task weitergeben.

Gegenüber dem allgemein bei Parallelarchitekturen verwendeten Task-Prinzip (z.B. [3]) ist die Task-Definition bei SMART eingeschränkt. SMART-Tasks können andere Tasks nicht beeinflussen und können sich auch nicht selbst aktivieren oder deaktivieren. Somit ist unser Task-Konzept eine Art Kontrollstruktur zur seriellen bzw. parallelen Exekution von Subtasks.

Ein Subtask wird strikt sequentiell ausgeführt, es können aber mehrere Subtasks gleichzeitig existieren bzw. ein Subtask kann parallele Subtasks initiieren.

Jeder RobLan-Befehl kann in einem Subtask verwendet werden. Im Unterschied zum Monitor-Task sind in einem Subtask jedoch auch Befehle, die eine gewisse Ausführungszeit benötigen (z.B. MOVE, DRIVE, oder das WAIT-Statement), zugelassen. Für Details zur Implementierung sei auf [40] bzw. Literatur zu den Bereichen Paralleles Rechnen und Betriebssysteme verwiesen, z.B. [13].

4.3 Schnittstellen

4.3.1 Standard-Sprachen und Standard-Graphikschnittstellen

Der größte (technologische) Teil von SMART ist in *Standard ANSI FORTRAN 77* programmiert. Diese Sprache ist bereits seit langem Quasi-Industriestandard und ermöglicht schnelle numerische Berechnungen. Außerdem ist eine einfache Portabilität weitgehend gesichert. Der mathematische (wissenschaftliche) Teil – z.B. die Routinen zum symbolischen Lösen der Vorwärts- und Rückwärtskinematiken oder die Algorithmen zur Kollisionserkennung – ist in *Common LISP* verfaßt.

Um von einer spezifischen Ausgabe-Hardware unabhängig zu sein, wird derzeit die gesamte Graphikein- und -ausgabe über eine standardisierte *GKS-3D Schnittstelle* durchgeführt. GKS-3D [18] und insbesondere GKS [17] sind sehr weit verbreitet, weisen aber einige wesentliche Schwächen auf:

1. GKS und GKS-3D stellen keine effizienten Mittel zur Verfügung, um nichttriviale 3D Objekte (z.B. Roboter) darzustellen.

2. GKS und GKS-3D sind statische Systeme. Man kann Manipulationen auf Objektebene nur durchführen, indem man die Attribute der graphischen Segmente verändert. Diese Attribute der Elemente werden zum Zeitpunkt der Elementgenerierung fixiert. Durch diese Eigenschaft wird die Darstellung einer bewegten Simulation sehr erschwert.

3. Hierarchisches Modellieren wird durch GKS und GKS-3D nicht unterstützt. Dies ist ein großer Nachteil, da hierarchische Modelle von SMART zur Verfügung gestellt werden können.

Um diesen Problemen zu begegnen, stellen wir unser Simulationssystem derzeit auf die PHIGS-Norm [19] um. PHIGS unterstützt das objektorientierte, hierarchische Modellieren sehr gut. Es ist ein dynamisches Graphiksystem, das interaktive Manipulationen der erstellten Datenstrukturen und Primitivelemente auf einfache Art und Weise ermöglicht. Die Attribute der Elemente werden bei deren Abarbeitung fixiert. Unglücklicherweise ist derzeit auch in PHIGS die Darstellung von über Polyeder hinausgehenden Objekten nur eingeschränkt möglich; auch sind keine Möglichkeiten des Schattierens von Objekten bzw. des Beleuchtens mit verschiedenen Lichtquellen vorgesehen. Daher sind für SMART Erweiterungen in Richtung PHIGS+ [42] geplant.

4.3.2 Standard-Schnittstellen zu Fertigungseinrichtungen

Um verschiedenste Typen von Robotern und NC-Maschinen über eine einheitliche Schnittstelle ansteuern zu können, übersetzt das Programmiersystem von SMART Rob-Lan-Programme in einen maschinenunabhängigen Steuercode. Dieser Code ist in einem speziellen Format, dem IRDATA-Format (Industrial Robot DATA) verfaßt. IRDATA liegt in einer vom Verein Deutscher Ingenieure (VDI) genormten Form vor [43] und stellt einen standardisierten Steuercode für Industrierobotersteuerungen dar.

Derzeit setzt jedoch kaum ein Hersteller von Industrierobotersteuerungen direkt IRDATA ein. Somit fungiert der IRDATA-Code als roboterunabhängiger Zwischencode, der eigentliche Steuercode wird daraus über einen roboterspezifischen Postprozessor erzeugt. Er kann dann – z.B. mittels DNC – an die Steuereinrichtung des Industrieroboters übertragen werden.

Die IRDATA-Richtlinie wurde in Anlehnung an die CLDATA-Norm (Cutter Location DATA; [4, 5]) des Deutschen Instituts für Normung (DIN) erarbeitet. Bei CLDATA handelt es sich um einen maschinenunabhängigen Zwischencode für spanabhebende Bearbeitungen, IRDATA berücksichtigt handhabungsspezifische Funktionen.

Unglücklicherweise gibt es für die meisten Steuerungen von NC-Maschinen keine Postprozessoren, die auf IRDATA aufsetzen; sie verwenden CLDATA als Basis. Da der Befehlsumfang von modernen NC-Maschinen (z.B. das Synchronisieren der beiden Schlitten beim 4-Achs-Drehen) den genormten Sprachumfang von CLDATA bereits gesprengt hat und individuelle Erweiterungen erfordert, andererseits aber SMART nur IRDATA produzieren und verstehen kann, untersuchen wir derzeit, ob es sinnvoll ist, eine Schnittstelle von CLDATA zu IRDATA einzuführen. Eine solche Schnittstelle würde es ermöglichen, kooperierende Roboter und NC-Maschinen auch dann mit SMART zu simulieren und zu steuern, wenn sie nicht mit SMART programmiert wurden.

Wie bereits erwähnt, ist CLDATA, funktional gesehen, eine Untermenge von IRDATA. Beachtet werden muß aber, daß einige spezielle Bewegungsanweisungen von CLDATA (etwa Fräserradius-Kompensation, das Fräsen entlang helixförmiger Bahnen) sowie spezifische sog. Hardware-Zyklen (z.B. Bohren) keine Eins-zu-eins-Korrespondenz in IRDATA besitzen. Daher ist es für das Konvertieren von CLDATA auf IRDATA am besten, wenn diese spezifischen Anweisungen expandiert werden. Umgekehrt ist das Konvertieren von IRDATA auf CLDATA dann einfach, wenn man sich auf solche IRDATA-Befehle beschränkt, die einen korrespondierenden Befehl im CLDATA besitzen. Das Konvertieren anderer Befehle (etwa Programmflußangaben, Multitaskingbefehle) ist nicht möglich. Daher wäre es wünschenswert, moderne NC-Maschinen in Zukunft via IRDATA oder ein ähnliches, herstellerunabhängiges Format ansteuern zu können.

5 Simulation und Verifikation

Mit dem Simulations- und Testsystem von SMART können offline erstellte RobLan-Programme systematisch getestet, optimiert und analysiert werden. Die modellierte Fertigungszelle wird auf einem graphischen Bildschirm realistisch und detailgetreu dargestellt, indem der Bewegungsablauf in Bildsequenzen zerlegt wird.

Durch eine Reihe von Eingriffsmöglichkeiten in den Simulationsablauf kann der Anwender den Schwerpunkt auf ihn interessierende Teile lenken und dabei visuell Fehler im Ablauf entdecken und Optimierungsmöglichkeiten erkennen. Weiters stehen eine Reihe algorithmischer Analyse- und Verifikationsfunktionen zur Verfügung. Das Simulations- und Verifikationssystem besteht aus einem Modul mit menügeführter Benutzeroberfläche und Online-Helpfunktionen. Die Bedienung des Moduls wird dadurch sehr vereinfacht und schnell erlernbar.

5.1 3D-Animation

Zur Berechnung einer Bildfolge stehen dem Simulator folgende Eingabedaten zur Verfügung:

- Die Beschreibung der Fertigungszelle,

- das RobLan-Programm und der daraus erzeugte IRDATA-Code, sowie

- interaktive Anweisungen des Benutzers.

Die Simulation wird in diskrete Zeitpunkte unterteilt, zu denen jeweils ein Bild (Wire-Frame bis schattiertes Volumsmodell, je nach Hardwareleistung) generiert wird, das den momentanen Zustand der Arbeitszelle beschreibt. Funktionen wie korrekte Projektion bzw. Clipping werden via der Graphik-Schnittstelle (derzeit 3D-GKS) dem Graphik-System überlassen.

Die korrekte Positionsdarstellung bewegter Mechanismen wird mit folgendem Algorithmus ermittelt [34]:

1. Es werden die Gelenkskoordinaten für den nächsten anzufahrenden Punkt entsprechend der vorgegeben Bewegungsanweisung ermittelt.

2. Je nach Bewegungsart und dem definierten Geschwindigkeitsprofil für die einzelnen Gelenke wird das aktuelle Geschwindigkeitsprofil der Gelenke errechnet.

3. Liegt der aktuelle Animationszeitpunkt noch vor dem Bewegungsende, so werden die aktuellen Gelenkskoordinaten bestimmt, ansonsten werden die Koordinaten bei Bewegungsende verwendet.

4. Aus den Gelenkskoordinaten werden die kartesischen Koordinaten der einzelnen Links errechnet und die Positionen aktualisiert. Nach der Ausgabe des Bildes wird solange mit Punkt 3 fortgefahren, bis das Bewegungsende erreicht ist.

Die Simulation von Multitasking-Programmen wird durch einen virtuellen Multitasking-Monitor gesteuert, der Listen von Subtasks interpretiert und sie entsprechend sequentiell oder parallel abarbeitet. Dies geschieht so (vgl. [33]), daß jeder Subtask sequentiell interpretiert wird, und Operationen, die Zeit benötigen, in die sogenannte *Aktorliste* gestellt werden. Die Elemente der Aktorliste werden quasi-simultan zu diskreten Zeitpunkten der Zellzeit abgearbeitet. Jedes Element besitzt hierzu die Attribute "Gesamtausführungszeit" sowie "aktuelle Zeit". Die aktuelle Zeit wird bei jedem Taktimpuls des Simulators hochgezählt. Wenn die Gesamtausführungszeit dieses Elements der Aktorliste erreicht ist, wird das Element aus der Aktorliste entfernt und die nachfolgende Anweisung des entsprechenden Subtasks neu eingetragen. Dieser Prozeß wird für alle aktiven Subtasks durchgeführt.

An Simulationsparametern kann jederzeit die Simulationsgeschwindigkeit (Bilder pro Simulationssekunde), der 3D-Blickpunkt, der 3D-Zoombereich sowie die Darstellungsart der Objekte verändert werden. Objekte können temporär ausgeblendet werden, um eine klarere Sicht eines Problems zu erhalten.

5.2 Kollisionsüberwachung

Um einen technologisch korrekten Bearbeitungsweg für die Mechanismen garantieren zu können, ist es, neben der Überwachung technologischer Restriktionen (z.B. Beschränkungen von Gelenksbewegungen), äußerst wichtig sicherzustellen, daß bestimmte Objekte innerhalb der Zelle (z.B. Komponenten des Roboters) nicht mit anderen Objekten kollidieren. Hierzu können folgende Strategien angewendet werden:

- Inspektion durch den Experten während der Animation (*visuelle Verifikation*),

- Algorithmen zum Erkennen kritischer Situationen und Kollisionen (*algorithmische Verifikation*),

- Vollautomatisches Programmieren der Fertigungsaufgabe (*Fein-Wegplanung*).

Visuelle Verifikation stellt einerseits hohe Anforderungen an die Konzentration des Experten, andererseits sind gewisse Situationen visuell nicht auf Kollisionsfreiheit überprüfbar, da eine 3D-Situation durch ein 2D-Bild kontrolliert werden muß. Daher werden in SMART auch Algorithmen zur Kollisionskontrolle eingesetzt.

Derzeit wird in SMART eine sogenannte *statische Kollisionskontrolle* durchgeführt, die allerdings *dynamische Vorhersagen* erlaubt. Dies heißt, daß ein konkreter ("statischer") Zeitpunkt der Simulation auf Kollisionen überprüft wird. Wird eine Kollision entdeckt, so wird dies unter Angabe der Objekte gemeldet. Ansonsten wird eine untere Grenze für die Zeit angegeben, bis zu der vom momentanen Zeitpunkt an Kollisionsfreiheit garantiert werden kann ("dynamische Vorhersage"). Somit kann jede Kollision während des gesamten Fertigungsablaufes erkannt werden.

Die Teststruktur sieht wie folgt aus (siehe auch Abb.3, aus [28]): In einem Preprocessing-Schritt werden alle Objekte hierarchisch mit sogenannten Superellipsoiden konvex eingehüllt. Zum Testzeitpunkt werden nun die konvexen Hüllen der Objekte an die richtigen Stellen transformiert und paarweise auf Intersektion getestet (siehe [38] für Details). Dieser Test erfolgt in einem parallel zu SMART laufenden LISP-Task. Die Resultate (Intersektion ja/nein, Kollisionspunkt) werden wieder an SMART zurückgemeldet.

Für weitere Schritte in Richtung Verifikation in SMART sei auf Kapitel 8.1 verwiesen.

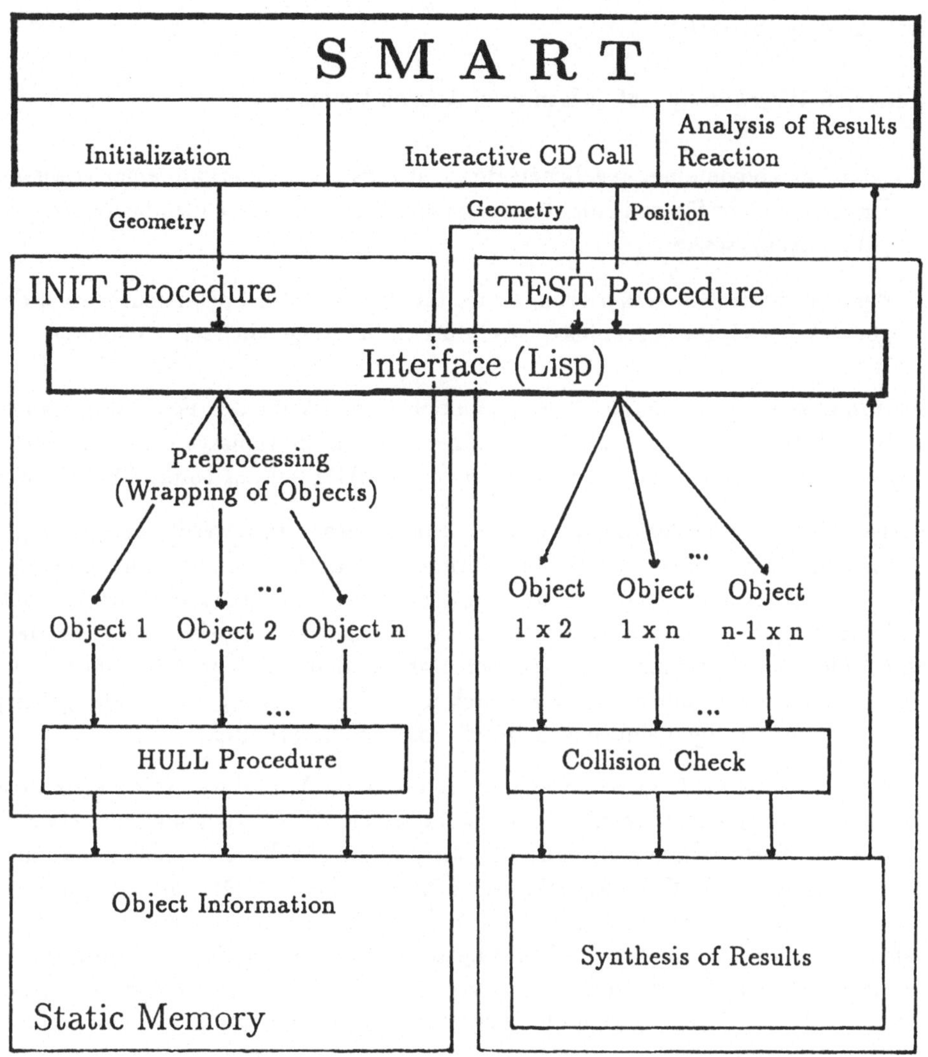

Abbildung 3: Kollisionserkennung in SMART.

5.3 Wegplanung

Der Bereich *Wegplanung* läßt sich in zwei Abschnitte einteilen,

1. dem Nachfolgen eines gegebenen Bearbeitungsweges innerhalb einer gewissen Toleranz auf einer für den Roboter optimalen Weg- und Geschwindigkeitstrajektorie (*Wegfolgen*), sowie

2. der automatischen Generierung eines für den Roboter optimalen Weges, der die gewünschte Operation kollisionsfrei durchführt (eigentliche *Wegplanung*).

Vollautomatische Wegplanung ist derzeit noch Gegenstand der Forschung und außer für triviale Situationen noch nicht in kommerzielle Simulationssysteme integriert. Für die Arbeiten in diesem Gebiet im Rahmen von SMART sei auf Kapitel 8.2 verwiesen.

Ein Algorithmus zum Wegfolgen wurde hingegen bereits in SMART integriert [9, 25]: Für Bahnen, die aus linearen bzw. kreisförmigen Bahnstücken zusammengesetzt sind, wird eine Roboterbahn generiert, die die geforderte kartesische Geschwindigkeit des Endeffektors ergibt (sofern dies technologisch machbar ist), sowie die für die Bahnbewegung geforderte Toleranz zur gegebenen Bahn einhält, und zwar sowohl in der Abweichung von der geforderten Bahn als auch in der Orientierung. Anwendungsbeispiele für solche Anforderungen sind u.a. Schweiß- und Lackierarbeiten.

Grundsätzlich wird wie folgt vorgegangen: Da durch die Vorgabe von Bahngeschwindigkeit, -beschleunigung und -verzögerung ein eindeutiger Zusammenhang zwischen einem Punkt auf der kartesischen Bahn und der Zeit, zu der der Punkt erreicht werden muß, besteht, kann man die Gelenksstellungen zwischen diesen Stützpunkten durch Polynome erster und zweiter Ordnung in der Zeit interpolieren. Die Interpolation erfolgt so, daß sich jeweils ein Polynom erster Ordnung an ein Polynom zweiter Ordnung anschließt und umgekehrt. Zur Überprüfung, ob die vom Benutzer geforderte Toleranz eingehalten wird oder nicht, wird auf der Bahn in Wegabständen, die der Toleranz entsprechen, aus den zum entsprechenden Zeitpunkt gehörigen Gelenksstellungen die Vorwärtskinematik berechnet und der sich daraus ergebende "Istframe" mit dem "Sollframe" verglichen. Falls die Bahn nun nicht innerhalb der Toleranz ist, wird am letzten Punkt, an dem die Toleranzbedingung noch erfüllt war, ein neuer Stützpunkt für die Bewegung gesetzt. Von diesem Stützpunkt aus werden nun neue Polynome zum nächsten Stützpunkt berechnet. Weitere Details können [9] entnommen werden.

6 Benutzerschnittstelle

Neben der reinen Anwendersicht ist die Benutzerschnittstelle auch für die Weiterentwicklung und Wartung eines Systems von großer Bedeutung. Werden neue Funktionen und Module entwickelt bzw. bestehende modifiziert, so ändert sich meist auch die

Benutzerschnittstelle. Weiters kann eine kleinere Änderung, etwa in einer Eingabe-
reihenfolge für gewisse Daten, für einen Anwender die Bedienungsfreundlichkeit des
Systems wesentlich verbessern.

Zu unterscheiden ist zwischen den Tools zum Generieren der Benutzerschnittstelle
(User-Interface-Management-System, UIMS) und der konkreten Benutzerschnittstelle
(User-Interface, UI).

Im Zusammenhang mit SMART, jedoch nicht nur für SMART, wurde ein eigenes UIMS
entwickelt und implementiert. Mit ihm können beliebige konkrete Benutzerinterfaces
mit einer Reihe spezieller Eigenschaften generiert und verändert werden. Folgende
Möglichkeiten sind gegeben:

- Definition von Fenstern zur Kommunikation,

- Werteingaben über Menüs, Masken, Kommandozeile und definierbare Funktionstasten,

- unmittelbare Überprüfung der Werteingaben auf Zulässigkeit,

- Wertausgaben über Masken,

- Reihenfolge von Werteingaben und -ausgaben in Form einer Interaktionskette,

- Online-Helpfunktion,

- eigene Fehlerbehandlungsfunktionen.

Das vom UIMS generierte UI ist weitgehend datengesteuert, d.h. alle wesentlichen
Daten des konkreten UI sind auf Files abgelegt und können so einfach – sogar zur
Laufzeit – verändert werden. Das konkrete UI von SMART zeichnet sich durch folgende
Vorzüge aus:

- Menügesteuerte Benutzerführung,

- Dateneingabe über selbsterklärende Masken mit Prüfung der Daten auf Zulässigkeit,

- Online-Helpfunktion, die über eine Funktionstaste jederzeit abrufbar ist.

Damit ist ein rasches Erlernen der Systembedienung mit weitgehender Sicherheit gegen
Fehlbedienung möglich. Erfahrungen zeigen, daß ein Anwender das System in seinen
Grundfunktionen in wenigen Stunden selbständig bedienen kann.

7   Anwendungsbeispiele

SMART ist als kommerzielles System verfügbar und wird bereits für verschiedene Anwendungen in unterschiedlichen Hardware-Konfigurationen eingesetzt. Die Anwendungen reichen von universitären bis zu betrieblichen Einsätzen (siehe [47] für eine vergleichende Studie):

An der Universität Linz wird SMART vor allem zur Forschung im Bereich der algorithmischen Kollisionserkennung eingesetzt. Hier werden in erster Linie die graphisch-interaktiven Möglichkeiten genutzt.

An der Technischen Universität Wien findet SMART in Forschung und Lehre und für Demonstrationen Anwendung. Im Roboterlabor des Instituts für Flexible Automation sind mehrere Roboter aufgebaut, die auch in SMART modelliert wurden. Programme für konkrete Anwendungen können so in SMART erstellt, simuliert und getestet werden und in weiterer Folge an eine Robotersteuerung übertragen und abgearbeitet werden. So ist sehr effektvoll die Verbindung zwischen SMART und einer konkreten Anwendung darstellbar und veranschaulichbar.

Die weiteren, industriellen, Anwendungen von SMART beziehen sich auf die Beschickung und Entsorgung von numerisch gesteuerten Bearbeitungszentren für Drehen, Bohren und Fräsen mit Roh- und Fertigteilen durch Roboter. Besonders wenn sich das Produktspektrum laufend ändert bzw. nicht klar vorherbestimmbar ist, lohnt sich hier der Einsatz von SMART. Dabei bleibt der grundlegende Bewegungsablauf stets gleich, durch veränderte Maschinenanbauten, durch wechselnde Roh- und Fertigteilgeometrien ist jedoch oft eine neue Situation gegeben, die durch ein Offline-Programmier- und Simulationssystem wie SMART gut handhabbar wird.

Die Hardware-Konfigurationen, auf denen SMART derzeit läuft, reichen von Host-Systemen mit hochwertigen Graphikschirmen über Host-Systeme mit einfacheren Graphikschirmen bis zu Workstations. Grundsätzlich sind für realistische, schattierte Bilder eigene 3D-Graphikstationen notwendig. Die rechenzeit- und speicherplatzintensiven Operationen zum Erzeugen solcher Graphiken auf einem Bildschirm erfordern hohe lokale Intelligenz mit speziell implementierten Algorithmen. Bei einfachen Graphikbildschirmen wird ein Drahtmodell ausgegeben. In Abb. 4 ist ein Einzelbild einer Fertigungssimulation mit SMART dargestellt.

8   Weitere Entwicklungsschritte

8.1   Dynamische Kollisionsüberprüfung

Kollisionserkennung hatte bis jetzt einen "statischen" Charakter, d.h. es konnte nur getestet werden, ob ein bewegter Mechanismus mit einem unbewegten Objekt zu dis-

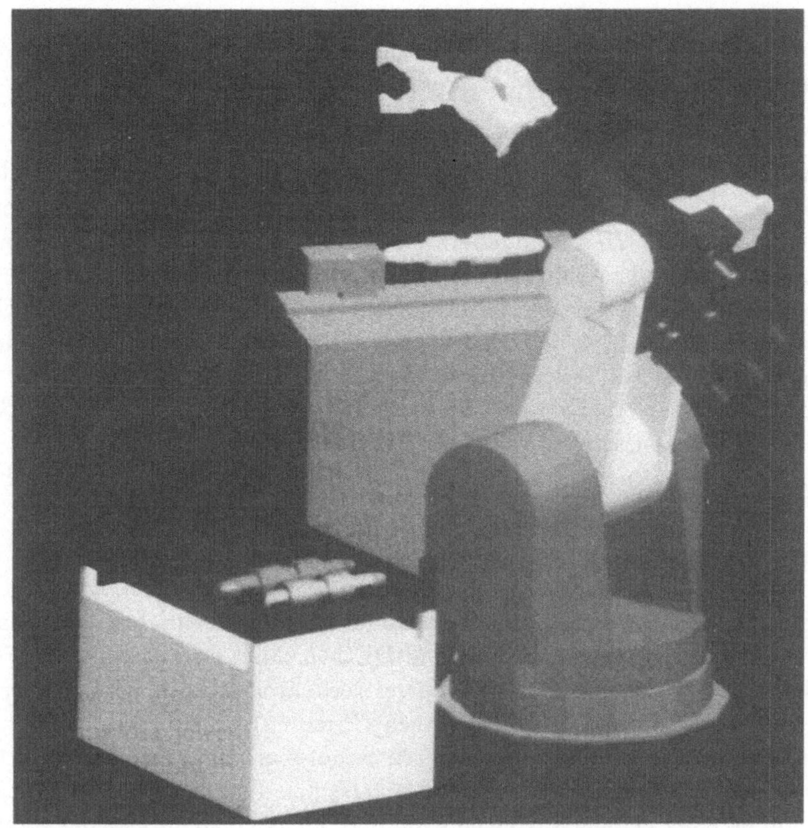

Abbildung 4: Fertigungssimulation mit SMART.

kreten Zeitpunkten kollidiert oder nicht. Wenn zur Steigerung der Sicherheit die Länge der Zeitintervalle reduziert wird, führt dies zu einer oftmals drastischen Erhöhung der Gesamtrechenzeit, jedoch trotzdem nicht zu vollständiger Sicherheit – es könnte immer noch eine Kollision übersehen werden.

Ein von einem der Autoren neu entwickelter Ansatz transformiert das Kollisionser- kennungsproblem in ein vierdimensionales (drei Dimensionen für den Raum, eine für die Zeit), kontinuierliches Problem. Somit kann ein gesamter Bewegungsabschnitt auf einmal getestet werden ("dynamischer Test").

Für die dynamische Kollisionsüberprüfung von zwei durch Polyeder eingehüllten Ob- jekten wurden zwei Verfahren entwickelt:

1. *Kollisionsüberprüfung mittels Linearer Programmierung*:
   Wir implementierten zwei Alternativen, das Kollisionstestproblem konvexer Po- lyeder in ein Problem der Linearen Programmierung (LP-Problem, siehe [12]) zu transformieren. Einerseits kann mittels LP ein Schnittpunkt der beiden vierdi- mensionalen Polyeder (im zulässigen Bereich des LP-Problems) ermittelt werden

für den Fall, daß die Objekte miteinander kollidieren. Andererseits kann durch LP auch eine Hyperebene generiert werden, die die beiden Objekte separiert, wenn sie nicht miteinander kollidieren. Für Details sei auf [29] verwiesen.

2. *Kollisionsüberprüfung mittels Radon-Zerlegung:*
In [30] zeigen wir, daß zwei beliebige vierdimensionale Polytope durch paarweises Testen der zweidimensionalen Facetten ihres Mantels auf Kollision getestet werden können. Die Grundoperation ist hier die Radon-Zerlegung, mit der auf einfache und äußerst effiziente Weise entschieden werden kann, ob sich zwei zweidimensionale Facetten im vierdimensionalen Raum schneiden oder nicht. Dieses Verfahren hat den Vorteil, daß auch nichtkonvexe Polyeder ohne vorherige Zerlegung in konvexe Teile getestet werden können, die Rechenzeit ist allerdings quadratisch zur Anzahl der Ecken der Polyeder (das LP-Verfahren ist zwar exponentiell, empirisch jedoch annähernd linear). Somit darf die Anzahl der Ecken bei den Polyedern nicht zu groß sein, um die Rechenzeiten kurz zu halten.

Dieser neue Kollisionsmodul wurde so gestaltet, daß er nicht nur für SMART eingesetzt werden kann, sondern aufgrund seiner Modularität auch mit wenig Aufwand in andere Systeme eingebunden werden kann. Der Modul ist in C geschrieben, da C auf den von uns verwendeten UNIX-Workstations und DEC-Rechnern problemlos mit FORTRAN kombiniert werden kann und extrem kurze Rechenzeiten aufweist (weniger als 0.1 s für einen paarweisen Test von realistischen Objekten). Somit ist eine durchgehende Kollisionserkennung während der gesamten Simulation ohne nennenswerte Geschwindigkeitsverluste der Animation möglich, die durch den dynamischen Charakter des Tests die Erkennung einer etwaigen Kollision während eines Fertigungstasks garantiert.

8.2 Vollautomatische Wegplanung

Wie bereits in Kapitel 5.3 erläutert, befaßt sich die Wegplanung mit der (vollautomatischen) Generierung von Bearbeitungs- und Verfahrwegen für Roboter bzw. NC-Maschinen. Dabei stellt sich das Problem wie folgt:

Gegeben:

- Die Arbeitszelle (Objekte und Mechanismen),
- der Teil, der transportiert werden soll,
- der Ausgangs- und Zielpunkt der Bewegung.

Gesucht:

- Ein Weg, auf dem einer der Mechanismen den Teil in der Zelle kollisionsfrei vom Ausgangs- zum Zielpunkt transportieren kann.

Für einen gängigen Roboter (mit sechs Freiheitsgraden) in einer Arbeitszelle kann derzeit ein solcher Weg noch nicht in akzeptabler Zeit konstruktiv ermittelt werden. Daher wird in den meisten Ansätzen versucht, zuerst einen Weg für den zu transportierenden Teil durch die Zelle zu finden. Anschließend wird getestet, ob dieser Weg kinematisch und kollisionsfrei vom Mechanismus gefahren werden kann.

Im Rahmen des SMART-Projektes werden derzeit zwei dieser Wegplanungsmethoden (weiter-)entwickelt, die *Retraktionsmethode* und die *Konfigurationsraummethode*.

8.2.1 Die Retraktionsmethode

Die Grundidee ist hier, im dreidimensionalen Zellraum einen eindimensionalen Graphen zu finden, der die sichersten Wege zwischen den Hindernissen beschreibt (d.s. diejenigen Wege, die den größten Abstand von den Hindernissen aufweisen). Einen solchen eindimensionalen Suchraum stellt das *Voronoi-Diagramm* [44] dar.

In [41] wird gezeigt, daß für jedes Positionsdupel (p,q) im Voronoi-Diagramm der Zelle F gilt: Wenn es eine zusammenhängende Kurve von p nach q in F gibt, dann gibt es auch eine im Voronoi-Diagramm; für alle p in F existiert eine zusammenhängende Kurve in F von p zum Voronoi-Diagramm von F. Damit kann nun das Voronoi-Diagramm der Zellbeschreibung verwendet werden, um einen kollisionsfreien Weg für einen Punkt (oder eine Kugel) in der Zelle vom Ausgangs- zum Zielpunkt zu finden. Folgende Grobschritte sind dafür notwendig:

1. Einhüllen des zu bewegenden Teils mit einer Kugel;
   Erstellen des Voronoi-Diagramms der Zelle.

2. Finden eines Weges vom Ausgangs- und Zielpunkt zum Voronoi-Diagramm.

3. Suchen eines Weges auf dem Voronoi-Diagramm.

Der große Vorteil dieser Methode besteht darin, daß durch das Voronoi-Diagramm immer der sicherste Weg generiert wird. Dadurch ergibt sich aber i.a. ein längerer Weg, der auch aus der Sicht der Dynamik des Mechanismus problematisch ist (eckige Übergänge der Teilgraphen des Voronoi-Diagramms). Diese Nachteile können aber durch eine an die Wegplanung anschließende Wegoptimierung reduziert werden.

8.2.2 Die Konfigurationsraummethode

Bei dieser Methode werden alle vom Transportmechanismus erreichbaren Punkte des dreidimensionalen Zellraumes auf den sechsdimensionalen Gelenksraumes (bei sechs Freiheitsgraden) abgebildet. In diesem Raum wird nun der Teilraum aller Punkte ermittelt, die kollisionsfrei erreicht werden können ("Konfigurationsraum"). Mittels Graphsuchmethoden wird in diesem Konfigurationsraum ein Weg vom Ausgangs- zum

Zielpunkt gesucht. Dieser Ansatz wurde in [26] vorgestellt. Leider hat dieser sehr allgemeine Ansatz bis jetzt noch zu keinen Resultaten geführt, die für die Praxis relevant sind.

Für SMART wird versucht, durch Diskretisierung der Gelenkskoordinaten und Eliminierung der Positionen, die nicht zum optimalen Weg gehören, den Graph aller möglichen Positionen und Bewegungen so weit zu reduzieren, daß eine effiziente Graphsuche ermöglicht wird. Wie in [6] erläutert wird, ist es mit diesem Ansatz zumindest für eingeschränkte Roboter (mit weniger als sechs Freiheitsgraden) möglich, nicht nur einen kollisionsfreien Weg zu generieren, sondern auch nach alternativen Wegen zu suchen, die einen kinematisch geeigneteren und zeitmäßig kürzeren Weg ergeben können.

Obwohl bei beiden Ansätzen bereits vielversprechende Fortschritte erzielt werden konnten, sind die mit SMART modellierbaren Zellen i.a. noch zu komplex, sodaß eine Wegplanung in angemessener Rechenzeit derzeit noch nicht zu erwarten ist. Die momentan vielversprechendsten Anwendungsbereiche sind eingeschränkte Mechanismen mit relativ wenigen Freiheitsgraden (z.B. ein Werkzeugschlitten auf der NC-Maschine; Beschickungs- oder Entsorgungsgreifer). In diesem Bereich gibt es derzeit Pläne, die Wegplanung in SMART vollständig zu automatisieren.

8.3   SAVE

Um die Möglichkeiten von SMART zu erweitern, wird derzeit gemeinsam von RISC-Linz und Automations- und Informationssysteme Ges.m.b.H. für spanende Bearbeitungsprozesse *SAVE* (Simulation, Analysis, and Verification Environment) entwickelt. Bei diesem Projekt liegt der Schwerpunkt auf der Modellierung des Werkstücks und des darauf ausgeführten Bearbeitungsprozesses (Drehen, Bohren bzw. Fräsen) selbst.

Die Hauptkomponenten von SAVE sind:

1. **Modellerstellung:**
   Um optimale Datenstrukturen für die verschiedenen Objekttypen zum vollständigen Modellieren von NC-Maschinen, Werkzeugen und dem Werkstück zur Verfügung zu haben, verwenden wir ein hybrides Modellierungsschema, das aus Komponenten der Constructive Solid Geometry, Boundary Representation sowie Spatial Enumeration zusammengesetzt ist. In Abbildung 5 sind die verschiedenen Modelle und Transformationen dargestellt.

   Als Spatial Enumeration-Modell für den Rohteil und das Werkstück verwenden wir ein sogenanntes *Dexel-Modell* [14], das alle Eigenschaften eines *Kanonischen Geometrischen Modells* (Canonical Geometric Model – CGM, [32]) erfüllt. Im wesentlichen heißt dies, daß das Modell minimal bezüglich der Komplexität ist und Modellvergleiche erlaubt.

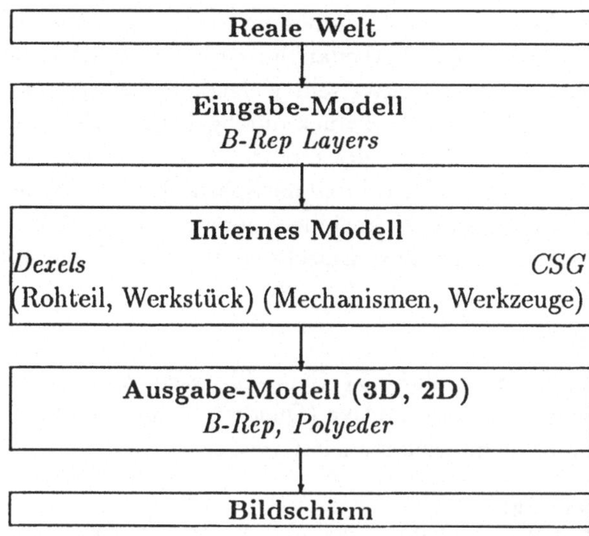

Abbildung 5: Die hybride Modellierung von SAVE.

2. Bearbeitung:

Das Bearbeitungsproblem kann auf folgende zwei Teilprobleme zurückgeführt werden [14]:

(a) Das Finden eines internen Modells für das Werkstück, sodaß das Umwandeln in dieses Modell, die Manipulationen darauf sowie die Visualisierung auf effiziente Art und Weise möglich sind.

(b) Das sukzessive Anwenden des "Bearbeitungs-Algorithmus". Dieser Algorithmus kann wie folgt spezifiziert werden:

Eingabe:
- Das interne Modell des Werkstücks,
- die Werkzeuggeometrie, sowie
- ein Primitivelement des NC-Bearbeitungsweges.

Ausgabe:
- Das interne Modell des Werkstücks nach der Bearbeitungsoperation.

Ein mögliches Modellierungsschema ist ein CSG-Modell. Nach jeder Bewegung des Werkzeugs könnte das Modell mit dem dadurch definierten "Swept Volume" erweitert werden. Da aber in der Realität Tausende von Werkzeugbewegungen auftreten, wird diese Modellierung rasch unhandhabbar. Wie in [7] nachgewiesen ist, steigt die Komplexität eines so erstellten CSG-Modells mit der vierten Potenz der Anzahl der Werkzeugbewegungen. Ein weiterer Nachteil der CSG-Modellierung für unsere Anwendung ist, daß ein CSG-Modell kein CGM darstellt und daher der Vergleich zweier Volumsmodelle nicht direkt möglich ist, wenn CSG-Modelle verwendet werden.

Unsere Dexel-Modellierung bietet sowohl die CGM-Eigenschaft als auch die Möglichkeit, den maximalen Speicherbedarf im vorhinein festzustellen bzw. festzulegen. Daher erscheint unser Ansatz sehr vielversprechend, zumal ein kompaktes, vollständiges Modell für das Werkstück durchgehend vorhanden ist und der Benutzer bestimmte Eigenschaften des momentanen Bearbeitungszustandes jederzeit abfragen kann. Natürlich ist durch die Spatial-Enumeration-Technik nur eine Approximation des Werkstücks anstelle einer "exakten" Modellierung gegeben. Wieweit dies zu Problemen bzw. Einschränkungen im Einsatz führen kann, ist derzeit eine offene Frage.

3. **Modellvergleich:**
   Da unsere Werkstückdarstellung die CGM-Eigenschaft besitzt und zur Modellierung sehr einfache Volumenprimitiva (Quader) benutzt werden, kann der Verifikationsschritt unproblematisch realisiert werden.

4. **Code-Optimierung:**
   Durch unser Modellierungsschema können die Mehrfachbearbeitung eines Bereiches oder ähnliche – überflüssige – NC-Befehle erkannt und eliminiert werden. Bis jetzt wurde das tatsächliche Optimieren des NC-Codes jedoch nur theoretisch untersucht [14], es ist aber geplant, unsere Ideen und Algorithmen in nächster Zeit zu implementieren.

Für Details zu SAVE sei auf [15] verwiesen.

8.4 CIM-Integration

Vor ungefähr einem Jahrzehnt tauchte der Begriff der *computer-integrierten Fertigung* (Computer-Integrated Manufacturing, CIM) auf und wurde bald zum Schlagwort der Fertigungsautomation. Einige Jahre lang war jedoch CIM beschränkt auf Konstruktion (Computer-Aided Design, CAD) und Fertigungsprogrammierung (Computer-Aided Manufacturing, CAM), sowie dem Datenaustausch zwischen diesen beiden C-Techniken (vgl. z.B. [11, 39]).

Gerade in letzter Zeit jedoch wurde durch die steigende Computerleistung sowie neue Forschungsresultate, z.B. im Bereich der Algorithmen oder der algorithmischen Geometrie, das Tor in Richtung CIM beträchtlich weiter aufgestoßen. Somit wird CIM durch neue C-Techniken bereichert, auf die sich die Forschung derzeit konzentriert (z.B. [7, 10]). Diese Techniken sind u.a.:

- Computerunterstützte Prüfung (Computer-Aided Testing, CAT),

- computerunterstützte Qualitätssicherung (Computer-Aided Quality Control, CAQ),

- das Erzeugen realistischer Animationen (True Image Animation).

Somit entwickelt sich die Computerunterstützung in der Produktionsautomation von Konstruktionszeichnen (Ersetzen der Zeichenbretter) und zyklenorientierter NC-Programmierung (Unterstützung des Experten bei der Transformation von Fertigungsaufgaben in NC-Lochstreifen) hin zu mächtigen, integrierten Bearbeitungs- und Fertigungsautomations-Umgebungen. Die erzeugten Fertigungstasks werden automatisch auf Korrektheit und Produktionseffizienz getestet. Somit werden durch die Elimination bzw. Korrektur von Fehlern des NC-Programmierers Fertigungsstillstände vermieden.

Nach unserer Vorstellung soll und kann SMART als ein Baustein zur Verwirklichung dieser Vorstellungen gesehen werden.

Dank

Das SMART-Projekt wird vom österreichischen Bundesministerium für Wissenschaft und Forschung, Projekt Nr. 609.506/1-26/88, sowie vom österreichischen Bundesministerium für öffentliche Wirtschaft und Verkehr, ERP-Fonds Nr. 1611/12-ME/85, gefördert. Die Erstellung dieser Arbeit wurde darüberhinaus vom Land Oberösterreich sowie der Stadt Linz unterstützt.

Die Autoren danken dem Research Institute for Symbolic Computation der Johannes Kepler Universität Linz, insbesondere dessen Vorstand, Prof. Bruno Buchberger, und der Leiterin des Bereiches SoftAutomation, Dr. Sabine Stifter, für die wissenschaftliche Unterstützung sowie die Bereitstellung adäquater Ressourcen zur Texterstellung. Barbara Fischer und Dipl.-Ing. Johann Heinzelreiter sei für die Hilfe bei Erstellung der Endfassung der Arbeit gedankt.

Literatur

[1] Automations-und Informationssysteme Ges.m.b.H. AIS. *Roblan Sprachbeschreibung (Roblan Language Description) (in German)*. Automations- und Informationssysteme Ges.m.b.H., Linz, Austria, 1987.

[2] Automations-und Informationssysteme Ges.m.b.H. AIS. Modelldatenbasis MDB (Model Data Base MDB). Technical report, Automations- und Informationssysteme Ges.m.b.H., Linz, Austria, 1988.

[3] M. Ben-Ari. *Grundlagen der Parallel-Programmierung (Principles of Concurrent Programming) (in German)*. Hanser, München Wien, 1984.

[4] DIN, Deutsches Institut für Normung. *CLDATA. Allgemeiner Aufbau und Satztypen (CLDATA. General Structure and Record Types) (in German)*. DIN 66 215/1, 1974.

[5] DIN, Deutsches Institut für Normung. *CLDATA. Nebenteile des Satztyps 2000 (CLDATA. Minor Elements of Type 2000 Records) (in German)*. DIN 66 215/2, 1982.

[6] Kurt Dittenberger. Collision-Free Path Planning for a Manipulator. Technical report, Center for Interactive Computer Graphics, Rensselaer Polytechnic Institute, Troy, New York, USA, 1988.

[7] Robert L. Drysdale, Robert B. Jerard, Barry Schaudt, and Ken Hauck. Discrete Simulation of NC Machining. *Algorithmica*, 4:33–60, 1989.

[8] Herbert Exner. SMART – Ein österreichisches CAD/CAM-Forschungsprojekt (SMART – An Austrian CAD/CAM Research Project) (in German). Technical Report Graphical Simulation of Manufacturing Tasks 0.1, Automations- und Informationssysteme Ges.m.b.H., Linz, Austria, 1985.

[9] R. Fasching. Bahnberechnung im kartesischen Raum (Path Design in Cartesian Space) (in German). Technical report, Institut für Automation, TU Vienna, Austria, 1989.

[10] J. Gausemeier and R. Daßler. Aufbau von langfristig tragfähigen CIM Lösungen. Teil 2: CAD/CAM-Applikationen und technische Informationssysteme (Building up long-term viable CIM configurations. Part 2: CAD/CAM applications and technical information systems) (in German). *ZwF CIM – Zeitschrift f. wirtschaftliche Fertigung und Automatisierung*, 84(8):431–435, 1989.

[11] J. Gausemeier *et al.* Aufgabenspezifische Kopplung von CAD Systemen mit NC Programmiersystemen (Task-specific Integration of CAD Systems and NC Programming Systems) (in German). *ZwF CIM – Zeitschrift f. wirtschaftliche Fertigung und Automatisierung*, 77(5):207–210, 1982.

[12] Martin Grötschel. Polyedrische Kombinatorik und Schnittebenenverfahren (Polyhedral Combinatorics and Cutting Plane Methods)(in German). In A. Kerber, editor, *Tagungsbericht 2. Sommerschule Diskrete Strukturen*, pages 69–100. Bayreuth, 1985.

[13] Per Brinch Hansen. *Betriebssysteme (Operating Systems) (in German)*. Hanser Verlag, 1977.

[14] Johann Heinzelreiter. Documentation of the SAVE 3D Dynamic Modeling Scheme. Technical Report (RISC-Linz Series, to appear), J. Kepler University, Linz, Austria, 1990.

[15] Johann Heinzelreiter and Herwig Mayr. Machining Simulation and Verification by Efficient Dynamic Modeling. In J. Soliman, editor, *Proc. 23rd ISATA (to appear)*. Vienna, Austria, December 3–7, 1990.

[16] Peter Hintenaus. The Inverse Kinematics System (Installation Guide, User's Manual, Program Documentation). Technical Report no. 87-18.0 (RISC-Linz Series), J. Kepler University, Linz, Austria, 1987.

[17] International Standardization Organization ISO. *Information Processing Systems – Computer Graphics – Graphical Kernel System (GKS)*. ISO IS 7942-1985, 1985.

[18] International Standardization Organization ISO. *Information Processing Systems – Computer Graphics – Graphical Kernel System for Three Dimensions (GKS-3D). Functional Description.* Draft International Standard ISO/DIS 8805, 1986.

[19] International Standardization Organization ISO. *Information Processing Systems – Computer Graphics – Programmer's Hierarchical Interactive Graphics System (PHIGS). Functional Description.* ISO/IEC/DIS, 1987.

[20] J. Jäger and E. Schulz. Computer-aided Design of N-link Spatial Mechanisms and their Kinematic Analysis. In *Proc. IAESTED International Symposium on Modelling, Identification and Control.* Grindelwald, Switzerland, 1987.

[21] Johann Jäger. CAD-Simulation für Montageroboter (CAD Simulation of Assembly Robots) (in German). Technical report, Automations- und Informationssysteme Ges.m.b.H., Linz, Austria, 1987.

[22] Johann Jäger. SMART – Simulation of Machining And Robot Tasks. Technical Report Graphical Simulation of Manufacturing Tasks I, Automations- und Informationssysteme Ges.m.b.H., Linz, Austria, 1987.

[23] Johann Jäger. Computerunterstützte Robotersimulation (Computer Aided Robot Simulation) (in German). *TEK Solutions*, 6:6–7, 1988.

[24] Johann Jäger, Gerhard Mayr, Karin Pichler, Ingrid Steinacker, and K. Waldhans. SMART – Simulation of Machining And Robot Tasks. Technical Report Graphical Simulation of Manufacturing Tasks 0.2, Automations- und Informationssysteme Ges.m.b.H., Linz, Austria, 1986.

[25] Alexander Kovacec. On Straight Line Path Planning for Robots. Technical Report no. 88-93.0 (RISC-Linz Series), J. Kepler University, Linz, Austria, 1988.

[26] T. Lozano-Perez. Automatic Planning of Manipulator Transfer Movements. Technical Report A.I. Memo No. 606, Massachusetts Institute of Technology, Artificial Intelligence Laboratory, Cambridge, MA 02139, December 1980.

[27] Herwig Mayr. A Comparative Survey of Graphic Offline Robot Simulation Systems. Technical Report no. 88-20.0 (RISC-Linz Series), J. Kepler University, Linz, Austria, 1988.

[28] Herwig Mayr. A Guide for Linking LISP Routines into the FORTRAN-77 Environment of SMART. Technical Report no. 89-36.0 (RISC-Linz Series), J. Kepler University, Linz, Austria, 1989.

[29] Herwig Mayr. High-Efficient Collision Checking for Robotics/NC Using Linear Programming Techniques. In G. Feichtinger, editor, *Proc. Intl. Conference on Operations Research (to appear)*. Vienna, Austria, August 28–31, 1990.

[30] Herwig Mayr. Verifying Robotics/NC Tasks by Real-Time Dynamic Collision Checking. In J. Soliman, editor, *Proc. 23rd ISATA (to appear)*. Vienna, Austria, December 3–7, 1990.

[31] Herwig Mayr, Martin Held, and Hermann Öllinger. SMART. A Universal System for the Simulation of Machining and Robot Tasks. In *Proc. Computer Applications in Production and Engineering (CAPE'89)*, pages 809–816, Tokyo, Japan, 1989. North Holland, 1989.

[32] Herwig Mayr and Sabine Stifter. Off-line Generation of Error-free Robot/NC Code Using Simulation and Automatic Programming Techniques. In G. Halevi, editor, *Proc. International Conference on CAD/CAM and AMT*, Binyanei Ha'ooma, Jerusalem, Israel, Dec. 11 – 14, 1989. North Holland.

[33] W. Oberreiter et al. SMART – A Programming and Simulation Environment for Complex Manufacturing Tasks. In *Proc. IAESTED International Symposium on Modelling, Identification and Control*, pages 110:023:1.1–1.4. Grindelwald, Switzerland, 1987.

[34] Hermann Öllinger. SMART – Simulation of Manufacturing And Robot Tasks. Technical Report Graphical Simulation of Manufacturing Tasks II, Automations- und Informationssysteme Ges.m.b.H., Linz, Austria, 1988.

[35] R.P. Paul. *Robot Manipulators: Mathematics, Programming, and Control*. MIT Press Series in Artificial Intelligence. Massachusetts Institute of Technology, 1981.

[36] R.H. Rand. *Computer Algebra in Applied Mathematics: An Introduction to MACSYMA*. Pitman, Boston, USA, 1984.

[37] Bernhard Roider and Harald Stadlbauer. The Forward Kinematics of Robots in Computer-Aided Design. Technical Report no. 86-8.0 (RISC-Linz Series), J. Kepler University, Linz, Austria, 1986.

[38] Bernhard Roider and Sabine Stifter. Collision of Convex Objects. In J. Davenport, editor, *Proc. EUROCAL'87*. Leipzig, GDR, June 2-5, 1987, Springer Verlag, 1987.

[39] G. Spur and F.L. Krause. *CAD-Techniken (Techniques of CAD) (in German)*. Carl Hanser Verlag, 1984.

[40] Harald Stadlbauer. The Extension of a Robot Programming System for Providing Multitasking. Technical Report no. 87-28.0 (RISC-Linz Series), J. Kepler University, Linz, Austria, 1987.

[41] Sabine Stifter. *A Medley of Solutions to the Robot Collision Problem in Two and Three Dimensions*. PhD thesis, Technical Report no. 88-12.0 (RISC-Linz Series), J. Kepler University, Linz, Austria, 1988.

[42] A. van Dam. PHIGS+ Functional Description Revision 3.0. *ACM Computer Graphics*, 22(3):125–218, 1988.

[43] VDI, Verein Deutscher Ingenieure. *IRDATA. Allgemeiner Aufbau, Satztypen und Übertragung (IRDATA. General Structure, Record Types, and Transfer) (in German)*. VDI 2863/1, 1987.

[44] G. Voronoi. Nouvelles applications des paramètres continus à la théorie des formes quadratiques. Recherches sur les parallélloèdres primitifs. *J. reine angew. Math.*, 134:198–287, 1908.

[45] Hans-Jürgen Warnecke. Tendenzen der Roboterentwicklung unter besonderer Berücksichtigung der Schweißtechnik (Tendencies of Robot Development Emphasizing on the Welding Technique) (in German). *Schweißen und Schneiden*, 39(4), 1987.

[46] M. Weck, T. Niehaus, and M. Osterwinter. Graphisch–interaktives Programmier- und Testsystem für Industrieroboter (Graphic-Interactive Programming and Test System for Industrial Robots) (in German). *Robotersysteme*, 2:193–201, 1986.

[47] G. Zeichen. Marktpositionierung und Konkurrenzanalyse für SMART (Market Placement and Analysis of SMART and Similar Products) (in German). Technical report, Institut für Automation, TU Vienna, Austria, 1988.

GRASP
Ein graphisches Offlineprogrammiersystem für Industrieroboter

D. Streppel

1 Einleitung

Die Entwicklung des 3D-Simulations- und Roboterprogrammierungssystems GRASP
wurde im Jahre 1979 an der Universität Nottingham begonnen. Aus einem Forschungsauf-
trag heraus entwickelte sich die Idee, Roboter und andere Komponenten einer Fertigungszelle graphisch darzustellen, sie dynamisch zu bewegen und das Programm, welches die
Bewegung formuliert, am Graphikbildschirm zu entwickeln. Um das so entstandene Soft-
warepaket zu einem kommerziellen Produkt weiterzuentwickeln und zu vermarkten, wurde
1984 die Firma BYG Systems Ltd. mit Sitz in Nottingham gegründet. Aufgrund der hohen
Leistungsfähigkeit von GRASP wurde das System sehr schnell zum unumstrittenen Markt-
führer auf dem Gebiet der Robotersimulation und Roboterprogrammierung in Großbritan-
nien. Auf der Basis dieses Erfolges wurde ein Vertriebsnetz in Europa aufgebaut. Partner
von BYG Systems Ltd. in Deutschland ist die Firma TEDATA CAD/CAM, Bochum.
TEDATA CAD/CAM liefert schlüsselfertige Systeme für den Einsatz in Konstruktion,
Arbeitsvorbereitung und Fertigung. Die Simulation und Offline-Programmierung eines
Roboters entspricht vom prinzipiellen Ansatz der NC-Programmierung einer Werkzeugmaschine. Somit ergänzt GRASP die Reihe der Fertigungssoftware von TEDATA CAD/CAM
in idealer Weise.

GRASP ist ein graphisch interaktives 3D-Simulationssystem für den Entwurf, die Planung
und Programmierung von Fertigungseinrichtungen. Bei den immer komplexer werdenden
Fertigungszellen und -linien und den damit verbundenen hohen Investitionskosten gewinnen Systeme zur Simulation und Programmierung eine immer größere Bedeutung.

Der Einsatz von GRASP kann grundsätzlich in zwei Anwendungsbereichen erfolgen,
einmal in der Planungsphase, zum anderen in der Betriebsphase eines Fertigungssystemes.

GRASP in der Planungsphase

Das Konzipieren moderner Fertigungssysteme ist eine Aufgabe, die mit traditionellen Pla-
nungsmethoden nur unbefriedigend gelöst werden kann. Hier kann der Einsatz von GRASP
die Entscheidung über den Einsatz neuer Systeme, Techniken und Abläufe spürbar erleichtern. Dies gilt vor allem für solche Produktionsprozesse, bei denen mehrere Abläufe verknüpft sind und synchronisiert werden müssen. Für eine optimale Planung ist die Simulation mehrerer Varianten unumgänglich, gleichzeitig wird die Planungssicherheit erhöht.
Mit dem leistungsfähigen Volumenmodellierer von GRASP werden alle Fertigungseinrichtungen wie Werkzeugmaschinen, Transporteinrichtungen, Roboter und Werkstücke modell-
liert. Zur Modellierung der Roboter steht ein Kinematikmodellierer zur Verfügung, so daß
der Anwender bei Bedarf eigene Robotermodelle entwerfen kann. Zusätzlich ist eine
umfangreiche Roboterbibliothek vorhanden, aus der die gewünschten Modelle abgerufen

werden können. Vielfältige Bewegungs- und Programmierfunktionen dienen zur Layoutfestlegung und zur Simulation der dynamischen Abläufe. Durch Simulation lassen sich
unterschiedliche Fabrikate und Typen vergleichen und die jeweils optimale Anordnung
auswählen . Alle Entscheidungskriterien werden geprüft und die modellierte Fertigungszelle zur Entscheidung vorgelegt, bevor die Investitionen in die realen Komponenten getätigt
werden. GRASP dient somit als Mittel für Layoutplanungen, Durchführbarkeitsstudien,
Wirtschaftlichkeitsbetrachtungen und Entscheidungsfindungen.

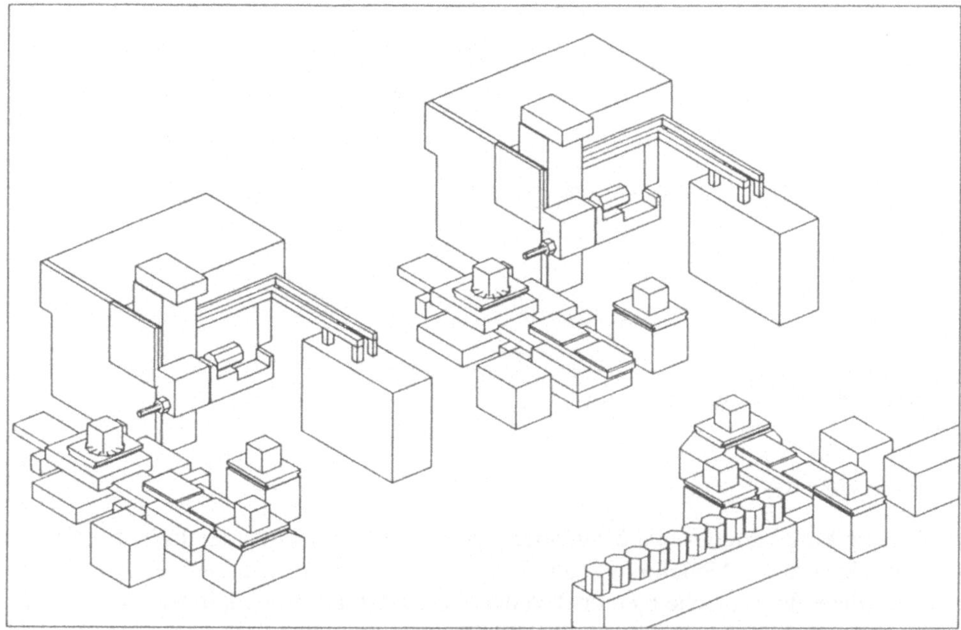

Bild 1: Planung einer Fertigungslinie

GRASP in derBetriebsphase

Bei der heute üblichen Programmierung von Robotern wird die Teach-in-Methode verwendet. Dies bedeutet, daß der Roboter entweder produzieren kann oder er wird zeitaufwendig
programmiert. Abhängig von der Verkettung des Roboters mit anderen Stationen in der
Fertigungslinie entstehen bei der Teach-in-Programmierung hohe Kosten für stillstehende
Fertigungseinrichtungen. Durch die Offline-Programmierung mit GRASP werden die
Stillstandszeiten und damit die Kosten drastisch reduziert. Durch die Trennung von Pro-
duktions- und Programmierstation kann zeitlich parallel produziert und programmiert
werden.

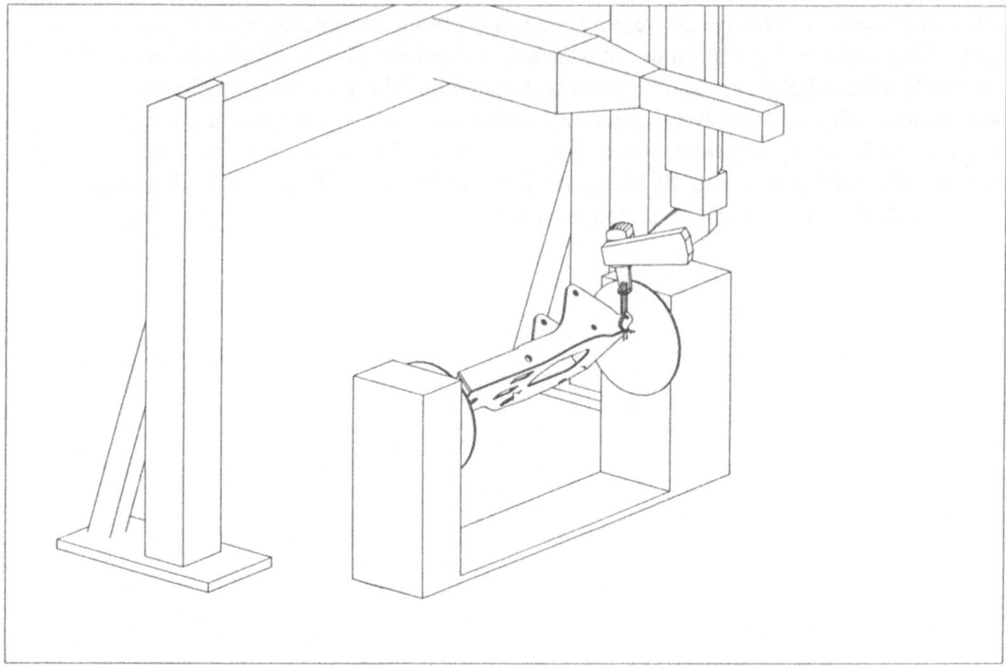

Bild 2: Bahnschweißroboter mit externen Achsen

Konzept von GRASP

GRASP ist ein Programmier- und Simulationssystem für verschiedene Zielroboter. Aus diesem Grunde wird zur Modellierung und Programmierung eine neutrale Hochsprache verwendet. Diese Hochsprache bietet neben der Neutralität den Vorteil, daß sie sowohl interaktives als auch formales Arbeiten mit GRASP unterstützt. Bei der interaktiven Vorgehensweise wählt der Anwender aus einer Menüleiste das gewünschte Menü aus. In einem Funktionsfenster werden alle in dem Menü enthaltenen Funktionen angeboten, der Anwender selektiert eine Funktion und gibt alle vom System erfragten Parameter ein. Das Ergebnis der Funktion, beispielsweise eine Bewegung des Roboters, wird sofort auf dem Graphikbildschirm visualisiert, so daß der Benutzer unmittelbar die Auswirkungen seines Befehle überprüfen kann. Gleichzeitig erzeugt GRASP einen Befehl in der Modelldatei. Diejenigen Anwender, die in bestimmten Modellierungs- und Programmierstufen formales Arbeiten bevorzugen, können mit einem Systemeditor die Modelldatei erzeugen und dann zur Visualisierung in GRASP laden. Oder beide Arbeitsweisen können beliebig kombiniert werden.

Die Modelldatei enthält jegliche Information, die zur Programmierung und Simulation der Fertigungzelle notwendig ist. Für jede Komponente ist ein dreidimensionale Modell entweder mit dem Volumenmodellierer von GRASP gebildet worden oder es sind Geometriedaten von einem externen CAD-System in GRASP transferiert worden. Mit vielfältigen und leistungsstarken Funktionen in GRASP werden die Roboterprogramme offline erzeugt und durch Simulation optimiert. Die Programme liegen dann in einer neutralen Hochsprache vor und können über roboterspezifische Postprozessoren in das Format umgesetzt werden, das in die Robotersteuerung geladen werden kann.

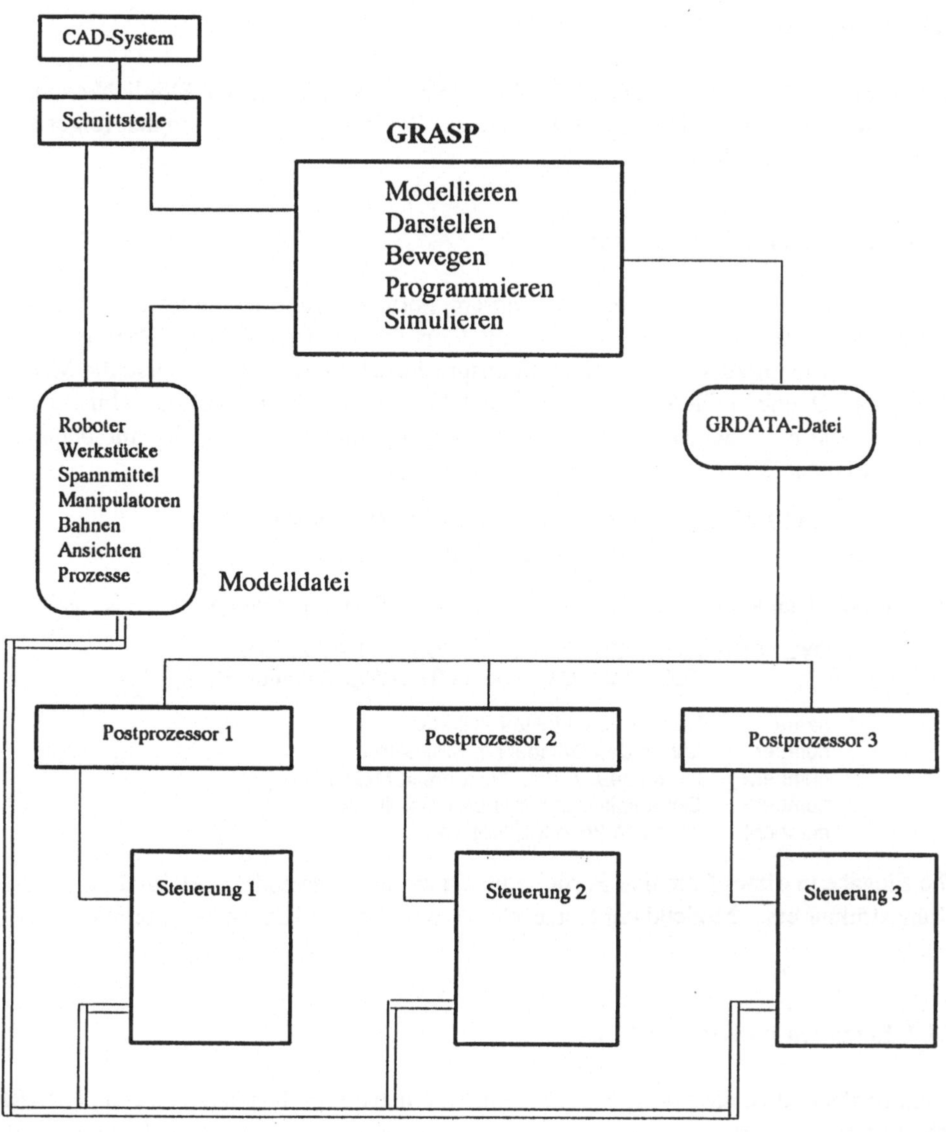

Bild 3: CIM-Integration von GRASP

2 Benutzerschnittstelle

2.1 Eingabemöglichkeiten

Die Benutzerschnittstelle von GRASP bietet dem Anwender mehrere Möglichkeiten, mit dem System zu kommunizieren. Es werden drei Wege angeboten, die in den folgenden Abschnitten beschrieben sind.

2.1.1 Eingaben im Systemeditor

Es können alle zur Modellierung und Programmierung erforderlichen Befehle, Variable, Parameter und Werte mit Hilfe des Systemeditors formal erfaßt werden. Dazu ist die Kenntnis der in GRASP verwendeten Hochsprache erforderlich. Die so erstellte Modelldatei wird als Quelle in GRASP eingelesen und die Simulation durchgeführt. Um ein zylindrisches Rohr mit einer Länge von 150 mm , einem Durchmesser von 20 mm und einer Wandstärke von 3 mm zu modellieren, ist die Eingabe

        CYLINDER Rohr LENGTH 150 DIAMETER 20
                  TOLERANCE 1 THICKNESS 3;

erforderlich. Die allgemeine Syntax des CYLINDER-Befehls lautet:

        CYLINDER name LENGTH number1 DIAMETER number
                  TOLERANCE number3 (THICKNESS number4);

        name   Name des Objektes Zylinder
        number   Länge des Zylinders in Millimetern
        number2   Durchmesser des Zylinders in Millimetern
        number3   Genauigkeit der Zylinderdarstellung
        number4   Wandstärke in Millimetern

Die Eingabe in dieser formalen Form ist für erfahrenen Anwender vorteilhaft, um die Grundstruktur einer Modelldatei festzuschreiben und diese dann später interaktiv auszufüllen.

2.1.2 Eingaben im GRASP-Editor

Nicht so abstrakt ist die zweite Möglichkeit. Alternativ zum Systemeditor kann GRASP selbst im Editiermodus benutzt werden. Die Auswirkungen der Eingaben können am Bildschirm unmittelbar verfolgt werden. Auch hier ist die Kenntnis der GRASP-Hochsprache notwendig, aber die Vorgehensweise ist aufgrund der Visualisierung nicht so abstrakt wie bei der Eingabe von Modelldaten mit Hilfe des Systemeditors. Um Daten mit dem GRASP-Editor zu erfassen, wird im Ein-/Ausgabemenü die Option KEYBOARD angewählt und mit dem READ-Befehl der GRASP-Editor aufgerufen.

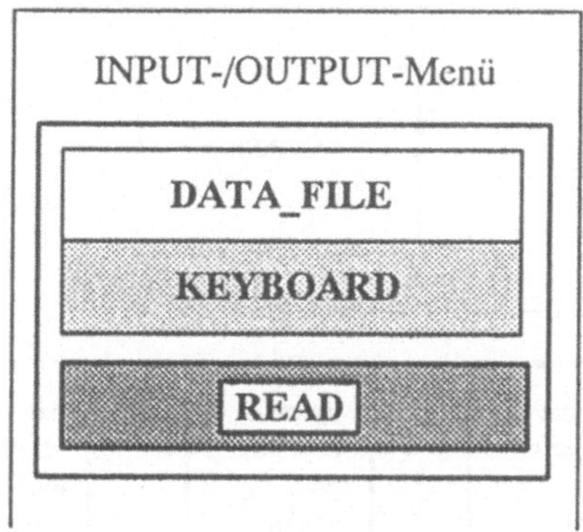

Bild 4: Ein- / Ausgabemenü

2.1.3 Interaktive Eingaben in GRASP

Bei der vollständig interaktiven Arbeitsweise wählt der Benutzer die von GRASP in Form von Menüs angebotenen Funktionen an, gibt die in den Dialogen angefragten Informationen ein und erzeugt so eine Modelldatei, ohne auch nur von einem GRASP-Befehl die Syntax erlernen zu müssen. Alle im Dialog eingegebenen Informationen werden durch GRASP automatisch in eine Hochsprache umgesetzt und abgespeichert.

Natürlich können alle drei Methoden je nach Notwendigkeit beim Aufbau einer Modelldatei verwendet werden. Der Anwender definiert seine Arbeitsweise und nicht das Offline-Programmiersystem. Oft ist es sinnvoll, das Grundgerüst eines GRASP-Modelles formal zu definieren und anschließend durch interaktives Arbeiten und der damit verbundenen Visualisierung das Grundgerüst auszufüllen.

2.2 Dateistruktur

Modelle können in GRASP in zwei verschiedenen Formaten gespeichert werden, einmal als neutrale ASCII-Datei im Quellformat und zum anderen im binären Format. Darüberhinaus ist die Aufteilung der Modellinformationen auf eine Gesamtdatei oder auf einzelne Dateien frei wählbar. Unter organisatorischen Aspekten können die Informationen so verteilt werden, daß beim Aufbau neuer Modelle für Fertigungszellen möglichst viele Elemente direkt als Teilestrukturen übernommen werden können.

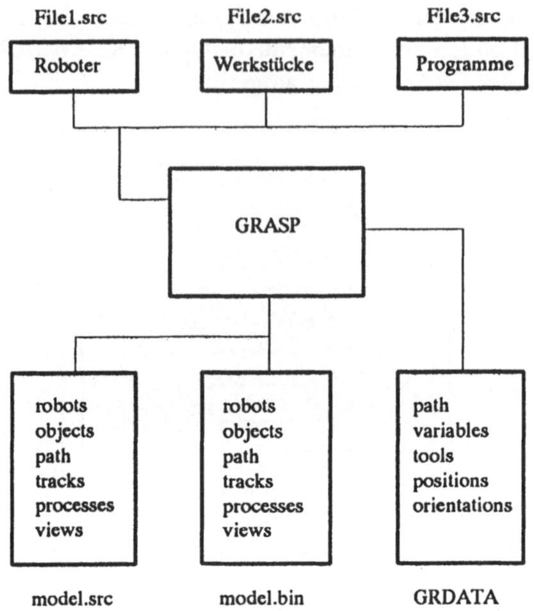

Bild 5: GRASP-Dateien

2.2.1 Quelldatei

Dateien im Quellformat öffnen GRASP zu anderen Systemen, beispielsweise zu CAD-
Systemen und zu Robotersteuerungen. Sie sind editierbar und aufwärtskompatibel zu
zukünftigen Softwareständen. In der Quelldatei eines Modelles sind alle Informationen
über die Roboterzelle verfügbar. Alle Objekte, Programme, Variablen und Bahnen sowie
alle Simulationsprozesse sind gespeichert. Modelle im Quellformat werden generiert,
indem der Anwender die Daten editiert oder er modelliert und programmiert die Roboterzelle interaktiv. Die Umsetzung in den Quellcode wird dann von GRASP nach Eingabe des
WRITE-Befehles durchgeführt. Quelldateien dienen der langfristigen Datensicherung.

2.2.2 Binärdatei

Mit der GRASP-Funktion FILE kann eine Modelldatei im Binärformat beschrieben werden. Binäre Dateien sind schneller im Zugriff als Quelldateien. Sie werden deshalb zur
temporären Datensicherung während einer GRASP-Sitzung verwendet.

2.2.3 GRDATA-Datei

Die GRDATA enthält alle die Programminformationen, die über einen Postprozessorlauf in eine Struktur umgesetzt werden müssen, welche die Robotersteuerung verarbeiten kann. Je nach verwendeter Robotersteuerung müssen Restriktionen beachtet werden, deren Einhaltung durch den Postprozessor in verschiedenen Phasen geprüft wird.

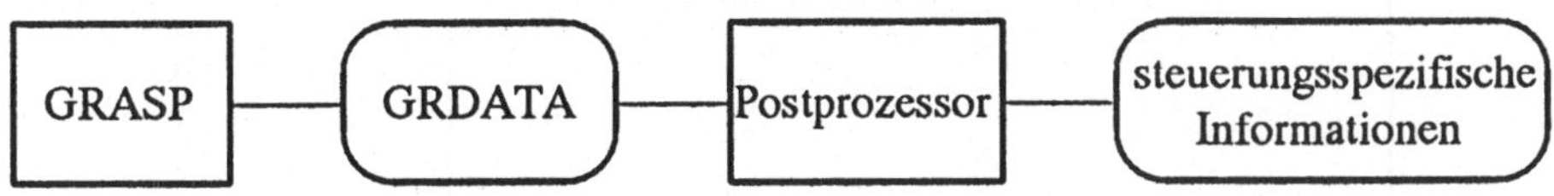

Bild 6: Umsetzung in steuerungsspezifische Daten

2.3 Benutzerführung

2.3.1 Bildschirmaufteilung

Der Bildschirm des Graphikterminals ist in mehrere funktionale Bereich gegliedert:

Graphikfenster: Im Graphikfenster werden alle Objekte der modellierten Roboter- oder Fertigungszelle dargestellt.

Statusfenster 1: Alle Informationen wie der aktuelle Roboter, der momentan ausgeführte Programmschritt, die Taktzeit usw. werden in das Statusfenster eingeblendet.

Statusfenster 2: Für umfangreichere Informationen wie Programmlistings und Kollisionsberichte wird das zweite Statusfenster verwendet.

Menüauswahlfenster:Hier werden alle verfügbaren GRASP-Menüs angeboten. Der Anwender selektiert die Menüs durch Anklicken mit einer Maus oder Eingabe des Menünamens. Dem Anwender werden standardmäßig 16 Menüs angeboten. Für bestimmte Zielmärkte wie etwa das Bahnschweißen stehen zusätzliche, applikationsbezogene Menüs zu Verfügung.

Menüfenster: Alle Funktionen, Optionen und Einstellwerte des angewählten Menüs werden dem Benutzer zur Auswahl angeboten.

Dialogfenster: Die zur Ausführung einer gewählten Funktion erforderlichen Informationen und Parameter werden durch einen Dialog vom Anwender erfragt.

Systemfenster: GRASP bietet im Systemfenster die wesentlichen Systempflegefunktio nen an.

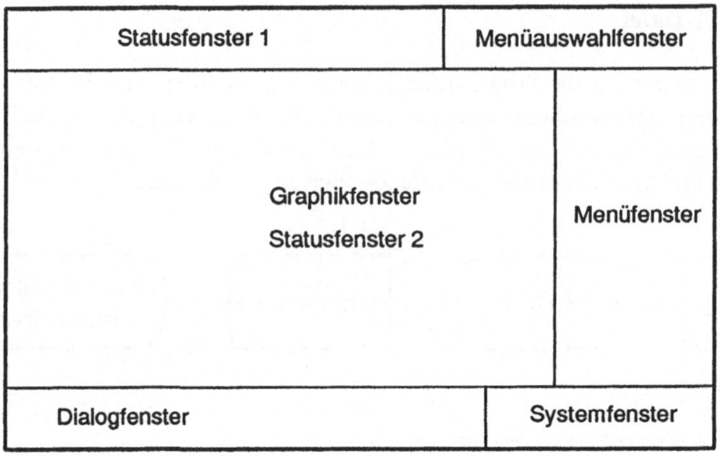

<table>
<tr><td colspan="2">Statusfenster 1</td><td>Menüauswahlfenster</td></tr>
<tr><td rowspan="2">Graphikfenster

Statusfenster 2</td><td rowspan="2"></td><td rowspan="2">Menüfenster</td></tr>
<tr></tr>
<tr><td colspan="2">Dialogfenster</td><td>Systemfenster</td></tr>
</table>

Bild 7: Benutzeroberfläche

2.3.2 Menüsystem

Im Menüauswahlfenster werden alle in GRASP verfügbaren Menüs angeboten. In der Standardversion sind dieses 16 Menüs.

Menü	Funktion
Input- / Output	Lesen und Speichern von Modelldateien
Plot	Bemaßen und Ausgeben von Zeichnungen
Primitives	Generieren von 3D-Objekten
Object-Editor	Editieren von Objekten
Update-Robot	Aktualisieren von Roboterparametern
Display	3D-Darstellung der Roboterzelle
Projections	Darstellung der Roboterzelle in allen Ansichten
Hidden-Line	Ausblenden verdeckter Kanten
Workplace	Plazieren von Objekten
Pendant	Interaktives Steuern des Roboters
Tracks	Programmieren der Roboterzelle
Variables	Definition und Belegung von Variablen
Paths	Definition von Roboterbahnen
Clash	Überprüfung auf Kollision
Animation	Simulation in Echtzeit
Calibration	Kalibrierung des Modelles

2.3.2.1 Input- / Output-Menü

Eine Modelldatei wird mit dem READ-Befehl eingelesen. Ist die Option DATA_FILE gewählt, so wird eine Datei vom Massenspeicher des Rechnersystems gelesen. Die Option KEYBOARD zusammen mit dem Befehl READ startet den GRASP-Editor, so daß eine Modelldatei editiert oder ergänzt werden kann.
Wird während des Einlesevorganges kein Auflisten der Quelle der Modelldatei gewünscht, so kann dieses mit NOSUPRESS unterdrückt werden. Mit dem Befehl WRITE wird der aktuelle Stand des Simulationsmodelles auf den Massenspeicher geschrieben. Es kann bestimmt werden, ob alle Informationen oder nur gezielte Untermengen abgespeichert werden. POSTPROCESS speichert alle die zur Umsetzung eines GRASP-Programmes in ein reales Roboterprogramm notwendigen Informationen ab.

Data_File	Read
Keyboard	Write
No_Supress	Postprocess
Suppres	

2.3.2.2 Plotmenü

Mit den Funktionen des Plot-Menüs können bemaßte Zeichnungen der Roboterzelle erstellt werden. Dabei ist die Bemaßung assoziativ, so daß bei Layoutveränderungen automatisch die Maßzahlen und Maßlinien aktualisiert werden. Neben der Ausgabe auf einem Plotter ist auch die Hardcopy-Ausgabe des gesamten Bildschirminhaltes möglich.

Add_Dimension	Delete	A0
Draw_Dimension	Modify	A1
Clear_Dimension	Hard_Copy	A2
Move_Dimension	Plot_Scale	A3
On_Dimension	Titles	A4
Off_Dimension	No_Titles	A5
Refresh	Border	A6
List	No-Border	Plot
		Preview

2.3.2.3 Primitives-Menü

Das Primitives-Menü bietet Funktionen an, mit deren Hilfe Volumenkörper definiert werden können. Volumenkörper wie Quader, Zylinder und Prismen werden direkt über die Angabe der sie bestimmenden Parameter erzeugt. Andere Körper wie Rotationskörper und Toruskörper werden durch Rotation von Flächen beliebiger Kontur generiert. Für die Konstruktion der Konturen steht eine Vielzahl von CAD-Funktionen zur Verfügung. Durch Zuordnungen und Relationen in einer baumförmigen Datenstruktur entstehen die gewünschten Zielkörper.

Die Befehle und Optionen aus dem Primitives-Menü sind:

	Line_Creation	Arc_Creation	Object_Creation
Face	Single_Line	Radius_And_Points	Cuboid
List	Multi_Line	Centre_And_Point	Cylinder
Delete	Vertical	Radius_And_Tangents	Prism
Copy_Face	Horizontal	Three_Points	Empty
Clear	Diagonal	Angle_Radius_Line	Polyprism
Point_Locking	Extend_Line	Centre_And_Radius	Revsolid
Model_Locking	Double_Tangent	Arc	Toroid
Cursor_Keyboard	Tangent_At_Point	Circle	Polyline
Rubout	Tangent_Thru_Point		Attach
Move_Origin	Parallel_Thru_Point		Snatch
Scale	Parallel_At_Distance		
Move_Point	Chamfer		
Point_Position	Normal_Thru_Point		
	Normal_And_Tangent		
	Rectangle		

2.3.2.4 Object-Editor-Menü

Neue Modelle können oft sehr effektiv aus bereits vorhandenen Geometrien erzeugt werden. Dazu werden Objekte kopiert, gespiegelt oder in den geometrischen Parametern verändert.

Local	Reflect
Owner	Shear
Global	Object_Scale
Object	Redimension
X	Inverse
Y	Modify
Z	Copy_Object
One_Axis	Reverse_Curve
All_Axis	Convert_Curve

2.3.2.5 Update-Robot-Menü

Der Kinematikmodellierer bestimmt die Struktur des Robotermodelles. Es werden die Zahl und Art der Achsen, auch der externen Achsen, die Geschwindigkeiten und Beschleunigungen jeder Achse, die Abhängigkeiten voneinander sowie Ruhe- und Grenzlagen und Bewegungsregeln festgelegt. Die Roboterparameter können auf einfache und komfortable Weise definiert und interaktiv geändert werden.

Robot	Max_Speed
Joint	Path_Types
Tool_Select	Joint Data:
TCP_Select	Velocity
Status	Acceleration
Data	Constraint

<table>
<tr><td>List</td><td>Tool:</td></tr>
<tr><td>Add_Rule</td><td>Function_Time</td></tr>
<tr><td>Modify</td><td>Mount_Tool</td></tr>
<tr><td>Detail</td><td>Dismount_Tool</td></tr>
<tr><td>Delete</td><td>Dummy_Axis_Off</td></tr>
<tr><td>Update_Park</td><td>Dummy_Axis_On</td></tr>
</table>

2.3.2.6 Display-Menü

Der Anwender kann von beliebig einstellbaren Standorten aus das Modell betrachten, dabei kann sich der Standort auch im Modell befinden. Die Modelle können isometrisch und perspektivisch dargestellt werden. Durch Fensterbildung, die mehrfach gestuft sein kann, werden Betrachtungen von Einzelheiten ermöglicht. Ansichten sind namentlich abspeicherbar und somit schnell reproduzierbar. Aus der Raumlage kann unmittelbar auf die Vorderansicht, Draufsicht oder Seitenansicht umgeschaltet werden. Einzelne Objekte aus dem Gesamtmodell sowie deren lokale Koordinatensysteme können bezogen auf die Darstellung ein- oder ausgeblendet werden.

<table>
<tr><td>Viewpoint</td><td>Plan</td><td>Save</td></tr>
<tr><td>Centre_of_Interest</td><td>Front</td><td>List</td></tr>
<tr><td>Both</td><td>Side</td><td>Recall</td></tr>
<tr><td>Up</td><td>Frame</td><td>Rename</td></tr>
<tr><td>Down</td><td>Unframe</td><td>Delete</td></tr>
<tr><td>Left</td><td>Pick_Centre</td><td>Item</td></tr>
<tr><td>Right</td><td>Scale</td><td>Axis</td></tr>
<tr><td>Forwards</td><td>Linear</td><td>Model</td></tr>
<tr><td>Backwards</td><td>Angular</td><td>On</td></tr>
<tr><td>Distance</td><td>Isometric</td><td>Off</td></tr>
<tr><td>Coordinates</td><td>Perspective</td><td>Colour</td></tr>
<tr><td>At_Entity</td><td>Vstatus</td><td></td></tr>
<tr><td>Camera</td><td>Resolution</td><td></td></tr>
</table>

2.3.2.7 Projections-Menü

Für viele Anwendungen ist es sehr vorteilhaft, wenn bestimmte Abläufe und Bewegungen in mehreren Ansichten untersucht werden können. Der Graphikbildschirm wird in 4 Fenster unterteilt, so daß die Modelle gleichzeitig in Raumlage, Vorderansicht, Seitenansicht und Draufsicht betrachtet werden können.

<table>
<tr><td>Set_3rd_Angle</td><td>Normal_Projection</td></tr>
<tr><td>Set_1st_Angle</td><td>All_Projections</td></tr>
<tr><td>Plan_Projection</td><td>Visible</td></tr>
<tr><td>Front_Projection</td><td>Unvisible</td></tr>
<tr><td>Side_Projection</td><td>Restore_Normal_View</td></tr>
</table>

2.3.2.8 Hidden-Line-Menü

Auf der Basis eines Volumenmodellierers werden in GRASP alle Objekte entworfen.

Bezogen auf die Darstellung kann zwischen drei Alternativen gewählt werden. Objekte können als Drahtmodell, als Modell mit ausgeblendeten verdeckten Kanten und als farbschattiertes Modell gezeigt werden. Lichtquellen verschiedener Art und Intensität können zusätzlich plaziert werden.

Delete	Set_Modell_Size
List	Wire_Frame_Mode
Clean_Up_Modell	Hidden_Line_Mode
Draw_Hidden	Shading_Mode
Copy_Hidden	Light_direction

2.3.2.9 Workplace-Menü

Bei der Festlegung oder Modifizierung des Layoutes einer Fertigungszelle müssen die Objekte in die erforderliche Position und Orientierung gebracht. Durch translatorisches und rotatorisches Bewegen in verschiedenen Koordinatensystemen kann jede Zielposition erreicht werden. Bewegungen können in inkrementalen Schritten und in absoluten Werten erfolgen. Die Position und Orientierung eines Objektes relativ zu anderen Objekten der Fertigungszelle ist jederzeit abfragbar.

Local	Where	Rename
Owner	Locate_Object	Delete
Global	Orient_Object	Fix
Object	Free_Pick	Unfix
X	Vertex_Snap	Give_Name
Y	Drag	Take_Name
Z	Attach	Identify
Translate	Snatch	Set_Up
Rotate		

2.3.2.10 Pendant-Menü

Ein Robotermodell kann bewegt werden, indem einzelne Achsen oder der Werkzeugnullpunkt angesteuert werden. Eine Roboterachse kann inkremental oder absolut oder unmittelbar in die Grenzlagen verfahren werden. Der Werkzeugnullpunkt führt Bewegungen relativ zu verschiedenen Koordinatensystemen aus. GRASP prüft bei allen Bewegungen, ob Randbedingungen verletzt werden und gibt entsprechende Warnungen und Fehlermeldungen. Verletzungen des Arbeitsraumes sind somit sofort erkennbar.

Robot	Drag_Entity	Local
Joint	Free_Pick	Owner
Tool_Select	Vertex_Snap	Global
TCP_Select	In	Object
Rule_Select	Out	Shift
Status	Raise	Increment
Data	Lower	Absolute
List	Roll	Minimum
Home	Pitch	Maximum
Onto_Entity	Jaw	

2.3.2.11 Track-Menü

Die dynamischen Abläufe innerhalb einer Fertigungszelle oder die Synchronisation zwischen verschiedenen Fertigungseinrichtungen werden durch Programme und Variable definiert. Jedem aktiven Objekt muß ein Programm zugeordnet sein, welches sein Verhalten bestimmt. Die Programme werden ereignis- oder zeitgesteuert synchronisiert. Die Programme können so entwickelt werden, daß alle Bewegungen relativ zu anderen Objekten erfolgen, d. h. die Programme sind unabhängig vom gewählten Layout der Roboterzelle und unabhängig vom eingesetzten Robotertyp. Modifikationen des Layouts oder die Wahl eines anderen Robotertyps bedingen keine Neuprogrammierung. Es ist somit kaum Mehraufwand notwendig, um alternative Lösungen zu erstellen oder Lösungen zu optimieren.

Track	Pause	Goto
Robot	Park	Loop
Entity	Position	Stream
List	Grip	Acknowledge
Detail	Release	No_Display
Status	Mount	Name
Rename	Dismount	Number
Delete	Tool	End
Modify	Message	Initialise
Copy_Track	Set	Dump_Process
Edit_Track	Advance	Do
Output_Track	If	Leap
Configuration	Perform	Clock
Follow	Repeat	Mid_Paths
TCP	Wait	Background_Track
Locate	Call	Invoke
View	Return	Cancel

2.3.2.12 Variables-Menü

In GRASP stehen mehrere Variablentypen zur Verfügung, um auch komplexe Abläufe sehr leicht programmieren zu können. Neben logischen und numerischen Variablen bietet GRASP auch spezielle Variable, die Transformationen speichern können. Variable können einfache oder indizierte Variable sein. Sollen sie nur für ein Programm wirksam sein, so werden sie als lokale Variable definiert. Globale Variable gelten übergreifend für alle Programme, um beispielsweise Synchronisationsmechanismen zu realisieren.

Signal	Create_Variable
Integer	Calculator
Real	List
Workpliece	Detail
Refobject	Rename
Transform	Delete
Noindex	Value_Set
Index	Add_Argument
Arrays	Remove_Argument

2.3.2.13 Path-Menü

Im PATH-Menü wird festgelegt, auf welcher Bahn sich der Werkzeugnullpunkt des Roboters von der Ausgangsposition in die Zielposition bewegt. Es sind Punkt-zu-Punkt-Bahnen und kontinuierliche Bahnen definierbar. Eine Punkt-zu-Punkt-Bahn kann abhängig von der Bewegungsfolge der Roboterachsen als sequentielle, asynchrone und synchrone Bahn charakterisiert werden. Die kontinuierlichen linearen Bahnen werden über die Geschwindigkeit, Beschleunigung oder die Dauer der Bewegung festgelegt. Zirkulare Bahnen werden als kreisförmige Bewegungen um Objekte oder durch Punkte beschrieben. Darüberhinaus können Raumkurven als Bahn definiert werden und das Roboterwerkzeug folgt mit vorgegebener Orientierung dieser Bahn.

Sequential	Smooth
Uncoordinated	Faceted
Time_Coordinated	Tangent
Speed	Constant
Duration	List
Straight	Detail
Circular	Modify
Curved	Delete

2.3.2.14 Clash-Menü

GRASP bietet aufgrund der leistungsfähigen Graphikfunktionen die Möglichkeit, Abläufe visuell auf Kollisionen zu überprüfen. Mit steigender Komplexität wird die visuelle Prüfung zeitaufwendiger. GRASP verfügt deshalb über eine dynamische Kollisionskontrolle. Jedes Objekt in der Roboterzelle kann auf Kollision mit jedem anderen Objekt geprüft werden. Die Prüfung kann statisch zu einem festen Zeitpunkt oder dynamisch über ein Zeitintervall erfolgen. Eine Kollision ist als Berührung oder Durchdringung zweier Volumenkörper definiert.

Check	Output_Dynamic
Add_Dynamic	List
Delete	Detail
Purge	Report
Execute	One
Continue	All

2.3.2.15 Animation-Menü

Um alle Bewegungsabläufe besonders anschaulich visualisieren zu können, werden Prozesse generiert, so daß kontinuierliche Bewegungen graphisch simuliert werden können. Für Detailuntersuchungen können die Prozesse in verschiedenen Geschwindigkeiten, die der Anwender vorgibt, ablaufen und an gewünschten Zeitpunkten gestoppt werden. Genaueste Analysen und Durchführbarkeitsstudien werden somit ermöglicht.

Process	Remove_Subprocess
Set_Clock	Change_Call_Time

Output_Process	Stream
List	Acknowledge
Detail	Nodisplay
Rename	Times
Delete	Notimes
Add_Subprocess	Run

2.3.2.16 Calibration-Menü

Generell haben alle Simulationsmodelle die Eigenschaft, nur ideale Maße zu besitzen. Die
Wirklichkeit weicht immer vom Modell ab, auch wenn das Modell noch so genau ist. Zur
Offline-programmierung ist es daher erforderlich, das Modell mit der realen, zu program-
mierenden Fertigungszelle abzugleichen. GRASP bietet hierzu die Möglichkeit der Kalibrierung. Exponierte Punkte der Roboterzelle werden mit dem realen Roboter ausgemes-
sen, die Werte von der Robotersteuerung in GRASP übertragen und das Modell entsprechend kalibriert.

Align	Output_Calibration_Data
Specify_Features	Calibrate-Setup
Identy_Features	Calibrate
Delete_Calibration_Data	Feature_Errors
Edit_Calibration_Data	Object_Errors

3 Modellierung der Roboterzelle

Um ein NC-Programm für einen Roboter off-line, d. h. mit Hilfe der Simulationstechnik, erstellen zu können, muß natürlich die reale Fertigungszelle durch ein Modell abgebildet werden. Ohne nähere Betrachtung erscheint dieses im ersten Moment aufwendig und die Visualisierung bei der Programmierung am realen Werkstück besser zu sein. Dieses ist aber in vielen Fällen nicht gegeben. Die Zugänglichkeit bei großen Bauteilen oder bei Innenkonturen sowie das Arbeitsumfeld des Programmierers in der Fertigungsumgebung lassen den scheinbaren Vorteil der besseren Visualisierung bei der Programmierung an der wirklichen Roboterzelle schnell ins Gegenteil umschlagen. Wenn man die graphische Leistungsfähigkeit der heute verfügbaren Rechnersysteme (Workstations) mit den Möglichkeiten der Objektdarstellung in beliebigen Ansichten, Teilansichten, Fenstern und Maßstäben sowie die realitätsgetreue Nachbildung in Betracht zieht, so reduziert sich der Modellierungsaufwand sehr stark bezogen auf den gesamten Programmieraufwand.

Um die Modellierung so effektiv wie möglich zu gestalten, sollte konzeptionell vorgegangen werden. Objekte, die sich permanent in der Roboterzelle befinden, brauchen nur einmal modelliert werden, Objekte, die mit dem Fertigungsauftrag wechseln, werden zum Beispiel in Werkstück- und Spannmitteldatenbanken abgelegt, um immer im direkten Zugriff des Anwenders zu liegen. Der Detaillierungsgrad der Objekte sollte vor Beginn der Modellierungsarbeit festgelegt werden. Das Roboterwerkzeug muß genauer modelliert werden als der Roboterfuß oder die Zelle umgebenden Teile, die nicht in einem direkten Zusammenhang mit dem Verfahrensablauf stehen. Weiter können oft Geometriedaten von einem externen CAD-System übernommen und weiterverarbeitet werden.

3.1 Modellieren von Fertigungsobjekten

Objekte werden durch den in GRASP integrierten Volumenmodellierer und beziehungsweise oder durch Übernahme von Geometriedaten, die mit einem externen CAD-System erzeugt worden sind, modelliert. Der GRASP-Volumenmodellierer bietet eine Reihe von Grund- und Regelkörpern an, aus denen dann ein komplexer Körper zusammengesetzt werden wird. Als Grundkörper bietet GRASP Quader, Zylinder, Prismen, Polyprismen, Rotationskörper und Toruskörper. Zusätzlich stehen linienbeschreibende (POLYLINE) und flächenbeschreibende Elemente (SURFACE, MULTI TILE, GENERAL MODULE) zur Verfügung.

Alle Elemente in GRASP werden durch eine hierarchische Datenstruktur geordnet und zueinander in Beziehung gesetzt. Das bedeutet, daß für jedes Objekt innerhalb der Baumstruktur genau eine Vater- und Sohnrelation existiert. Jedes Objekt wird durch einen eindeutigen Namen identifiziert und weist ein eigenes, lokales Koordinatensystem auf. Nach dem Systemstart von GRASP sind in der Modelldatei keine Anwenderdaten enthalten. Als oberster Knoten des Modellbaumes ist ein Element mit dem Namen WORKPLACE definiert. WORKPLACE steht stellvertretend für die gesamte Fertigungszelle. Diesem Knoten werden alle Komponenten der Zelle wie Roboter, Bearbeitungsmaschinen, Transportmittel, Werkstücke und dergleichen zugeordnet. Jede dieser Komponenten ist wiederum in sich baumstrukturförmig aufgebaut. Gliedert man immer detaillierter, so erreicht man schließlich die unterste Ebene des Modellbaumes, d. h. die Ebene der Regelkörper von GRASP. Alle Funktionen, die auf ein Owner-Objekt ausgeübt werden, beeinflussen die zugeordneten Member-Objekte. Wird zum Beispiel ein Owner-Objekt bewegt, so sich alle ihm zugeordneten Member-Objekte um den gleichen Vektor. Die Modellierung der Komponente einer Fertigungszelle soll am Beispiel einer Werkbank gezeigt werden. Die Werkbank möge aus einer Tischplatte und 4 Tischbeinen bestehen. Alle Elemente sind quaderförmig. Mit dem Befehl

```
CUBOID name number1 number2 number3;
```

name	Name des Quaders
number1	Länge des Quaders
number2	Breite des Quaders
number3	Höhe des Quaders

lassen sich alle Teile der Werkbank unmittelbar definieren.

```
CUBOID Bein1    100   100   1000;
CUBOID Bein2    100   100   1000;
CUBOID Bein3    100   100   1000;
CUBOID Bein4    100   100   1000;
CUBOID Platte  2000  2000    100;
```

Die fünf Einzelobjekte müssen zu einem Gesamtobjekt zusammengefügt werden. Da jedes Einzelobjekt über ein lokales Koordinatensystem verfügt, braucht nur eine Transformation relativ zu dem Zielobjekt Tisch angegeben werden, um die Tischbeine und die Tischplatte in der gewünschten Orientierung an die gewünschte Position zu plazieren. Mit dem SET-Befehl

```
SET name= [name1 [(transform)] name2 [(transform)] ... ];
```

name	Name des erzeugten Gesamtobjektes
name1	Name des Einzelobjektes, das Teil des Gesamtobjektes wird
name2	wie name1

wird das Gesamtobjekt gebildet, die Einzelobjekte müssen im Gesamtobjekt nach Position und Orientierung bekannt sein. Relativ zum Owner-Objekt wird die Transformation eines Objektes definiert zu:

```
TRANSFORM =    { shift         }
               { rotate        }
               { shift rotate   }
               { rotate shift   }
       shift  = SHIFT {XYZ} number [{XYZ} number] [{XYZ} number]
       rotate = {ROTATE {XYZ} angle  [{XYZ} angle] [{XYZ} angle}]
                {EULER angle angle angle}
```

Der Owner des mit SET generierten Objektes wird WORKPLACE. Ist diese Voreinstellung nicht gewünscht, so kann mit dem TO ... ADD-Befehl die Zuordnung geändert werden. Für das Beispiel der Werkbank lautet der SET-Befehl:

```
SET Tisch = Bein1
            Bein2 (SHIFT X 1900)
            Bein3 (SHIFT X 1900 Y 1900)
            Bein4 (SHIFT Y 1900)
            Platte (SHIFT Z 1000)
```

In der GRASP-Modelldatei sind jetzt die Namen Bein1, Bein2, Bein3, Bein4, Platte und Tisch bekannt. Wenn nur mit dem Gesamtobjekt Tisch weitergearbeitet werden soll, so können mit dem Befehl TAKE_NAME alle nicht erforderlichen Namen in nicht sichtbare, temporäre Namen umgewandelt werden.

3.1.1 Parametrisierte Volumen

Zu den Volumen, die durch parametrische Bestimmung definiert werden, gehören Quader, Zylinder und regelmäßige Prismen. Entweder werden, wie in den vorhergehenden Abschnitten beschrieben, die Volumen durch Editieren der entsprechenden Anweisungen erzeugt oder GRASP erfragt im Dialog mit dem Anwender die bestimmenden Parameter.

3.1.2 Flächenbestimmte Volumen

Zu den Volumen, die durch sie bestimmende zweidimensionale Konturen beschrieben werden, gehören Polyprisma, Rotations- und Toruskörper. Mit Hilfe von Linien- und Kreisbogenfunktionen wird eine beliebige, zweidimensionale Kontur, die auch Innenkonturen enthalten kann, konstruiert. Oder die Kontur wird von einem CAD-System übernommen. Wird dieser Kontur eine Höhe zugewiesen, entsteht ein Polyprisma.

Ist die Kontur geschlossen und liegen keine Punkte der Kontur auf der Rotationsachse, so entsteht ein Toruskörper. Die Rotation kann um eine beliebge Gradzahl erfolgen. Wenn der Anfang- und der Endpunkt der Kontur auf der Rotationsachse liegen, wird ein Rotationskörper gebildet.

Soll ein Volumen modelliert werden, das keiner der oben genannten Strukturen zugeordnet werden kann, so kann die Funktion GENERAL MODULE angewandt werden. Die Funktion beschreibt den zu modellierenden Körper durch Flächenelemente, die den Körper einhüllen. Jedes Flächenelement wird durch seine Punkte und Kanten definiert.

3.1.3 Schnittstellen zu CAD-Systemen

Durch die Offenheit von GRASP kann eine Schnittstelle zu allen marktgängigen CAD-Systemen bereitgestellt werden. Es hängt von der jeweiligen Aufgabenstellung des Anwenders ab, ob Daten über die IGES-Schnittstelle oder die VDA-FS-Schnittstelle übertragen werden oder ob, zugeschnitten auf den Einsatzfall, eine spezielle Schnittstelle zwischen

dem CAD-System und GRASP entwickelt wird. Sofern hinreichende Informationen über
die Zeichnungsstruktur des CAD-Systemes verfügbar sind, kann zu jedem CAD-System
eine individuelle Schnittstelle realisiert werden, die die Nachteile von standardisierten
Schnittstellen vermeidet.

3.2 Robotermodellierung

Der Anwender von GRASP hat zwei Alternativen zur Wahl. Einmal kann er bereits fertige
Roboterbibliotheken erwerben, die diejenigen Robotermodelle enthalten, die er off-line
programmieren möchte. Die Entscheidung, diesen Weg zu wählen, wird für eine Vielzahl
von Anwendern die richtige und effektivste Wahl sein. Er kann den oder die Roboter in
die Fertigungszelle plazieren und sofort mit dem Entwurf der Roboterprogramme beginnen. GRASP bietet dem Anwender aber auch die Funktionalität, selbst Robotermodelle zu
entwerfen. Dazu sind exakte Informationen über die Geometrie und die Kinematik des
Roboters notwendig.

Die Modellierung eines Roboters erfolgt in prinzipiell in zwei Stufen:

> - Es werden die kinematischen Eigenschaften des Roboters modelliert.

> - Es werden die geometrischen Eigenschaften des Roboters modelliert.

3.2.1 Modellierung der Kinematik

Unter den kinematischen Eigenschaften werden beispielsweise die Zahl der Achsen, auch
die der externen Achsen, die Art der Achsen (translatorische oder rotatorische Achsen),
Geschwindigkeiten und Beschleunigungen sowie die Abhängigkeit der Achsen untereinander verstanden.

Die Definitionsanweisung für das kinematische Modell eines Roboters hat den formalen
Aufbau:

```
ROBOT name1 {new definition} [INITIAL number3...                        ];

           {existing definition}     [PARK number4...                   ];
                                      [VELOCITY number5...              ];
                                      [ACCELERATION name6...            ];
                                      [MAXIMUN_LINEAR_SPEED number7...  ];
```

Syntax von {new definition} :

```
NEW TYPE  name2
          joint definition
          TAP [(transform)]
          [auxiliary axis definition  ]
          [extension definition        ]
          [equivalence definition       ]
          [CONVERT integer1...           ]
          [configuration definition      ]
```

                    [path definition   ]
                    MINIMUM number1...
                    MAXIMUM number2...

Syntax von {existing definition}:

            OF TYPE   name2
                       [MINIMUM number1...   ]
                       [MAXIMUM number2...   ]

Für einen fiktiven Roboter mit sechs Achsen

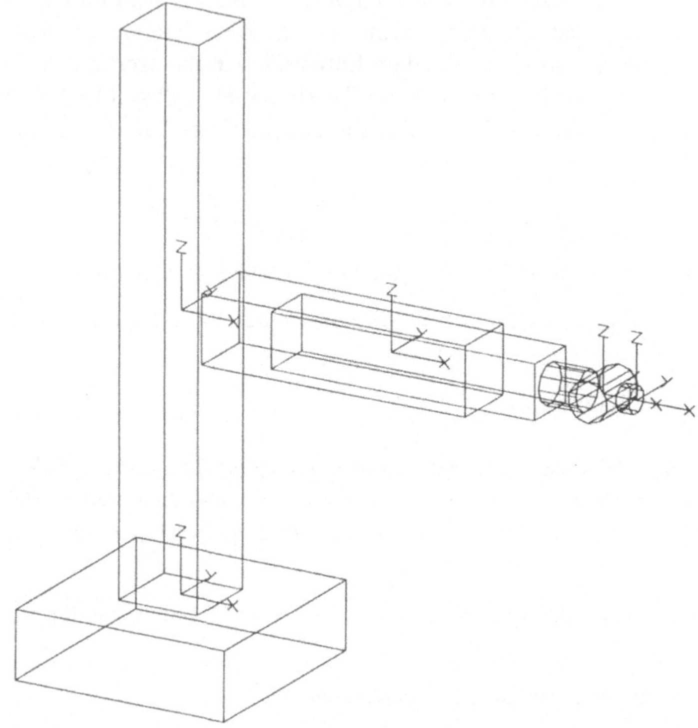

Bild 8: Fiktiver Roboter mit 6 Achsen

beschreibt die ROBOT-Anweisung die kinematische Struktur:

ROBOT	Fred	NEW TYPE XYZ_700
JOINT 1	(SHIFT Z 250)	REVOLUTE Z
JOINT 2	(SHIFT Z 1000)	PRISMATIC Z
JOINT 3	(SHIFT X 650)	PRISMATIC X
JOINT 4	(SHIFT X 800)	REVOLUTE Z
JOINT 5		REVOLUTE X
JOINT 6		REVOLUTE X
TAP	(SHIFT X 125)	

```
MINIMUM                    -180  -600   -70   -90   -60  -160
MAXIMUM                     180   600   750    90    60   160
INITIAL                       0     0   150     0     0     0
PARK                          0     0   -50     0     0     0
VELOCITY                     60   500   500    60    60    60
ACCELERATION                160  1500  1500   200   200   200
MAXIMUM_LINEAR_SPEED        800;
```

Die sechs Roboterachsen werden nach Typ und Lage beginnend mit Achse 1 (JOINT 1) definiert. Die Transformation (SHIFT) legt die Position der Achsen zu den jeweils vorhergehenden Achsen fest. Der TAP-Bezugspunkt (tool attachment point) ist relativ zur Achse 6 definiert. Die Bewegungsart der Achsen ist ebenfalls eindeutig beschrieben. Achse 1 ist eine Drehachse, die um die Z-Koordinate rotiert, die Achse 2 bewegt sich linear in Z-Richtung. Die Achsen 4,5 und 6 treffen sich in einem gemeinsamen Punkt. Die Transformationen sind somit gleich null.

Für jede Achse sind durch die Sprachelemente MINIMUM und MAXIMUM die Grenzlagen festgelegt. Die Werte sind für jede Achse in Millimetern oder Grad angegeben. In dem Beispiel kann die Achse 1 von -180 bis +180 Grad drehen oder die Achse 3 den Bereich von -70 mm bis 750 mm durchfahren. Der PARK-Befehl definiert die Ruhelage des Roboters. Mit VELOCITY und ACCELERATION wird die maximale Rotations- oder Translationsgeschwindigkeit pro Roboterachse beschrieben, während MAXIMUM_LINEAR-_SPEED die zulässige Geschwindigkeit des Werkzeugnullpunktes begrenzt.

Über die kinematische Struktur ist die kinematische Kette des Roboters definiert worden. Gleichzeitig werden durch das Schlüsselwort ROBOT der Eintrag Fred sowie durch die Schlüsselworte JOINT 1 bis JOINT 6 und TAP die Einträge Fred_J1 bis Fred_J6 und Fred_TAP generiert.

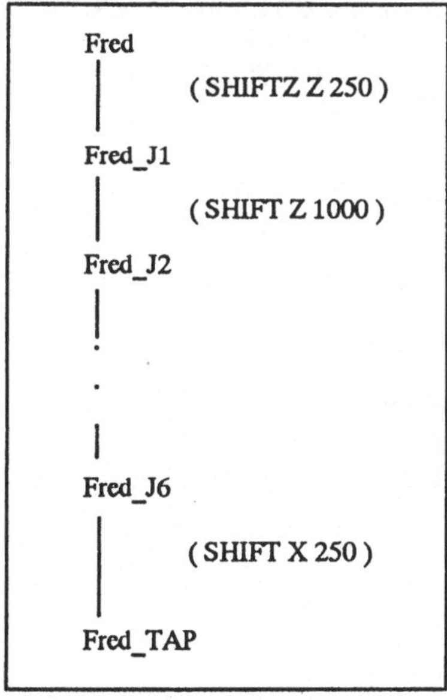

Bild 9: Kinematische Kette des Roboters Fred

3.2.2 Modellierung der Geomtrie

Um nun zum Zwecke der Simulation den Roboter visualisieren zu können, müssen den
Einträgen Fred_J1 bis Fred_J6 Volumenkörper zugeordnet werden. Die Körper werden mit
den in Abschnitt 3.1 gezeigten Funktionen modelliert und dann den Einträgen mit dem
TO...ADD-Befehl zugewiesen.

Die allgemeine Syntax des TO...ADD-Befehles lautet:

TO name1 ADD name2 [(transform)] [name2 [(transform)] ...];

name1   Name des Objektes, das erweitert werden soll
name2   Name des Objektes, das Objekt name1 hinzugefügt werden soll

Der Modellierungsgrad kann durch den Anwender selbst bestimmt werden. Der Fuß eines
Roboters muß im allgemeinen nicht sehr detailliert modelliert werden, während das Roboterwerkzeug zum Beispiel aus Kollisiongründen genau nachgebildet werden sollte. Für den
fiktiven Roboter Fred möge folgende Modellierung genügen:

```
CUBOID               Base 800 800 250;
TO Fred      ADD     Base  (SHIFT X -400 Y -400);
CUBOID               Col 300 300 2000;
TO Fred_J1   ADD     Col (SHIFT X -150 Y -150);
CUBOID               Ar1 1000 250 250;
TO Fred_J2   ADD     Ar1 (SHIFT X 150 Y -125 Z -125);
CUBOID               %R1 1000 200 200;
CYLINDER             %R2 LENGHT 140 DIAMETER 150 TOLERANCE 5;
SET                  AR2=%R1
                     %R2 (SHIFT X 1000 Y 100 Z 100 ROTATE Y 90);
TO Fred_J3   ADD     AR2 (SHIFT X -400 Y -100 Z -100);
CYLINDER             %R3 LENGHT 200 DIAMETER 150 TOLERANCE 5;
CYLINDER             %R4 LENGHT 50 DIAMETER 100 TOLERANCE 5;
SET                  WRIST= %R3 (ROTATE X -90)
                     %R$ (SHIFT X 75 Y 100 ROTATE Y 90);
TO Fred_J6   ADD     WRIST (SHIFT Y -100);
```

3.2.3 Weiterführende Modellierungsfunktionen

3.2.3.1 Verzweigungen

Der in den vorhergehenden Abschnitten beispielhaft verwendete Roboter Fred weist eine
einfache kinematische Kette ohne Verzweigungen auf. Viele kommerziell angebotenen
Roboter sind jedoch komplexer aufgebaut und besitzen verzweigte kinematische Ketten.
Um auch solche Roboterstrukturen modellieren zu können, bietet GRASP den EXTEND-
Befehl:

Syntax von {extension definition}:

```
EXTEND FROM   {BASE     }
              {integer3  }
```

```
                joint definition
END
```

3.2.3.2 Externe Achsen

Vielfach besitzen Robotersteuerungen die Eigenschaft, nicht nur die Robotersteuerung selbst, sondern auch die externen Achsen von Kipp-Dreh-Tischen, Portalen, Linearverfahreinheiten und dergleichen anzusteuern. GRASP bietet dazu adäquate Modellierungsfunktionen. Die externen Achsen werden mit der Anweisung REMOTE definiert.

Syntax von {auxiliary axis definition}:

```
REMOTE name3
                joint definition
END
```

Soll ein Roboter, der 6 Achsen aufweist, an einem Portal mit 3 Achsen geführt werden und als Werkstückaufnahme ein Manipulator mit einer Drehachse vorgesehen werden, so lautet die Roboterdefinition (Auszug):

```
ROBOT           Fred                    NEW TYPE XYZ_7000
JOINT 1         (SHIFT Z 250)           REVOLUTE Z
      .
      .
      .
JOINT 6                                 REVOLUTE X

REMOTE Portal
JOINT 7                                 PRISMATIC Y
JOINT 8         (SHIFT X -1200)         PRISMATIC X
JOINT 9                                 PRISMATIC Z
END

REMOTE Manipulator
JOINT 10                                REVOLUTE Y
END
      .
      .
```

Die MAXIMUM-, MINIMUM-, INITIAL-, PARK-, VELOCITY- und ACCELERATION-Anweisungen sind um die Werte für die zusätzlichen 4 externen Achsen zu erweitern. Die Standardversion von GRASP kann 24 externe Achsen je Roboter modellieren, so daß alle in der industriellen Praxis existierenden Aufgabenstellungen abgedeckt werden können.

3.2.3.3 Zugelassene Roboterbahnen

Reale Roboter sind nicht in der Lage, alle die Bahnen zu verarbeiten, die in GRASP definiert werden können. Werden in der Robotermodelldefinition keine Restriktionen angegeben, so kann bei der Programmierung der Roboterzelle jede Bahn verwendet werden. Um aber funktionsbezogen selektieren zu können, stellt GRASP den AVAILABLE_PATH_-TYPES-Befehl zur Verfügung.

```
AVAILABLE_PATH_TYPES:
        {PTPS                                 }
        {PTPU                                 }
        {PTPT                                 }
        {STRAIGHT_SPEED                       }
        {STRAIGHT_DURATION                    }
        {CIRCULAR_REFOBJECT_SPEED        }
        {CIRCULAR_REFOBJECT_DURATION}
        {CIRCULAR_MIDPOINT_SPEED        }
        {CIRCULAR_MIDPOINT_DURATION }
        {CURVED_FACETED                       }
        {CURVED_SMOOTH                        }
END
```

Ist beispielsweise eine Robotersteuerung nur in der Lage, Punkt-zu-Punkt-Bahnen und
geradlinige Bahnen zu verarbeiten, so würde die Definition des Robotermodelles um diesen
Befehl ergänzt werden.

```
ROBOT      Fred                 NEW TYPE  XYZ_700
JOINT 1    (SHIFT Z 250)        REVOLUTE Z
   .
   .
   .

JOINT 6                         REVOLUTE X
TAP                 (SHIFT X 125)
MINIMUM                         -180 -600 -70 -90 -60 -160
MAXIMUM                          180  600 750  90  60  160
INITIAL                            0    0 150   0   0    0
PARK                               0    0 -50   0   0    0
VELOCITY                          60  500 500  60  60   60
ACCELERATION                     160 1500 1500 200 200  200
MAXIMUM_LINEAR_SPEED            800;

AVAILABLE_PATH_TYPES
            PTPT
            STRAIGHT_SPEED
END;
```

3.2.4 Modellierung der Roboterwerkzeuge

Ein Roboterwerkzeug wird mit dem Volumenmodellierer von GRASP entworfen wie jedes
andere Objekt in der Roboterzelle auch. Durch die Anweisung TOOL wird es dann als
Werkzeug ausgewiesen und es müssen ein oder mehrere Werkzeugnullpunkte (TCP ' s)
bestimmt werden. Ein Werkzeugnullpunkt ist ein fest definierter Bezugspunkt relativ zur
Werkzeugstruktur und ist derjenige Punkt, an dem der Bearbeitungsvorgang stattfindet. In
vielen Anwendungen ist nicht nur die Position des Werkzeugnullpunktes wichtig, sondern
auch seine Orientierung. Die Position des Werkzeugnullpunktes wird durch den Ursprung
eines Objektes oder einer Linie definiert, die Orientierung durch die Winkellage des lokalen Koordinatensystemes des Objektes oder der Linie.

TOOL name1 [TIME number] TCP name2...;

name1	Name des Werkzeuges
name2	Name des TCP's bzw. der TCP`s
number	Funktionszeit des Werkzeuges in Sekunden

Es können mit TOOL umfangreiche Werkzeugbibliotheken erstellt werden. Erst mit der Anweisung MOUNT wird ein Werkzeug das aktuell verwendete Werkzeug.

MOUNT name1 [(transform)] ON name2;

name1	Name des zu montierenden Werkzeuges
name2	Name des Roboters, an den das Werkzeug montiert wird
transform	Position und Orientierung des Werkzeuges

4 Robotersteuerung

In diesem Kapitel werden die verschiedenen Möglichkeiten von GRASP beschrieben, einen Roboter zu steuern. GRASP bietet prinzipiell drei verschiedene Methoden an.

- Ansteuerung einzelner Achsen
- Ansteuerung des Werkzeugnullpunktes
- Objektbezogene Steuerung

Die beiden zuerst genannten Möglichkeiten sind auch bei industriellen Robotersystemen verfügbar. Die objektbezogene Steuerung in der Simulation durch GRASP bietet besondere Vorteile. Die Positionen und Orientierungen bei den einzelnen Programmschritten werden nicht absolut definiert, sondern in Relation zu einem Zielobjekt eingegeben. Wird nun das Zielobjekt im Layout versetzt, so rechnet GRASP die tatsächlichen Koordinaten und Winkel und speichert sie in der Modelldatei. Somit werden mit GRASP erzeugte Roboterprogramme vom Layout der Fertigungszelle unabhängig.

4.1 Ansteuerung einzelner Achsen

In der Modelldatei einer Roboterzelle können ein oder mehrere Roboter enthalten sein. Bevor mit dem Pendant-Menü ein Roboter angesteuert werden kann, muß er mit dem ROBOT-Befehl als der momentan aktuelle Roboter ausgewählt werden und ein Werkzeug montiert sein. Im Statusfenster wird angezeigt, welcher Roboter aktiv ist und welches Werkzeug verwendet wird. Um eine Achse ansteuern zu können, muß sie mit der JOINT-Anweisung selektiert werden. Die Achse kann um Inkremente translatorisch oder rotatorisch bewegt werden. Oder sie wird in eine durch absolute Werte vorgegebene Stellung verfahren. Die Achse kann in dem Bereich bewegt werden, der im Robotermodell durch die MINIMUM- und MAXIMUM-Werte bestimmt ist. Ein direktes Anfahren dieser Grenzlagen sowie der Ruhelage in einem Schritt ist ebenso möglich. Während der Roboterbewegung wird laufend geprüft, ob die vordefinierten Randbedingungen verletzt werden. Es werden Warnungen und Fehlermeldungen ausgegeben, wenn eine Achse in die Nähe ihrer Grenzlage gefahren wird oder wenn eine Grenzlage (im Modell) überfahren wird oder wenn eine physikalisch nicht mögliche Zielposition angefahren werden soll. Eine STA-TUS-Anweisung gibt jederzeit die aktuellen Werte der Achsen und auch die Position und Orientierung des Werkzeugnullpunktes relativ zu einem gewünschten Objekt an. Die externen Achsen von Portalen oder Manipulatoren werden, da sie logisch dem Roboter zugeordnet sind, in gleicher Weise wie die internen Roboterachsen angesteuert.

4.2 Ansteuerung des Werkzeugnullpunktes

GRASP bietet für die Ansteuerung des Werkzeugnullpunktes eine hohe Funktionsvielfalt.
Der TCP kann in verschiedenen kartesischen Koordinatensystemen Raumpunkte anfahren.
Die Koordinatensystemen können sein:

- das allgemeine Koordinatensystem der Roboterzelle
- das lokale Koordinatensystem eines beliebigen Objektes
- das lokale Koordinatensystem des Zielobjektes
- das lokale Koordinatensystem des Objekts, das Owner des Zielobjektes ist.

In jedem dieser Koordinatensysteme wird ein Raumpunkt durch ein Koordinatentripel
definiert und ohne Veränderung der Orientierung des Werkzeugnullpunktes angefahren.
Aus Komfortgründen stehen in GRASP Sonderfunktionen dieser allgemeinen Funktionen
zur Verfügung. Bezogen auf das eigene lokale Koordinatensystem kann der Werkzeugnullpunkt durch die Befehle IN, OUT, RAISE und LOWER eingefahren, ausgefahren, gehoben
und gesenkt werden. Bei diesen Befehlen wird inkremental bewegt, der Anwender gibt den
zu verfahrenden Weg ein. Die Position des Werkzeugnullpunktes wird verändert, während
die Orientierung konstant bleibt.

Ist dem Anwender die absolute Position eines Zielobjektes nicht bekannt, so kann er sehr
einfach und schnell mit dem Befehl ONTO_ENTITY das Zielobjekt erreichen. Dabei
werden das lokale Koordinatensystem des Zielobjektes mit dem des Werkzeugnullpunktes
zur Deckung gebracht. Bei dieser Bewegung des Roboters ändern sich Position und Orientierung des Werkzeuges.

Bei der Bearbeitung eines Werkstückes müssen im allgemeinen eine hohe Anzahl verschiedener Punkte angefahren werden. Die Koordinaten dieser Punkte sind GRASP bekannt, der
Anwender kann sich die Koordinaten jedes gewünschten Punktes auslesen und wie oben
beschrieben ansteuern. Effektiver ist es jedoch, die Fangaktivität des Cursors in GRASP zu
nutzen. Die Fangaktivität wird durch die Anweisung VERTEX_SNAP eingeschaltet. Der
Anwender selektiert mit dem Cursor den gewünschten Zielpunkt. Der Roboter fährt diesen
Punkt dann an. Das lokale Koordinatensystem des Werkzeugnullpunktes wird in die Position des Zielpunktes gefahren, wobei die Orientierung unverändert bleibt.

Bei vielen Aufgabestellungen ist die Orientierung des Werkzeuges aus technologischen
Gründen sehr wichtig. Mit den Befehlen ROLL, PITCH und JAW kann das Werkzeug um
die X-, Y- und Z-Achse des Werkzeugnullpunktes rotiert werden, während die Position
konstant bleibt, um so die erforderliche Anstellung zu gewährleisten.

4.3 Objektbezogene Steuerung

Bei der Online-Programmierung von Industrierobotern werden in der realen Roboterzelle
absolute Koordinaten angesteuert. Das so entwickelte Programm ist an diese Roboterzelle
gebunden. Es kann nicht ohne Modifikationen auf andere Roboterstationen übertragen
werden, die nach Planung den gleichen Roboter, die gleichen Peripheriegeräte und das
gleiche Layout besitzen. Aufgrund von Ungenauigkeiten ist das auf der einen Roboterzelle

erzeugte Programm nicht auf eine andere (theoretisch gleiche) Zelle übertragbar. Dieser Umstand wirkt sich besonders ungünstig aus, wenn auftragsbezogene Fertigungslose aus Kapazitätsgründen auf mehrere Fertigungsstationen verteilt werden sollen. Die mit dem Online-Verfahren erstellten Programme müssen individuell auf jede Roboterzelle angepaßt werden, was aber mit einem unvertretbar hohen Kostenaufwand verbunden ist. Bei Umstrukturierungen von Fertigungen besteht oft die Notwendigkeit, Roboterzellen örtlich umzusetzen. Die negative Konsequenz daraus ist, daß alle bis dahin erarbeiteten Roboterprogramme, die mit einem Online-Verfahren entwickelt wurden, angepaßt werden müssen. GRASP bietet hier mit seiner objektbezogenen Programmierung eine sehr effektive Lösung dieser Problematik. Bei der Entwicklung eines Programmes mit GRASP kann der Anwender bestimmen, daß alle Positionsschritte in Bezug auf ein Objekt in der Roboterzelle gespeichert werden. Wird nun das Objekt im Layout umgesetzt, so bleiben die programmierten Beziehungen weiter gültig. GRASP berechnet intern die neuen absoluten Koordinaten bezogen auf den globalen Ursprung. Für die oben geschilderte Aufgabenstellung, daß ein Produkt auf mehreren Roboterstationen gefertigt werden soll, bedeutet dieses, daß alle Zellen in einem Vorbereitigungsschritt kalibriert werden müssen. Dadurch wird für jede Roboterzelle ein individuelles Modell erzeugt. Mit Hilfe eines dieser Modelle wird das objektbezogene Roboterprogramm geschrieben, das dann in die anderen Modelle geladen wird. Mit jeweils einem Postprozessorlauf werden die individuellen ablaffähigen Programme generiert.

5 Roboterprogrammierung

In diesem Abschnitt wird vorausgesetzt, daß alle zur Roboterzelle gehörigen Objekte modelliert sind und auch im Layout korrekt plaziert sind. Weiter ist dieses Modell mit den durch das Calibration-Menü bereitgestellten Funktionen der realen Zelle abgeglichen, so daß alle Voraussetzungen für die Entwicklung von Programmen geschaffen sind. Im ersten Schritt muß der der Grobentwurf festgelegt werden. Folgende Fragen sind zu beantworten:

- Welche Objekte der Roboterzelle müssen bewegt, d. h. von einem Programm ge
  steuert werden ?
  Beispiel: ein oder mehrere Roboter, Transportband, FTS

- Wie stehen die zu bewegenden Objekte zueinander in Beziehung ?
  Beispiel: Ein Roboter kann nur dann ein Werkstück von einem Transportband
  entnehmen, wenn ein Werkstück am Entnahmepunkt vorhanden ist.

- Welches sind die Bahnen und Verfahrwege der Objekte ?
  Beispiel: geradlinige Bewegung eines Transportbandes

- Welche Sensoren und Variablen steuern die Bewegung ?
  Beispiel: Nahtverfolgungssystem, Endlagenschalter

- Welches der Programme (Master) kontrolliert den gesamten Ablauf in der
  Fertigungszelle ?

Sind diese grundlegenden Entscheidungen über den Aufbau der Grobstruktur getroffen, muß im Feinentwurf der Aufbau der einzelnen Programme definiert werden.Für die Strukturierung der Programme in GRASP sind alle notwendigen Konstrukte wie Verzweigung, Wiederholung, Unterprogrammtechnik, usw. verfügbar. Der Entwurf der Grob- und Feinstruktur beeinflußt im wesentlichen Maße den Aufwand für die Programmerstellung, die Effektivität der Programme und den später hinzukommenden Aufwand für Wartung und Pflege.

5.1 Roboterbahnen

Die Bewegung eines Roboters kann aufgelöst werden in die Bewegung zwischen zwei Punkten, dem Anfangs- und Endpunkt einer Bahn. Von den Eigenschaften der Steuerung ist es abhängig, wie sich der Werkzeugnullpunkt zwischen dem Anfangs- und Endpunkt der Bahn verhält und welche Konfigurationen die Roboterachsen einnehmen.

GRASP ermöglicht die Definition von PTP-Bahnen und kontinuierlichen Bahnen. Bei den PTP-Bahnen wird zwischen 3 Arten unterschieden:

- Sequentielle Bahnen

Bei sequentiellen Bahnen bewegt sich zu einem Zeitpunkt genau eine Roboterachse.
Beginnend mit der ersten Achse startet jede Achse ihre Bewegung und beendet
diese, bevor die nächste Achse ihre anteilige Bewegung an der Gesamtbewegung
des Roboters ausführt.

- Asynchrone Bahnen

Alle Achsen starten gleichzeitig ihre Bewegung. Aufgrund der unterschiedlichen
anteiligen Verfahrwege oder Verfahrwinkel beenden die Achsen ihre Bewegung zu
unterschiedlichen Zeitpunkten.

- Synchrone Bahnen

Bei synchronen Bahnen starten und beenden alle Achsen ihre Bewegung
gleichzeitig. Die Bewegungen erfolgen nicht mit maximalen, sondern mit
berechneten Geschwindigkeiten und Beschleunigungen.

Die kontinuierlichen Bahnen unterteilen sich in geradlinige und zirkulare Bahnen und in
allgemeinen Bahnkurven im dreidimensionalen Raum. Bei einer geradlinigen Bahn bewegt
sich der Werkzeugnullpunkt auf der Verbindungsgeraden zwischen Anfangs- und Endpunkt einer Bewegung. Das dynamische Verhalten wird durch die Geschwindigkeit und
Beschleunigung des TCP´s auf dieser Bahn bestimmt oder durch die Dauer der Bewegung.
Bei zirkularen Bahnen bewegt sich der Werkzeugnullpunkt auf einer Kurve zwischen zwei
Punkten mit konstantem Radius. Geschwindigkeit, Beschleunigung oder Dauer bestimmen
wie bei den geradlinigen Bahnen das dynamische Verhalten.

Soll der Roboter einer allgemeinen Raumkurve, zum Beispiel bei Schweiß- oder Entgra-
teaufgaben, folgen, so kann in GRASP eine Bahn vom Typ CURVE definiert werden.
Diese Raumkurve wird mit dem POLYLINE-Befehl modelliert oder von einem externen
CAD-System als Spline-Funktion in GRASP übertragen. Es kann festgelegt werden, ob der
Werkzeugnullpunkt der Raumkurve mit einer vorgegebenen, konstanten Anfangsorientie-
rung folgen soll oder ob er seine Orientierung tangential zur Bahn einstellt.

Da nicht alle in GRASP angebotenen Bahntypen von jeder Robotersteuerung verarbeitet
werden können, sind nur die durch den AVAILABLE_PATH_TYP-Befehl zugelassenen
Bahnen für den jeweiligen Robotertyp verfügbar.

5.2   Programmierbefehle

Ein Roboterprogramm wird mit dem befehl TRACK erzeugt. Es wird hier die formale
Form des Befehles erläutert. Anwender, die im Dialog mit GRASP arbeiten, brauchen die
Syntax des Befehles nicht zu erlernen, sondern sie geben die von GRASP erfragten Informationen ein. GRASP bildet dann in der Modelldatei den TRACK-Befehl und berechnet
alle zugehörigen Transformationen, Positionen und Orientierungen. Außerdem werden die
programmierten Abläufe und Vorgänge unmittelbar visualisiert.

Die Syntax des TRACK-Befehles lautet:

```
TRACK name1 [(name2 [,name3] ... ]
       [ variables section ]
       [ name4: step definition ] ...;
END;
```

name1	Name des Programmes
name2, name3,...	Namen der lokalen Variablen
name4	optionaler Name für einen Programmschritt

Die TRACK-Anweisung definiert ein Programm mit dem Namen name1. Das Programm setzt sich aus zwei Blöcken zusammen, der Variablendeklaration (variables section) und dem Ausführungsteil (name4: step definition).

Syntax von [variables section]:

```
VARIABLES
[{ SIGNAL }]
[{ INTEGER} name5 [{(integer1:integer2)} {integer3 [,integer4][,integer5]}]
[{REAL}]
[{WORKPIECE}]
[{REFOBJECT}]
[{TRANSFORM}]
END;
```

integer1	unterer Index
integer2	oberer Index
integer3	erste Dimension eines Feldes
integer4	zweite Dimension eines Feldes
integer5	dritte Dimension eines Feldes

Die Information, die in einer Variablen gespeichert wird, wird durch den Variablentyp bestimmt. In GRASP sind die in der Variablendeklaration genannten Variablen erlaubt.

SIGNAL: Die Signal-Variable erfüllt zwei Funktionen. Einmal wird sie zur Simulation von binären Kommunikationssignalen verwendet. Ist die Signal-Variable global definiert, so können Programme ereignisgesteuert synchronisiert werden. Sie kann auch eingesetzt werden, wenn aufgrund einer Fallunterscheidung der interne Ablauf eines Programmes verzweigt werden muß.

INTEGER: Die Integer-Variable speichert ganzzahlige Werte.

REAL: Die Real-Variable speichert nichtganzzahlige Werte.

WORKPIECE: Die Workpiece-Variable speichert Objekte. Sie ist insbesondere für solche Situationen vorgesehen, in denen das Programm unverändert bleiben soll, aber unterschiedliche Objekte gehandhabt werden sollen. Ein typischer Anwendungsfall sind die Werkstücke, die mit dem GRIP-Befehl oder Release-Befehl gegriffen oder freigegeben werden sollen.

REFOBJECT: Die Refobject-Variable speichert Transformationen bezogen auf den Ursprung der Roboterzelle.

TRANSFORM: Die Transform-Variable speichert Transformationen von Positionen und Orientierungen.

Alle Variablen können lokal, also nur wirksam für das Programm, in dem sie erklärt werden, oder sie können global, d. h. für alle Programme in einer Modelldatei definiert werden. Außer der binären Variablen SIGNAL können alle Variablen als einfache oder als Feldvariable deklariert werden.

Syntax von [name4: step definition]:

Jede Programmzeile setzt sich aus einem Namen dieser Zeile und der eigentlichen Anweisung zusammen. Der Zeilenname kann von Anwender frei gewählt werden oder GRASP vergibt automatisch inkrementierende Zeilennamen. Die Anweisungen werden im folgenden in komprimierter Form aufgeführt.

```
POSITION            {UNKNOWN}
                    {Refobject expression1 [transform expression1]
                    [MIDPOINT [transform expression2]]}
                    {CURVE START name1 [rotation transform expression]
                    IN refobject expression2 [transform expression3 ]}
                    [PATH pathname]

PARK                [PATH pathname]

CONFIGURATION[ROBOT name1 RULE name2 {ON} {OFF}]

GRIP                workpiece expression

RELEASE             workpiece expression1 [TO workpiece expression]

MESSAGE             'string1'

TCP                 [ROBOT name1 TOOL name2 TCP name3]

LOCATE              {refobject expression1} {AT definition}
                    workpiece expression2 {BY definition}

TOOL FUNCTION 'string1'

PAUSE               real  expression

VIEW                name1

MOUNT               name1

DISMOUNT            name1 [TO name2]

REPEAT              {integer expression1 TIMES}
                    {WHILE logical expression1}
                    {FOR name1 FROM real expression1 TO real expression2}
                    [BY real expression3]

ENDREPEAT           [FROM name1]

IF                  logical expression THEN name1 [ELSE name2]

CALL                name1 [(expression1 [,expression2] ... ]
```

```
RETURN

GOTO          name1

LOOP TO       name1

SET           name1 TO [expression]
              [LIST (exp1, exp2, ... ,expn)]

ADVANCE       name1 [{TO} integer expression] [{BY}integer expression]

WAIT UNTIL    logical expression

PERFORM       name1 {BEFORE} CONTINUING {WHILE}

FOLLOW        name1 IN refobject expression [(transform) expression]
```

Die Ausdrücke können Objektnamen, Variablennamen, Funktionsnamen und arithmetische
und logische Operatoren enthalten.

5.3 Entwicklung eines Programmes

Anhand eines Beispieles soll die prinzipielle Vorgehensweise demonstriert werden. Eine
Roboterzelle sei Teil einer Fertigungslinie. Es werden zwei unterschiedliche Werkstücke
über ein Transportband in beliebiger Reihenfolge zugeführt. Ein Werkstückerkennungssy-
stem bestimmt den Typ der zugeführten Teile. Am Ende des Transportbandes erkennt ein
optischer Sensor, daß ein Werkstück zur Entnahme ansteht. Das Transportband wird gestoppt. Abhängig vom gemeldeten Werkstücktyp wechselt der Roboter sein Werkzeug und
entnimmt das Werkstück vom Transportband.

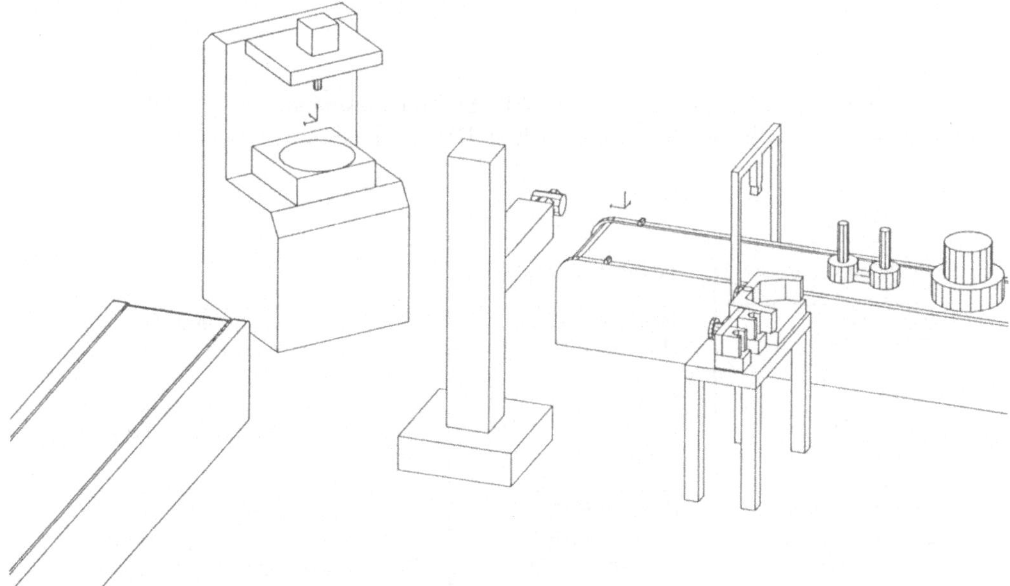

Bild 10 : Modell einer Fertigungszelle

Das Transportband wird wieder gestartet. Der Roboter setzt das Werkstück in eine Bohrmaschine zur Bearbeitung ein. Nach Beendigung des Bohrvorganges wird das Werkstück entnommen und auf ein zweites Transportband abgelegt, welches wiederum der nächsten Station in der Fertigungslinie das Bauteil zuführt.

Die Roboterzelle setzt sich somit aus folgenden Hauptkomponeneten zusammen:

Transportband für die Zuführung der Werkstücke	: CONVEY_IN
Transportband für den Abtransport der Werkstücke	: CONVEY_OUT
Roboter mit verschiedenen Greifern	: FRED
Werkzeugmagazin	: BENCH
Bohrmaschine	: DRILL

Um bei den Transportbändern die stationären von der beweglichen Teilen zu unterscheiden, werden die beweglichen Teile mit BELT_IN und BELT_OUT gekennzeichnet. SINGLE_GRIP und TWIN_GRIP sind die beiden im Werkzeugmagazin befindliche Greifwerkzeuge des Roboters.

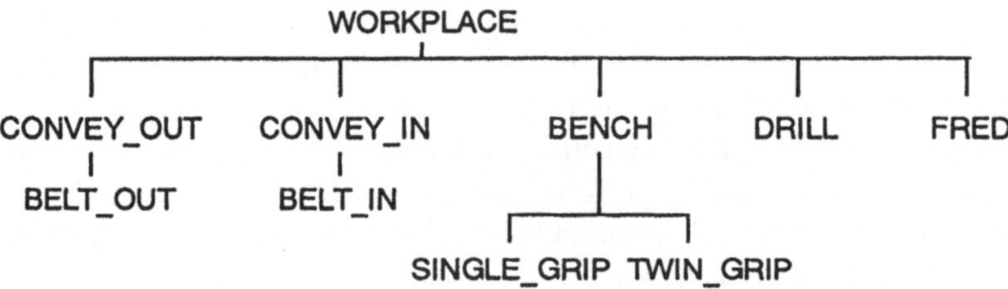

Bild 11: Teil der Baumstruktur

Für die sich bewegenden Objekte Roboter FRED, Transportbänder BELT_OUT und BELT_IN sowie für die Bearbeitungsmaschine DRILL müssen Programme entwickelt werden.

Programmname	bewegtes Objekt	Aufgabe
MASTER	Roboter FRED	Überwachungsprogramm
DRILL_PART	Roboter FRED	Werkstück in Bohrmaschine positionieren
CONV_IN	Objekt BELT_IN	Bewegen des 1. Transportbandes
CONV_OUT	Objekt BELT_OUT	Bewegen des 2. Transportbandes
DRILL_PROG	Objekt DRILL	Bohrvorgang
MOUNT_SINGLE	Roboter FRED	Montieren des Einfachgreifers
MOUNT_TWIN	Roboter FRED	Montieren des Doppelgreifers
DSMT_SINGLE	Roboter FRED	Demontieren des Einfachgreifers
DSMT_TWIN	Roboter FRED	Demontieren des Doppelgreifers

Das Programm MASTER steuert den Roboter und überwacht die Abläufe der gesamten Fertigungszelle. Das unten beschriebene Format kann mit dem Input-/Output-Menü eingelesen werden. Positionierbefehle wie LOCATE und POSITION sind ohne Transformationen angegeben. Diese können interaktiv mit GRASP und durch Ausnutzung der graphischen Fähigkeiten ausgefüllt werden. Hier soll der konzeptionelle Aufbau beschrieben werden.

Das Programm MASTER setzt sich aus drei Teilen zusammen, dem Deklarationsteil für Variable, dem Initialisierungsteil und dem Ausführungsteil. Es werden drei lokale Variable definiert. Die Variable SINGLE_MOUNTED zeigt durch die Belegung TRUE an, das als Roboterwerkzeug der Einfachgreifer montiert ist, andernfalls ist der Wert dieser Variablen FALSE. TWIN_MOUNTED ist TRUE, wenn der Doppelgreifer installiert ist. DOUBLE führt als Belegung das Werkstück, welches momentan bearbeitet wird.

TRACK MASTER Variablen-Deklarationsteil

```
VARIABLES
        SIGNAL SINGLE_MOUNTED, TWIN_MOUNTED, DOUBLE
END
```

Im Initialisierungsteil werden die beiden lokalen Variablen SINGLE_MOUNTED UND TWIN_MOUNTED auf den Wert FALSE gesetzt, d. h. der Roboter beginnt die Sequenz ohne montiertes Werkzeug. Die globalen Variablen PART_CLEAR und START_DRILL werden ebenfalls auf FALSE gesetzt. PART_CLEAR zeigt dem Programm CONV_IN an, daß der Roboter ein Werkstück vom Transportband entnommen hat und sich das Band wieder in Bewegung setzen kann. START_DRILL signalisiert dem Bohrbearbeitungsprogramm DRILL_PROG, ob ein Bauteil der Bearbeitungsmaschine zugeführt wurde und ob mit der Bearbeitung begonnen werden kann.

TRACK MASTER Initialisierungsteil

```
Init_single_mounted        : SET SINGLE_MOUNTED TO FALSE;
Init_twin_mounted          : SET TWIN_MOUNTED TO FALSE;
Init_part-clear-off        : SET PART_CLEAR TO FALSE;
Init_start_drill_off       : SET START_DRILL TO FALSE;
```

Um einen definierten Anfangszustand für den Simulationslauf zu schaffen, werden der Einfachgreifer (SINGLE_GRIP) und der Doppelgreifer (TWIN_GRIP) im Werkzeugmagazin abgesetzt.

```
Locate_single_grip         : LOCATE SINGLE_GRIP OWNER BENCHT AT BENCH;
Dismount_single_grip       : DISMOUNT SINGLE_GRIP TO BENCH;
Locate_twin_grip           : LOCATE TWIN_GRIP OWNER BENCH AT BENCH;
Dismount_twin_grip         : DISMOUNT TWIN_GRIP TO BENCH;
```

Die READY-Anweisung definiert die Warteposition, in die der Roboter verharrt, bis ein Werkstück den Entnahmepunkt des Zuführtransportbandes erreicht hat. SET-PART setzt die globale Werkstückvariable PART auf den momentanen Wert von COMPONENTS. PART enthält den Namen des Werkstückes, das mit der Bohrmaschine bearbeitet werden soll. In den nächsten Schritten des Masterprogramms wird festgelegt, welches Roboterwerkzeug aufgrund des zugeführten Teiles verwendet werden muß. Über IF...THEN-

Abfragen wird überprüft, ob das momentan installierte Werkzeug eingesetzt werden kann oder ob ein Werkzeugwechsel vorgenommen werden muß. Die Unterprogramme MOUNT_SINGLE, MOUNT_TWIN, DSMT_SINGLE und DSMT_TWIN werden entprechend aufgerufen. Nach der Montage des korrekten Werkzeuges startet die PROCESS_PART-Anweisung das Unterprogramm DRILL_PART, welches die Bohrbearbeitung steuert.

```
READY                   : POSITION UNKNOWN;
Wait_part_ready         : WAIT UNTIL PART_READY;
SET_PART                : SET PART TO COMPONENTS;
Set_double              : SET DOUBLE TO SIZE;
Change_for_single       : IF NOT DOUBLE THEN DO_SINGLE_PART;
Do_twin_part            : IF TWIN_MOUNTED THEN PROCESS_PART;
Change_single_mounted   : IF NOT SINGLE_MOUNTED THEN MOUNT_TWIN;
Do_dismount_single      : CALL DSMT_SINGLE;
Set_SM_off              : SET SINGLE_MOUNTED TO FALSE;
MOUNT_TWIN              : CALL MOUNT_TWIN;
Set_TM_ON               : SET TWIN_MOUNTED TO TRUE;
Go_process              : GOTO PROCESS_PART;
DO_SINGLE_PART          : IF SINGLE_MOUNTED THEN PROCESS_PART;
Change_for_twin         : IF NOT TWIN_MOUNTED THEN MOUNT_SINGLE;
Do_dismount_twin        : CALL DSMT_TWIN;
Set_TM_OFF              : SET TWIN_MOUNTED_TO_FALSE;
MOUNT_SINGLE            : CALL MOUNT_SINGLE;
Set_SM_on               : SET SINGLE_MOUNTED TO TRUE;
PROCESS_PART            : CALL DRILL_PART(DOUBLE);
Do_next_part            : LOOP TO READY;
```

Während die Programme CONV_IN und DRILL_PART aktiv sind, verfährt der Roboter durch die Anweisung wieder in die Warteposition. Er verläßt die Warteposition erst dann erneut, wenn von dem Transportband das nächste Teil zugeführt worden ist.

Die Programme DRILL_PART, CONV_IN, usw. werden nach der gleichen Systematik wie das Programm MASTER entwickelt.

5.4 Simulation der Bewegungsabläufe

Die im vorigen Abschnitt entwickelten Programme können nach unterschiedlichen Methoden als Simulation auf dem Graphikbildschirm einer Workstation wiedergegeben werden. Das Programm MASTER wird als Hauptprogramm (foreground track) gestartet. Die übrigen Programme arbeiten im Hintergrund (background track) und werden mit dem Hauptprogramm über die globalen Variablen ereignisorientiert synchronisiert. Zu Testzwecken können die Programme schrittweise durchlaufen werden, um mögliche Fehlprogrammierungen aufzudecken. Mit dem kontinuierlichen Ablauf wird eine wirklichkeitsgetreue Simulation möglich.

Weitere funktionale Mölglichkeiten werden eröffnet, wenn die Programme mit dem DUMP_PROCESS_Befehl in Prozesse umgewandelt werden. Prozesse laufen noch schneller als Programme ab, so daß eine Echtzeitsimulation auch bei komplexen und umfangreichen Modellen möglich ist. Eine weitere wichtige Eigenschaft von Prozessen ist, daß sie nicht nur in positiver Richtung der Zeitachse , sondern auch in negativer Richtung ablaufen können. Außerdem können beliebige Zeitintervalle als Schrittweite eingestellt werden. Der Ablauf läßt sich somit in der Simulationsgeschwindigkeit verringern oder erhöhen. Dadurch ergeben sich , zusammen mit den graphischen Zoomfunktionen, erweiterte Möglichkeiten, Engpaßsituationen iterativ zu untersuchen und die Ursache zu eliminieren. Zusätzlich kann, neben der visuellen Kollisionskontrolle, die rechnerische Kontrolle auf Kollisionsfreiheit parallel zum simulierten Ablauf der Prozesse aktiviert werden.

6 Zusammenfassung

GRASP ist ein graphisch interaktives 3D-Simulationssystem für den Entwurf, die Planung und die Programmierung von Fertigungseinrichtungen. Alle Objekte einer Fertigungszelle wie Roboter, Werkzeugmaschine, Transporteinrichtungen, Spannmittel und Werkstücke werden mit einem Volumen- und Kinematikmodellierer von GRASP nachgebildet oder es werden bereits existierende Geometriedaten von einem externen CAD-System übernommen. Vielfältige Bewegung-, Darstellungs- und Programmierfunktionen dienen zur Layoutfestlegung, Simulation der dynamischen Abläufe und Programmierung des oder der Roboter. Zusätzlich können Durchführbarkeitsstudien, Wirtschaftlichkeitsberechnungen und die digitale Simulation mit der Bestimmung von Maschinenauslastungsgraden vorgenommen werden. Die Umsetzung der in der neutralen Hochsprache von GRASP vorliegenden Roboterprogramme erfolgt mit Postprozessoren, die speziell für die jeweiligen Robotersteuerungen ausgelegt sind. Für alle wesentlichen, auf dem Markt vertretenen Steuerungen sind Postprozessoren verfügbar.

In Westeuropa ist GRASP bei über 100 Installationen im Einsatz. Um die graphischen Fähigkeiten voll unterstützen zu können, wird GRASP nahezu ausschließlich auf leistungsfähigen Workstations der namhaften Hardwarehersteller eingesetzt. Informationen über Systemkonfigurationen, Dienstleistungen und Referenzinstallationen in verschiedenen Anwendungsbereichen können bei der Firma TEDATA CAD/CAM, 4630 Bochum, Brückstraße 48, angefordert werden.

Wissensbasierte Entscheidungsunterstützung bei der Einsatzplanung von Industrierobotern

Prof. Dr.-Ing. Hans-Jürgen Warnecke, Dipl.-Ing. Günter Jordan
Dipl.-Ing. Alexander Josub

1 Einführung

Der Kostendruck durch den internationalen Wettbewerb, bei gleichzeitig abnehmenden Loßgrößen und erhöhten Flexibilitätsanforderungen für die Herstellung kundenspezifischer Produkte, verstärkt den Trend zur flexiblen Automatisierung.

Der Kern der flexiblen Automatisierung ist der Roboter. Demnach muß sich jeder Entscheidungsträger in diesem Zusammenhang zwangläufig zuerst die Frage stellen: "Welches ist der geeignete Roboter für meine Automatisierungsaufgabe?" Der Antwort auf diese Frage muß eine fundierte Planung vorausgehen, da jede Fehlentscheidung in diesem Bereich schwerwiegende finanzielle Folgen für ein Unternehmen haben kann.

Es gibt zur Zeit intensive Bemühungen computergestützte Werkzeuge einzusetzen, um einerseites die Planungskosten zu minimieren und andererseits die Planungstiefe zu erhöhen [1.1 - 1.6]. Bisher beschränkt sich der Computereinsatz innerhalb der gesamten Robotereinsatzplanung (Abb 1.1) jedoch auf die Feinplanungsphase. Für Aufgaben, wie Layoutplanung, Optimierung von Taktzeiten und Simulation sind bereits effiziente Werkzeuge verfügbar.

Die vorausgehenden Planungsphasen 'Grobplanung' und 'Voranalyse' entsprechen im Vergleich dazu zunehmend schwach strukturierten Problemfeldern. Innerhalb klassischer Computer Tools könnten die Problemcharakteristika nicht zufriedenstellend abgebildet werden. Nachstehend wird ein wissensbasiertes entscheidungsunterstützendes System beschrieben, das die 'Grobplanung' effizient unterstützen kann.

Kern der Grobplanung ist die Bestimmung von Industrierobotern, die für eine gegebene Automatisierungsaufgabe geeignet sind. Dieser Auswahlprozeß ist sehr zeitintensiv, da

- eine Vielzahl von Leistungsmerkmalen (> 80) der Industrieroboter zu berücksichtigen sind,
- immer mehr Geräte am Markt angeboten werden (ca. 280 Industrieroboter, auf dem deutschen Markt) [1.7] und
- komplexe Abhängigkeiten zwischen den erforderlichen Leistungsmerkmalen und den anwendungsspezifischen Randbedingungen bestehen.

Wünschenswert ist ein Hilfsmittel zur Unterstützung der Planung, das
- herstellerunabhängig,
- marktumfassend und
- preiswert
ist.

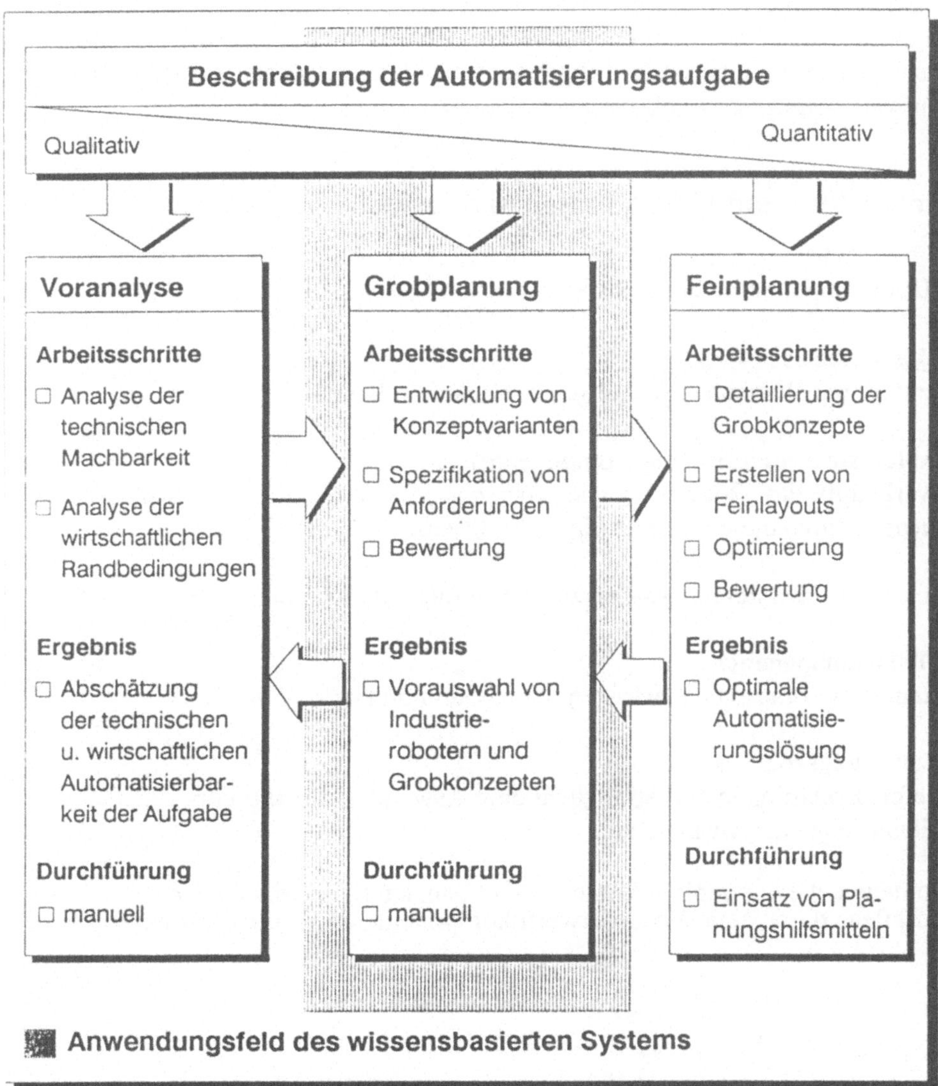

Abb. 1.1: Vorgehensweise bei der Einsatzplanung von Industrierobotern

2 Modellgestützte wissensbasierte Entscheidungs- unterstützung

Wissensbasierte Systeme bringen neue methodische Ansätze für die Beschreibung und Bearbeitung von Entscheidungsproblemen. Anhand des Aufbaus und der Eigenschaften soll die besondere Eignung zur Unterstützung der Entscheidung bei der Auswahl von Industrierobotern verdeutlicht werden.

2.1 Architektur und Eigenschaften wissensbasierter Systeme

Die Hauptkomponenten eines wissensbasierten Systems (Abb 2.1) sind [2.1]:

- die **Wissensbasis**
  Sie enthält das Wissen der jeweiligen betrachteten Domäne.

- die **Ablaufsteuerung** (Inferenzkomponente)
  Sie verknüpft das Wissen aus der Wissensbasis, zieht logische Schlüsse und versucht dadurch die gestellte Aufgabe zu lösen.

Bei Konsultationssystemen werden zusätzlich folgende Komponenten benötigt:

- die **Dialogkomponente**
  Sie steuert die Interaktion zwischen dem System und dem Anwender.

- die **Erklärungskomponente**
  Sie liefert Erklärungen und ermöglicht dem Anwender, die aktuelle Problemlösung nachzuvollziehen.

Bei Domänen, die kurzlebiges Wissen behandeln, kann die notwendige Wissenspflege durch eine Wissenserwerbskomponente unterstützt werden.

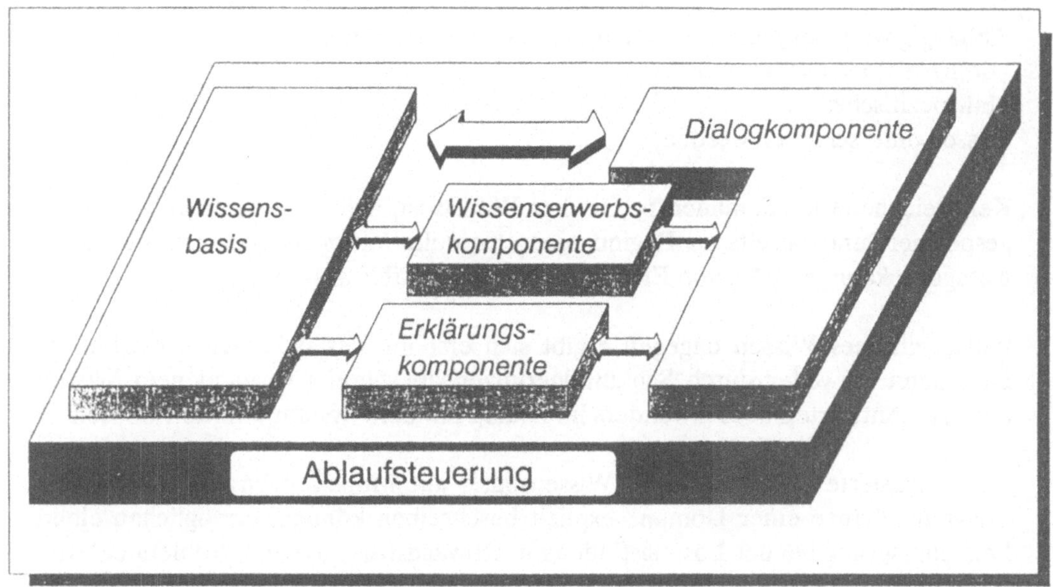

Abb 2.1: Struktur eines wissensbasierten Systems

2.2 Strukturierung der Wissensbasis

Um die heterogene Vielfalt von Informationen zu strukturieren, kann Wissen
unabhängig vom Fachgebiet grob über das nachfolgend beschriebene Raster
klassifiziert werden [2.2]:

- Deklaratives Wissen
  Es beschreibt die Elemente, Ereignisse und Zusammenhänge des
  problemrelevanten Weltausschnittes.

- Prozedurales Wissen
  Es beschreibt die Anwendung und Verknüpfung des deklarativen Wissens
  innerhalb einer gegebenen Aufgabe.

Abhängig vom Zeitpunkt seines Auftretens kann weiterhin
- domänenspezifisches und
- fallspezifisches
Wissen unterschieden werden.

Kennzeichnend für domänenspezifisches Wissen ist, daß es permanent im System
gespeichert und bereits zu Beginn einer Konsultation vorhanden ist. Zu dieser
Kategorie kann jede Art von Erfahrungswisssen gezählt werden.

Fallspezifisches Wissen dagegen ergibt sich erst im Verlauf einer Konsultation.
Dies kann entweder durch Schlußfolgerungen aus bereits vorhandenem Wissen
oder aus Antworten des Anwenders im Dialog mit dem System ermittelt werden.

Wissensbasierte Systeme, deren Wissensbasis auf Modellen basiert, welche die
Zusammenhänge einer Domäne explizit beschreiben können, ermöglichen einen
Leistungssprung bei der Lösungsfindung in schwachstrukturierten Problemfeldern.

3 Vorgehensweise bei der Entwicklung des wissensbasierten, entscheidungsunterstützenden Systems

3.1 Vorgehensmodell für den Entscheidungsprozeß

3.1.1 Formale Beschreibung der Entscheidungsaufgabe

Zunächst wurde das Entscheidungsproblem bei der Auswahl von Industrierobotern wie in Abbildung 3 gezeigt formalisiert. Danach kann eine Automatisierungsaufgabe durch eine Spezifikation

$$S_i = (S_1, \dots, S_r)$$

beschrieben werden. Da sich in der Regel mehrere Alternativen für eine Automatisierung finden lassen, gibt es insgesamt eine Alternativenmenge S, bestehend aus den Spezifikationen S_i. Müssen beispielsweise bei einer Montageaufgabe Fügetoleranzen ausgeglichen werden, so ist entweder der Einsatz eines Sensors oder die Verwendung eines Compliance-Moduls zu spezifizieren. Jede Spezifikation S_i hat charakteristische Attribute und Merkmalsausprägungen.

Jede Alternative S_i führt zu einer Menge von Anforderungen an geeignete Industrieroboter, die zum Anforderungsprofil A_{ij} zusammengefaßt werden. Mehrere alternative Anforderungsprofile zur Erfüllung einer Spezifikation sind möglich. Die Auswahl von Industrierobotern erfolgt über ein Zielsystem Z, bestehend aus den Präferenzfunktionen Z_{ij}, die einerseits die Eignung eines Industrieroboters bezüglich des Anforderungsprofils A_{ij} sowie die Spezifikationen S_i bewerten.

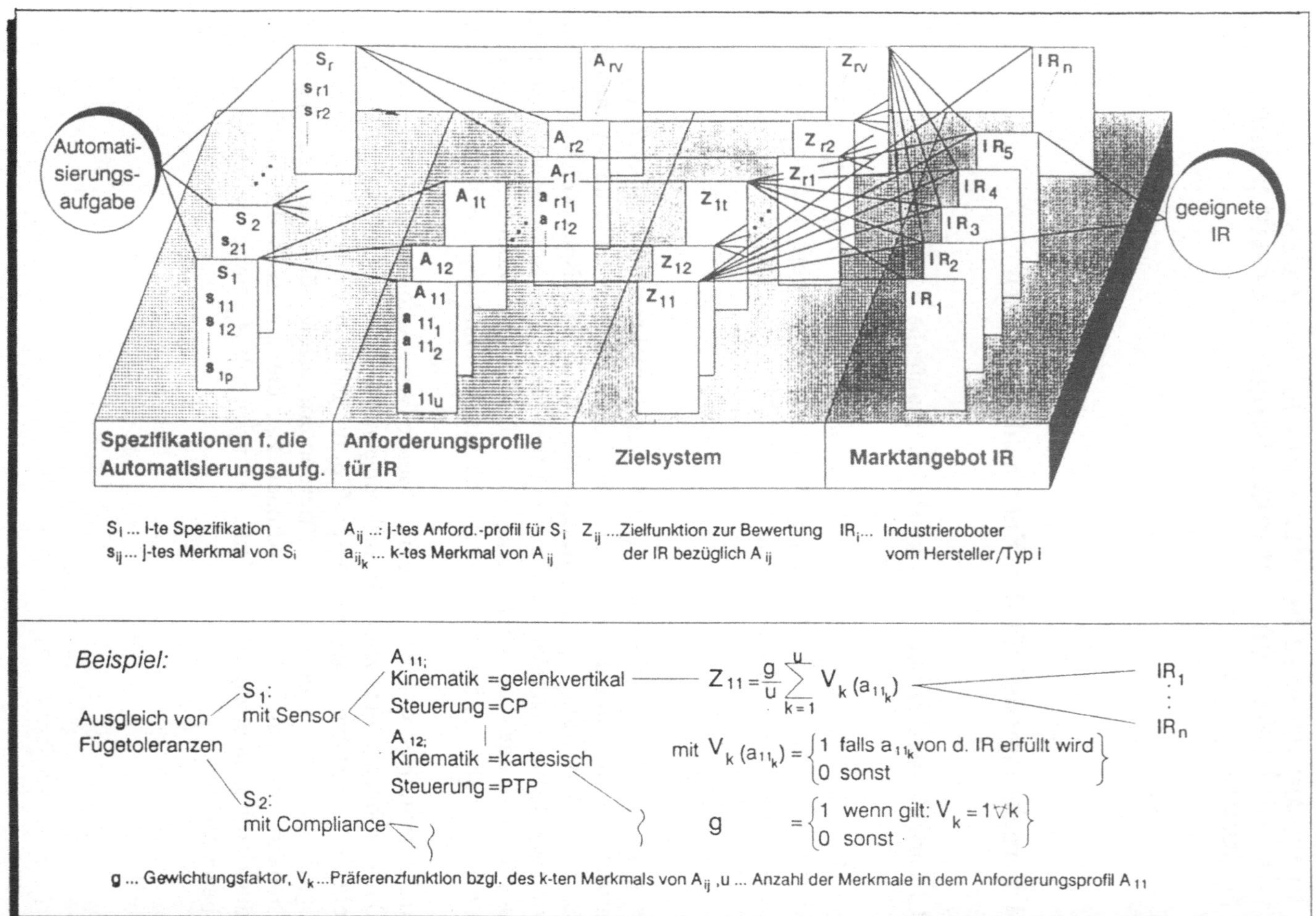

S_i ... i-te Spezifikation
s_{ij} ... j-tes Merkmal von S_i

A_{ij} ..: j-tes Anford.-profil für S_i
a_{ij_k} ... k-tes Merkmal von A_{ij}

Z_{ij} ...Zielfunktion zur Bewertung der IR bezüglich A_{ij}

IR_i... Industrieroboter vom Hersteller/Typ i

$$Z_{11} = \frac{g}{u} \sum_{k=1}^{u} V_k(a_{11_k})$$

mit $V_k(a_{11_k}) = \begin{cases} 1 & \text{falls } a_{11_k} \text{ von d. IR erfüllt wird} \\ 0 & \text{sonst} \end{cases}$

$g = \begin{cases} 1 & \text{wenn gilt: } V_k = 1 \, \forall k \\ 0 & \text{sonst} \end{cases}$

g ... Gewichtungsfaktor, V_k ...Präferenzfunktion bzgl. des k-ten Merkmals von A_{ij} ,u ... Anzahl der Merkmale in dem Anforderungsprofil A_{11}

Abb. 3.1: Beschreibungsmodell für das Entscheidungsproblem

3.1.2 Vorgehensweise für den Entscheidungsprozeß

Die Auswahl von Industrierobotern kann nur inkrementell in mehreren Entscheidungsstufen erfolgen. Innerhalb jeder Entscheidungsstufe werden drei formale Schritte unterschieden (Abb 3.2) [3.1]:

- Die Formulierung der Entscheidungssituation
  Dieser Schritt umfaßt die Analyse der Automatisierungsaufgabe und das Erstellen von Anforderungsprofilen.

- Das Auswerten der logischen Implikationen
  Hier wird der Entscheidungsprozeß in Abhängigkeit von dem Verhältnis zwischen formulierten Anforderungen und den Leistungsmerkmalen der käuflichen Geräte gesteuert. Dieser Schritt enthält insbesondere das Generieren und Verwalten von Entscheidungsalternativen.

- Die Bewertung der Entscheidungsalternativen
  In diesem Schritt wird die Bestimmung der optimalen Automatisierungslösung, bzw. der am besten geeigneten Industrieroboter unterstützt.

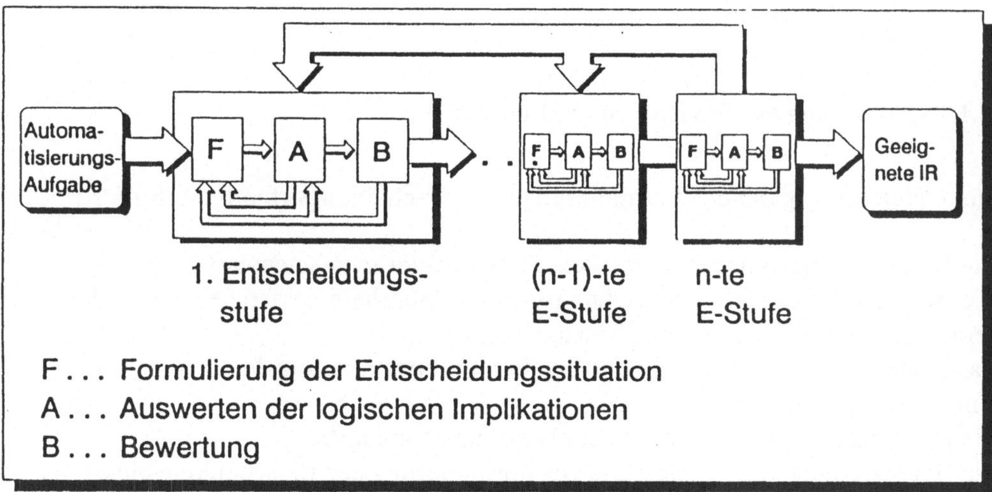

Abb. 3.2: Vorgehensmodell für mehrstufige Entscheidungsprozesse

Charakteristisch sind Rückkopplungen, sowohl innerhalb als auch zwischen den einzelnen Entscheidungsstufen. Im Verlauf des Entscheidungsprozesses kann es sich als notwendig erweisen, früher getroffene Annahmen zu revidieren. Dadurch wiederum ändern sich die Voraussetzungen für alle nachfolgenden Entscheidungsstufen.

3.2 Anforderungen an ein entscheidungsunterstützendes System (EUS)

Der Planungsprozeß bei der Auswahl von Industrierobotern stützt sich auf eine pragmatische Vorgehensweise. Zahlreiche Zusammenhänge und Daten sind anfangs unbekannt, sodaß der Anwender auf zwei Strategien zugreift:

- Zunächst unbekannte Parameter werden durch hypothetische Annahmen festgelegt und der Planungsprozeß kann, auf den Hypothesen basierend, fortgesetzt werden. Sich widersprechende Entscheidungsalternativen werden dabei parallel verfolgt.

- Die Lösungssuche wird an der aktuellen Stelle unterbrochen und erst später im Planungsverlauf erneut aufgenommen, nachdem die benötigte Information vorliegt.

Beide Strategien müssen von dem EUS unterstützt werden. Dies erfordert, daß das System für eine durchgängige Unterstützung in der Lage ist, hypothetische und unvollständige Informationen zu verarbeiten.

3.2.1 Formulierung der Entscheidungssituation

Eine Unterstützung bei der Formulierung der Entscheidungssituation erfordert:

- die Bereitstellung von umfangreichem Automatisierungs-Know-how,
- die Bereitstellung eines Beschreibungssystems, innerhalb dessen der Anwender seine Automatisierungsaufgabe beschreiben kann,
- das Ermöglichen einer entscheiderspezifischen Formulierung der Entscheidungssituation,
- die problemspezifische Adaption des Informationsbedarfs,
- die Bereitstellung einer Systematik zur Formulierung der Entscheidungssituation,
- die Adaption an das entscheiderspezifische Informationsangebot.

Zwei zentrale Fragen bestimmen Effizienz und Systematik von EUS:

- Welche Schlüsselelemente sind für den Entscheidungsprozeß relevant?

Ziel einer effizienten Entscheidungsunterstützung muß eine problembezogene Eingrenzung der Entscheidungssituation sein. Dazu ist ein Mechanismus zu fordern, der nur den für die jeweilige Automatisierungsaufgabe sensitiven Teil der Domäne und des Beschreibungssystems aktiviert und damit eine Adaption des Informationsflusses vornimmt. Nicht relevante Einflußfaktoren müssen frühest möglich ausgeschaltet werden.

- Wann müssen diese Schlüsselelemente bestimmt werden?

Soll ein effizienter Entscheidungsablauf auch bei weniger erfahrenen Planern garantiert werden, muß vom System eine Systematik zur Formulierung der Entscheidungssituation angeboten werden.

3.2.2 Auswerten der logischen Implikationen

Bei Auswahlproblemen entstehen üblicherweise Zielkonflikte, wenn Anforderungen vorliegen, deren Erfüllung sich gegenseitig ausschließt. Oft erfüllt kein käuflicher Industrieroboter, das aus der Spezifikation der Automatisierungsaufgabe abgeleitete Anforderungsprofil. Folglich ist ein Mechanismus, der Strategien zur Konfliktlösung bereitstellt, von zentraler Bedeutung.

3.2.3 Bewertung

Charakteristische Merkmale des Zielsystems bei der Auswahl von Industrierobotern sind die folgenden:

- Das Zielsystem ist mehrdimensional.

Die Auswahl und die Bewertung stützen sich auf die Menge der alternativen Lösungen für die Automatisierungsaufgabe und die Menge der käuflichen Industrieroboter.

- Das Zielsystem ist zu Beginn unbekannt.

In Abhängigkeit von der speziellen Anwendung und dem Anwender, kann das Zielsystem nicht apriori, sondern nur während des Entscheidungsprozesses festgelegt werden. Während dieses komplexen Vorgangs muß der Anwender kontinuierlich vom System unterstützt werden.

3.3 Wissensakquisition und Systematisierung

Grundlage für die Wissensakquisition bildeten Informationen und Datenmaterial über:

- circa 200 Planungen von Industrieroboter-Einsätzen,
- 110 realisierte Industrieroboter-Systeme und
- circa 500 Analysen von Automatisierungsaufgaben, die im Rahmen eines Forschungsprojektes [3.2] erarbeitet wurden.

Extrakt dieser Wissensresource ist eine mosaikhafte Gesamtheit an Wissenseinheiten und Zusammenhängen.

Basierend auf dem Beschreibungs- und Vorgehensmodell wurde das Wissen systematisiert. Eine Grobgliederung erfolgte dabei durch die Aufteilung in beschreibendes Wissen und Problemlösungswissen.

3.4 Wissensmodellierung

3.4.1 Organisation des deklarativen Wissens

Ergebnis der Wissensakquisition ist, daß je nach Anwendungsgebiet (z.B. Montage, Maschinen be- und entladen, etc.) stark unterschiedliche Problembereiche relevant sind. Die geforderte problemspezifische Eingrenzung der Entscheidungssituation wurde deshalb über die anwendungsspezifische Konfiguration des Modells für das deklarative Wissen realisiert. Abbildung 3.3 zeigt einen Gesamtüberblick des Modells. Danach gibt es eine horizontal dargestellte Strukturierung in einen

- anwendungsübergreifenden und
- zwei anwendungsspezifische

Modellbausteine sowie eine vertikale Einteilung in fünf Teilmodelle; und zwar:

- "Automatisierungsaufgabe" und "Anforderungsprofil" sind Konzepte des fallspezifischen Wissens.
- Für die Modellierung des Automatisierungs-Know-hows sind die Konzepte "Anwendungsspezialist" und "Beschreibungsgrößen" vorgesehen. Mit dem Konzept "Beschreibungsgrößen" werden die zentralen Begriffe der Domäne modelliert, das heißt, deren Abhängigkeiten und Eigenschaften explizit formuliert. Damit wird ein Kern von 'tiefem Wissen' realisiert. Das gesamte

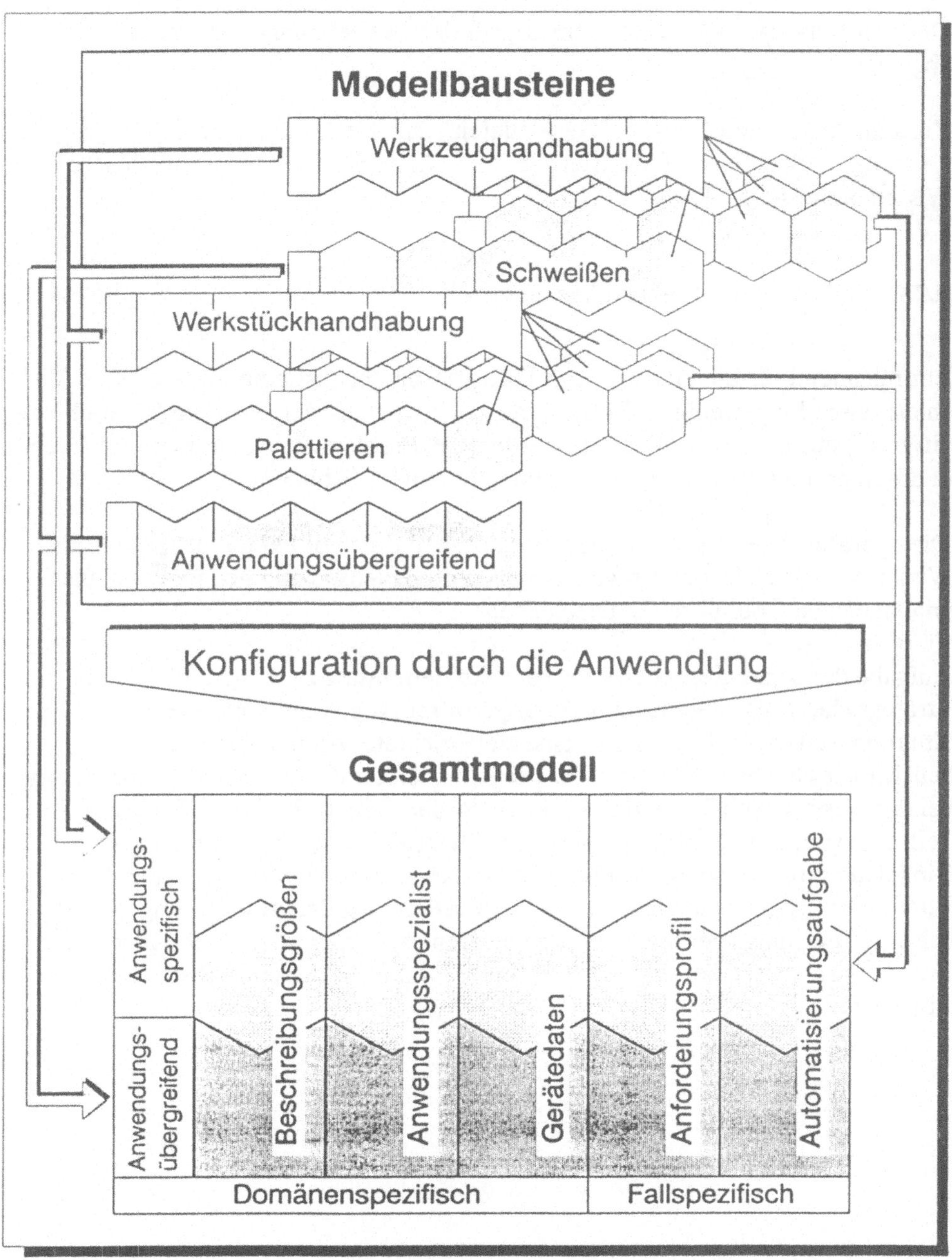

Abb. 3.3: Gesamtmodell für das deklarative Wissen zur Auswahl von Industrierobotern

Oberflächenwissen wird unter dem Begriff der "Anwendungsspezialisten" abgelegt.

- Zusammen mit dem Konzept "Gerätedaten", zur Beschreibung der Leistungsmerkmale von Industrierobotern wird damit das bereichsspezifische Wissen organisiert.

3.4.2 Organisation des Problemlösungswissens

Kennzeichnend für die Auswahl von Industrierobotern ist eine hierarchische Vorgehensweise. Im jeweiligen Entscheidungsschritt muß der 'korrekte' Detailliertheitsgrad getroffen werden. Dazu wurde eine Problemlösungsstrategie basierend auf drei hierarchisch angeordneten Ebenen realisert (Abb 3.4):

- Die operative Ebene enthält alle Operatoren, die sich direkt auf das deklarative Wissen anwenden lassen. Es wird zwischen domänenspezifischen und domänenunabhängigen Operatoren unterschieden.

- Aufgabe der Strategieebenen ist es, die Problemlösung zu planen. Es werden "strategische" Entscheidungen darüber getroffen, wie in einer gegebenen Situation weiterverfahren und so eine zielgerichtete Vorgehensweise durch heuristisches Suchen realisert wird. Die Komplexität des Entscheidungsprozesses bei der Auswahl von Industrierobotern erfordert eine mehrstufige Zerlegung in Teilprobleme, welche dann an die lokale Strategieebene weitergereicht werden. Die lokale Strategieebene verfügt über ein Repertoire an Strategien, um die Durchführung von Teilaufgaben, wie die Bestimmung der Anforderungen bezüglich eines Leistungsmerkmals, zu organisieren. Abhängig vom aktuellen Problemzustand wird jeweils der vermeintlich "beste" Operator der operativen Ebene ausgewählt.

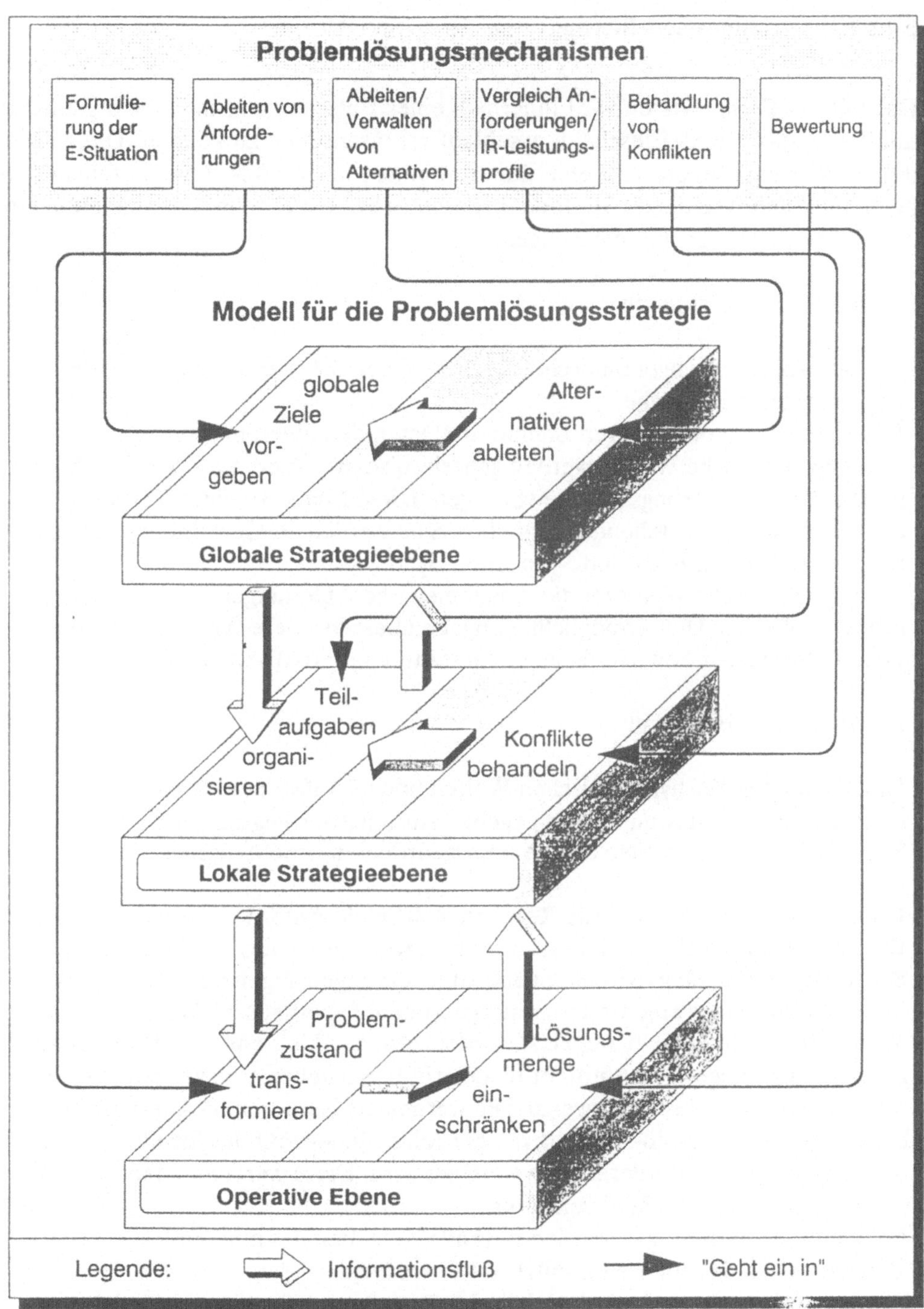

Abb. 3.4: Hierarchischer Aufbau des Problemlösungsmodells

242

3.4.3 Entscheidungsmodellierung

Das fallspezifische Wissen wird innerhalb eines Entscheidungsmodells organisiert, um den mehrstufigen Entscheidungsablauf repräsentieren zu können. Dieses Modell enthält eine innere und eine äußere Baumstruktur (Abb 3.5), bestehend aus hypothetischen Welten [3.3]. Jede hypothetische Welt umfaßt Annahmen und daraus abgeleitete Schlußfolgerungen.

Für den äußeren Baum gilt:

- Die Annahmen der hypothetischen Welten bilden die Spezifikationen S_i der Automatisierungsaufgabe.
- Die Ableitungen des äußeren Baumes umfassen den inneren Baum.
- Neue hypothetische Welten werden generiert, sobald alternative Spezifikationen für die Automatisierungsaufgabe vorliegen. Diese führen zu einer Verzweigung des Baumes. Die entstehenden logischen Äste werden als Gestaltungsalternativen bezeichnet (siehe z.B. S_1 und S_2 in Abb 3.5).
- Jede hypothetische Welt erbt die Annahmen und Ableitungen ihrer der übergeordneten Welten. Dies ermöglicht, daß jede übergeordnete Welt alle gemeinsamen Merkmale der nachfolgenden Gestaltungsalternativen enthält.

Für den inneren Baum gilt:

- Die Annahmen der hypothetischen Welten bilden Anforderungen an die Industrieroboter im Rahmen der gegeben Automatisierungsaufgabe.
- Nur die Annahmen werden an alle untergeordneten hypothetischen Welten vererbt.
- Die Ableitungen umfassen alle Roboter, welche die Anforderungen erfüllen.
- Bei jeder weiteren Entscheidungsstufe (d.h., wenn ein neues Merkmal der Spezifikation festgelegt wird und neue Anforderungen abgeleitet werden) entsteht mindestens eine weitere untergeordnete hypothetische Welt.
- Wenn Zielkonflikte nicht aufgelöst werden können, d.h. wenn kein Roboter alle momentan vorliegenden Anforderungen erfüllt, entstehen Verzweigungen des inneren Baumes. Diese Verzweigungen werden als Kompromiß-Alternativen bezeichnet. Kompromiß-Alternativen entstehen, indem auf die Erfüllung jeweils unterschiedlicher Anforderungen verzichtet wird. Diese werden in den Annahmen als 'nicht erfüllt' vermerkt.
- Bei neuen Anforderungen werden stets alle Astenden des inneren Baumes, in allen Astenden des äußeren Baumes weiterverfolgt.
- Die jeweils letzte hypothetische Welt enthält aufgrund der Vererbung das vollständige Anforderungsprofil zur zugehörigen Spezifikation des äußeren Baumes.

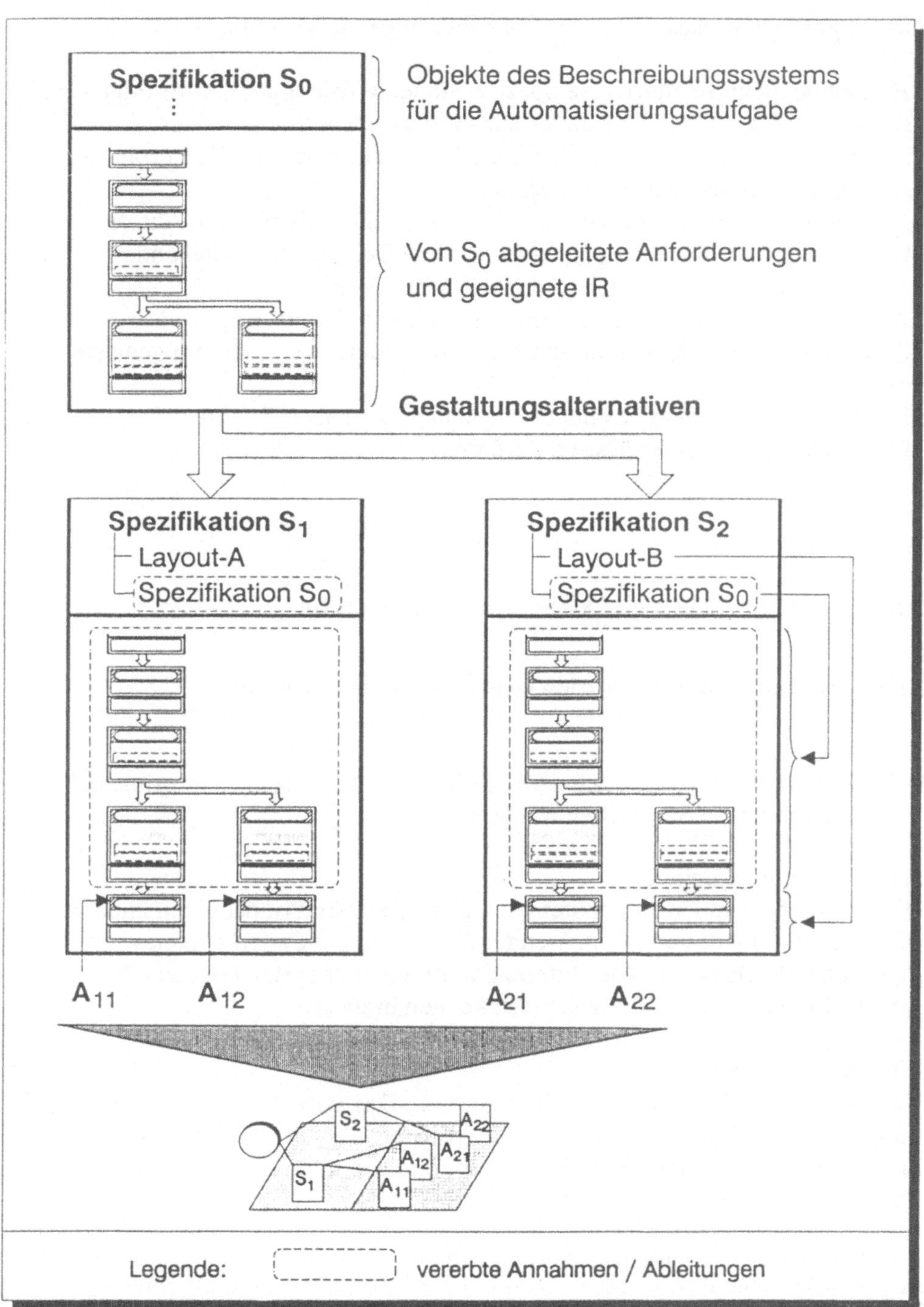

Abb. 3.5: Modellierung von Gestaltungsalternativen

Das aufgezeigte Entscheidungsmodell bietet folgende Vorteile:

- Es können mehrere alternative Spezifikationen effizient parallel verfolgt werden.
  Die Alternativen können einander auch widersprechen.
- Zunächst nicht auflösbare Zielkonflikte können in Form von Kompromiß-
  Alternativen weiterverfolgt werden.
- Der gesamte Entscheidungsablauf wird protokolliert. Getroffene Aussagen
  können jederzeit rückgängig gemacht werden. Der danach entstehende
  Alternativenraum kann automatisch abgeleitet werden.
- Die aktuellen Entscheidungsalternativen, mit den dazugehörigen
  Randbedingungen können für den Anwender jederzeit transparent gemacht
  werden.
- Das Entscheidungsmodell kann als Grundlage für eine effiziente
  Erklärungskomponente verwendet werden.

3.5 Entwurf der Mensch/Maschine-Schnittstelle

3.5.1 Organisation der Interaktion von Anwender und System

Bei der Interaktion von Entscheidungsträger und System können prinzipiell zwei
Verhaltensmuster unterschieden werden:

- Der Anwender **reagiert**.
  Die Aktivitäten gehen vom System aus. Kennzeichnend ist dabei ein imperativer
  Dialog, während dessen der Anwender die Fragen des Systems beantwortet.
  Vorteilhaft bei dieser Art der Interaktion ist, daß der Systembenutzer die
  Methodik der Problemlösung nicht zu kennen braucht.

- Der Anwender **agiert**.
  Das Vorgehen wird vom Anwender bestimmt. Das System stellt ihm dazu
  möglichst viele Optionen parallel zur Verfügung. Der Vorteil hier liegt darin, daß
  der Systembenutzer seine eigene Initiative und Vorstellungen bezüglich der
  Problemlösung einbringen kann.

Die rechnergestützte Entscheidungsunterstützung zur Auswahl von Industrierobotern erfordert eine flexible Mensch/Maschine-Interaktion. Deshalb muß eine
Kombination aus beiden Interaktionsformen konzipiert werden. Einerseits soll das
System permanent ein Vorschlag für die weitere Vorgehensweise anbieten. Dies
wird insbesondere ein unerfahrener Planer schätzen. Andererseits soll der Anwen-

der jederzeit die Initiative ergreifen können, sobald er der Meinung ist, daß er einen besseren Weg zur Problemlösung, als den vom System vorgeschlagenen kennt. Da es aufgrund der heuristischen Vorgehensweise keinen "optimalen" Lösungsweg gibt, ist dies ein berechtigtes Verhalten. Eine Einschränkung der planerischen Phantasie und Beweglichkeit kann durch die gemischte Initiative von Anwender und System minimiert werden.

3.5.2 Entkopplung von Dialog und Problemlösung

Mensch/Maschine-Interaktion mit gemischter Initiative bedeutet, das der Benutzer zu jedem Zeitpunkt die Freiheit hat, Fragen des Systems zu ignorieren und eigene Eingaben zu machen, die nicht unbedingt einen direkten Bezug zum aktuellen vom System vorgeschlagenen Lösungsweg aufweisen müssen. Dennoch muß die Problemlösungskomponente des Systems diese Eingaben sofort in den Problemlösungsprozeß mit einbeziehen, parallel die Relevanz bezüglich der eigenen Vorgehensweise prüfen und gegebenenfalls die verfolgte Strategie anpassen.

Die Realisierung dieses Verhaltens erfordert einerseits die Entkopplung von Dialog und Problemlösung sowie andererseits der vom System erfragten und tatsächlich erhaltenen Informationen. Ermöglicht wird dies durch ein sogenanntes "Blackboard" [3.4] (Abb 3.6), welches die Kommunikation zwischen Dialog- und Problemlösungskomponente übernimmt.

Der Blackboard-Mechanismus erlaubt, daß der Problemlösungsprozeß ständig im Hintergrund läuft, ohne daß er bei Fragen an den Benutzer unterbrochen wird und auf eine bestimmte Antwort warten muß.

Wird bei der Problemlösung vom System das Fehlen einer bestimmten Information erkannt, erfolgt ein entsprechender Eintrag auf das Blackboard. Dadurch wird die Dialogkomponente veranlaßt, die benötigte Information zu erfragen. Es liegt jedoch im Ermessen des Benutzers, auf diese Frage einzugehen oder nicht. Prinzipiell kann er jederzeit beliebige Informationen eingeben, die wiederum Einträge auf das Blackboard generieren und sofort in den Problemlösungsprozeß einfließen können.

3.5.3 Funktionselemente für die Mensch/Maschine-Interaktion

Die Dialogkomponente bilden die Brücke zwischen Anwender und System und bestimmt damit entscheidend die Leistungsfähigkeit des Gesamtsystems.

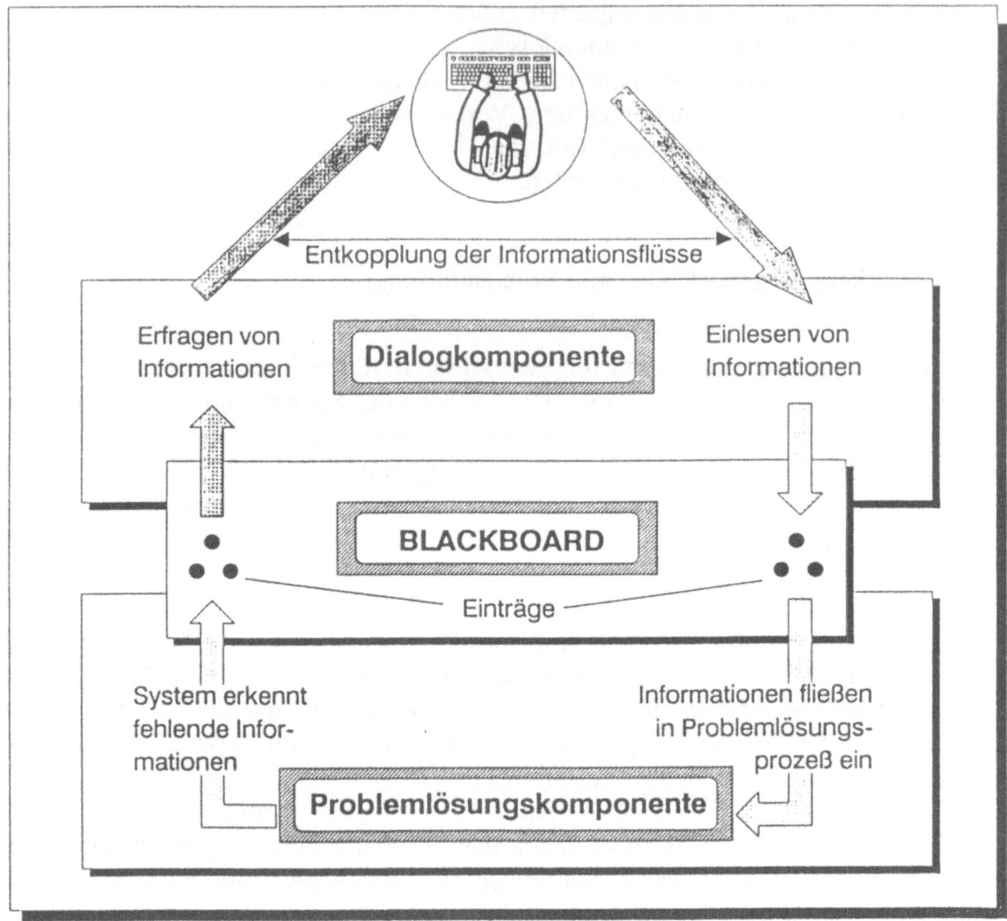

Abb. 3.6: Blackboard-Mechanismus für die Entkopplung von Dialog- und Problemlösungskomponente

Ausgangspunkt beim Entwurf der Dialogkomponente sind die Fragen:

- Welche Information benötigt das System vom Anwender?
- Welche Information wünscht der Anwender vom System?

Daraus leiten sich die folgenden Funktionselemente der Dialogkomponente ab:

- Mechanismus zur Systemsteuerung,
- Universeller Frage/Antwort-Mechanismus,

- Graphische Arbeitsraumbeschreibung,
- Informations- und Änderungsfunktion,
- Erklärungs- und Hilfe-Funktion.

3.5.4 Definition der Ressourcen für die Mensch/Maschine-Schnittstelle

Zur Realisierung der beschriebenen Funktionselemente sind folgende Ressourcen erforderlich:

- Fenstersystem als Bedienoberfläche

Damit können Informationen parallel dargestellt und manipuliert werden. Um dem Anwender den Überblick zu erleichtern, wird eine statische Fensterstruktur definiert. Statisch heißt dabei, daß diese Fenster während der gesamten Sitzung erhalten bleiben und einen genau definierten Zweck erfüllen. Diese statischen Fenster werden durch dynamische (Pop-up-Fenster) ergänzt. Dynamische Fenster sind nur kurzzeitig sichtbar, werden automatisch entfernt sobald sie nicht mehr gebraucht werden und belegen dadurch nicht unnötig Platz auf der Benutzeroberfläche. Sinnvollerweise wird die gesamte Hilfe-Funktion über dynamische Fenster realisiert.

- Menü-System

Immer wenn der Anwender Optionen aus einem diskreten Wertebereich auswählen kann, erfolgt dies über Menüs. Damit erfolgt die Eingabe schneller und Fehleingaben sind ausgeschlossen. Über ein Menü-Steuerungssystem soll eine Menü-Baumstruktur realisiert werden.

- Maus-Steuerung

Die Maus dient als zentrales Zeiginstrument zum Ansteuern von Funtionen und Objekten über maussensitive Zonen auf der Benutzeroberfläche.

- Alphanumerische Ein-/Ausgabe

Die Eingabe von Namen und Werten mit kontinuierlichem Wertebereich (die nicht als Menüoptionen angeboten werden können) erfordert eine Eingabemöglichkeit über die Tastatur. Jede dieser Eingaben muß auf syntaktische und logische Korrektheit überprüft werden.

- Graphische Ein-/Ausgabe

Die Beschreibung von geometrischen Zusammenhängen durch den Anwender und die sugestive Darstellung von Ergebnissen durch das System erfolgt über graphische Elemente.

3.5.5 Graphische Unterstützung bei der Beschreibung des Layouts

Für die Ableitung der Anforderungen bezüglich der Kinematik sowie der Arbeitsraumparameter müssen die Anordnung und die Ausdehnung von Industrieroboter und Peripherieelementen beschrieben werden.

Die Erfassung der Modellparameter stellt besondere Anforderungen an die Dialogkomponente. Während beispielsweise das Attribut "Loßgröße" problemlos über den Frage/Antwort-Mechanismus geklärt werden kann, wird der Anwender bei Fragen nach Position, Orientierung und Ausdehnung der Elemente im Arbeitsraum des Industrieroboters Schwierigkeiten mit der alphanumerischen Eingabe haben.

Benötigt wird eine graphische Unterstützung. Es hat sich als sinnvoll erwiesen, die interaktive Beschreibung der Peripherie über ein Graphikfenster, das eine Draufsicht des Arbeitsraumes zeigt, durchzuführen und parallel dazu eine dreidimensionale Abbildung anzubieten. Es sind dazu Grundfunktionen und Objekte zur Darstellung der Zugriffsräume des Industrieroboters (aktive Quader) und der Hindernisse (passive Quader) im Arbeitsraum bereitzustellen. Zusätzlich soll der Anwender in seinen Bemühungen, ein sinnvolles Layout zu erhalten, durch Heuristiken und Algorithmen zur Optimierung der Anordnung von Industrieroboter und Peripheriekomponenten unterstützt werden; wie z.B.:

Wenn	ein Arbeitsraumelement aktiv ist
und	seine Lage nicht fest vorgegeben ist
und	Zugriffsbeschränkungen vorhanden sind,
dann	kann eventuell durch Drehen des Arbeitsraumelements die Zugänglichkeit so verändert werden, daß die Anforderungen bezüglich Kinematik und der Anzahl Achsen eines geeigneten Industrieroboters abschwächen.

3.5.6 Realisierung der Erklärungskomponente

Wissensbasierte Systeme können im Gegensatz zu konventionellen, algorithmischen Systemen keine korrekte Lösung garantieren. Deshalb ist eine Möglichkeit, während einer Beratungssitzung mit einem wissensbasierten System die Ergebnisse laufendend zu hinterfragen unbedingt erforderlich. Nur auf diese Art und Weise kann eine hohe Akzeptanz solcher Systeme erzielt werden. Der Anwender wird nur dann bereit sein, die Verantwortung für die ermittelten Resultate bezüglich bestimmter Industrieroboter zu übernehmen, wenn für ihn die Entscheidung transparent und reproduzierbar dargestellt wird.

Deshalb ist ein Mechanismus zur Verfügung zu stellen, der es erlaubt, eine laufende Konsultation jederzeit zu unterbrechen und Erklärungen zu verlangen. Der allgemein übliche "wie/warum"-Erklärungsmechanismus wurde für die gestellte Aufgabe als nicht ausreichend befunden. Deshalb fiel die Entscheidung für eine Erklärungskomponente mit Hilfe sogenannter "Spezialisten" für jeden der drei Entscheidungsschritte (Kap. 3.1.2). Dadurch können Erläuterungen sowohl anwendungs-, als auch kontextabhängig bereitgestellt werden [3.5]. Jeder "Spezialist" ist für Erklärungen in einem exakt definierten Problembereich zuständig.

Für die "Spezialisten" stehen folgende Informationsquellen zur Verfügung:

- Zielbäume

Für die jeweils verfolgten Ziele existiert eine Zielhierarchie. Wenn zum Beispiel das Ziel "Bestimme die Nennlast" formuliert worden ist, kann dieses vom Problemlösungsmechanismus bei Bedarf in Sub-Ziele zerlegt werden (z.B.: "Erfrage Greifergewicht", "Erfrage Werkstücksgewicht"). Zielbäume helfen, die Motivation für laufende Aktivitäten zu erläutern.

- Inferenzhistorie

Um Argumentationsketten, die zur Ableitung bestimmter Fakten geführt haben, jederzeit nachvollziehen zu können, wird der Problemlösungsprozeß protokolliert. Ist zum Beispiel das Ziel "Bestimme Nennlast" erreicht, wird dies durch den Vermerk "Untersucht Nennlast" festgehalten.

- Domänenspezifische Wissenszusammenhänge

Funktionale Abhängigkeiten der Wissensdomäne (z.B.: "Das Gewicht der Handhabungsobjekte und der armgebundenen Peripherieelemente bestimmt die erforderliche Nennlast des Industrieroboters") müssen deklarativ verfügbar sein.

- Entscheidungsmodell

Im Entscheidungsmodell sind in kompakter Form alle benötigten fallspezifischen Informationen protokolliert.

Entscheidungsschritt	Erklärungsspezialist (ES)
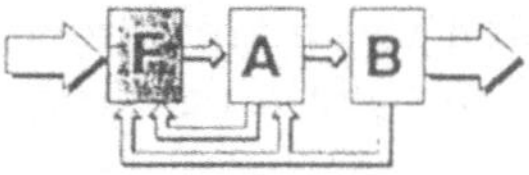 **Formulierung der Entscheidungssituation**	**ES 1** Frage: < Warum wird etwas gefragt? > Antwort: < Übergeordnete Zielsetzung des Systems > **ES 2** Frage: < Wie wird eine Information verwendet? > Antwort: < Auswirkungen der Aufgabenbeschreibung auf die Anforderungen an das IR > **ES 3** Frage: < Warum ist eine Anforderung notwendig? > Antwort: < Begründung für die Ableitung der Anforderung aus der Aufgabenbeschreibung >
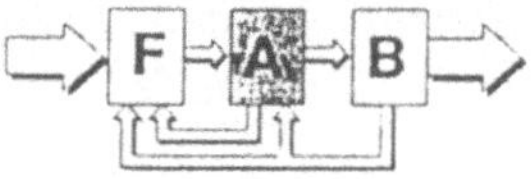 **Auswerten der logischen Implikationen**	**ES 4** Frage: < Welche Entscheidungsalternativen werden augenblicklich verfolgt? > Antwort: < Darstellung der jeweiligen Entscheidungsalternativen mit den - Anforderungsprofilen - Geeignete IR - Zielinterdependenzen >
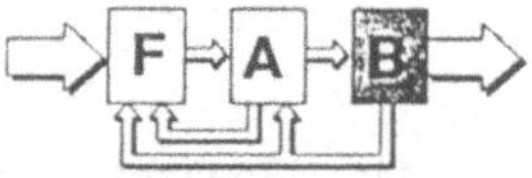 **Bewertung**	**ES 5** Frage: < Wie kommt es zur Bewertung der Entscheidungsalternativen? > Antwort: < Gründe für die Bewertung >

Abb. 3.7: Definition der Erklärungsspezialisten

4. Realisierung und Erprobung der wissensbasierten Entscheidungsunterstützung

4.1 Erprobung an einem Fallbeispiel

4.1.1 Beschreibung des Fallbeispiels

Die Leistungsfähigkeit des entwickelten wissensbasierten Systems zur Entscheidungsunterstützung bei der Auswahl von Industrierobotern soll anhand des folgenden Fallbeispiels aufgezeigt werden:

Bei einem Hersteller von Fleisch- und Wurstwaren müssen am Ende einer Verteilanlage Ladeeinheiten zusammengestellt werden. Eine Ladeeinheit umfaßt eine Menge von quaderförmigen Stückgütern, welche die einzelnen Wurst- und Fleichsorten beinhalten und auf einer Europalette gestapelt werden.

Das Spektrum der Stückgüter umfaßt circa 20 Kartontypen unterschiedlicher Abmessungen. Eine Automatisierung der Palettiertätigkeit durch einen Palettierautomaten scheidet aufgrund der Flexibilitätsanforderungen aus [4.1]. Gesucht wird deshalb ein geeigneter Industrieroboter.

4.1.2 Demonstration der wissensbasierten Entscheidungsunterstützung

Aufgrund des Umfangs einer Konsultation soll im folgenden die Arbeitsweise des Systems am Beispiel einiger wesentlicher Ausschnitte dargestellt werden.

Es wird angenommen, daß der Entscheidungsbefugte A wenig Vorwissen über Industrieroboter und Handhabungstechnik besitzt. Die Mensch/Maschine-Interaktion nach dem Prinzip der gemischten Initiative erlaubt, daß er sich primär durch das System leiten lassen kann.

Das System führt den Anwender durch den Auswahlprozeß über den Frage/Antwort-Mechanismus. Nachdem A die Frage nach der Anwendung mit "Palettieren" beantwortet hat, fährt das System mit der Frage fort:

>?> Wollen Sie sortenrein palettieren?

Nach der Eingabe "Palettieren", hat das System hier anwendungsspezifisches Wissen darüber gefunden, daß beim Palettieren die Sortenreinheit ein wichtiger Parameter ist. Der Auftrag, eine Frage danach zu Stellen wurde an die Dialogkomponente weitergeleitet, und diese richtete dieselbe an den Anwender. Bei einer anderen Anwendung wäre diese Frage nach der Sortenreinheit entsprechend nicht gestellt worden.

Die Antwort beeinflußt direkt den Verlauf des folgenden Dialogs. Bei einem "Ja" bräuchte nämlich zur Ermittlung der Nennlast nur nach dem Greifergewicht und dem Stückgutgewicht (alle Kartons wären gleich) gefragt werden.

Der Anwender A anwortet jedoch mit "Nein", und das System fährt fort:

> ? > Welche Nennlast soll der IR mindestens haben?

Da A darauf keine Antwort weiß, aktiviert er die Hilfefunktion. Der Hilfe entnimmt er, daß er mit "?" antworten kann. Daraufhin versucht das System, diese Frage über die funktionalen Abhängigkeiten indirekt zu klären und fragt:

> ? > Welche Stückgüter soll der IR handhaben?

Entscheider A gibt zunächst vier Typen von Kartons an. Da es jedoch über 20 verschiedene Kartons gibt, bricht er ab und möchte bevor er fortfährt wissen, warum das System diese Frage stellt. Über die rechte Maustaste aktiviert er die Erklärungskomponente. Abbildung 4.1 stellt dazu einen Bildschirmausschnitt dar.

Nach dem Lesen der Erklärung ist es A klar, wie sich die Nennlast bestimmt. Da aber das schwerste Stückgut 20 daN wiegt und A das Greifergewicht auf 6 daN schätzt, möchte er nun 26 daN für die Nennlast vorgeben. Das System versucht jedoch aufgrund der vorherigen Antwort ("?"), die Nennlast indirekt (und damit langwieriger) zu bestimmen, indem es das Gewicht der Handhabungsobjekte ermittelt und dazu erst die einzelnen Objekte zu erfassen versucht.

A ergreift nun selbst die Initiative, ignoriert die aktuelle Frage des Systems und gibt die benötigte Nennlast von 26 daN direkt, über eine entsprechende Menüoption ein. Interessant ist nun, daß das System die Benutzerinitiative über den Blackboard-Mechanismus sofort in den selbst verfolgten Problemlösungsprozeß mit einbezieht. Da das Ziel "Bestimme Nennlast" zwischenzeitlich erreicht wurde, ist die offene Frage nach den Handhabungsobjekten im momentanen Zusammenhang nicht weiter von Interesse. Das System übergeht deshalb diese Frage und fährt fort:

> ? > Was für einen Antrieb soll der IR haben?

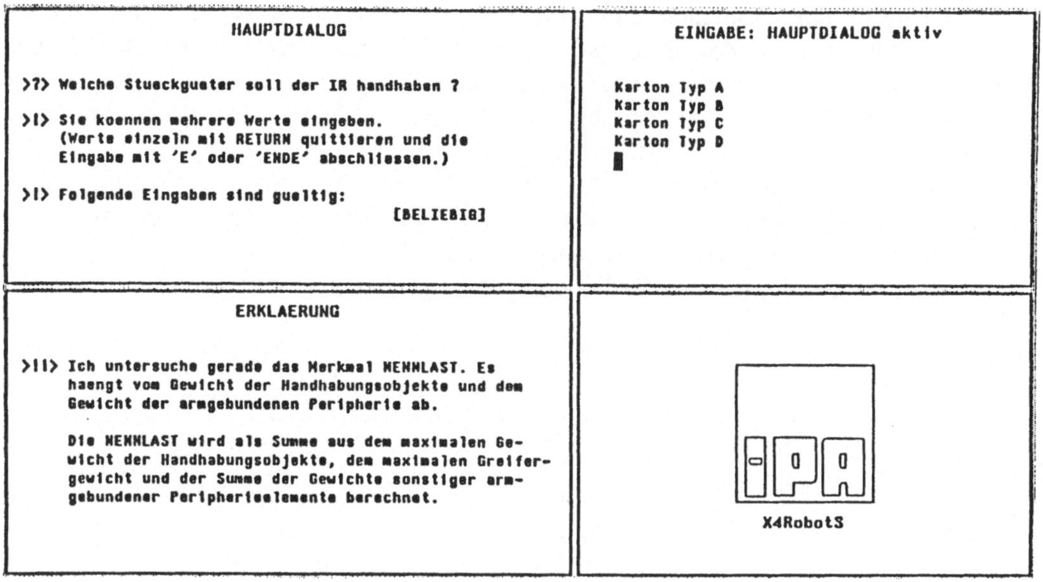

Abb. 4.1: Frage/Antwort-Mechanismus und Erklärungsfunktion

A will jedoch selbst aktiv bleiben, indem er Randbedingungen, die er für wichtig hält, dem System mitteilt. Er weiß, daß die räumlichen Verhältnisse wesentlich die Auswahl von Industrierobotern bestimmen. Deshalb beschreibt er nun die Umgebung des Industrieroboters.

Objekte, die für die Automatisierungsaufgabe von Bedeutung sind, können durch eine beliebige Kombination von "aktiven" und "passiven" Quadern modelliert werden. A beschreibt die Europalette, die eine maximale Beladehöhe von 1,4 m haben soll, durch einen passiven und einen aktiven Quader.

Nach jeder Spezifikation für die Automatisierungsaufgabe werden sofort die entsprechenden logischen Implikationen abgeleitet. Als Folge der Definition des Raumes auf der Europalette als aktiven Quader resultieren notwendige Bedingungen an die Arbeitsraumparameter eines geeigneten Industrieroboters. Diese Anforderungen ergeben sich bereits allein aus der Existenz dieses Objektes und sind zunächst unabhängig von jeglichen Layout-Überlegungen.

Die Analyse des bis zu diesem Zeitpunkt aufgebauten Entscheidungsbaumes ergibt, daß von den zu Beginn der Konsultation vorhandenen 276 Industrierobotern inzwischen nur noch 28 Stück zur Auswahl stehen.

A beschreibt nun zusätzlich eine Rollstrecke (durch einen aktiven und einen passiven Quader), auf der die zu palettierenden Stückgüter ankommen (Abb 4.2). Bisher ist die Platzierung der Arbeitsraumelemente unerheblich für den Auswahlprozeß; nur die Abmessungen jedes Objektes für sich werden berücksichtigt. Wenn der Entscheider in der Lage ist, die spezifizierten Objekte innerhalb des Arbeitsraumes zu einem Layout zu ordnen, werden die geometrischen Relationen zwischen den Objekten in Anforderungen an die Industrieroboter umgesetzt und ausgewertet. Für diesen Fall erzeugt eine Ableitungsregel hinreichende Bedingungen bezüglich der Arbeitsraumparameter.

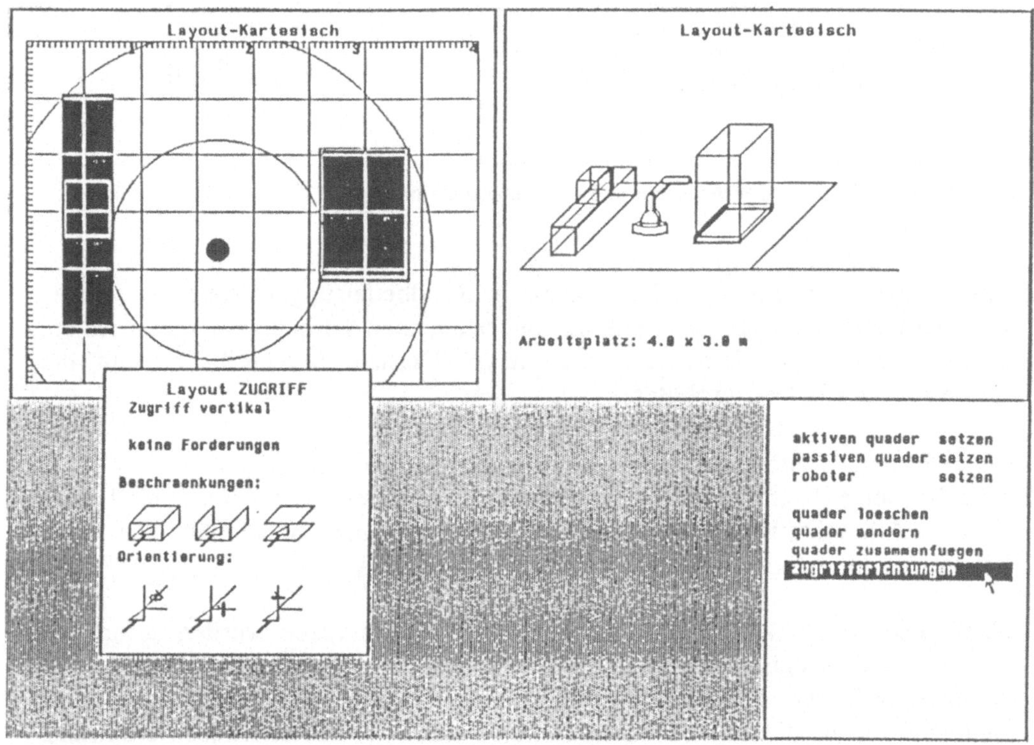

Abb. 4.2: Beschreibung der Peripherieelemente (Bildschirmausschnitt)

Anwender A habe nun zunächst keine genaue Vorstellung, wie er fortfahren soll. Deshalb wendet er sich erneut dem Frage/Antwort-Mechanismus zu; das System übernimmt die Initiative. Die Frage nach dem Antrieb des Industrieroboters ist noch immer offen. Aufgrund des Umfeldes (Lebensmittel, Kühlraum) schließt A hydraulische Antriebe aus (Eingabe: "Nicht hydraulisch").

Nachdem die Vielfalt der Palettiermuster und die Häufigkeit von Änderungen in den Abmessungen der Stückgüter geklärt wurden, wird daraus die Anforderung "Programmierung textuell" abgeleitet. Der Grund hierfür liegt darin, daß ein Programmieren durch Teachen bei variierenden Palettiermustern entweder unmöglich oder aber sehr zeitintensiv ist.

Inzwischen hat sich die Auswahl der in Frage kommenden Industrieroboter auf 19 Geräte reduziert. Da A bereits Erfahrungen mit einem bestimmten Hersteller hat, gibt er eine entsprechende Präferenz für denselben vor. Abbildung 4.3 zeigt eine Gesamtansicht der aktuellen Bedienoberfläche.

Der Wunsch nach diesem Hersteller kann jedoch, wenn alle bisherigen Forderungen beibehalten werden, nicht erfüllt werden. Das System meldet diesen Konflikt.

Anwender A möchte sich nun einen Überblick über den Stand der Auswahlentscheidung verschaffen (Abb 4.4). Er wählt eine entsprechende Menüoption und erhält die Information, daß gegenwärtig zwei Alternativen mit noch fünf bzw. einem geeigneten Industrieroboter verfolgt werden. Die Geräte der ersten Alternative erfüllen alle Anforderungen bis auf den gewünschten Hersteller. Die zweite Alternative enthält nur ein Gerät, welches jedoch die Anforderung bezüglich Kinematik nicht erfüllt.

Anwender A kann entweder mit der Auswahl fortfahren, oder aber abbrechen und mit den entsprechenden Herstellern Kontakt aufnehmen.

4.2 Implementierung

Das beschriebene System wurde auf einer Workstation der Firma Sun Microsystems GmbH, mit der XPS-Shell ART [4.2] realisiert. ART bietet ein 'Schema-System' zur Abbildung von deklarativem Wissen, vorwärts- und rückwärtsverkettete Regeln für die Problemlösungskomponente und sogenanannte Viewpoints zur Modellierung von hypothetischen Welten. Aus Performance-Gründen mußte ein großer Teil direkt in LISP bzw. in C implementiert werden. Derzeit umfaßt das System circa 20.000 Fakten und circa 200 Regeln.

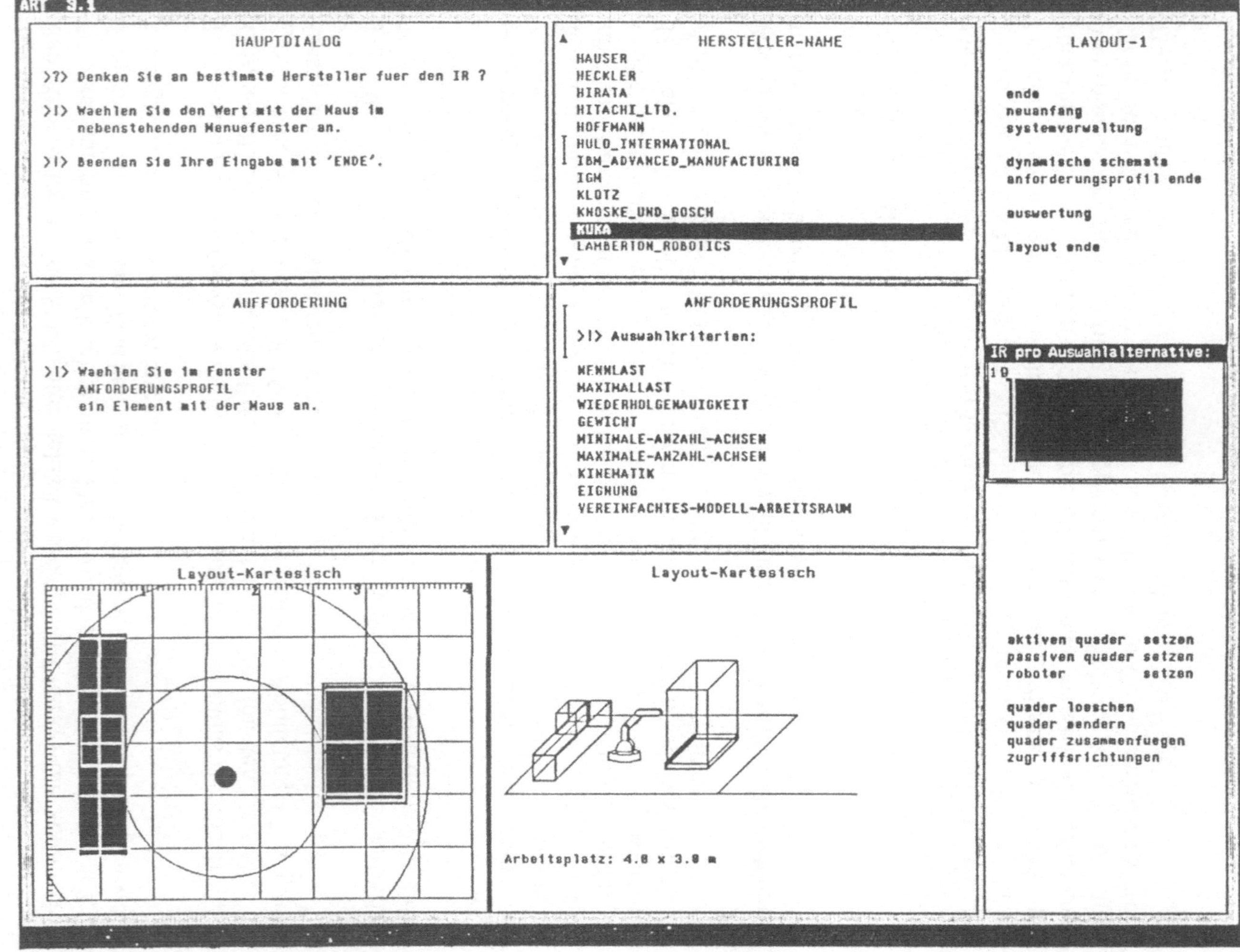

Abb. 4.3: Hardcopy der gesamten Bedienoberfläche

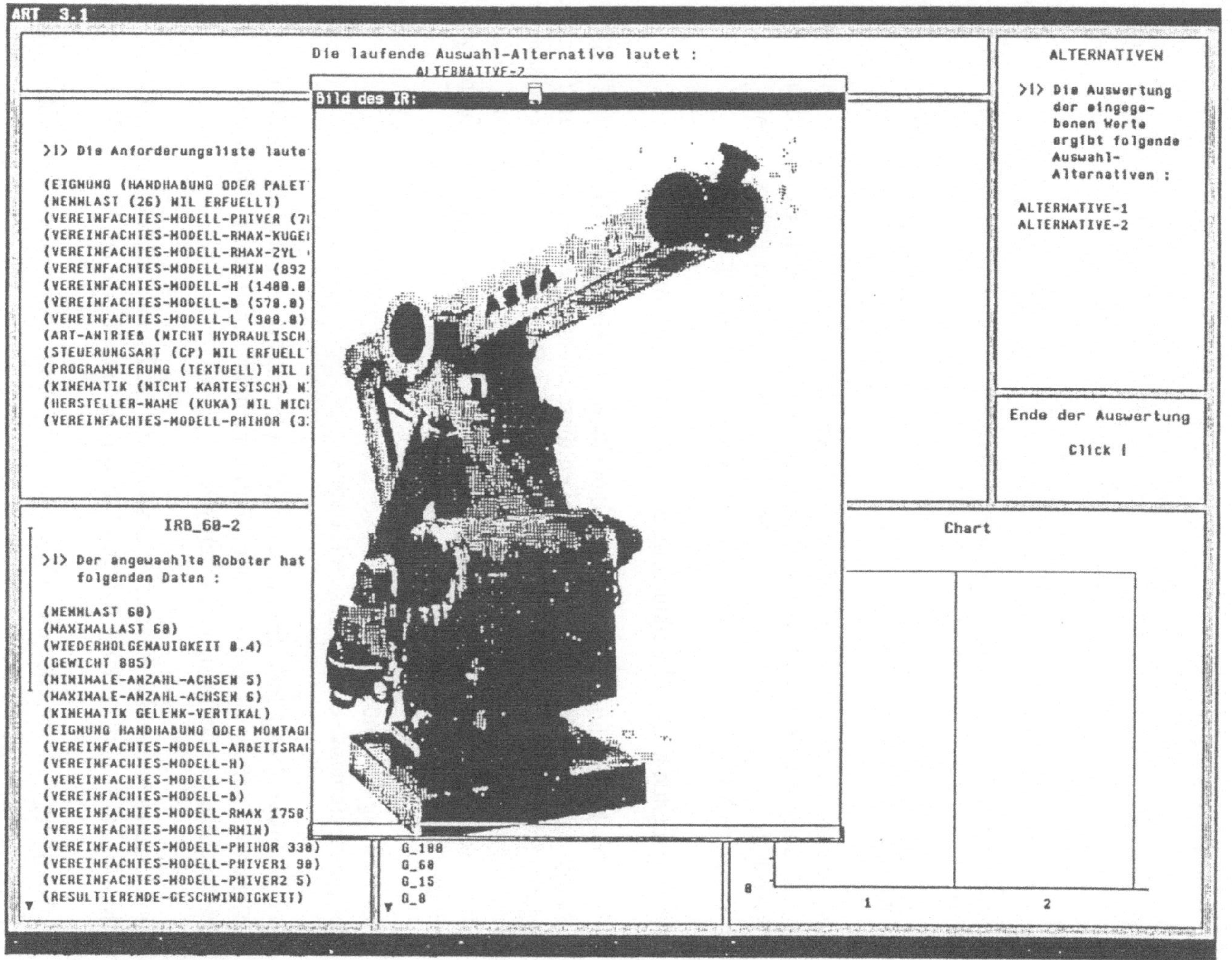

Abb. 4.4: Detailinformationen zu den Auswahlalternativen
(Bildschirmauszug)

5. Ausblick

Bei dem gegenwärtig erreichten Stand sind die folgenden Schwerpunkte für Weiterentwicklungen zu sehen:

- Erweiterung der Wissensbasis

Das beschriebene wissensbasierte Hilfsmittel unterstützt ein offenes Entscheidungsproblem und kann deshalb nie vollständig sein. Der Aufbau der Wissensbais ist als ein langfristiger, permanenter Prozeß zu sehen. Die entwickelten Modelle ermöglichen eine bequeme Erweiterung.

- Weitergehende aktive Unterstützung bei der Layoutgestaltung

Bei dem bestehenden System werden bereits einfache Hilfen für die Layoutgestaltung angeboten. Jedoch können diese Heuristiken weiter ergänzt und ausgebaut werden. Dies ist deshalb von besonderer Bedeutung, weil die aus dem Groblayout abgeleiteten Forderungen bezüglich Arbeitsraum, Achszahl und Kinematik die Auswahlentscheidung wesentlich bestimmen. Ein unerfahrener Benutzer benötigt hier eine weitergehende Hilfestellung.

- Ausdehnung der Entscheidungskompetenz des Systems auf die
  Peripherieelemente eines Industrieroboters

Bei der Auswahl von Industrierobotern fallen zwangsweise auch Entscheidungen bezüglich Greifer, Sensorik oder Zuführtechnik an. Auch hier ist eine Entscheidungsunterstützung wünschenswert.

- Entwicklung eines wissensbasierten Systems für die Beurteilung der technischen
  und wirschaftlichen Voraussetzungen für eine Automatisierung

In Abbildung 1.1 wurde die Einsatzplanung von Industrierobotern in drei Teilabläufe untergliedert. Nachdem die Entscheidungsunterstützung bei der Grobplanung Gegenstand der vorliegenden Untersuchung war, sollten in einem weiteren Schritt die gewonnenen Erfahrungen in ein weiteres System für die wissensbasierte Entscheidungsunterstützung in der Voranalyse umgesetzt werden.

6. Literaturverzeichnis

1.1   Warnecke, H.-J.; Schraft, R.-D.; Schmidt-Streier, U.: Systematic, Computer-Aided Planning of Industrial Robot Application. In: Annals of the CIRP, Vol. 29, 1/1980

1.2   Jones, M. S.; Malmborg, C. J.; Agee, M. H.: Decision Support System Used for Robot Selection. In: IE, September 1985

1.3   Offodile, O. F.; Lambert, B. K.; Dudek, R. A.: Development of a Computer Aided Robot Selection Procedure (CARPS). In: Int. J. Prod. Res. No. 8, Vol. 25, 1987, 1109 - 1121

1.4   McGlennon, J. M.; Cassidy, G.; Browne, J.: ROBOSPEC: A Prototype Expert System for Robot Selection. In: Kusiak, A. (ed.): Artificial Intelligence: Implications for CIM. IFS Publications, Bedford/Springer, New York 1988

1.5   Fisher, E. L.; Maimon, O. Z.: Integer and Rule Programming Models for the Specification and Selection of Robots. In: Kusiak, A. (ed.): Artificial Intelligence: Implications for CIM. IFS Publications, Bedford/Springer, New York 1988

1.6   Stauffer, R. N.: Justification of Robotic Systems. In: Robotics Today, June 1986

1.7   Warnecke, H.-J.; Schraft, R.-D.: Industrieroboter. Vereinigte Fachverlage, 1989

2.1   Harris, S.: Von der Datenverarbeitung zur Wissensverarbeitung. In: Technische Mitteilungen Krupp, 46 (1988) 2, 87 - 96

2.2   Retti, J.: Artificial Intelligence: Eine Einführung. Teubner, Stuttgart, 1984

3.1   Holzmann, S.: Intelligent Decision Systems. Addison-Wesley, New York, 1989

3.2   Winter-Hoss, R.; Hölldampf, K.; Hallwachs, U.: Industrieroboter-Einsatzfälle in der Bundesrepublik Deutschland. In: VDI-Z, 13 (1986) 128, 503 - 9

3.3   Filman, R. E.: Reasoning with Worlds and Truth Maintenance in a Knowledge-Based Programming Environment. In: Communication of the ACM, 4 (1988) 31, 382 - 401

3.4   Corby, O.: Blackboard Architectures in Computer Aided Engineering. In: Artificial Intelligence, 1 (1986) 2, 95 - 8

3.5   Buchanan, B. G.; Shortliffe, E. H.: Rule-Based Expert Systems. In: The Mycin Experiments of the Stanford Heuristic Programming Project, Addison-Wesley, New York, 1984

4.1   Palletizing and Unitizing: how robots stack up. In: Modern Materials Handling, 39 (1984) 12, 59 - 62

4.2   N.N.: ART Reference Manuals. Inference Corporation, Los Angeles (CA) 1985

Steuerungsorientiertes Robotersimulationssystem GROSIM auf Basis von PC-Hardware

Prof. Dr.-Ing. M. Weck, Dipl.-Ing. M. Osterwinter

1 Einleitung und Systemkonzept

Die wachsende Komplexität von Industrieroboterapplikationen und ihre zunehmende Integration in computerintegrierte Produktionsabläufe (CIM) erfordern Verfahrensketten und Systeme, die den Anwender in der Arbeitsvorbereitung bei der Beschreibung und dem Test der Steuerungsaufgaben unterstützen. Modellbasierte Simulationssysteme in Verbindung mit textuellen Programmierverfahren stellen hier die erforderlichen Möglichkeiten zur Anwenderprogrammentwicklung für Industrierobotersteuerungen zur Verfügung [1].

Besonders in computerintegrierten Fertigungsanlagen kommt steuerungsorientierten Simulationssystemen eine große Bedeutung zu, da hier die auftragsabhängige Entwicklung der RC-Programme parallel zur Programmdatengenerierung für die NC-Steuerungen durchgeführt werden muß. Während der Programmentwicklung für die Steuerung des Industrieroboters unterstützt das System durch Simulation die effiziente Vorbereitung des Robotereinsatzes, so daß ein Industrierobotereinsatz ohne weitreichende Programmänderungen vor Ort möglich wird [2]. Wichtigste Aufgabe ist hierbei die Generierung von ausführbaren, kollisionsfreien Bewegungsbahnen und die Entwicklung einer aufgabengerechten Programmlogik [3]. Durch Ermittlung der Zyklus- und Programmlaufzeiten kann bereits innerhalb der Programmentwicklungsphase eine weitgehende Optimierung der Ablaufreihenfolge erfolgen. Da mit zunehmender Komplexität der Roboteranwendungen der Datenaustausch mit Peripherie und Sensorik (mehrere Roboter, Maschinen, Transportsysteme, usw.) wesentlichen Einfluß auf die Abarbeitung des Roboterprogramms bekommt, kann auf die Emulation von Sensorik und Peripheriesignalen innerhalb eines Simulationslaufs nicht verzichtet werden.

Kommerzielle Grafiksysteme zur Roboterprogrammierung basieren in der Regel auf Erweiterungen bereits eingeführter CAD-Systeme. Sie bieten allgemein ein hohes Niveau an Möglichkeiten bei Entwurf und Manipulation von 3-dimensionalen geometrischen Objekten, erfordern jedoch die Installation der zugehörigen CAD-Soft- und Hardware-Systeme.

Um auch den werkstattnahen Einsatz von modellbasierten Programmentwicklungs- und Simulationssystemen zu ermöglichen, wurde am Werkzeugmaschinenlabor (WZL) der RWTH Aachen das GROSIM - System (Graphic Robot Simulator) für den Einsatz auf kleinen und damit kostengünstigen Rechnersystemen der PC-Klasse konzipiert. Die zentrale Aufgabe des steuerungsorientierten Simulationssystems GROSIM ist der Funktions- und Ablauftest von Anwenderprogrammen sowie die Nachbildung der programmierten Bewegungs- und Handhabungsaufgaben des Industrieroboters (Abb. 1). Darüber hinaus soll der Anwender durch die Möglichkeit zu Arbeitsraumstudien am Industrierobotermodell bei der Auswahl des Robotertyps und seiner Plazierung in der Zelle unterstützt werden. Die zugehörigen Werkstück-, Transportgeräte- und Maschinenpositionen können in Erreichbarkeitsuntersuchungen optimiert werden.

Dieses steuerungsorientierte Robotersimulationssystems basiert auf einem Systemkonzept, das einerseits den besonderen Anforderungen einer steuerungsspezifischen Funktionsnachbildung genügt, um aussagekräftige Simulationsergebnisse zu ermöglichen, andererseits die Leistungsfähigkeit und den begrenzten Arbeitsspeicher einer PC-Hardware nicht überfordert.

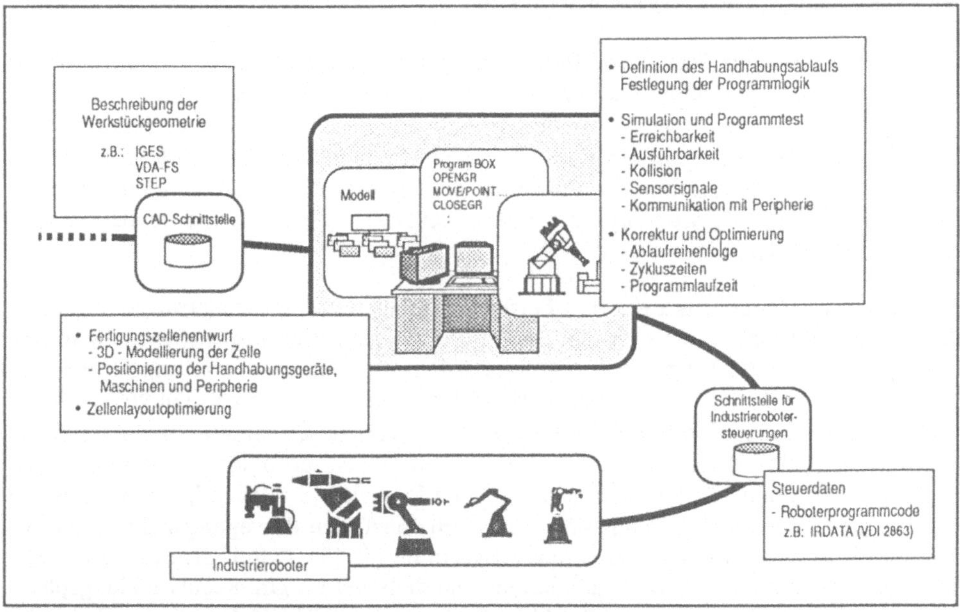

Abb. 1 Aufgaben und Systemstruktur des Simulationssystems GROSIM

Daher ist eine Systemstruktur implementiert, die durch Einsatz austauschbarer Sub-Module den gleichzeitig vom Rechner zu verwaltenden Umfang der Systemsoftware begrenzt und durch Konfigurierung eine Anpassung an unterschiedliche Robotersteuerungen ermöglicht (Abb. 2). Voraussetzung für eine ordnungsgemäße Simulation der Handhabungsvorgänge in einer Roboterzelle ist die ausreichende Nachbildung der Funktionsabläufe des Roboters und der ihn steuernden Systeme. Im Rahmen einer "virtuellen Robotersteuerung" ist die exakte Nachbildung aller anwendungsrelevanten Steuerungsfunktionen realisiert, um den gleichen logischen Programm- und Bewegungsablauf in der Simulation wie in der Realität sicherzustellen und verläßliche Simulationsergebnisse zu gewährleisten.

Für viele Industrierobotersysteme werden von Steuerungsherstellern und Systemhäusern textuelle Offline-Programmiersysteme auf PC-Basis angeboten, teils mit steue-

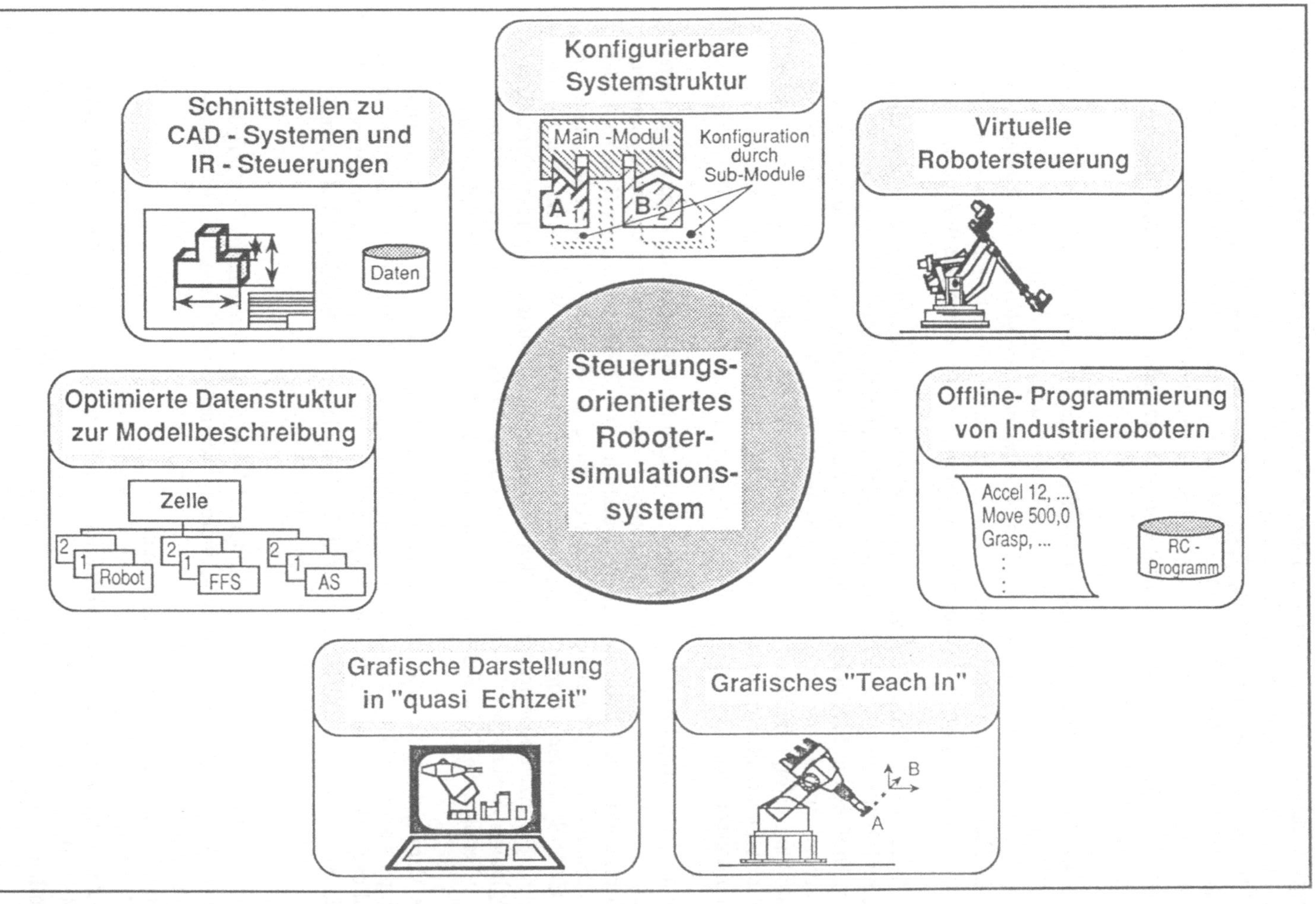

Abb.2 Konzept des steuerungsorientierten Robotersimulationssystems GROSIM

rungsspezifischen Programmiersprachen teils mit problemorientierten Hochsprachen. Durch Realisierung eines offenen Systemkonzepts sind im GROSIM-System Möglichkeiten zur integrierten Anwendung von Offline-Programmierung und steuerungsorientierter Simulation geschaffen. Optimal ergänzt wird der Funktionsumfang zur Offline-Programmdefinition durch grafische "Teach In" - Funktionen des Simulationssystems, so daß auch für komplexe räumliche Bewegungsvorgänge eine einfachere Offline-Programmierung möglich wird.

Von besonderer Bedeutung für die Handhabungssimulation ist das Echtzeitverhalten der Grafikfunktionen des Systems. Bei der Darstellung von Bewegungsvorgängen des Industrieroboters ermöglichen erst sie dem Anwender die visuelle Kollisionskontrolle am Grafikbildschirm. Dem Umfang der Modelldaten, ihrer Komplexität und der Art ihrer Datenhaltung im Simulationssystem kommt damit eine zentrale Bedeutung zu.

Es stehen daher Modellentwurfswerkzeuge zur Verfügung, die eine abstrahierte Modellbeschreibung der Zellkomponenten in einer optimierten Datenstruktur zulassen. Zum Umfang des Modellierwerkzeugs gehören Funktionen zur Entwicklung des Zellenlayouts und Beschreibung aller Zellkomponenten. Neben der reinen Geometriebeschreibung erfolgt die koordinierte Modellierung der Kinematik- und Plazierungsdaten. Weitere Zusatzinformationen ergänzen das Modell zur steuerungsorientierten Simulationsdatenbasis.

Die auf PC's verfügbaren CAD-Systeme bieten für diese Aufgabe im allgemeinen keine geeigneten Möglichkeiten an. Darüber hinaus wäre mit ihnen nur die reine Geometriemodellierung möglich, da zusätzliche Funktionen zur Beschreibung der Kinematik, der Technologie oder Steuerung nicht zur Verfügung stehen. Dennoch sind Schnittstellen zu CAD-Systemen erforderlich, um eine Übernahme von Werkstückdaten aus der rechnergestützten Konstruktion in den Programmentwicklungs- und Testprozeß zu ermöglichen. Anschließend werden die Werkstückdaten systemunterstützt abstrahiert und so aufbereitet, damit die RC-Programmsimulation in "quasi Echtzeit" möglich wird.

Die Verwendung von standardisierten Schnittstellen sowohl zur Werkstückbeschreibung als auch zur Übergabe des Programmcodes an die Industrierobotersteuerung ist Teil des Systems, um den Datenaustausch mit rechnergestützten Systemen unterschiedlichster Hersteller zu erleichtern und die Eingliederung des GROSIM-Systems in rechnerintegrierte Systemstrukturen zu unterstützen.

Strukturiert ist das Simulationssystem GROSIM in Systemmoduln, die die Aufgaben
- Modellierung von Geometrie und Kinematik sowie Beschreibung von Steuerungseigenschaften (Modelleditor)
- Simulation von Anwenderprogrammen
- Übertragung von Programmen von und zur Industrierobotersteuerung (DNC)
- Datenaufbereitung von CAD-Werkstückdaten für das Geometriemodell (IGES -> 3D Modell)
erfüllen.

Zusätzlich bietet die Dateischnittstelle für textuelle Offline-Programmiersysteme (z.B.: ROBEX-M [4]) die Basis, die geschlossene Verfahrenskette zur Roboterprogrammentwicklung auf PC-Systemen zu realisieren.

2 Simulationsmodell

Das Erstellen von Simulationsmodellen erfordert stets einen Abstraktionsprozeß. Das Grundproblem der Modellierung ist, den Abstraktionsvorgang so durchzuführen, daß die Modelle das Realsystem ausreichend genau nachbilden aber auch nicht aufwendiger als nötig beschreiben. Der Forderung nach möglichst vollständigem Test mit weitgehend unverzerrten Informationen steht daher die Notwendigkeit zur Begrenzung des Simulationsaufwands gegenüber.

Um eine ausreichende Modellvielfalt für die Simulation der Handhabungsaufgaben abbilden zu können, wurde für das GROSIM-System eine Kombination aus parametrierbarer und konfigurierbarer Modellstruktur gewählt (Abb. 3).

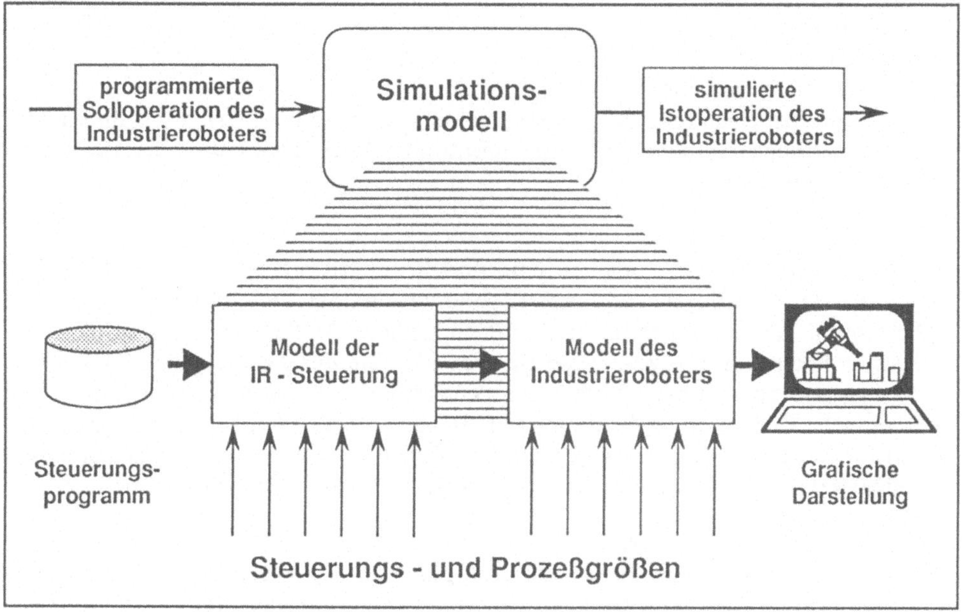

Abb. 3 Modellkonzept des GROSIM - Systems

Für die steuerungsorientierte Simulation der Anwendungsprogramme von Industrierobotern wird im GROSIM-System eine Kombination aus beiden Modellarten verwendet. Die geometrische Gestalt von Industrieroboter und Zellenobjekten, ihre kinematische Struktur und räumliche Anordnung, sowie technologische und steuerungsspezifische Parameter und Grenzwerte werden in einer verallgemeinerten Modelldatenstruktur abgebildet. Diese Modelle werden ausschließlich in Parameterdateien beschrieben, die in Verbindung mit dem universellen Modellalgorithmus eine vollständige Modelldatenstruktur von Industrieroboter und seiner Zelle ergeben. Hauptaugenmerk bei der Realisierung der hierarchisch strukturierten Datenstruktur galt einer ausreichenden Modellflexibilität bei hohem Abstraktionsgrad. Die Realisierung von rechenzeitoptimierten Datenzugriffsmechanismen und effizienten Simulationsfunktionen sind weitere Schritte zur Sicherung eines "quasi"-Echtzeitverhaltens des GROSIM-Systems.

Die Funktionen der Industrierobotersteuerung sind dagegen in einem algorithmischen Modell, der "virtuellen Robotersteuerung", nachgebildet, deren steuerungsspezifische Parametereinstellungen in entsprechenden Modelldateien hinterlegt werden. Die notwendigen steuerungsspezifischen Funktionen, wie z.B. Bahnsteuerung, Überschleiffunktion, technologische Operationen, usw., lassen sich nicht allgemeingültig beschreiben, da hier die herstellerabhängigen Besonderheiten stark voneinander abweichen können.

In Abb. 4 ist die systemtechnische Darstellung eines realen Steuerungs- und Robotersystems sowie seine Modellabbildung für die Anwendungsprogrammsimulation gezeigt. In der virtuellen IR-Steuerung sind die programmverarbeitenden Komponenten
- Programminterpreter
- Präparation
- Interpolation
- Koordinatentransformation
entsprechend der Systemfunktionen der realen Steuerung berücksichtigt. Ihre detailgenaue funktionale Abbildung hat großen Einfluß auf die Aussagefähigkeit der durchgeführten Simulation.

Im Robotermodell wird der Aufbau der Robotermechanik beschrieben. Die kinematische Struktur der Industrieroboterachsen legt den maximal möglichen Arbeitsraum fest und bestimmt damit in hohem Maße die Bewegungen des Industrieroboters. In bezug auf eine Referenzstellung der Armgelenke läßt sich der zulässige Bewegungsraum durch den Verfahrbereich eindeutig festlegen. Die geometrische Gestalt des Industrieroboters in seiner Zellenumgebung legt den freien Raum für die Bewegung fest und dient im Modell als Kenngröße zur Bestimmung kollisionsfreier Bahnen. Darüber hinaus dient sie als Basis für eine Darstellung auf dem Grafikbildschirm.

Die Lageregelung ist für die Anwendungsprogrammierung allgemein nicht zugänglich und wird wegen ihrer wesentlich geringeren Auswirkung auf die programmierten Handhabungsoperationen im Modell der Steuerung nicht berücksichtigt. Sie wird gemeinsam mit den Antriebskomponenten und dem mechanischen Übertragungssystem mit der Übertragungsfunktion " 1 " idealisiert abgebildet. Eine detaillierte Berücksichtigung ihres Verhaltens würde einen erheblichen Berechnungsaufwand erfordern. Mit dieser Idealisierung wird in Kauf genommen, daß eine Untersuchung der Antriebsdynamik, des dynamischen Verhaltens der mechanischen Übertragungskette, der Lose (Getriebe, Lager) und des Schleppfehlers von vornherein ausgeschlossen ist. Diese Vereinfachung erscheint zulässig, da ihre Wirkung kaum Einfluß auf die Programmgestaltung des Anwendungsprogramms hat. Die Vernachlässigung der Schleppfehlerüberwachung kann im Simulationssystem hilfsweise durch die Überwachung der maximal zulässigen Achsgeschwindigkeiten und -beschleunigungen ersetzt werden.

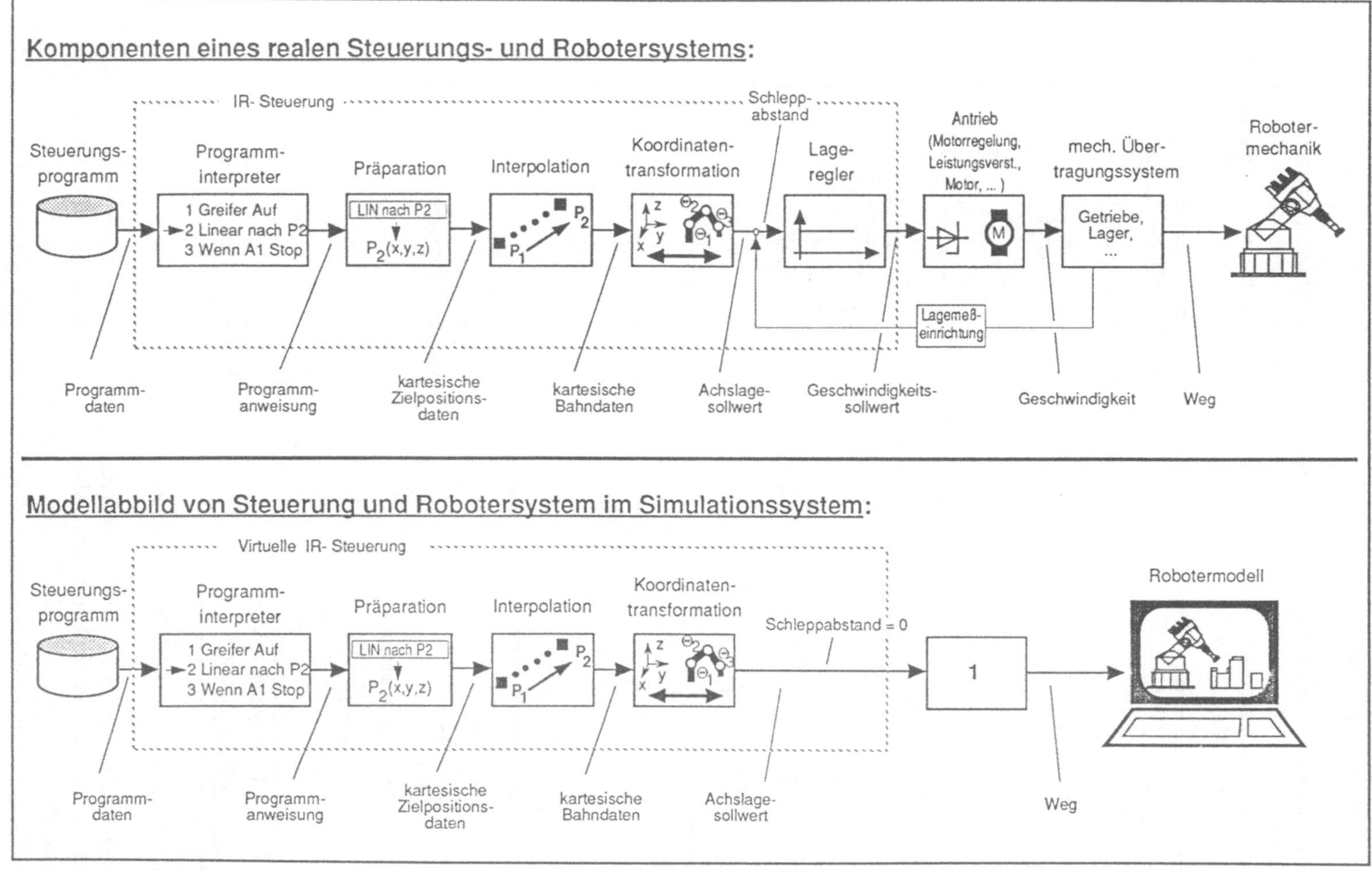

Abb. 4 Systemtechnische Abbildung von Industrierobotersystemen im GROSIM-Modell

2.1 Modellkomponenten

Für die Simulation von Industrierobotern und deren Handhabungsoperationen müssen Daten über deren Gestalt und ihre Anordnung in der Arbeitszelle sowie ihre Steuerungen im Modell beschrieben werden. Diese Daten lassen sich in vier unterschiedliche Komponenten (Abb. 5) gliedern:

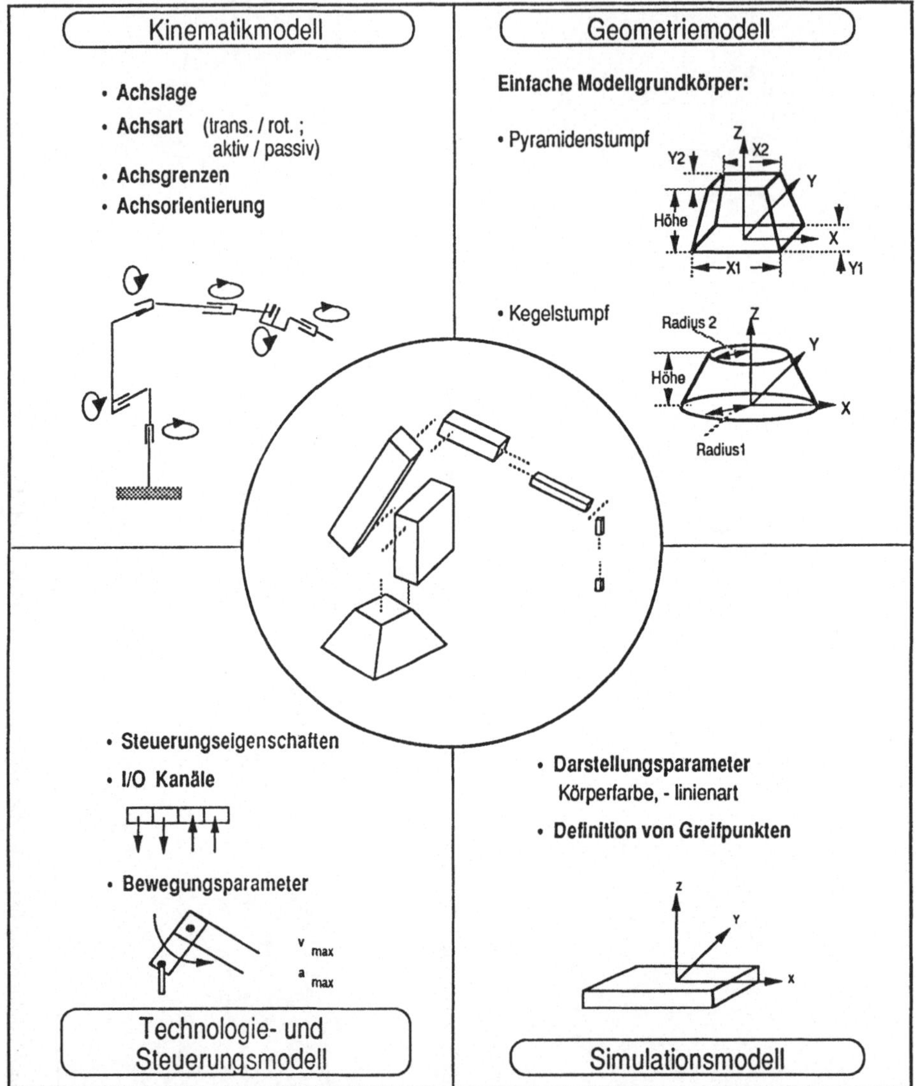

Abb. 5 Komponenten des GROSIM-Simulationsmodells

Das Geometriemodell enthält alle Informationen über die äußere Form und die räumliche Lage der Roboter und Maschinen während der Simulation der programmierten Bewegungsabläufe. Dazu werden die realen, eventuell sehr komplexen Geometrien von Robotern, Maschinen, Werkzeugen und Werkstücken durch einfache

Modellkörper approximiert. Während der Simulation werden diese Daten laufend den geometrischen Lageveränderungen von Roboterachsen bzw. Werkstücken angepaßt. Sie bilden die Datenbasis für die Positionsbestimmung aller Objekte sowie für deren nachfolgende grafische Abbildung.

Art und Aufbau des Geometriemodells haben hierbei großen Einfluß auf die Genauigkeit und Aussagefähigkeit der Simulation, insbesondere bei der Kollisionsprüfung. Darüber hinaus beeinflußt der Umfang und die Komplexität der Geometriedaten den Rechenaufwand während der Simulation und die Detaillierung der grafischen Darstellung.

Im Kinematikmodell werden dagegen die Daten der kinematischen Struktur des Industrieroboters sowie der kinematischen Relationen der Modellobjekte zueinander abgelegt. Es beschreibt neben der kinematischen Kette des Roboters auch deren Anordnung im 3D-Raum. Position und Orientierung von Bewegungsachsen werden im Modell durch Anordnung entsprechender Koordinatensysteme relativ zu einem Bezugssystem beschrieben [5]. Abgebildet werden kinematische Ketten durch eine Folge von aufeinander bezogenen Koordinatensystemen, die entsprechend den Dreh- und Schubachsen des Roboters im Raum angeordnet sind (Abb. 6).

In der Modelldatenstruktur des GROSIM-Systems wird die Kinematik eines Industrieroboters durch eine lineare Liste von Modellelementen repräsentiert. Ausgehend vom Referenzkoordinatensystem der Zelle wird die kinematische Kette von Industrieroboterachsen und Greifern (Endeffektor) bis hin zum Tool-Center-Point durch Koordinatensysteme beschrieben. Der Drehsinn bzw. die Schubrichtung der Roboterachsen wird im Modell durch die Richtung der Z-Koordinatenachse des Achskoordinatensystems festgelegt. Positive Achsbewegungen werden im Simulationssystem im mathematisch positiven Sinn um die Z-Achse bzw. in Richtung der Z-Achse ausgeführt.

Im Technologiemodell werden charakteristischen Daten des Industrieroboters und seines Bewegungsverhaltens beschrieben. Für eine Simulation werden Angaben über maximale Verfahrbereiche, Geschwindigkeiten und Beschleunigungen jeder Roboterachse benötigt. Die Steuerungseigenschaften werden zusätzlich in einer algorithmischen Modellkomponente beschrieben. Darin sind alle Verfahren zu Programmverarbeitung und Ausführung von Bewegungs- und Handhabungsoperationen enthalten. Ergänzend werden dazu weitere Informationen über die Robotersteuerung, wie die Zahl der zu berücksichtigenden I/O - Kanäle festgelegt.

Neben den bisher beschriebenen Komponenten des Simuationsmodells sind weitere Daten z.B. zur grafischen Darstellung bzw. zur Durchführung von Greifoperationen erforderlich. Sie werden als weitere ausschließlich simulationsspezifische Modellkomponenten im Simulationsmodell behandelt.

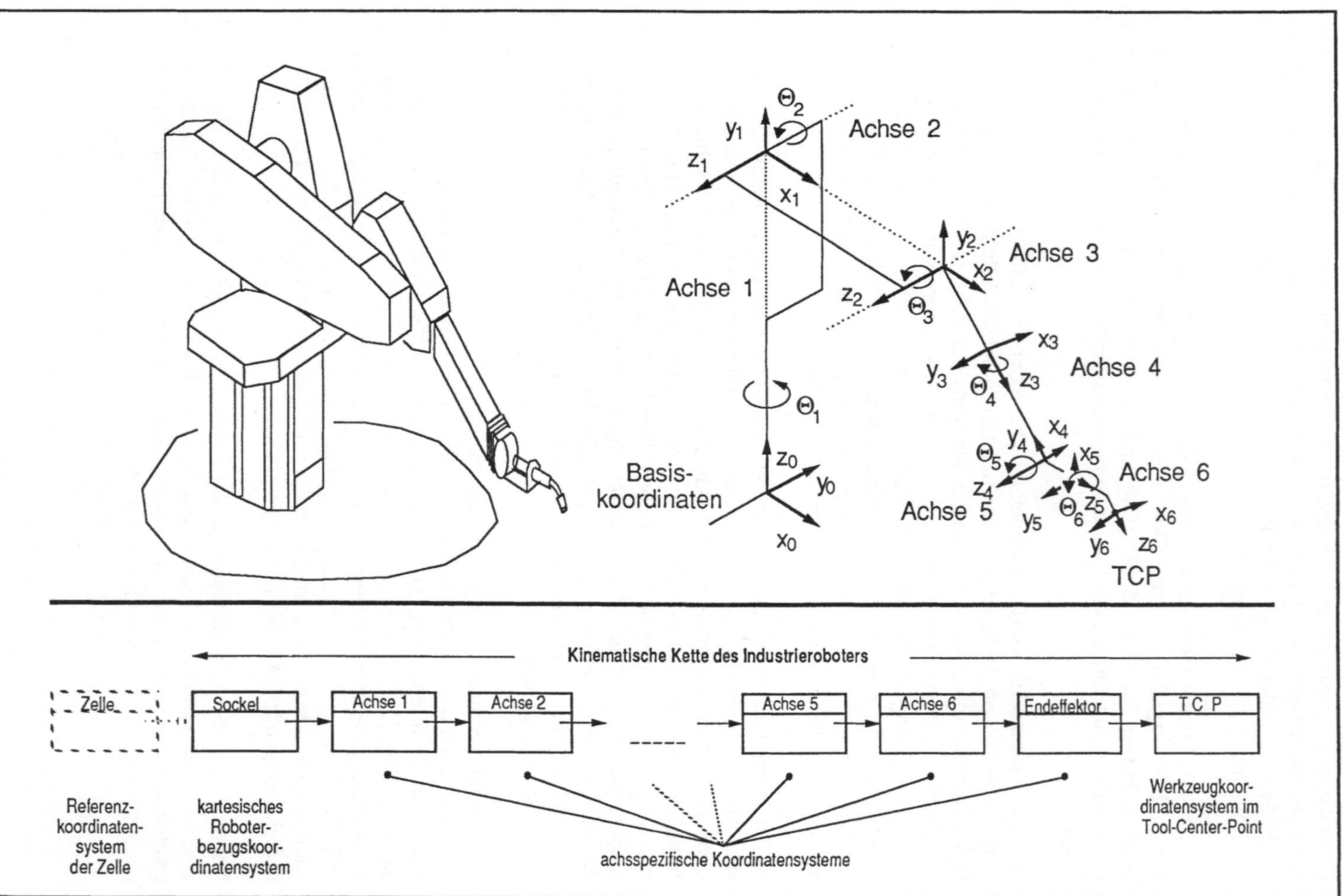

Abb. 6 Kinematische Verkettung von Roboterachsen in der Modelldatenstruktur

2.2 Modellhierarchie

Die Modelldaten befinden sich während der Simulation in einer hierarchisch gegliederten Datenstruktur im Hauptspeicher des Rechners. Sie bilden die zentrale Datenbasis für die Simulation von Roboterprogrammen. Einerseits dienen ihre Geometriedaten zur Simulation von Bewegungsvorgängen (z. B. drehen einer Roboterachse) entsprechend der mathematischen Modellbeschreibung, andererseits werden sie als Ausgangsdaten der Bildpunkte auf dem Grafik-Bildschirm benötigt.

Durch die Struktur ihrer Daten und die Vernetzung ihrer Elemente hat die Modelldatenbasis einen wesentlichen Einfluß auf die Effizienz der grafischen Simulation. Daher ist sie in einer hierachischen Datenstruktur mit vier Datenebenen realisiert (Abb. 7). Die Zellenebene enthält als hierarchisch höchste Datenebene ausschließlich den Wurzelknoten der Baumstruktur mit globalen Informationen über die Gesamtzelle, in die der Roboter integriert ist.

In diesem Listenelement sind der Name der Zelle sowie Anzahl und Namen der Industrieroboter bzw. -steuerungen, sowie der Maschinen und Peripheriegeräte aufgeführt. Auf der darunter angeordneten Geräte- und Steuerungsebene wird jede Maschine oder jedes Peripheriegerät der Zelle sowie die Industrieroboter und ihre Steuerungen mit den simulationsrelevanten Kenngrößen, wie

- Maschinen-, Roboter-, Roboterkennzeichnung: Name und Nummer
- Anzahl der nachgeordneten Datenstrukturelemente sowie deren
- Elementnamen

aufgeführt.

Für die Industrieroboter und ihre Steuerungen sind weitere Modelldaten auf dieser Modellebene angeordnet, wie

- kinematischer Grundtyp des Industrieroboters
- kinematischer Typ der Handachsen
- Kennung der Industrierobotersteuerung
- Art der Rückwärtstransformation sowie
- weitere steuerungsspezifische Maschinendaten zur Programmverarbeitung im
  Simulationssystem.

Auf den beiden nachgeordneten Datenebenen werden die Industrieroboter und ihre Zellenumgebung in ihren kinematischen Daten und in ihrer geometrischen Gestalt beschrieben. Auf der Kinematikebene enthalten die Modellelemente Angaben über Lage, Bewegungsgrenzen und Typ von Gelenken bzw. beweglichen Körpern des Modells. Diese hierarchische Datenstruktur ermöglicht in Verbindung mit der linearen Verkettung innerhalb einer Datenebene den schnellen Zugriff auch auf untergeordnete Datenstrukturelemente.

Die Daten eines Elementes dieser Modelldatenbasis lassen sich in ein Deskriptorfeld und in ein Datenfeld zerlegen. Das Deskriptorfeld enthält Angaben über Elementname, -nummer und je einen rechten und linken Nachfolgerzeiger. Das Datenfeld besteht je nach Strukturebene aus Maschinen oder Roboterkenndaten bzw. Kinematik-, Geometrie- oder Abbildungsparametern.

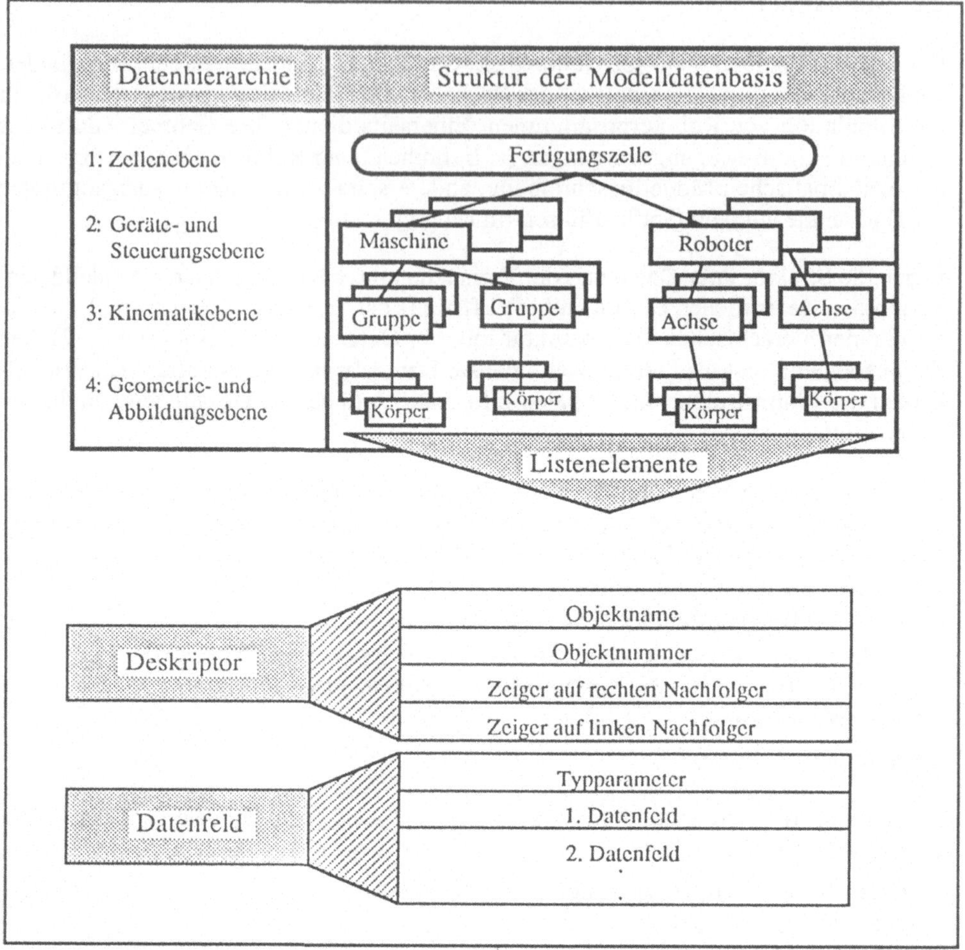

Abb. 7 Hierarchisch strukturierte Modelldatenbasis

2.3 Verfahren zur Referierung von Modellen

Ist ein Modell einer Roboterarbeitszelle fertiggestellt, so stellt sich die Frage, inwieweit die modellierten Daten mit der realen Geometrie in der Zelle übereinstimmen. Diese Problematik stellt sich für alle Robotersimulationssysteme, ganz unabhängig davon ob CAD unterstützt oder mit Hilfe des Modelleditors im GROSIM-System modelliert wird.

Selbst wenn vom Industrieroboter und allen Zellkomponenten detaillierte CAD-Daten für die Simulation zur Verfügung ständen, kann niemand sicher sein, daß das geplante Layout der Zelle mit der Realität in den Produktionsanlagen übereinstimmt. Ungenauigkeiten bei der Aufstellung der Maschinen und Fertigungstoleranzen der einzelnen Zellkomponenten erfordern daher immer die nachträgliche Kalibrierung der Simulationsmodelle.

Dabei ist es nicht notwendig, alle Modellgeometrien mit der realen Zelle zu vermessen. Es genügt, wenn ausschließlich die für die Handhabung relevanten Punkte und Flächen der Modelle abgestimmt werden. Hierzu gehören die Positionen der Spannfutter der Werkzeugmaschinen, die Palettenplätze der Werkstücke und die Andockpunkte der verschiedenen Greifer. Um alle Einflußparameter für Ungenauigkeiten einer Roboterzelle zu erfassen, wird der Industrieroboter als Meßsystem verwendet. Mit ihm können sowohl die relativen Positionen und Orientierungen von Peripheriekomponenten zum Industrieroboter ermittelt werden, als auch die Positionsänderungen aufgrund von Getriebespiel beim Auskragen des Industrieroboters direkt bei der Modellkalibrierung berücksichtigt werden.

Greiferwechseloperationen erfordern für ihre erfolgreiche Durchführung präzise Positions- und Orientierungsangaben. Kleinste Abweichungen führen hier bereits zur Kollision mit der empfindlichen Kopplungsmechanik und den Steckerelementen für elektrische Energie und Datenleitungen. Solche Roboterstellungen werden im GROSIM-System als Referenzdaten der Zelle mit Hilfe geteachter Meßprogramme ermittelt und zur Offline-Programmierung und Simulation herangezogen. In Positionsdatenlisten können solche Referenzpunkte verwaltet und mit Namen im Anwendungsprogramm eingesetzt werden.

3 Systemfunktionen

In steuerungsorientierten Simulationssystemen müssen Funktionen zur Verfügung gestellt werden, die eine Überprüfung offline generierter Roboterprogramme in einer vorgesehenen Zellen- und Steuerungskonfiguration ermöglichen. Die notwendigen Testfunktionen sollten dem Benutzer als Werkzeuge zur Verfügung stehen, um Roboterprogramme nach korrekter Eingabe mit dem ausgewählten Roboter- und Steuerungstyp in der betreffenden Fertigungs- bzw. Montagezelle auf ihre Ausführbarkeit zu überprüfen. Darüber hinaus ist der Benutzer durch ausreichende grafische und textuelle Ausgaben über alle relevanten Programmdaten und die aktuellen Systemzustände in der Zelle zu informieren.

Das hierzu benötigte Gesamtsystem kann dazu in vier grundlegende Funktionsblöcke unterteilt werden (Abb. 8):
1. Die Programmverarbeitung, in der alle Anweisungen interpretiert und verarbeitet sowie Programmdaten angezeigt werden.
2. Die Bahnsteuerung sowie die Transformation der kartesischen Positions- und Orientierungsdaten in Achskoordinatenwerte.
3. Die Transformation aller bewegten Modellkörper in ihre neue Lage entsprechend der errechneten Achsbewegungen. Die Ausführung von Handhabungsoperationen, wie z.B. das Greifen von Werkstücken.
4. Die Berechnung der grafischen Abbildung der Körpermodelle auf dem Bildschirm entsprechend dem jeweiligen Betrachterstandpunkt, Bildausschnitt und weiterer Projektionsparameter.

Voraussetzung für eine ordnungsgemäße Simulation der Handhabungsvorgänge in einer Roboterzelle ist die ausreichende Nachbildung der Funktionsabläufe des Roboters und der ihn steuernden Systeme. Im Rahmen der "virtuellen Robotersteuerung" ist die

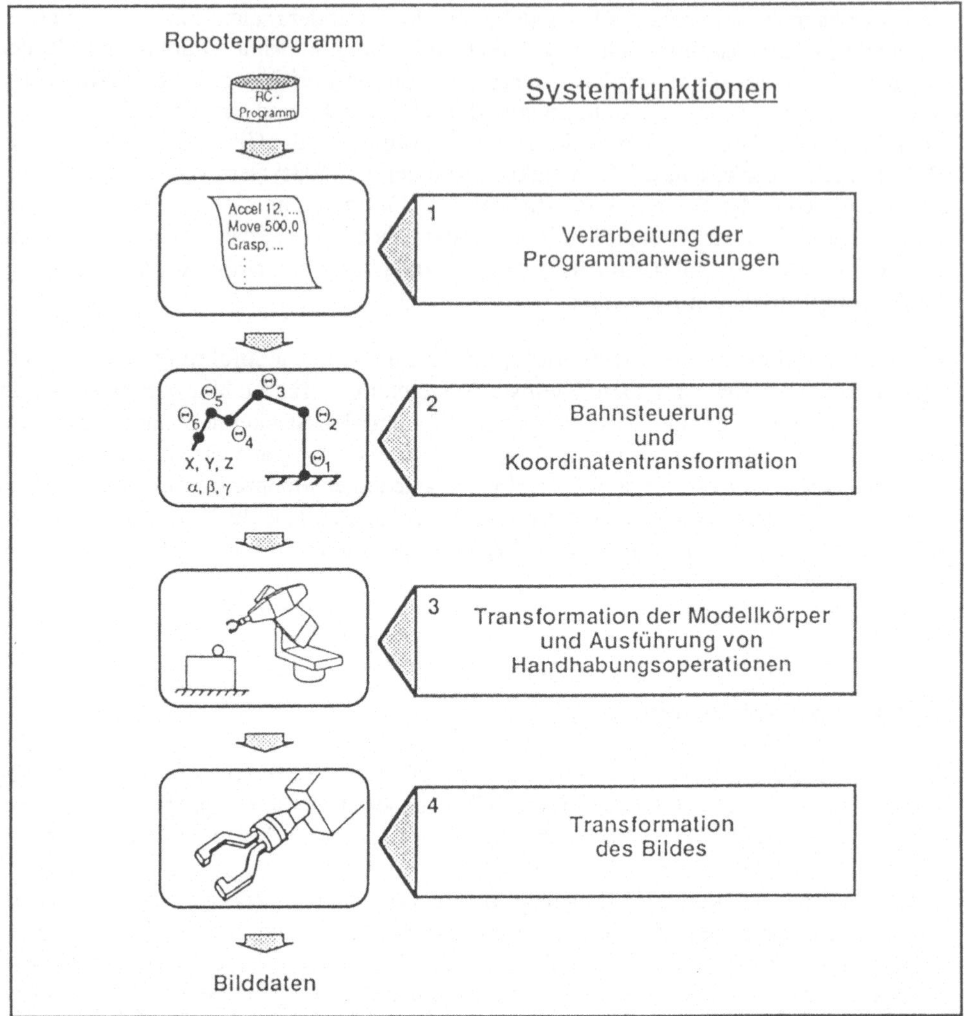

Abb. 8 Funktionsblöcke des Simulationssystems

exakte Nachbildung aller anwendungsrelevanten Steuerungsfunktionen angestrebt, um den gleichen logischen Programm- und Bewegungsablauf in der Simulation wie in der Realität sicherzustellen und verläßliche Simulationsergebnisse zu gewährleisten.

3.1 Bewegungs- und Handhabungsfunktionen

Im Simulationssystem GROSIM sind zur Darstellung von Roboteraufgaben Funktionen zur Nachbildung von Bewegungen des Industrieroboters sowie zur Simulation von Greifoperationen und Werkstückhandhabungen in Abhängigkeit des Programmcodes enthalten, so daß der realer Funktionsablauf des Roboters im Simulationssystem nachgebildet werden kann. Da Industrieroboter im Regelfall in flexibel integrierten Fertigungs- und Montagesystemen eingesetzt werden, besteht zusätzlich auch die Notwendigkeit zur Simulation von Sensor- und Peripheriesignalen. Dies wird erforderlich, da der Industrieroboter den Datenaustausch mit den Steuerungen der Werkzeugmaschinen und Peripheriegeräten in seiner Zelle benötigt, um einen koordinierten Ablauf der Fertigungs- oder Montageaufgabe sicherzustellen. Deshalb ist im Simulationssystem die Emulation von Sensor- und Peripheriesignalen vorgesehen, um den realen Signalfluß in der Roboterzelle zwischen der IR-Steuerung und seiner Peripherie ersatzweise vom Anwender steuern zu lassen.

Die Bewegungsnachbildung im Simulationssystems GROSIM basiert auf rein kinetischen Modellen und enthält keine Parameter über das direkte Verhalten von Motoren und Antrieben. Für die Berechnung der Bewegungszeit von gesteuerten Roboterachsen wird daher ein dreieck- bzw. trapezförmiges Geschwindigkeitsprofil für die Simulation zugrunde gelegt (Abb. 9). Es wird darüber hinaus kein Schleppabstand berücksichtigt.

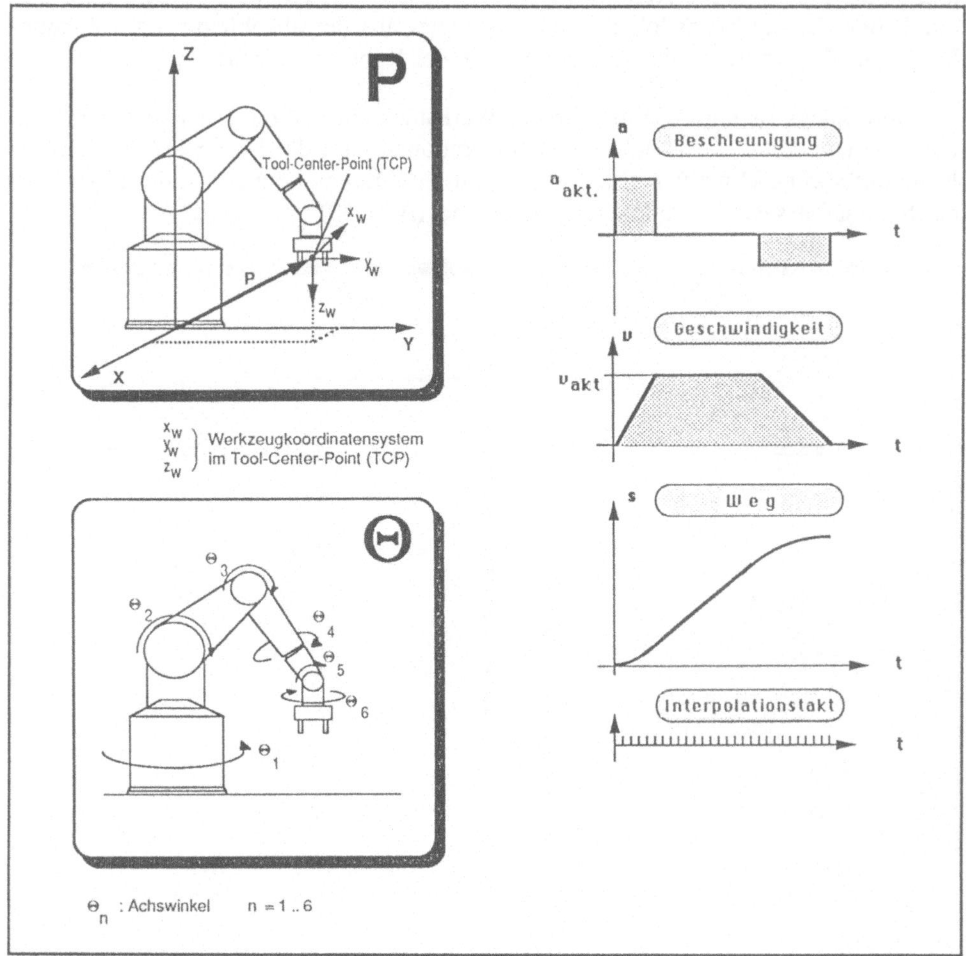

Abb. 9 Simulation der Bahnberechnung und Bewegungssteuerung

Neben den Bewegungsoperationen des Industrieroboters stellen die Handhabungsoperationen die zweite wichtige Basisfunktionsgruppe des Simulationssystems dar. Die

Nachbildung von Handhabungsfunktionen, wie das Greifen von Objekten (Werkstücken), das Plazieren und das Verbinden zu neuen Gesamtkörperstrukturen erfolgt mit Hilfe der kinematischen Repräsentierung aller Modellkörper in der Datenbasis des Simulationssystems. Auf diese Weise kann z.B. die abhängige Bewegung von Werkstücken, gesteuert von Industrierobotern, dargestellt werden. Voraussetzung für die Nachbildung von Handhabungsoperationen ist die kinematische Beschreibung von beweglichen Objekten (Werkstücken) im Modellraum.

Da Werkstücke analog zu Industrierobotern auch mit kinematischen Parametern modelliert und ihre kinematische Anordnungen in der Zelle beschrieben worden sind, ist es möglich, Greif- und Verbindungsoperationen in der Modelldatenbasis zu simulieren, die anschließend das Mitbewegen von Werkstücken zulassen. Hierzu ist es notwendig, daß Werkstücke der Zelle aus der kinematischen Beschreibung der Umwelt ausgelöst und an die kinematische Kette des Industrieroboters angekoppelt werden. Das kann durch Berechnung neuer lokaler Achsparameter aus der absoluten raumbezogenen Körperposition erfolgen, die sich auf den TCP des Roboters beziehen.

Bei Bewegungsausführungen ist nun das Werkstück ein Teil der kinematischen Kette des Roboters. Ohne zusätzliche Rechenoperationen wird das Werkstück als Teil der Kette mitbewegt. Um einen Greifvorgang durchführen zu können, ist die Datenbasis des Simulationssystems um Greifpunkte ergänzt (Abb. 10).

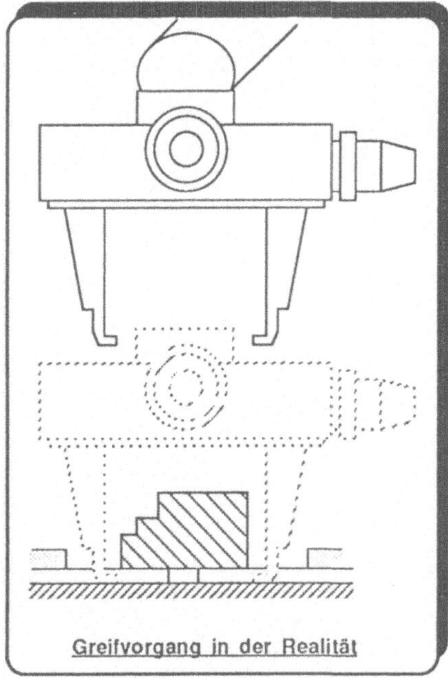

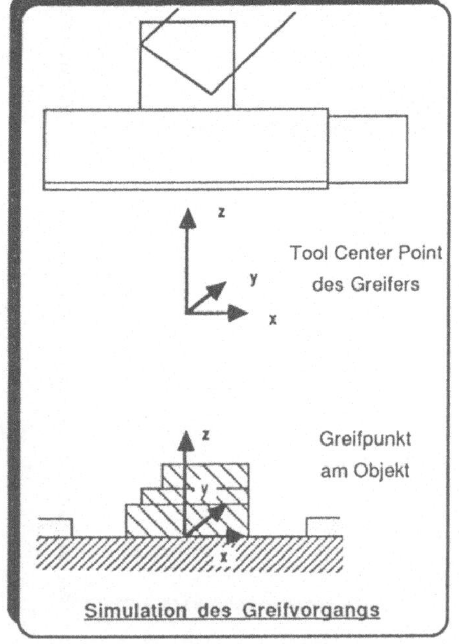

Abb. 10 Simulation des Greifvorgangs

Sie stellen einen Teil der Kinematikbeschreibung der Zellenkomponenten dar. Pro Zellenkomponente können mehrere Greifpunkte definiert werden, die in einer linearen Liste der Datenbasis verwaltet werden. Das lokale Koordinatensystem der Zellenkomponente dient allen Greifpunkten gemeinsam als Bezugssystem. Die Greifpunkte ermöglichen, daß ein Industrieroboter bzw. ein Greifer die Werkstücke an bestimmten Stellen greifen kann, ohne daß eine Volumenbeschreibung des Werkstückes im Simulationssystem vorliegt. Es können immer nur kinematische Einheiten von Werkstücken gegriffen werden; sie werden in der Datenbasis durch eine Gruppe bzw. eine kinematische Kette von Gruppen repräsentiert. Im einfachsten Fall besteht ein Werkstück aus einer einzigen Gruppe, in der ihre kinematische Anordnung im Raum beschrieben ist. Anschließend folgt die Beschreibung der Geometrie, die aus einer Anzahl von Grundkörperelementen zusammengesetzt ist.

In ihrer Gesamtheit stellt sie die Geometrie des gesamten Werkstückes dar. Wird eine kinematische Kette von Gruppen gegriffen, so können mehrere verkoppelte Elemente von Werkstückkomponenten bewegt und positioniert werden. Das ist besonders dann ein sinnvoller Vorgang, wenn eine spätere Zerlegung von Werkstücken erforderlich wird.

3.2 Programmverarbeitung in der virtuellen Robotersteuerung

In den Anwendungsprogrammen ist der Arbeitsablauf für den Industrieroboter vollständig beschrieben. Die Art der Beschreibung ist abhängig von der gewählten Steuerung bzw. ihrer Programmiersprache. Die Verarbeitung des Anwendungsprogramms erfolgt im Simulationssystem in einer konfigurierbaren "virtuellen Robotersteuerung". Hierzu ist eine steuerungsabhängige und sprachabhängige Vorverarbeitung des Roboterprogramms in einem Preprozessor erforderlich, der den Programmcode in die systeminterne Datenrepräsentation überführen kann.

Durch Realisierung eines generalisierten Interpreterkonzepts, das eine Obermenge von Robotersteuerungsfunktionen umfaßt, wird die Konfigurierung der virtuellen Robotersteuerung auf einen Steuerungstyp möglich. Die Konfigurierung erfolgt auf der dem Anweisungsinterpreter nachgeordneten Steuerungsfunktionsebene durch Auswahl steuerungsabhängiger Funktionsmodule mit steuerungsspezifischen Verarbeitungsalgorithmen.

Leitlinie für den realisierten Umfang ist der vom IRDATA-Normungsausschuß festgestellte Funktionsumfang moderner Industrierobotersteuerungen. Für viele Gruppen von Anweisungen (Bewegungen, Programmlogik, ...) konnten hier die gemeinsamen Funktionen festgelegt werden (Abb. 11). Für darüber hinausgehende steuerungsspezifische Anweisungen, vor allem für Technologie- und Sensoranweisungen, erfolgt die steuerungsspezifische Ergänzung. Im sprachabhängigen Preprozessor wird der syntaktisch und semantisch korrekte Programmcode in einen internen Zwischencode übertragen, der eine optimierte Programmverarbeitung in der virtuellen Steuerung des Simulationssystems zuläßt. Gleichzeitig erfolgt damit die Entkopplung des Anweisungsinterpreters von der steuerungsspezifischen Programmcodesyntax.

Vom Preprozessor werden die Programmanweisungen analysiert und als Binärcode in einer Codeliste auf einem Datenfile mit wahlfreiem Zugriff abgelegt. Daneben werden in der Übertragungsphase weitere Listen angelegt, die mit symbolischen Namen gekennzeichnet und ihren Inhalten nach

- Marken
- Variablen
- Strings
- Unterprogrammen
  :

geordnet sind.

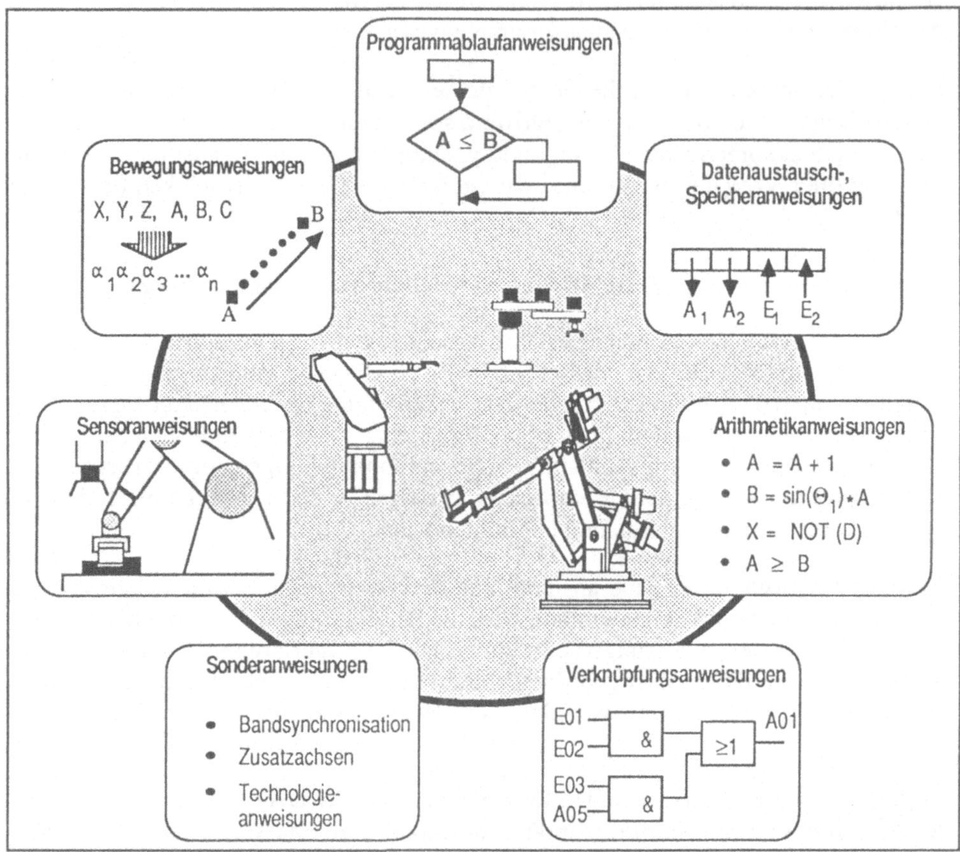

Abb. 11 Programmfunktionen von Industrierobotersteuerungen

In der virtuellen Robotersteuerung wird die Programmsimulation auf Basis der erzeugten Datenlisten und der darin enthaltenen symbolischen Größen durchgeführt. Während der Programmsimulation erfolgt die satzweise Verarbeitung der Elemente der Codeliste. Um dem Anwender den Bezug zu seinem lesbaren Steuerungsprogrammcode zu erhalten, sind in der Codeliste Verweise auf die zugehörige Anweisung des Steuerungsprogramms eingetragen.

3.3 Positionsdatenverarbeitung

Der Befehlsinterpreter des GROSIM-Ssytems ist so aufgebaut, daß Anwendungsprogramme in der virtuellen Steuerung mit direkter oder mit indirekter Positionsangabe verarbeitet werden können. Zur indirekten Positionsdatenbeschreibung kann das Simulationssystem Positionsdatenlisten den Anwendungsprogrammen zuordnen. In der Liste werden die Roboterpositionsdaten als kartesische Frames mit einem Namen verwaltet. Dieser Name ist das Bindeglied zum Anwendungsprogramm. Auf diese Weise können Anwendungsprogramme mit z.B. geteachten Referenzpunktdaten aus der Roboterzelle verknüpft werden.

Hier am Beispiel eines Roboterprogramms in der Programmiersprache ROBEX-M [4] wird die indirekte Positionsangabe über Frames in einer Positionsdatenliste gezeigt (Abb. 12).

```
                          Handhabungsprogramm

Jan  26   12:20   1987      place.in            Page 1
* ROBEX-M *   WZL - RWTH Aachen       IBM-PC/XT /AT   Rev. 87.1.26

    1        PARTNO / PLACE
    2              F_PICK/ TEACH
    3              F_PLACE/ TEACH
    4        $  Main program
    5              OPENGR
    6              FEDRAT   /  PATH,   45
    7              COMOVE   /  F_PICK
    8              CPMOVE   /  DELTA,0,0,-230
    9              CLOSEGR
   10              CPMOVE   /  DELTA,0,0,230
   11              MOVE  /  F_PLACE
   12     FINI
```

```
                          Positionsdatenliste

F_PICK    720.0  -280.0   1000.0
           0.0    180.0    0.0      0   F
F_PLACE  -300.0   600.0    920.0
           0.0    180.0    0.0      0   F
```

Abb. 12 Programmcode und Positionsdatenliste

3.4 Grafikfunktionen

Die grafische Darstellung der programmierten Industrieroboteraufgaben erfolgt durch Transformation der 3D-Modelldaten auf die Abbildungsebene des Grafikbildschirms. Durch freie Wahl von Betrachterstandpunkt, Blickrichtung, Abbildungsmaßstab und Perspektive kann der Anwender die Ausführung von Programmanweisungen des Industrieroboters aus verschiedenen Ansichten prüfen und die programmierten Bewegungsabläufe optimieren (Abb. 13) [7].

Die drei Standardansichten Draufsicht, Seitenansicht und Vorderansicht ermöglichen dem Anwender zunächst eine globale Übersicht über Anzahl und Anordnung seiner Zellenobjekte. Die Wahl des Abbildungsmaßstabs ermöglicht die Ausschnittvergrößerung von Ansichten für Detailstudien. Die Einstellung des Perspektivparameters läßt die Parallelprojektion bzw. die Vermittlung der räumlichen Tiefe bei der grafischen Darstellung zu.

Darüber hinaus wurde ein Grafikalgorithmus im Simulationssystem realisiert, der diejenigen Modellobjekte bei der grafischen Darstellung ausblendet, die nicht in Blickrichtung des Betrachters liegen.

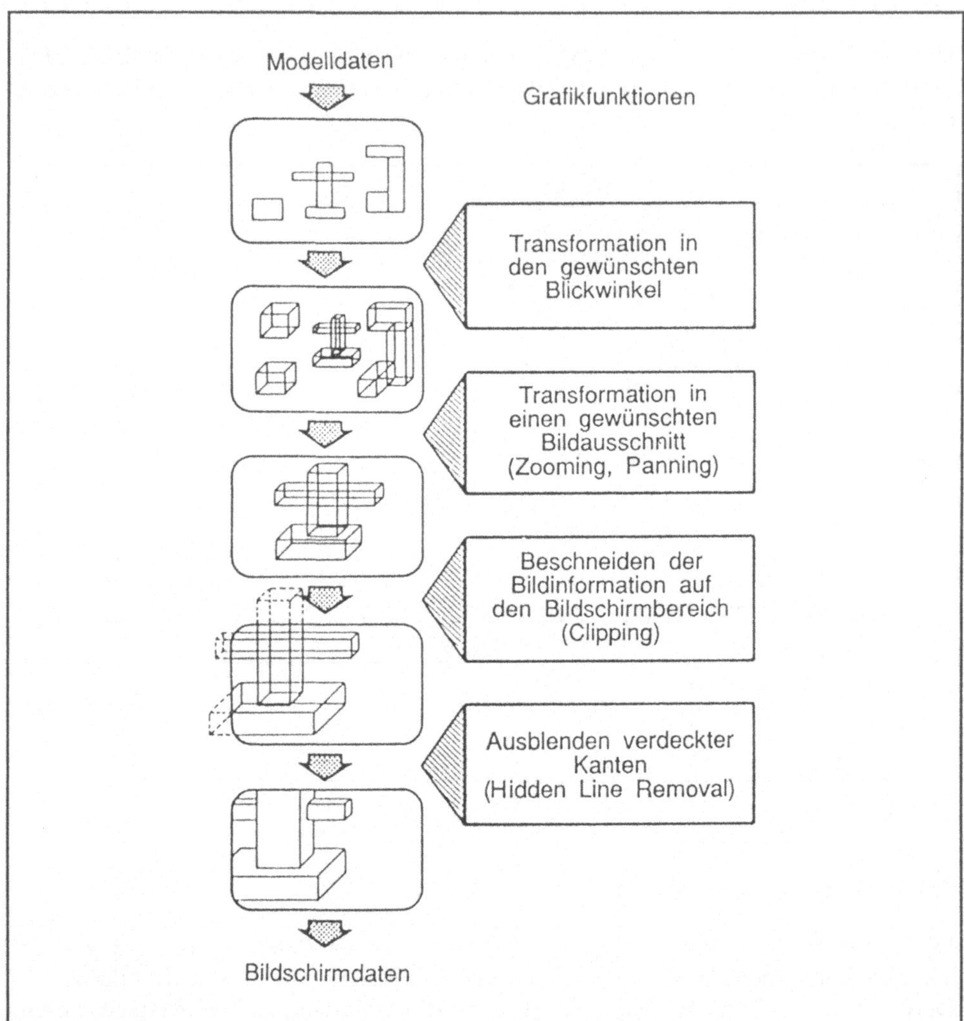

Abb. 13 Grafikfunktionen des GROSIM-Systems

Neben der Darstellung der Industrieroboterzelle als Drahtmodell, die eine Bewegungssimulation in "quasi Echtzeit" ermöglicht, sind im GROSIM-Simulationssystem Grafikfunktionen implementiert, die eine Darstellung der Modellgeometrie als Flächenmodell ermöglichen. Das Flächenmodell bietet dem Anwender in Verbindung mit Schattierungsfunktionen einen realistischeren Eindruck von der Roboterzelle und den Peripheriegeräten.

Zur realitätsnäheren Darstellung und zur Abgrenzung gleichfarbiger Körperflächen werden die Flächenmodelle im GROSIM-System schattiert am Grafikbildschirm dargestellt. Hierzu wird eine fiktive Lichtquelle zur "Ausleuchtung" der Modellzelle definiert. Je nach relativer Lage der Körperflächen zu dieser Lichtquelle werden Helligkeitsattribute zugeordnet. Zur Reduzierung des Berechnungsaufwands wird angenommen, daß die Körper selbst keine Schatten werfen.

Ziel des Programmtests ist die Entwicklung kollisionsfreier, ausführbarer Roboterprogramme. Zur Verbesserung der visuellen Kollisionserkennung am Grafikbildschirm enthält das GROSIM-System Funktionen zur echten dreidimensionalen Darstellung. Durch Berechnung von zwei, um den Augenabstand des Betrachters verschobenen, Abbildungen der Modellgeometrie werden die notwendigen Bildinformationen für das dreidimensionale Sehen ermittelt. Eine weitere Voraussetzung für das stereoskopische Sehen der Industrieroboterzelle ist, daß die eine Bildinformation nur dem einen, die zweite Bildinformation nur dem anderen Auge des Betrachters zugeführt wird.

Unter Verzicht auf die Farbinformation ist mit dem GROSIM-System die stereoskopische Darstellung der Roboterbewegungen in seiner Zelle möglich. Hierzu werden die beiden Modellansichten gleichzeitig in rot bzw. grün auf dem Grafikbildschirm dargestellt. Durch Nutzung einer Brille mit grünem bzw. rotem Filter erhält das Auge des Betrachters jeweils nur die andersfarbige Bildinformation.

Die Berechnung der beiden um den Winkel φ verdrehten Abbildungen erfolgt in Abhängigkeit vom Augenabstand A und dem Abstand Z zwischem dem wahrnehmbaren Objekt und dem Betrachter. Da zwei Abbildungen pro Darstellung berechnet werden müssen, reduziert sich für diese Darstellungsart die erreichbare Bildfolgefrequenz des GROSIM-Systems auf etwa die Hälfte.

4 Anwendung

Mit dem Simulationssystem GROSIM ist ein konfigurierbares, steuerungsorientiertes Testwerkzeug geschaffen, welches ermöglicht, auf Basis von Modellen die Aufgaben von Industrierobotern zu testen und zu optimieren. Zellen-, Steuerungs- und Aufgabenbeschreibung bilden die drei Datenbasen für die steuerungsorientierte Simulation von Industrieroboterapplikationen. Das textuelle Roboterprogramm enthält die Aufgabenbeschreibung des Industrieroboters. Die Testfunktionen ermöglichen, offline erstellte Programme auf ihre Ausführbarkeit mit dem ausgewählten Roboter- und Steuerungstyp zu überprüfen. Dabei hat der Benutzer die Möglichkeit, durch freie Wahl von Betrachterstandpunkt, Bildausschnitt und Perspektive die programmierten Roboteroperationen einer visuellen Kontrolle am Grafikbildschirm zu unterziehen. Darüber hinaus wird der Benutzer durch grafische und textuelle Ausgaben über den aktuellen Systemzustand des simulierten Robotersystems informiert (Abb. 14).

Die erforderlichen Modelle von Industrieroboter und Zelle werden während der Modellierungsphase durch den Anwender selbst aufgebaut. Der Modelleditors MED bietet hierzu alle notwendigen Softwarewerkzeuge.

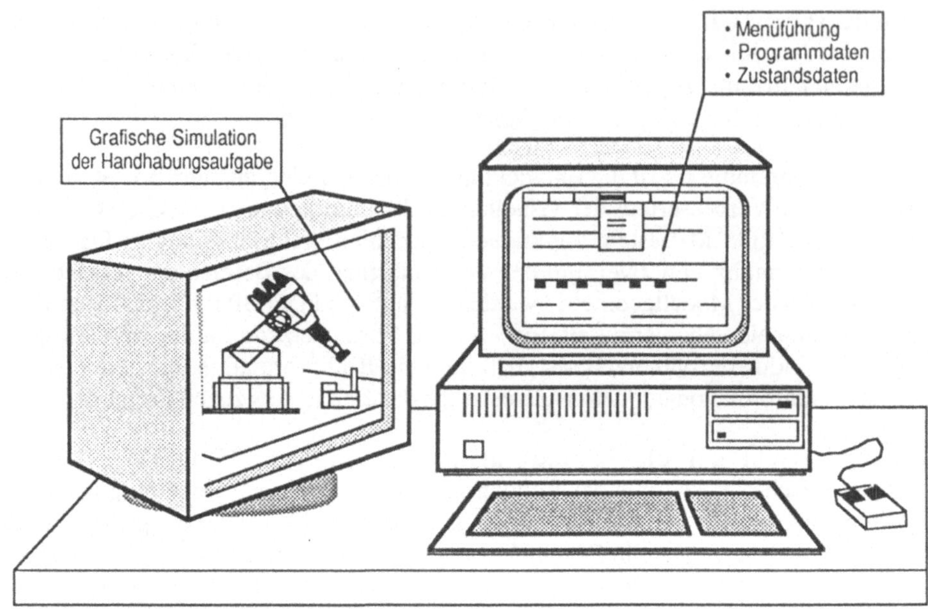

Abb. 14 Rechnerarbeitsplatz des Simulationssystems GROSIM

Die einzelnen Arbeitsschritte sollen hier am Beispiel eines 6-achsigen Robotermodells aufgezeigt werden (Abb. 15). Die Modellierung des Roboters beginnt zunächst mit der Festlegung eines allgemeinen Roboterbeschreibungselements. Es enthält Daten über den Robotertyp, seine kinematischen Eigenschaften, sowie die Anzahl der zugehörigen Roboterachsen. Anschließend erfolgt die Beschreibung der kinematischen Anordnung der Roboterachsen und der geometrischen Daten der zugehörigen Achskörper.

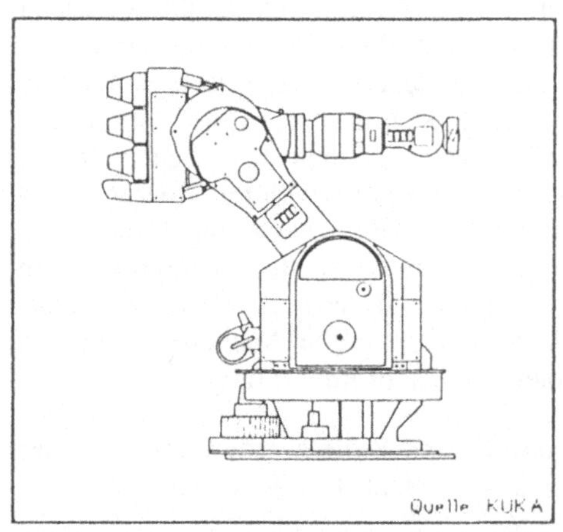

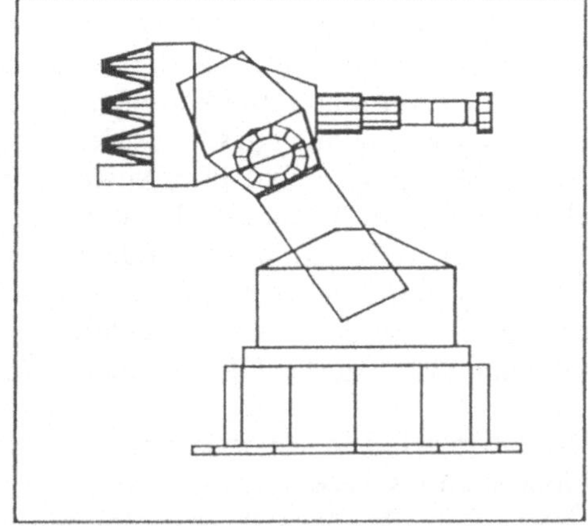

Abb. 15 Industrieroboter und Simulationsmodell

Die Achskörper können hierzu aus Grundkörperelementen des Geometriemodells stückweise zusammengesetzt werden [8]. Zur Beschreibung der Körpergeometrie wird dem Benutzer durch Einblendung von Symbolen die Bedeutung der Eingabeparameter verdeutlicht. Die Körperabmessungen werden durch Kantenlänge bzw. Körperradien und die Höhe beschrieben. Die Modellierung der kinematischen Struktur des Roboters erfolgt achsweise, ausgehend vom raumfesten Grundkoordinatensystem der Zelle. Über das Basiskoordinatensystem des Robotermodells erfolgt die Plazierung des Roboters in seiner Zelle. Anschließend kann durch Festlegung der räumlichen Verschiebungen und Drehungen Achse für Achse die kinematische Kette des Industrieroboters abgebildet werden.

Während der Modellierungsphase wird der Benutzer des MED vom System über die aktuelle Modellstruktur durch ein hierarchisch gegliedertes symbolisches Modellabbild informiert. Durch Anwählen einzelner Symbole können in der Modellierungsphase einzelne Modellelemente und -gruppen gezielt erzeugt, verändert oder gelöscht werden.

4.1 Layoutprüfung

Vor dem Entwurf von Offline- Programmen für die Robotersteuerung muß geklärt werden, ob eine geplante Aufgabe in der vorgesehenen Zelle mit der gewählten Roboter- und Anlagenkonfiguration sinnvoll ausgeführt werden kann. In einer Layout- Testphase ist zu untersuchen, ob die Anordnung der einzelnen Komponenten so gewählt ist, daß alle Handhabungspunkte vom Industrieroboter erreicht werden können und somit eine erfolgreiche Durchführung der Aufgaben möglich ist. Die Einschätzung des Arbeitsraumes ist besonders bei Industrierobotern mit sechsachsigen Bewegungsmöglichkeiten kompliziert und erfordert grafische Hilfsmittel.

Das Simulationssystem GROSIM hat die Möglichkeit, die notwendigen Bewegungsoperationen des Industrieroboters in der Zelle von einem zum anderen Punkt abzufahren. Ebenfalls kann das System die Bewegungsspur des Roboters im dreidimensionalen Raum aufzeichnen. Auf diese Weise können der benötigte Bewegungsraum des Industrieroboters und die möglichen Kollisionsräume von verschiedenen Ansichten auch ohne aufwendige Bewegungsstudien ausführlich untersucht werden .

Falls erforderlich können Zellenkomponenten verschoben werden, bis eine optimale Plazierung erfolgt ist, so daß die geplante Handhabungsaufgabe mit dem Industrieroboter ausgeführt werden kann. Muß die Eignung des gewählten Industrieroboters grundsätzlich in Frage gestellt werden, besteht die Möglichkeit, einen anderen Industrieroboter aus der Modellbibliothek auszuwählen und ihn in der geplanten Applikation am Bildschirm zu testen.

Auf diese Weise wird es möglich, das Investitionsrisiko frühzeitig zu verringern und die konkrete Entscheidung für oder gegen einen bestimmten Industrieroboter zu erleichtern. An Stelle von groben handgefertigten Zeichnungen treten jetzt steuerungsspezifische Tests in der Planungsphase auf, die die geplante Zelle als Modell bis ins Detail in seinen Abläufen nachbilden können.

4.2 Ausführungsprüfung des IR-Steuerungsprogramms

Zentrale Aufgabe der Programmsimulation ist es, ausführbare kollisionsfreie Anwendungsprogramme zu erzeugen. Hierbei ist die Ausführbarkeit der programmierten Bewegungszyklen grafisch am Bildschirm auf Basis der 3D - Modelle zu überprüfen (Abb. 16). In Verbindung mit den Signalzuständen der Peripheriegeräte ist die logische Reihenfolge der Roboteraktionen einem ausführlichen Test zu unterziehen.

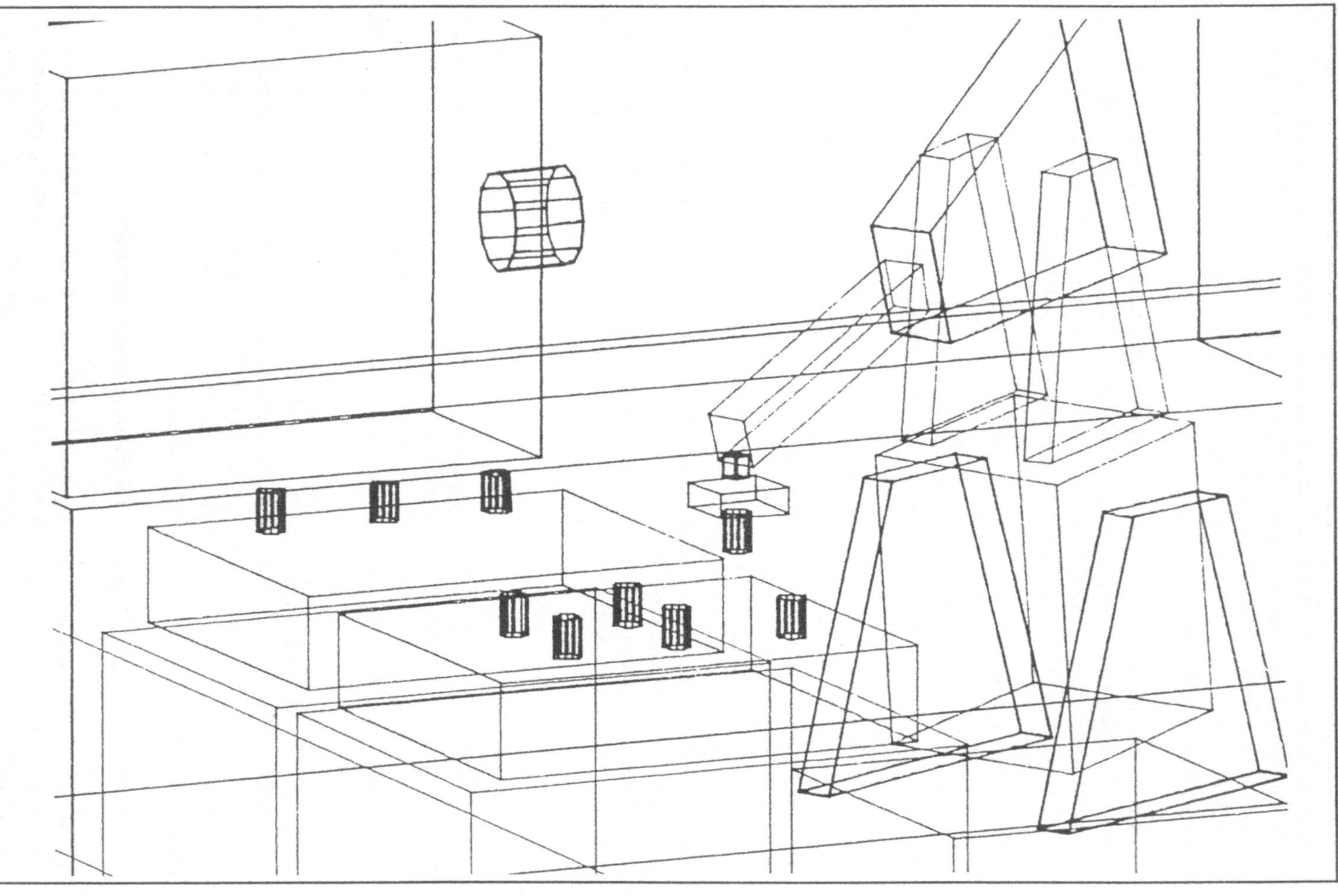

Abb. 16 Grafische Simulation von Handhabungs- und Bewegungsvorgängen

Der Ablauf der programmierten Funktionen muß in Verbindung mit den vorgesehenen Signalzuständen in der Roboterzelle getestet werden. Zusätzlich hat die Überprüfung der Verfügbarkeit der einzelnen, für die Handhabungsaufgabe relevanten Werkstücke zu erfolgen. Die Werkstücke müssen zur richtigen Zeit am richtigen Ort verfügbar sein [9]. Die Greifoperationen müssen zum richtigen Zeitpunkt definiert sein. Das Ankoppeln von Wechselgreifern, das Einschalten der Werkzeugkorrekturen bzw. der Nullpunktkorrekturen muß zur Optimierung des Programms getestet werden. Zur Unterstützung der Programmausführungsprüfung bietet das Simulationssystem Anzeigefunktionen, die zu jedem Zeittakt die räumliche Stellung des Tool - Center - Points des Industrieroboters mit seiner Position und Orientierung angibt (Abb. 17).

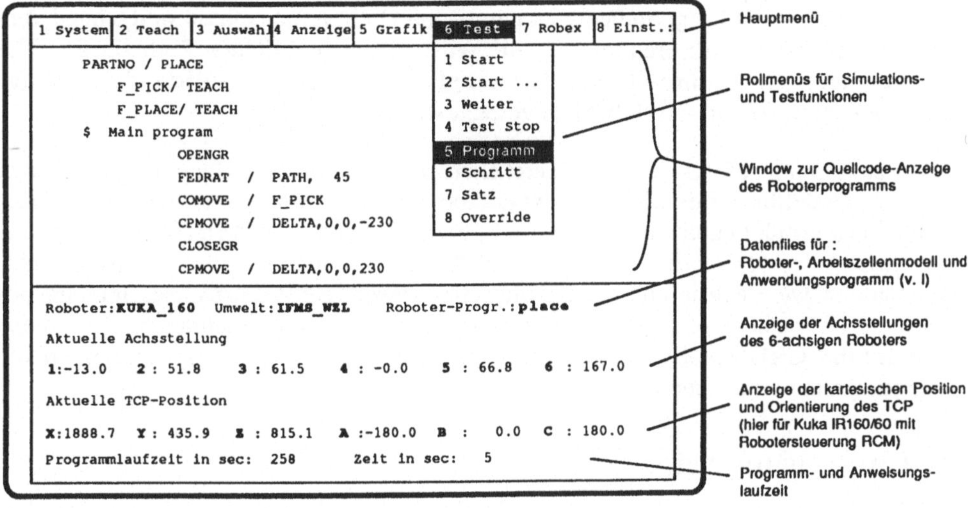

Abb. 17 Menüführung und Anzeigefunktionen des GROSIM-Systems

Zusätzlich werden die relativen Achspositionen des Industrieroboters angezeigt. Wie beim realen Industrieroboter werden die maximalen Bewegungsgrenzen der einzelnen Achsen, wie ihre maximalen Achsbeschleunigungen und -geschwindigkeiten überwacht. Neben den achsspezifischen Parametern werden auch bahnorientierte Programmparameter und Grenzwerte überprüft, wie z.B. die maximal zulässige Bahngeschwindigkeit bzw. -beschleunigung.

Ist darüber hinaus der benutzte Industrierobotersteuerungstyp bekannt, so bietet das Simulationssystem GROSIM steuerungsspezifische Debug-Funktionen zum ausführlichen Programmtest an. Hierzu enthält das Steuerungsmodell verschiedene Debug-Fenster, in denen die Wirkung des Programms in den steuerungsinternen Speicherstrukturen angezeigt wird, um die Programmverarbeitung in den steuerungsinternen Datenformaten zu verfolgen. Auf diese Weise kann der Anwender die Programmdatenverwaltung auf Steuerungsebene im Simulationssystem verfolgen. Die auf Steuerungsebene verfügbaren Programmparameter, Variablenspeicher, Merkerspeicher sowie die binären Ein - und Ausgänge einer realen Steuerung sind im Simulationssystem GROSIM logisch nachgebildet.

Wird eine Programmanweisung ausgeführt, so werden die programmierten Parameter in der virtuellen Steuerung des Simulationssystems verarbeitet und in dem Debug-Fenster angezeigt. Durch die Darstellung der logischen Programmverarbeitung in der Robotersteuerung können die Verkettung von Programm, Peripherie- und Sensorsignal verfolgt und falls notwendig so verändert werden, daß der geplante Handhabungsablauf in der Zelle erfolgreich ausgeführt wird.

5 Zusammenfassung

Die steuerungsorientierte Simulation von Industrieroboteranwendungsprogrammen bietet in Verbindung mit der textuellen Offline-Programmierung von Industrierobotern die Möglichkeit die Programmentwicklungs- und Optimierungsphase weitgehend vom Produktionsprozeß zu trennen. Damit wird eine erheblichen Reduzierung der notwendiger Programmtests vor Ort möglich, so daß die Stillstandszeiten für Programmentwurf und -test erheblich gesenkt werden.

Die Realisierung auf PC-Hardware bietet erstmals die Möglichkeit für einen preiswerten Einsatz modellbasierter Simulationssysteme für Industrieroboter. Integrierte Testfunktionen ermöglichen eine Optimierung bzw. Korrektur der Ablaufreihenfolge und Ermittlung der notwendigen Zyklus- und Programmlaufzeiten für Industrieroboterprogramme. Die Realisierung von Schnittstellen sowohl zur Werkstückbeschreibung als auch zur Übergabe des Programmcodes in die Industrierobotersteuerung ermöglicht den Einsatz des GROSIM-Systems als flexible Systemkomponente und erleichtert die Integration in vorhandene Betriebsstrukturen.

6 Literaturhinweise

1 Weck, M.
Werkzeugmaschinen
Band 1+3, 1988-89, VDI - Verlag

2 Weck, M.; Niehaus, T.; Osterwinter, M.
Graphisch interaktives Programmier- und Testsystem für Instrieroboter
Robotersysteme (1986)

3 Eversheim,W.; Weck,M.; König, W.; Pfeifer, T.
Produktionstechnik auf dem Weg zu integrierten Systemen -
Bausteine flexibler Fertigungssysteme
AWK Aachener Werkzeugmaschinen-Kolloquium 1987
Tagungsband S. 119 - 164, VDI - Verlag

4 Robex-M, Offline Programmiersystem
Sprachbeschreibung
WZL, TH Aachen (1988)

5 Ranky, P. G.; Ho, C. Y.
Robot Modelling
IFS (Publications) Ltd. (1985)

6 Giloi, W. K.
Interactive Computer Graphics
Prenice-Hall, Inc. (1987)

7   Zühlke, D.; Osterwinter, M.
        Graphische Robotersimulation - GROSIM bietet effektive Roboterprogrammierung und
        Betriebssicherheit
        Elektronik Nr. 10, 1985
8   Weck, M.; Osterwinter, M.
        Interaktives graphisches Robotersimulationssystem
        Computer Aided Techn. in der Fertigungsindustrie
        Kongreßvortrag CAT '86, Stuttgart (1986)
9   Pritschow,G.; Spur,G.; Weck,M.
        Simulationstechnik in der Fertigung
        Hanser Verlag (1986)

ROBSIM – Graphische Simulation von Robotersystemen

Dieter W. Wloka

1 Einführung in ROBSIM

Zur Automatisierung von Prozessen und zur Bearbeitung komplexer Aufgaben werden in der Industrie immer mehr Roboter eingesetzt und damit Investitionen von erheblichem Umfang getätigt. Um Roboter kostengünstig entwickeln und in ihrem Umfeld betriebssicher einsetzen zu können, bedient man sich heute vorteilhaft der Simulation.

Ein Roboter ist im industriellen Einsatz eingebunden in ein Robotersystem. Dieses besteht neben dem Roboter und seiner Steuerung aus Peripherieeinrichtungen (z.B. Zuführeinheiten, Maschinen), Werkstücken und Sicherheitseinrichtungen. Man spricht hier auch von einer Roboterzelle.

Grundlage einer Robotersimulation ist die Verfügbarkeit eines geometrischen Modells der Roboterzelle sowie von leistungsfähigen Programmen, um die in der Realität vorkommenden Programmier- und Bedienfunktionen nachzubilden.

Das geometrische Modell umfaßt auch ein dreidimensionales graphisches Modell der Roboterzelle. Damit können alle Aktionen und Abläufe mit Hilfe von Verfahren der Computergraphik dargestellt werden.

1.1 Modularer Aufbau

Das entwickelte Robotersimulationssystem ROBSIM ermöglicht die interaktive Konstruktion eines geometrischen Simulationsmodells, das graphische Einlernen, die textuelle Programmierung und die Animation aller Abläufe in einer Roboterzelle. In ROBSIM wurde das Expertensystem NEXPERT OBJECT integriert, welches auf mehrere Wissensbasen zugreift. ROBSIM ist modulartig aufgebaut und besteht aus den folgenden Programmmodulen :

- Modul ROBCEL zur interaktiven Konstruktion

- Modul ROBPRO zum graphischen Einlernen

- Modul ROBTRA zum textuellen Programmieren

- Modul ROBOPT zur Optimierung

- Modul ROBPLT zur Erstellung von Dokumentationsplots

- Modul ROBANI zur graphischen Animation

1.2 Struktur von ROBSIM

Innerer Aufbau von ROBSIM

Bild 1 zeigt den inneren Aufbau von ROBSIM. Jedes Modul ist ein eigenständiges Programm. Alle Module nutzen Routinen, die von einem inneren Kern zur

Verfügung gestellt werden, dem ROBSIM-KERNEL. Dieser Kern enthält auch die Zugriffsmechanismen auf auf die Expertensystem-Shell Nexpert Object. Der Zugriff erfolgt über das Nexpert Object Callable Interface (NOCI). Um eine Unabhängigkeit von der jeweiligen Expertensystem-Shell zu erreichen, werden die Routinen nicht direkt, sondern über eine Zwischenschicht aktiviert, die entwickelte Nexpert Object User Shell (NOUS). Dies erlaubt längerfristig den Austausch der Expertensystem-Shell und bietet zudem vereinfachte Aufrufe der Routinen.

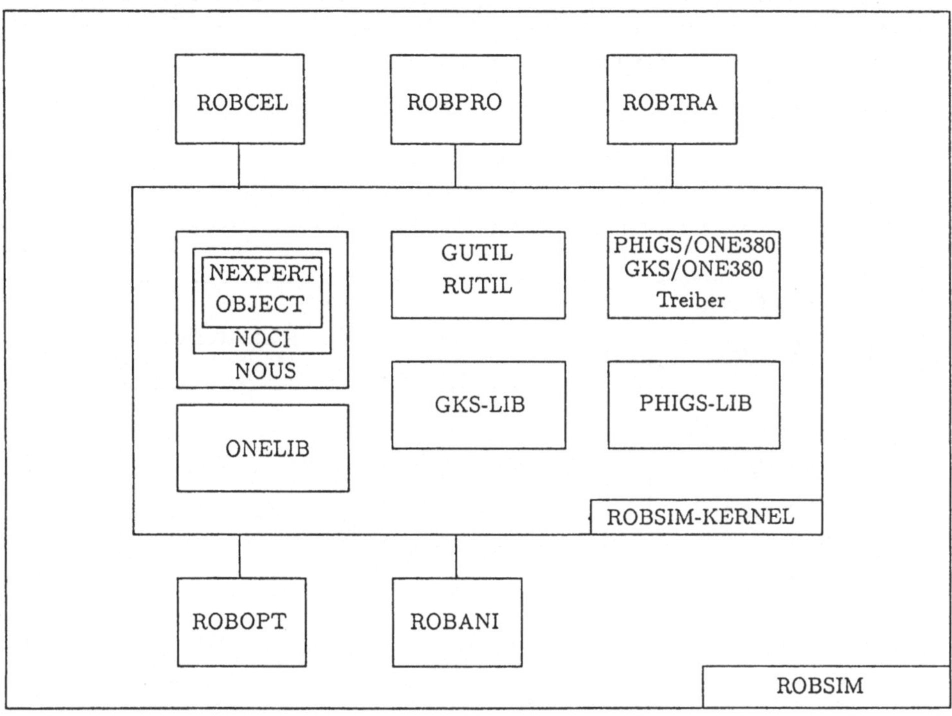

Bild 1: Innere Struktur von ROBSIM

Der Kern enthält weiter mehrere Graphikbibliotheken. Alle Graphikfunktionen sind realisiert in der Kommandosprache des Graphiksystems Raster Technologies model ONE/380 (ONELIB) [5]. Diese kann aber auch als eine neutrale Graphiksprache aufgefaßt werden. Um nun den Einsatz der Graphiknormen GKS-3D (GKS-LIB) [2] und PHIGS (PHIGS-LIB) [3] zu ermöglichen, werden Treiber (PHIGS/ONE380, GKS/ONE380) eingesetzt, welche die Sprachkommandos des model ONE/380 in Kommandos der jeweiligen Norm umsetzen. Durch diesen Mechanismus ist der Betrieb mit verschiedenen Normen möglich, ohne eine Modifikation der bestehenden Routinen durchführen zu müssen.

Der Kern enthält weiterhin zwei Bibliotheken, die allgemeine Routinen (GUTIL) und speziell auf den Bereich der Robotertechnik zugeschnittene Routinen (RUTIL) bereitstellen. Damit wird eine vereinfachte und einheitliche Programmierung gewährleistet. Weiterhin bietet sich hiermit die Gelegenheit, betriebssystemspezifische Routinen an zentraler Stelle zu sammeln.

Aufbau der Filedatenbasis

Alle Module greifen auf eine Filedatenbasis zu. Diese ist in Bild 2 gezeigt. Die Filedatenbasis enthält die Daten der geometrischen Modelle, die Daten des Einlernens, die Daten der erzeugten Trajektorien und textuelle Programme, die in der entwickelten Sprache GRPAL [8] verfaßt sind. Weiterhin enthält sie die Wissensbasen, die für die Modellbildung der Roboterzelle und die Wissensbasen, die für die Programmierung entwickelt wurden.

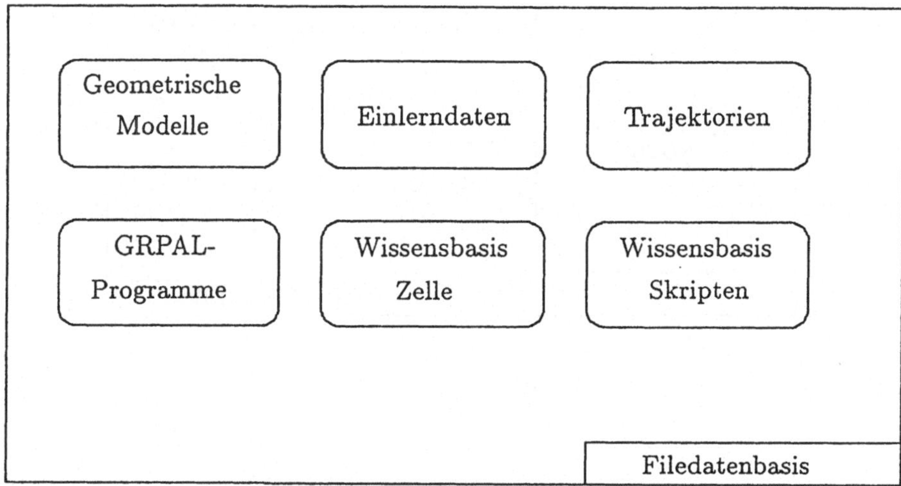

Bild 2: Filedatenbasis von ROBSIM

Unterstützte Eingabegeräte

ROBSIM unterstützt neben Tastatur und Maus auch das mehrdimensionale Eingabegerät "Geometry Ball". Die Familie der "Geometry Balls" ist in Bild 3 gezeigt.

Bild 4 zeigt die prinzipielle Funktion eines "Geometry Balls". Aufgeprägte Kräfte und Momente werden in ihre kartesischen Komponenten zerlegt. Diese Komponenten können nun vielfältig genutzt werden. Für Simulationszwecke ist die interessanteste Anwendung die Manipulation von 3-D Objekten. Diese können im konkreten Einsatzfall die gesamte Roboterzelle, einzelne Komponenten der Zelle oder der Greifer des Roboters sein.

Die Werte der kartesischen Komponenten werden in der Auswerteelektronik eines "Geometry Balls" kontinuierlich integriert. Diese zusätzliche Operation ermöglicht

Bild 3: Familie der "Geometry Balls" (Werkbild Fa. CIS)

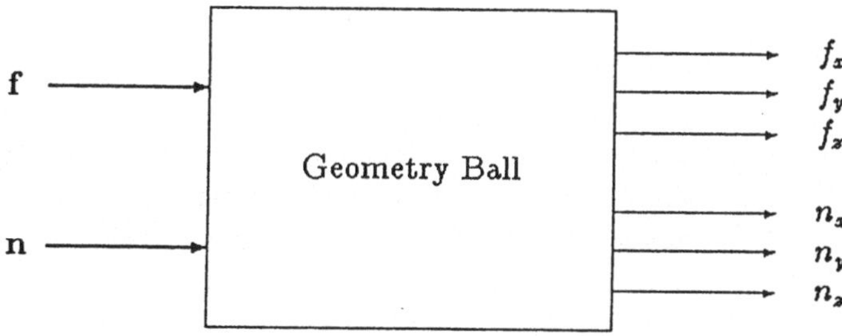

Bild 4: Prinzipielle Funktion eines "Geometry Balls"

es, daß die Manipulation proportional zur Eingabe des Benutzers erfolgen kann : je größer eine Kraft- oder Momentkomponente ist, desto schneller erfolgt die zugehörige Aktion.

Ein "Geometry Ball" ist in ROBSIM eingesetzt für :

- das sechsdimensionale Konstruieren in ROBCEL

- das kartesische Einlernen von Robotermodellen in ROBPRO

- das interaktive Vorgeben der Bilddarstellung in allen Modulen

Gesamtstruktur

Bild 5 zeigt die vollständige Struktur von ROBSIM in einer Gesamtübersicht.

2 ROBCEL : Komponentenorientierte Konstruktion

Für die Erstellung eines Modells einer Roboterzelle wurde der Modellierer ROBCEL entwickelt. Mit Hilfe von ROBCEL können interaktiv alle Komponenten aufgebaut werden, die für die Erstellung eines Modells einer Roboterzelle erforderlich sind. Die Modellierung der Roboterzelle ist an den einzelnen Komponenten der Zelle orientiert. Für jede Komponente gibt es eine spezielle Modellierungsumgebung, welche die Eigenschaften der Komponente besonders berücksichtigt. ROBCEL umfaßt in der derzeitigen Implementierung die Modellierung von Robotern, von kinematisch aktiven Mechanismen, von Effektoren und Werkzeugen, von zu handhabenden und zu bearbeitenden Teilen und die Modellierung der statischen Zelleinrichtung.

Die Modellierung kann interaktiv mit Hilfe des entwickelten 3D-Graphikeditors erfolgen. Es ist aber auch möglich, die Modellierung mit Hilfe eines Konstruktionsfiles durchzuführen. Dieses enthält kodiert die Beschreibung des Modellaufbaus. Mit Hilfe der entwickelten KI-Wissensstruktur kann dann aus dem erstellten geometrischen Modell das KI-Modell gewonnen werden. Dieses wird mittels eines Generierungs- und Ladevorgangs in den Hauptspeicher des Rechners abgelegt.

2.1 Modellaufbau

Der Modellaufbau erfolgt durch die Erstellung eines graphischen, eines kinematischen und eines dynamischen Modells.

Die erste Phase des Modellaufbaus ist die Segmentierungsphase. Hier werden die Zellkomponenten in funktionelle Segmente zerlegt. Ein Segment wird während der Modellierung als kleinste funktionell unterscheidbare Einheit einer Zellkomponente angesehen. Dies bedeutet, daß ein Segment funktionell nicht weiter unterteilt werden

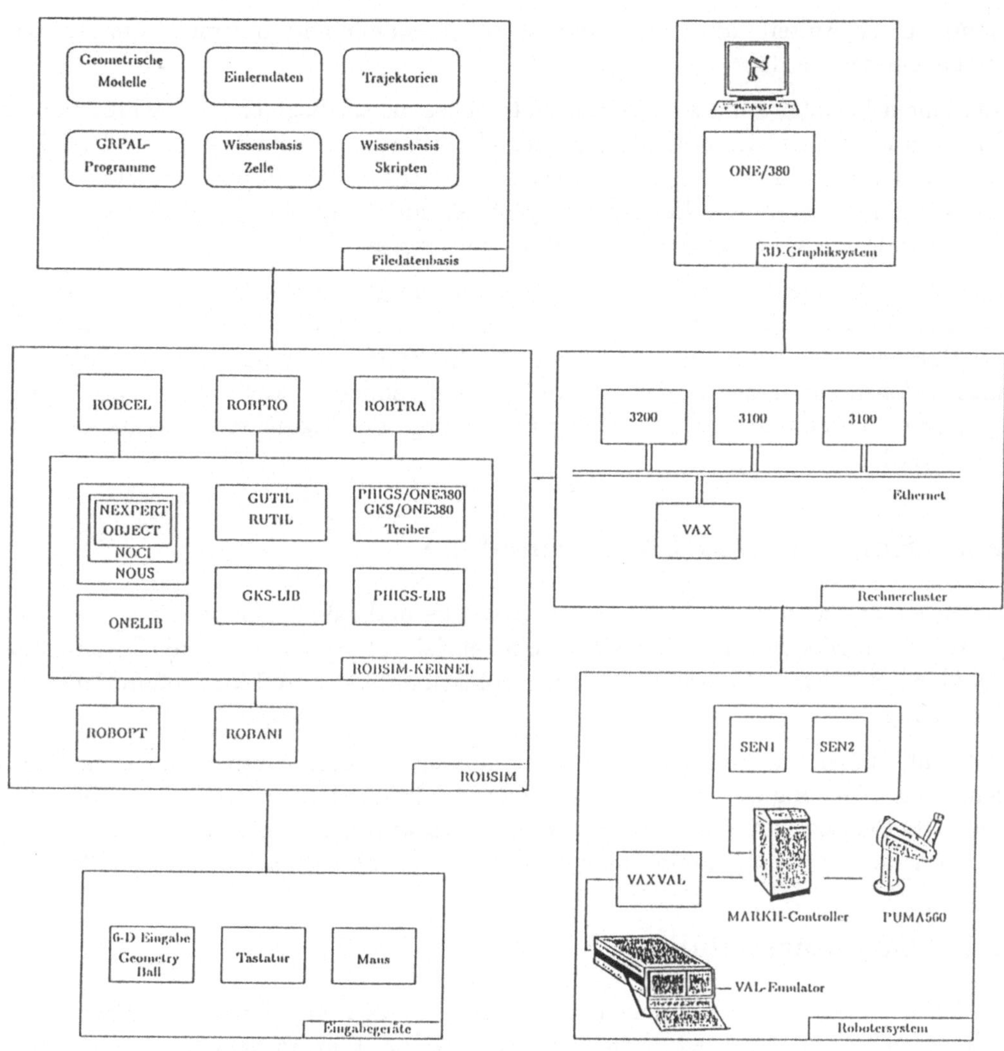

Bild 5: Vollständige Struktur von ROBSIM

kann. Diese Aufteilung in Segmente ist aufgabenabhängig und muß vom Benutzer vorgenommen werden.

Bei einem Roboter kann z.B. jede Roboterachse als ein Segment betrachtet werden. Es kann aber auch der gesamte Roboter als Segment aufgefaßt werden. Dies kann z.B. für den Entwurf einer Fabrikhalle völlig ausreichen. Die graphische Detailliertheit eines Segments kann vom Benutzer vorgegeben und damit ein sehr einfaches oder ein sehr detailgetreues, graphisches Modell erzeugt werden.

Liegen die Segmente konzeptionell vor, kann der graphische Editor von ROBCEL benutzt werden. Hier werden nach der CSG-Technik [7] die einzelnen Segmente aus graphischen Primitiven, wie z.B. Quadern oder Zylindern, aufgebaut. Um die kinematische Animation des Modells zu ermöglichen, können zusätzlich Bewegungsachsen spezifiziert und die hierarchischen Zusammenhänge der Segmente untereinander definiert werden.

2.2 Roboter- und Effektormodelle

Der Benutzer kann in ROBCEL eigene Roboter- und Effektormodelle erstellen. Das geometrische Modell wird dabei wie oben beschrieben aufgebaut. Für die Spezifikation der kennzeichnenden Parameter stehen graphisch unterstützte Eingabefunktionen zur Verfügung.

Mit Hilfe dieser Modellierungsfunktionen können Roboter, Greifer und auch Werkzeuge beliebiger Bauart erstellt werden, solange sie eine kinematisch offene Kette bilden. Der Benutzer ist somit nicht auf einen Katalog vorgefertigter Typen beschränkt, sondern kann, seinem Anwendungsgebiet entsprechend, eigene Modelle erstellen.

2.3 Layouterstellung

Sind die einzelnen Zellkomponenten modelliert, wird mit ihnen das Layout der Zelle erstellt. Hierbei wird die Anzahl und die Plazierung der Komponenten festgelegt. Diese Phase wird ebenfalls mit Hilfe des graphischen Editors durchgeführt. Alle Komponenten einer Zelle sowie beliebige Teilkonstruktionen können von einer Datenbank abgerufen werden. Neben dem Erstellen des Layouts sind weiterhin Entwürfe von Varianten, der Test des funktionellen Zusammenspiels, der Test des Arbeitsraumes und die Ermittlung von Bewegungszeiten in Abhängigkeit vom jeweiligen Standpunkt möglich.

Während der interaktiven Konstruktion wird ein Konstruktionsfile erstellt. Dieses File enthält in kodierter Form alle Anweisungen, die der Benutzer zur Modellerstellung gegeben hat. Das Konstruktionsfile dient zugleich der Dokumentation des erstellten Modells. Ein Beispiel eines Konstruktionsfiles, für die Konstruktion des in Bild 6 gezeigten einfachen Greifers, ist nachfolgend aufgeführt :

```
# ROBCEL-Konstruktionsfile
# Benutzerkennung: wl
# Dateiname: greif1
#
scale   100.0000
type    3
#
# Primitivgruppe Nr.: 1
#
segbib 5
segcol 7
segdim 15.0000 15.0000 5.0000
father 0
axtype 1
axdim   0.0000 0.0000 -10.0000 0.0000 0.0000 15.0000
#
# Primitivgruppe Nr.: 2
#
segbib 5
segcol 7
segdim 10.0000 10.0000 15.0000
father 1
tran    3 5.0000
#
# Primitivgruppe Nr.: 3
#
segbib 3
segcol 7
segdim 50.0000 30.0000 5.0000
father 2
tran    3 20.0000
#
# Primitivgruppe Nr.: 4
#
segbib 3
segcol 7
segdim 5.0000 30.0000 20.0000
father 3
tran    1 22.5000
tran    3 25.0000
#
# Primitivgruppe Nr.: 5
#
copy
```

```
father 3
tran   1 -45.0000
#
store  r3 greif1
#
```

Das Kommando "scale" bestimmt die Größe des Konstruktionsraums, hier einen Würfel der Kantenlänge 100 mm. Das Kommando "type" legt die Art der zu konstruierenden Komponente fest : Roboter, Effektor, etc. Mit Hilfe des Kommandos "segbib" kann auf die interne Bibliothek vordefinierter graphischer Primitive zugegriffen werden. Mit Hilfe des Kommandos "segcol" wird dem Primitiv eine Farbe zugewiesen. Die Dimensionierung erfolgt mit Hilfe des Kommandos "segdim". Die Anzahl und die Bedeutung der aktuellen Parameter sind vom Typ des Primitivs abhängig. Das Kommando "father" dient zum Aufbau der Hierarchie der Segmente. Mit Hilfe der Kommandos "axtype" und "axdim" wird eine Achse für ein Segment definiert. Manipulationen des Segmentes können mit Hilfe von Translationen und Rotationen stattfinden. Hierfür dienen die Kommandos "tran" und "rot". Mit dem Kommando "copy" können Primitive, Segmente oder Gruppen von Segmenten kopiert und dann weiteren Manipulationen unterworfen werden. Eine ausführliche Beschreibung dieser Kommandos findet man in [1].

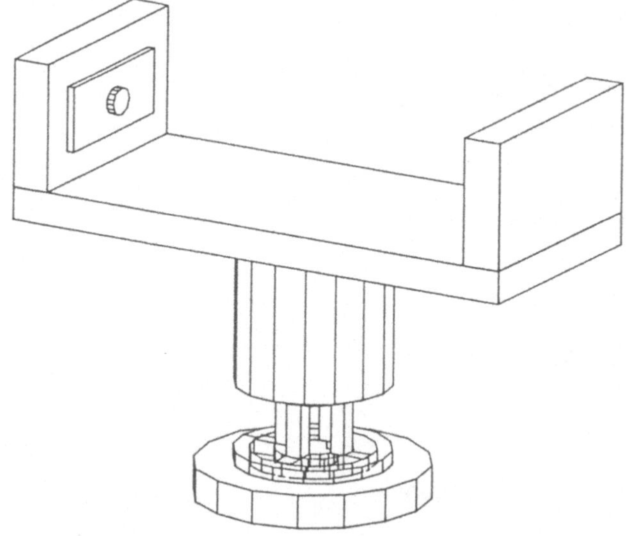

Bild 6: Einfacher Greifer

Das Konstruktionsfile kann auch mit Hilfe eines Editors oder mit Hilfe eines anderen Programms, z.B. zur automatischen Generation eines Zell-Layouts, erzeugt werden.

2.4 Automatische Konstruktion

Ist ein Konstruktionsfile vorhanden, kann damit der automatische Konstruktionsvorgang in ROBCEL gesteuert werden. Der für ROBCEL entwickelte Konstruktions-Interpreter liest alle Zeilen des Konstruktionsfiles, überprüft die syntaktische Korrektheit und startet den automatischen Konstruktionsvorgang.

Der Einsatz von Konstruktionsfiles ermöglicht auch die äußerst effiziente Archivierung von Modellen. Es genügt das Konstruktionsfile, das wenig Speicherplatz benötigt, zu speichern, da daraus wieder automatisch ein geometrischer Modelldatensatz erzeugt werden kann.

2.5 Beispiele

Die folgenden Bilder zeigen eine kleine Übersicht über Modelle, die mit ROBCEL erzeugt wurden. Bild 7 zeigt eine Auswahl von Robotern, einen Asea-Roboter und einen Unimation-Roboter. Bild 8 zeigt ein Beispiel einer komplexen Roboterzelle, bestehend aus einem PUMA-Roboter, Greifern mit integrierten Sensoren, Bauteilen zur Montage eines Rotors, einer Testmaschine und einem Bildverarbeitungssystem. Diese Zelle dient zur Untersuchung der effizienten Montage des Rotors eines Elektromotors.

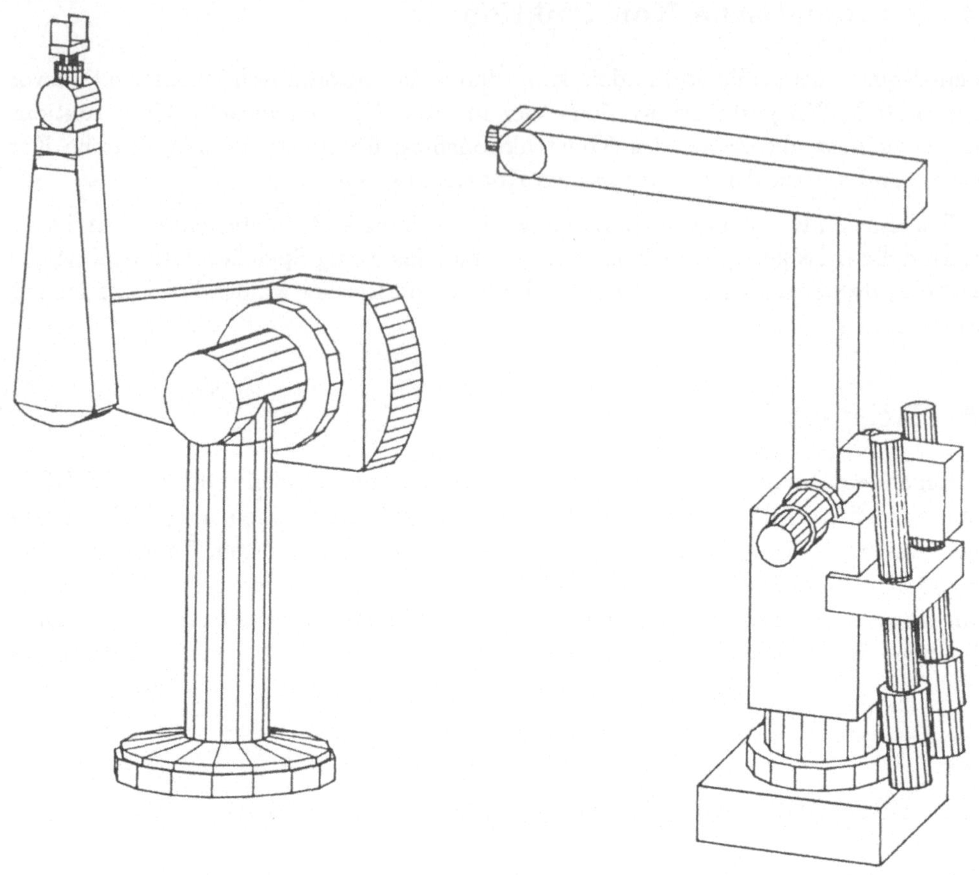

Bild 7: Beispiele konstruierter Roboter

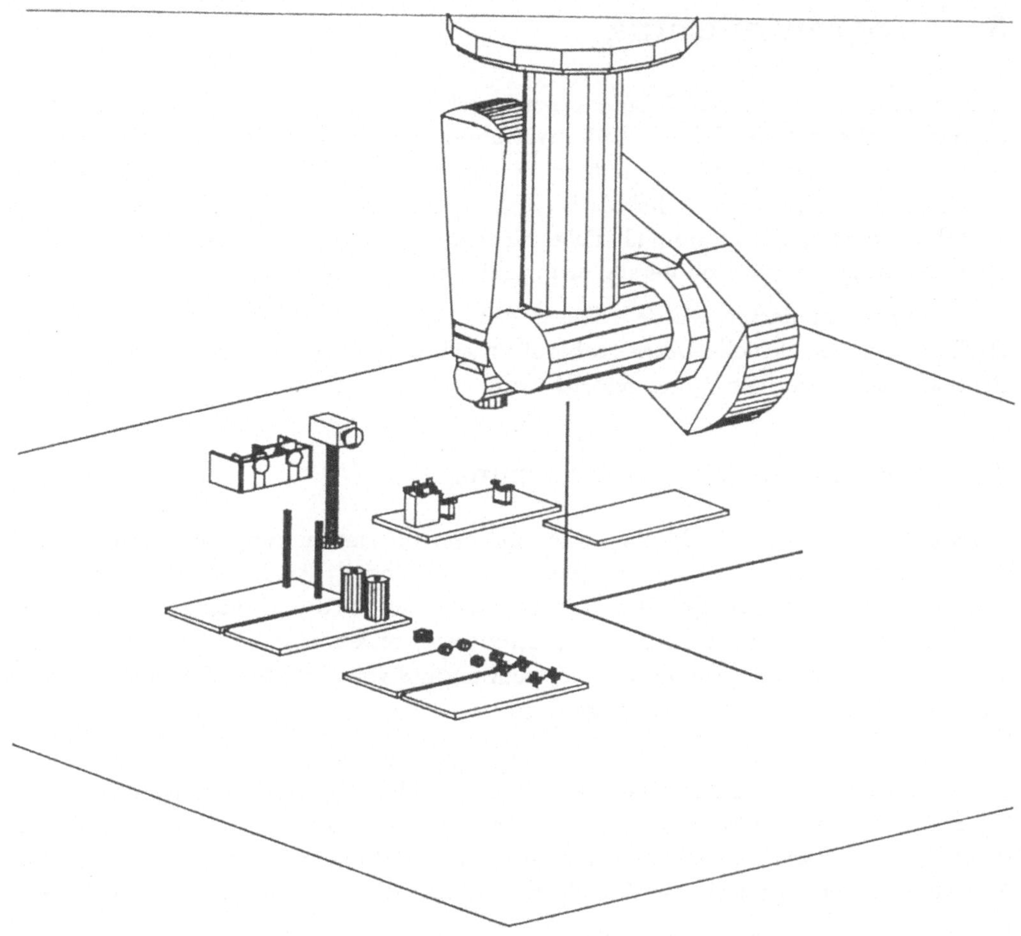

Bild 8: Komplexe Roboterzelle zu Montagestudien

3 Programmierung

Zur Programmierung eines Roboters bieten sich im allgemeinen Einlernverfahren und textuelle Verfahren an. Bei den Einlernverfahren wird der Roboter durch seine eigenen Antriebe auf einzelne Raumpunkte gebracht, wobei die Position des Endeffektors und/oder die zugehörigen Achskoordinaten abgespeichert werden. Bei den textuellen Verfahren wird das Programm als Folge einzelner Kommandos mit Hilfe eines Editors als File erzeugt, in die Robotersteuerung geladen und abgearbeitet.

Für die Programmierung wurde bisher in der Praxis die reale Roboterzelle verwendet. Dafür mußte der aktuelle Betriebsablauf unterbrochen und die Roboterzelle für das Programmieren zur Verfügung gestellt werden.

3.1 Graphische Programmierung

ROBSIM bietet eine neue Methode der Roboterprogrammierung, die darin besteht, daß für die Programmierung ein geometrisches Modell der Roboterzelle und eine dreidimensionale graphische Darstellung verwendet wird. Damit lassen sich alle Aufgaben durchführen, die zum Programmieren notwendig sind. Diese entwickelte Methode wird deshalb graphische Programmierung von Roboterzellen, im folgenden kurz graphische Programmierung, genannt.

Bild 9 zeigt das Konzept der graphischen Programmierung von Roboterzellen. Der erste Schritt ist der Aufbau eines geometrischen Modells durch Einsatz des Moduls ROBCEL. Im zweiten Schritt erfolgt das graphische Einlernen. Hier können alle zur Programmerstellung notwendigen Bewegungsinformationen in Form von Frames und Achskoordinaten eingelernt werden. Dies geschieht mit Hilfe des Moduls ROBPRO.

Im nächsten Schritt wird ein textuelles Programm erstellt, mit Hilfe eines Interpreters verarbeitet und so aufbereitet, daß eine Animation der Bewegungsabläufe des Programms stattfinden kann. Hierzu werden die Module ROBTRA und ROBANI verwendet. Ist die Programmierung zur Zufriedenheit des Programmierers verlaufen, kann der Test in der realen Roboterzelle erfolgen.

3.2 Koordinatensysteme und Referenzframes

Bild 10 zeigt die Koordinatensysteme, die für das Einlernen mit Hilfe des Moduls ROBPRO wichtig sind. Sie sind als homogene Transformationen in der Form von Frames vorgegeben und beschreiben die Position von Körpern.

Alle Transformationen T sind auf das absolute Koordinatensystem $\{R\}$ bezogen. Die Transformation $\{^R_B T\}$ beschreibt die Position des Robotersockels, $^B_0 T$ die Position des ersten Roboterkoordinatensystems, $^0_6 T$ die Transformation zum Greiferanschlußflansch, $^6_G T$ die Transformation zum Greifer. Die folgenden Transformationen beschreiben das Umfeld : $^R_O T$ die Position des Tisches und $^O_W T$ die Position des Hand-

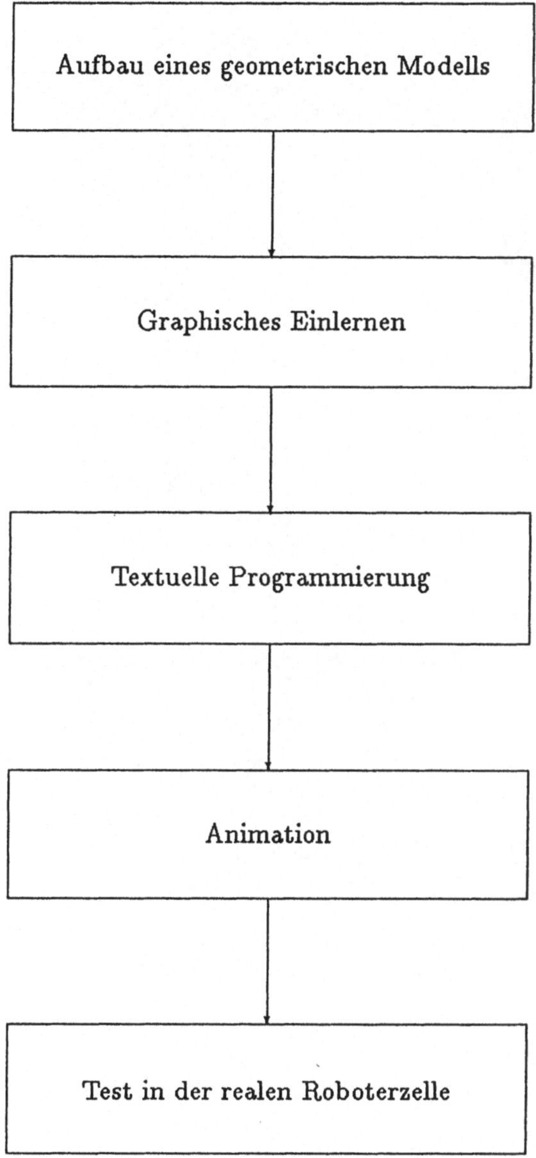

Bild 9: Graphische Programmierung einer Roboterzelle

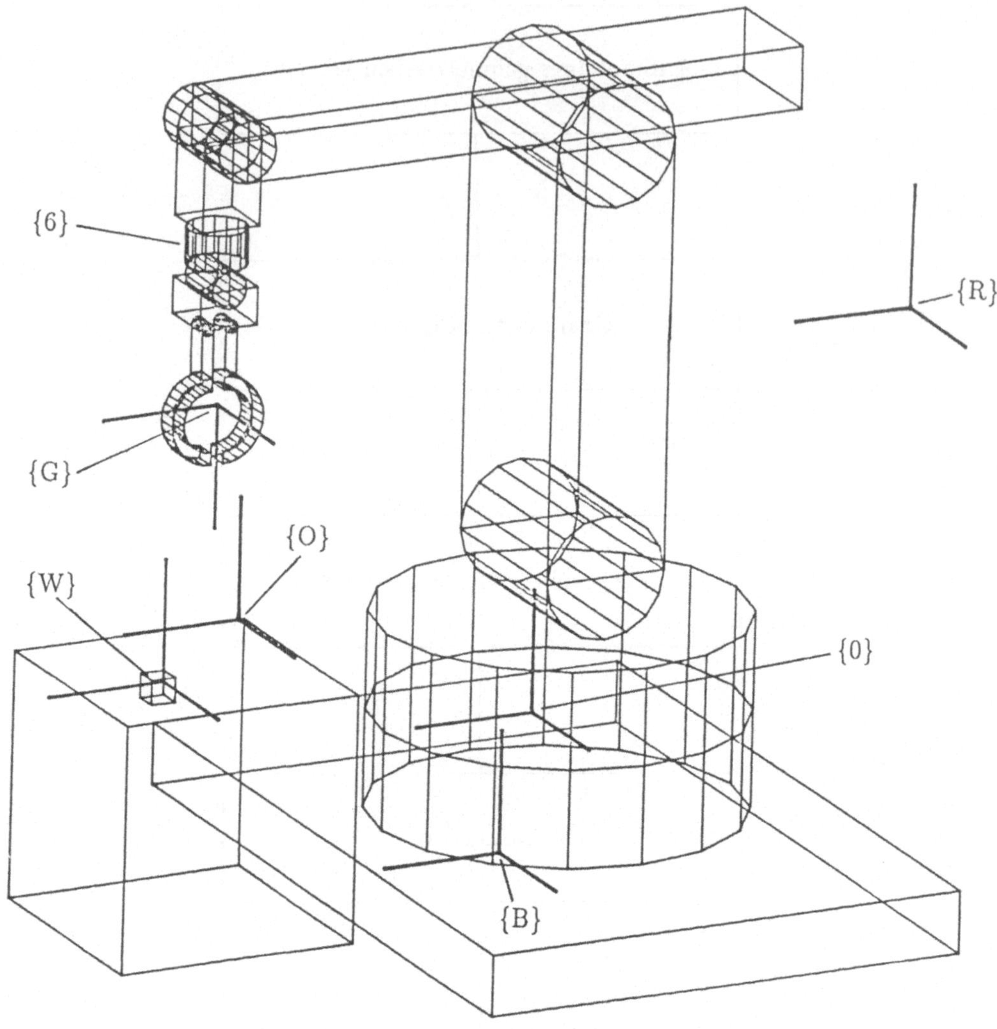

Bild 10: Koordinatensysteme für das Einlernen

habungsobjektes Würfel in bezug auf den Tisch. Die Transformation ^R_OT wird auch als Referenzframe bezeichnet. Sie erleichtert das Einlernen erheblich, da alle Angaben auf sie bezogen werden können und damit den Tischkoordinaten entsprechen. Das Modul ROBPRO erlaubt die Verkettung einer beliebigen Anzahl dieser Referenzframes.

3.3 Einlernen der Roboter

Alle Kinematiken einer Roboterzelle können in ROBPRO aktiviert und manipuliert werden. Roboter können in ihren Achskoordinaten oder in kartesischen Roboterkoordinaten verfahren werden. Hierbei erfolgt die Anzeige der einzelnen Achsstellungen. Die Position des Greifermittelpunktes (TCP) wird als Frame angezeigt.

Das Einlernen kann gleichzeitig für mehrere Roboter durchgeführt werden. Nach dem Einlernen liegen die spezifizierten Positionen in Form eines Einlern-Datensatzes vor. Bild 11 zeigt das graphische Einlernen von Positionen in ROBPRO, hier für zwei PUMA-Roboter bei einer Montageaufgabe .

Die Achskoordinaten werden in den mit "Q-Vektor" bezeichneten Feldern, die Position des Greifers in den mit "TCPFRA" bezeichneten Feldern ausgegeben.

Das Einlernen kann auch vollständig ohne Roboter durchgeführt werden. In diesem Fall kann ein graphisch angezeigtes Dreibein [1] translatorisch und rotatorisch verfahren und gewünschte Positionen gespeichert werden.

Manipulation von Teilen

Bei vielen Programmieraufgaben müssen Teile manipuliert werden. ROBPRO ermöglicht das Greifen und Loslassen von Teilen. Teile können auch im Sinne einer Montage zusammengefügt und wieder gelöst werden.

Trajektoriengeneration

Trajektorien können während des Einlernens generiert und getestet werden. Hierzu stehen verschiedene Methoden der Achsinterpolation (PTP) und der kartesischen Interpolation (CP) zur Verfügung. Trajektorien können für einen speziellen Roboter oder allgemein für Dreibeine generiert werden. Damit ist die Beurteilung einer Bahn auch ohne Roboter möglich.

Berechnung der Achskräfte und Achsmomente

ROBPRO erlaubt die Berechnung von Kräften und Momenten sowohl für den statischen Fall als auch während einer Manipulationssequenz. Nähere Angaben zum angewendeten Verfahren sind in [9] zu finden. Bild 12 zeigt als Beispiel die Ausgabe der Achsmomente für zwei Roboter des Typs PUMA 560 während des Einlernens. Diese sind in den Feldern mit der Bezeichnung F-Vektor, sowohl in numerischer Form als auch in Form eines Balkendiagramms zu finden.

---

[1]Ein Dreibein ist ein graphisch visualisiertes kartesisches Koordinatensystem

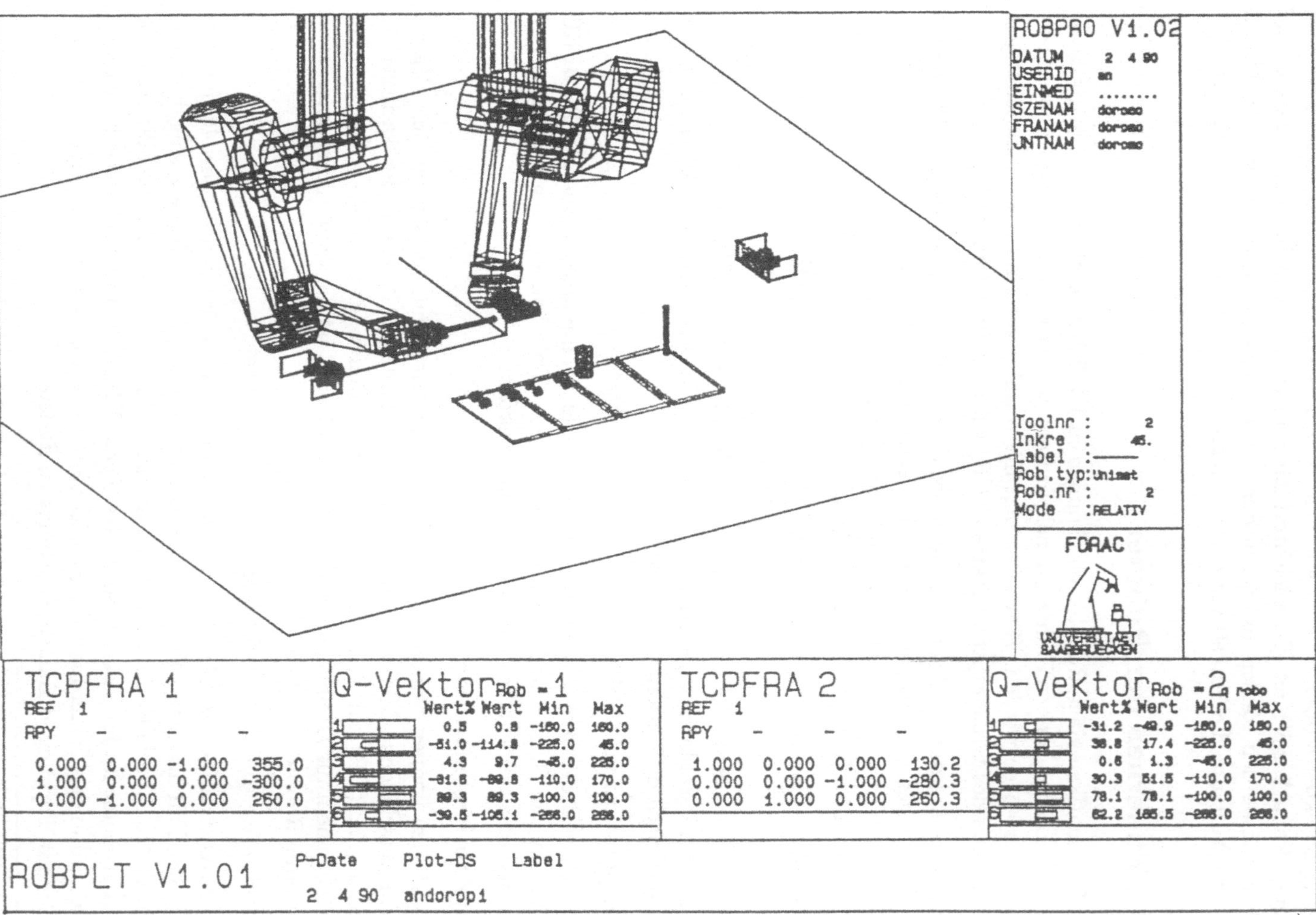

Bild 11: Graphisches Einlernen von zwei Robotern in ROBPRO

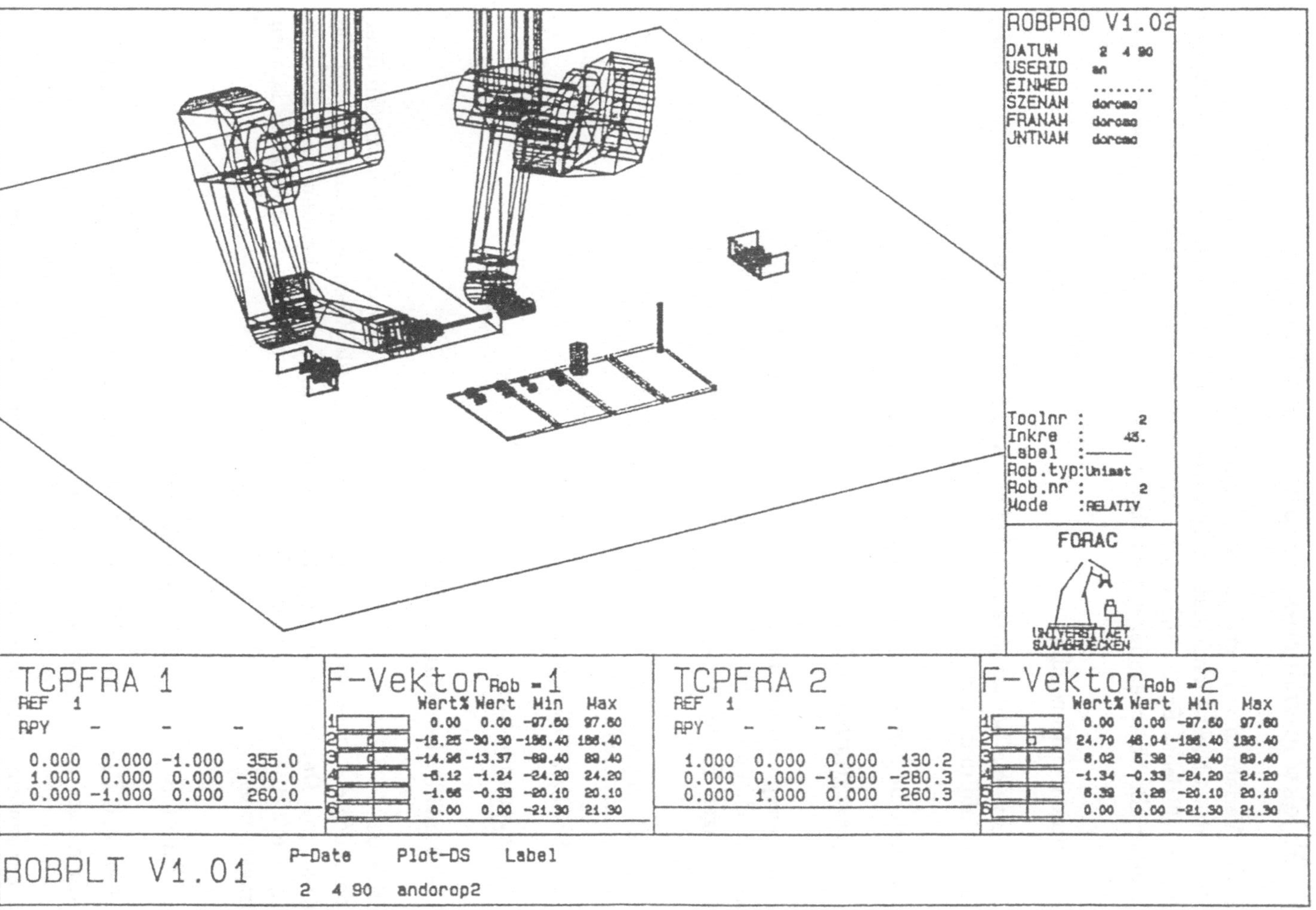

Bild 12: Berechnung der Achsmomente bei zwei Robotern

3.4 Objektorientiertes, graphisches Einlernen

Ein neues Verfahren zum graphischen Einlernen stellt das in ROBSIM integrierte Verfahren des objektorientierten, graphischen Einlernens dar. Dieses Verfahren erlaubt die effiziente Erzeugung von Positionen für textuelle Roboterprogramme. Es nutzt ferner alle Vorteile einer graphischen Visualisierung der Roboterzelle.

3.4.1 Funktionsbereiche

Das Einlernsystem besitzt Wissen über die Komponenten der Roboterzelle. Dieses umfaßt die Informationen :

- wo sich die Komponenten in der Zelle befinden

- wie diese gegriffen werden können

Der Benutzer spezifiziert nur noch, was getan werden soll, z.B. "montiere Greifer_1", "greife Teil_3", und nicht mehr, wie der Roboter dazu verfahren werden muß. In der derzeitigen Realisierungsstufe stehen ihm dazu die folgenden Funktionen zur Verfügung :

- Identifikationsfunktionen

- Greifer- bzw. Werkzeugfunktionen

- Montagefunktionen

3.4.2 Identifikationsfunktionen

Mit Hilfe der Identifikationsfunktionen können alle verfügbaren Informationen über Zellkomponenten abgefragt werden. Dies sind alle Technologiedaten, aktuelle Zustände und Daten der graphischen Modellierung. Auch handhabungsrelevante Daten, wie z.B. Greifpositionen oder die Lage des Massenmittelpunktes, können abgefragt werden.

3.4.3 Greifer- und Werkzeugfunktionen

Mit Hilfe der Greifer- und Werkzeugfunktionen können die verfügbaren Greifer und Werkzeuge aktiviert werden. Dies ermöglicht das Aufnehmen eines Greifers und auch das definierte Ablegen. Diese Aktionen lösen eine Vielzahl von internen Berechnungen und Umsetzungen in einem Simulationssystem aus. Die richtige Aufnahme eines Greifers bedeutet, daß der Greifer am Roboteranschlußflansch ohne Versatz oder Orientierungsfehler montiert werden muß. Auch müssen ein Teil der Koordinatentransformationen, die in den Algorithmen zur Vorwärts- und

Rückwärtstransformation verwendet werden, neu berechnet werden. Ist dies nicht der Fall, so werden alle Positionen und Achskoordinaten falsch berechnet. Es ist deshalb sinnvoll, in einem Simulationssystem den Greifer- und Werkzeugwechsel programmgesteuert durchführen zu lassen.

3.4.4 Montagefunktionen

Die Montagefunktionen umfassen hier sowohl das Greifen von Handhabungsobjekten als auch die Verbindung von Handhabungsobjekten. Ein großer zeitlicher Anteil der Programmierarbeit wird für die Spezifikation von Positionen im Raum benötigt. In den allermeisten Fällen sind die anzufahrenden Positionen objektbezogen, d.h. es besteht ein technologischer Zusammenhang zwischen Handhabungsobjekt und Position. Ein typisches Beispiel ist das Anfahren eines Handhabungsobjektes. Ein guter Programmierer wird diese Bewegung in zwei Teile zerlegen : eine möglichst schnelle, kollisionsfreie Bewegung an eine sichere Annäherungsposition (Freiraumbewegung) und dann eine langsamere, unter den Aspekten des Greifens gesehene, endgültige Bewegung (Feinbewegung). Beide Positionen, die Annäherungsposition und die Greifposition, sind objektabhängig. Es ist damit sinvoll, diese Positionen als zum Handhabungsobjekt zugehörig anzusehen. Wird das Handhabungsobjekt im Raum bewegt, so verändern sich zwar die absoluten Koordinaten der Positionen, ihre Relationen untereinander bleiben jedoch bestehen.

Für das objektorientierte, graphische Einlernen werden deshalb für jedes Handhabungsobjekt objektzugehörige Positionen verwendet. Diese werden als Objektpositionen bezeichnet; sie können während der Modellierung spezifiziert werden. Die Verwendung erleichert die Vorgabe von Positionen im Raum erheblich. Möchte man die Annäherungsposition eines bestimmten Handhabungsobjektes einnehmen, so ist dies einfach dem Programmiersystem mitzuteilen. Das System steuert dann den aktivierten Roboterarm an diese Position.

Ist in einer realen Zelle ein Handhabungsobjekt manipuliert worden, so muß der Programmierer erst wieder interaktiv den Roboterarm an die entsprechende Position verfahren. Dieser Schritt entfällt beim objektorientierten, graphischen Einlernen völlig, da das Programmiersystem das Wissen besitzt, wo sich die einzelnen Handhabungsobjekte befinden.

Das richtige und gezielte Greifen von Handhabungsobjekten wird mit diesem Verfahren extrem vereinfacht. Durch die Verwendung alternativer Objektpositionen ist eine flexible Adaption in unterschiedlichen Situationen sekundenschnell möglich.

Durch die Kenntnis der Zellkomponenten ist auch die Montage von Handhabungsobjekten einfach möglich. Die derzeitige Implementierung erlaubt sowohl die Montage als auch die Demontage. Dazu müssen die Handhabungsobjekte an den vorgesehenen Ort gebracht und die Montagefunktion aktiviert werden.

4 ROBTRA : Textuelles Programmieren

Für den Schritt der textuellen Programmierung steht das Programmodul ROBTRA
zur Verfügung. Für die textuelle Programmierung wurde GRPAL entwickelt, eine
Sprache zur graphischen Roboterprogrammierung und Animation.

4.1 Programmerstellung

Das Erstellen eines Programms verläuft wie beim Programmieren mit einer höheren
Programmiersprache. Mit Hilfe eines Editors wird ein Programmfile erstellt. Dieses
enthält die GRPAL-Anweisungen. Das GRPAL-Programm wird umgesetzt in einen
Datensatz, der für die Animation des Programms geeignet ist. Für diesen Schritt
wurde der GRPAL-Interpreter entwickelt, der in ROBTRA integriert ist.

4.2 Eigenschaften von GRPAL

Die Haupteigenschaften von GRPAL sind die zeitgesteuerte, gleichzeitige Programmierung mehrerer Roboter, die Manipulation von Objekten und die Animation von
Maschinen, die sich in der Roboterzelle befinden.

Die GRPAL-Kommandos sind in die Gruppen Datenspezifikation, Programmierdaten,
Roboteraktionen, Objektmanipulationen und Trajektoriengeneration eingeteilt.

4.3 Multiroboterprogramme

Durch die durchgeführte zeitliche Synchronisation eines GRPAL-Programms ist es
möglich, eine größere Anzahl von Robotern sehr einfach zu programmieren : für jeden Roboter kann zunächst ein Teilprogramm erstellt und ausgetestet werden. Alle
Teilprogramme können dann als ein gemeinsames GRPAL-Programm zusammengefaßt werden. Der GRPAL-Interpreter setzt dieses Programm dann so um, daß die
Aktionen aller kinematisch aktiven Mechanismen zeitrichtig dargestellt werden.

4.4 Beispiel eines GRPAL Programmes

Die nachfolgende Sequenz ist der Anfang eines GRPAL-Programms, mit dem die
Montage des Rotors eines Elektromotors durch 2 Roboter durchgeführt wird.

```
fileid an
mbsgeo doromo
jntset doromo
fraset doromo
```

```
deftim 1 1.0
deftim 2 1.0
defstp 1 1
defstp 2 1
veloca 1 100
veloca 2 100
takt   1 0.3
takt   2 0.3
#
# Aufnehmen der Greifer: Roboter 1 Greifer 3,
#                        Roboter 2 Greifer 2
#
mptp   1 1 1 0 0
mptp   2 4 4 0 0
mmove  1 1 2 0 0
mmove  2 4 5 0 0
toolon 1 3
toolon 2 2
mmove  1 2 3 0 0
mmove  2 5 6 0 0
wait   2 1 1
#
# Roboter 1: Greifen der Welle (3) und
#            Transfer zu Montageposition 1
#
mptp   1 3 7 0 0
mmove  1 7 8 0 0
segtra 115 13.0
segtra 116 13.0
graobj 1 3
mmove  1 8 7 0 0
signal 1 1 1
mptp   1 7 12 0 0
wait   1 2 1
#
# Roboter 2: Greifen des Laeufers (6) und Montieren auf Welle
#
mptp   2 6 9 0 0
mmove  2 9 10 0 0
segtra 86 12.0
segtra 87 12.0
graobj 2 6
mmove  2 10 11 0 0
mptp   2 11 13 0 0
```

```
mmove   2 13 14 0 0
segtra 87 -12.0
segtra 86 -12.0
relobj 2 6
fixobj 6 3
mmove   2 14 13 0 0
#
# Roboter 2: Greiferwechsel
#
mptp    2 13 6 0 0
mmove   2 6 5 0 0
toolof 2 2
mmove   2 5 4 0 0
mmove   2 4 15 0 0
mmove   2 15 16 0 0
toolon 2 1
mmove   2 16 17 0 0
```

.

.

.

5   ROBOPT : Optimierung

Mit Hilfe des Moduls ROBOPT [2] ist die gezielte Optimierung einer Roboterzelle
möglich. Typische Optimierungsbereiche sind :

- die Auswahl des Robotertyps

- die Auswahl der Werkzeuge

- die Ermittlung des Roboterstandorts

- die Ermittlung geeigneter Trajektorien

5.1   Initialisierungszelle

ROBOPT ermöglicht die Optimierung eines Teilbereichs oder die kombinierte Optimierung aller oben aufgeführten Bereiche. Die Optimierung basiert auf dem geometri-

---

[2]ROBOPT ist von Herrn Dipl.- Ing. W. Schwinn, FORAC, entworfen worden und wird von ihm
entwickelt.

schen Modell der Roboterzelle. Dieses Modell wird im Rahmen der Optimierung Initialisierungszelle genannt. Die Initialisierungszelle muß zur Durchführung der geforderten Aufgabe geeignet sein, d.h. so vorliegen, daß ein Ablauf der beabsichtigten Tätigkeiten prinzipiell möglich ist.

Nach Abschluß der Optimierung stellt ROBOPT ein modifiziertes Modell zur Verfügung mit den Informationen, welche Zellparameter geändert wurden. Die bei der Optimierung in großem Maße anfallenden Berechnungsergebnisse können in verschiedener Form, so z.B. als 3D-Plot, ausgegeben werden.

5.2 Vorgehen

Das Vorgehen bei einer Optimierung erfolgt in den folgenden Schritten :

- Aufbau einer Initialisierungszelle

- Eingabe und Test des prinzipiellen Arbeitsablaufes

- Vorgabe von Alternativen für die Roboter und die Werkzeuge

- Vorgabe der Standpunktbereiche für die einzelnen Roboter

- Vorgabe von Konfigurationsvarianten bei sechsachsigen Robotern

- Berechnung der Optimierungskennwerte

- Anpassung der Initialisierungszelle an die optimale Lösung

5.3 Anwendungsbereiche

Mit Hilfe von ROBOPT lassen sich gezielt Probleme lösen wie :

- das Finden der minimalen Taktzeit

- die Minimierung der Belastung des Roboters

- die quantitative Evaluierung von Variantenentwürfen

Ein wichtiger Punkt beim Einsatz von Optimierungsverfahren ist die Schnittstelle zum Benutzer. Fordert man Eingaben, z.B. Parameter, die im Zusammenhang mit komplexen mathematischen Theorien stehen, so ist der Benutzer zumeist überfordert.

Die Parameter, die in ROBOPT für einen Optimierungslauf angegeben werden müssen, beziehen sich deshalb ausschließlich auf real existierende und physikalisch interpretierbare Größen bzw. Bereiche. So wird z.B. bei der Suche nach einem optimalen Standort lediglich der mögliche Bereich und der Abstand der zu untersuchenden Punkte angegeben. Gleiches gilt für die Optimierung der Werkzeuggeometrie.

6 ROBANI : Graphische Animation

Mit Hilfe des Programmoduls ROBANI kann ein erstelltes GRPAL-Programm animiert werden. ROBANI beinhaltet alle notwendigen Routinen, um eine komfortable und aussagekräftige Animation zu ermöglichen. Die Darstellung kann durch die Wahl des Beobachterstandpunktes, die Vorgabe einer beliebigen Blickrichtung, die Auswahl unter mehreren Projektionsarten und die Vorgabe beliebiger Fenster durch Vergrößerungs- und Verschiebe-Funktionen beeinflußt werden.

Bei einer Animation kann der Bildablauf sowohl vorwärts als auch rückwärts erfolgen. Auch die Wahl eines Schrittmodus ist möglich.

Durch den Einsatz speziell entwickelter Animationsalgorithmen ist es möglich, ein GRPAL-Programm so umzusetzen, daß ein filmartiger Eindruck bei der Animation entsteht. Die graphische Animation kann sowohl auf einem Hochleistungsgraphikgerät durchgeführt werden wie auch auf konventionellen Workstations oder PC-basierten Systemen.

7 Anwendungsbeispiele

7.1 Roboterzelle zum Kleberauftrag

Dieses Beispiel behandelt eine Roboterzelle zum automatischen Auftragen von Kleber auf die Innenseite einer PKW-Tür. Mit Hilfe eines Transportmechanismus wird eine Autotür in die Zelle gebracht. Ein Hubtisch hebt die Tür an, und zwei Roboter tragen Kleber auf. Ziel dieses Projektes [6] war die Modellierung der Zelle und die vollständige Nachbildung des Arbeitsablaufes.

Für die Zelle standen keine CAD-Daten zur Verfügung. So wurden anhand von Plänen und durch die Vermessung der realen Zelle die geometrischen Abmessungen aller Zellkomponenten ermittelt. Die relevanten Komponenten der Zelle sind die beiden Roboter vom Typ ASEA IRB L 6/2, das Portal, der Hubtisch, die Klebepistolen, der Transportmechanismus und die Autotür. Alle Komponenten wurden zunächst in funktionelle Segmente zerlegt. Jede Komponente wurde dann soweit nachgebildet, wie es für die Simulation notwendig war. Hierbei konnten zum Teil drastische Vereinfachungen vorgenommen werden. Alle Teilkomponenten der Zelle wurden in einer Datenbank abgelegt. Das vollständige Modell wurde dann durch den Abruf der Einzelkomponenten erstellt. Der Aufbau einer bestimmten Zellenvariante konnte so in kürzester Zeit erfolgen.

Ein Problem bei der Modellierung bildete die PKW-Tür. Für sie standen keine CAD-Daten zur Verfügung. Die Geometriedaten der Tür wurden deshalb durch das Vermessen einer realen Tür ermittelt. Die Tür wurde dann aus einzelnen, schmalen Streifen approximiert, wie 13 zeigt.

Bild 14 zeigt die beiden ASEA-Roboter in ihrer Über-Kopf Position im Portal. Als

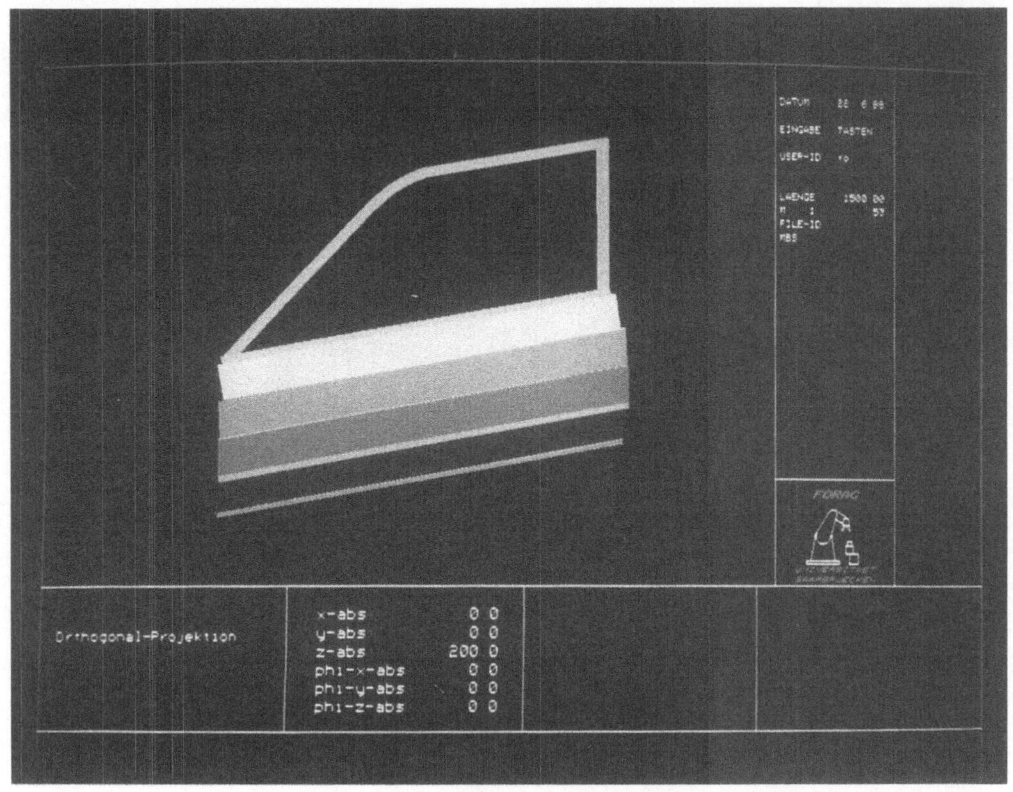

Bild 13: Modell der PKW-Tür

absolutes Referenzsystem dient hier das Koordinatensystem $\{W\}$; die Basiskoordinatensysteme der Roboter sind mit $\{B\}$ bezeichnet. Bild 15 zeigt das Modell eines
ASEA-Roboters.

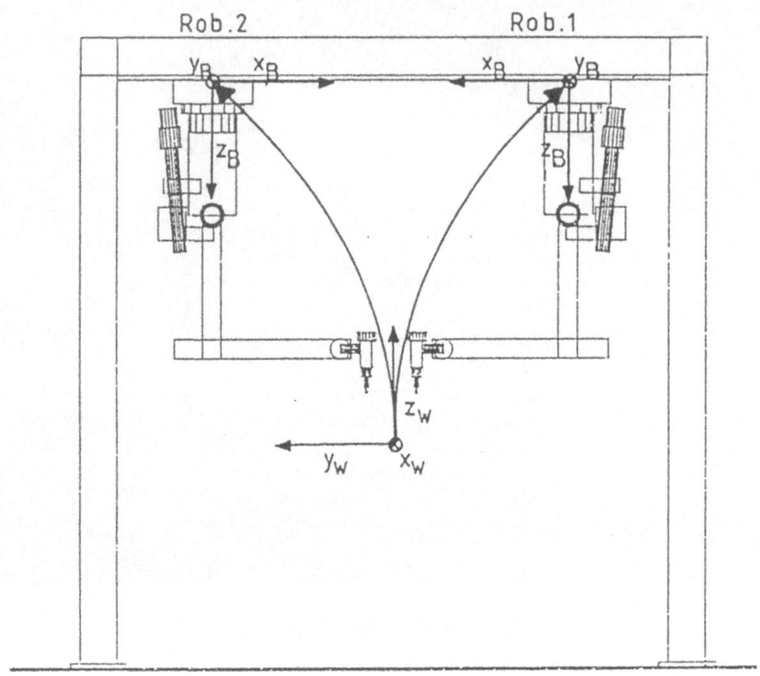

Bild 14: Modell des Portals mit Robotern

Mit Hilfe der realen Programme der beiden ASEA-Roboter wurden beide Roboter
eingelernt. Zur Nachbildung des gesamten Bewegungsablaufs wurde ein GRPAL-
Programm erzeugt, welches den gesamten Ablauf in der Zelle wiedergibt, also die
Bewegungen der Roboter, des Transportmechanismus und der Hubeinheiten. Bild 16
zeigt das vollständige Modell der Zelle zum Kleberauftrag.

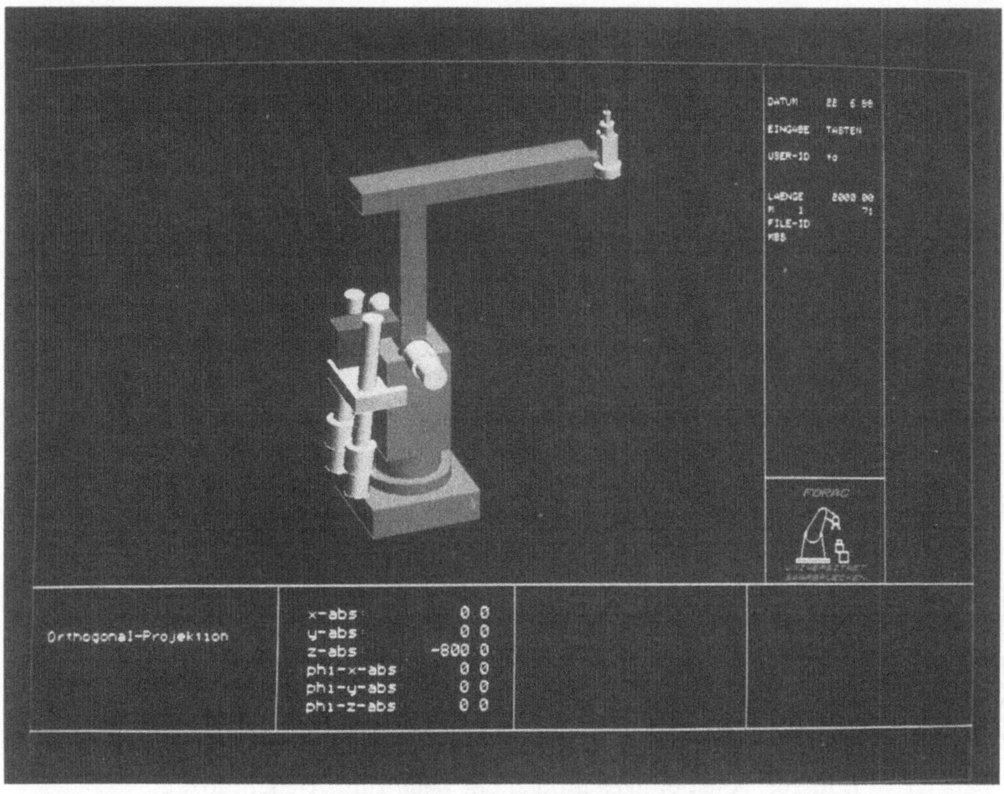

Bild 15: Modell eines ASEA-Roboters

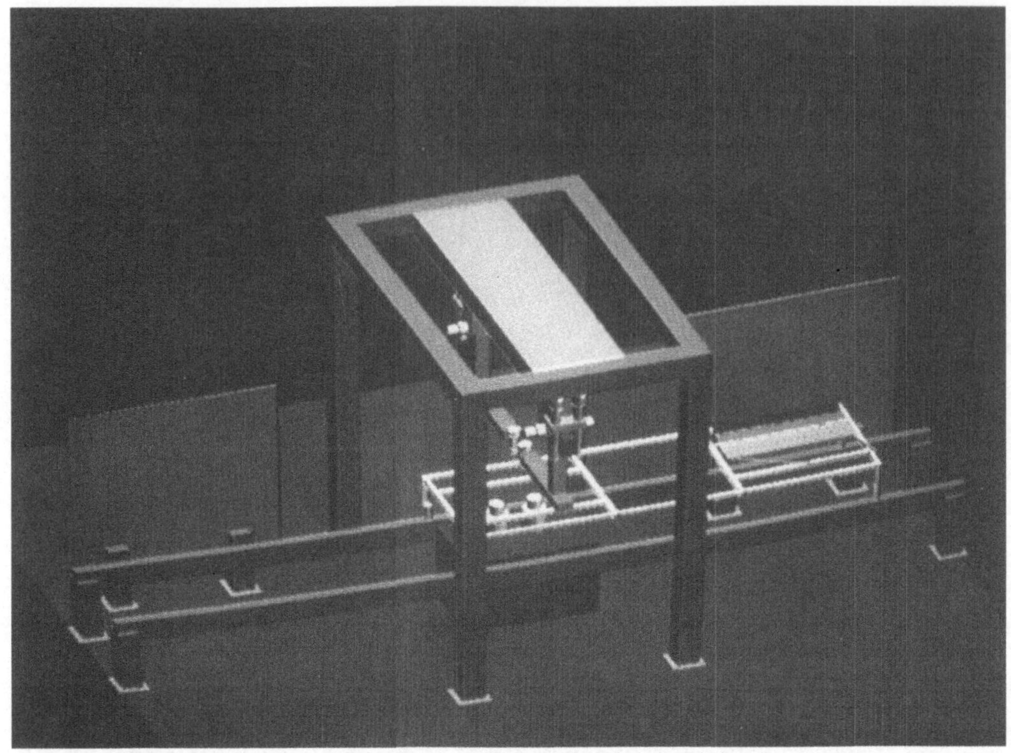

Bild 16: Vollständiges Modell der Zelle zum Kleberauftrag

7.2 Test von Bankautomaten

An moderne Bankautomaten werden heute vielfältige Funktionsanforderungen gestellt. Dies betrifft die Zuverlässigkeit und das Handhaben verschiedenster Gegenstände wie Geldscheine, Scheckkarten, Umschläge, Sparbücher, etc.

Ein längerer Funktionstest läßt sich vorteilhaft mit der simulierten Bedienung des Bankautomaten durch einen Roboter durchführen. Hierzu wird ein Testgestell am Bankautomaten befestigt. In dem Testgestell ist ein Roboter befestigt, der den Bankautomaten bedienen kann. Weiterhin enthält das Testgestell Fächer für die verschiedenen Gegenstände, die zum Bedienen erforderlich sind. Der Aufbau und die Funktion eines Testsystems kann vorab durch eine Rechnersimulation studiert werden.

In Zusammenarbeit mit einem namhaften Hersteller von Bankautomaten wurde mit ROBSIM eine derartige Studie [4] durchgeführt. Ziel war es :

- einen geeigneten Kleinroboter zu finden

- den Aufbau der Testeinrichtung zu ermitteln

- die Durchführbarkeit aller Testfunktionen zu validieren

Die Simulation fand unabhängig zu der parallel ablaufenden Entwicklungsarbeit statt, die mit konventionellen Methoden durchgeführt wurde. Durch einen späteren Beginn der Simulationsstudie waren Design-Vorgaben allerdings teilweise bereits getroffen.

Eine Vorgabe war es, daß der Transport der Testeinrichtung von Automat zu Automat möglich sein sollte. Aus Kosten-, Handhabungs- und Platzgründen wurde deshalb der Einsatz eines Kleinroboters vorgesehen. Diese Typen bieten den Vorteil, daß ihre Steuerung sehr kompakt ist und wenig Gewicht aufweist. Somit ist die Integration der Robotersteuerung in das Testgestell möglich.

Bei der Auswahl des Kleinroboters waren mehrere Fragestellungen wichtig :

- Ist ein fünfachsiger Roboter ausreichend ?

- Reicht das Arbeitsvolumen aus, um verschiedene Typen von Automaten testen zu können ?

- Welche Anforderungen sind an den Greifer zu stellen ?

Als geeigneter Roboter wurde ein fünfachsiger Roboter des Typs Mitsubishi RV-M1 ermittelt. Sein Arbeitsvolumen war allerdings nicht ausreichend, so daß eine Verfahreinheit eingesetzt werden mußte. Als Greifer konnte der Originalgreifer verwendet werden; er wurde zusätzlich mit einem pneumatischen Aufnehmer zur Handhabung von flachen Gegenständen ausgestattet, wie dies bei Geldscheinen und Umschlägen notwendig ist.

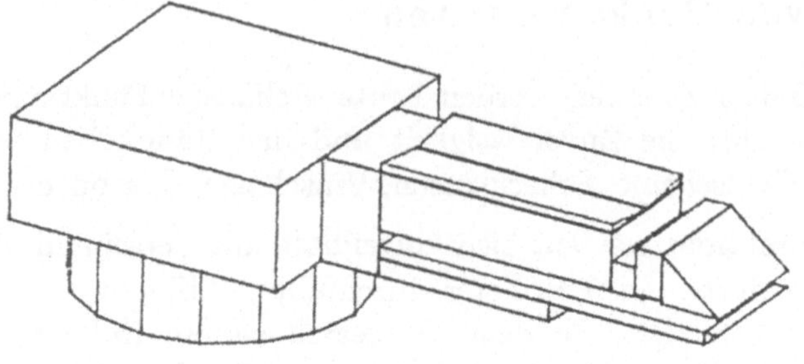

Bild 17: Modell des modifizierten Greifers

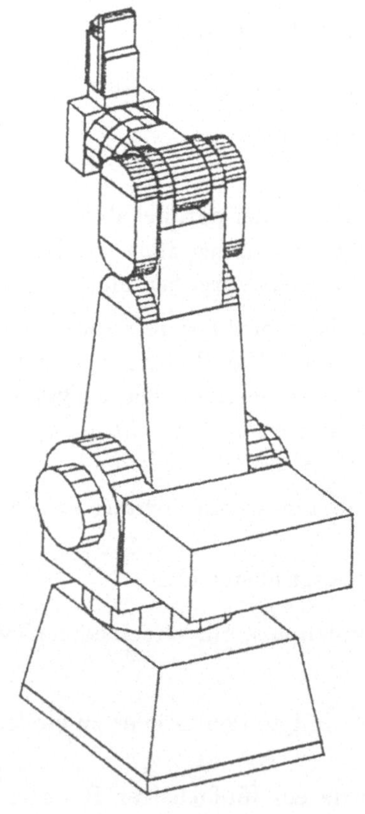

Bild 18: Modell des Mitsubishi RV-M1 Roboters mit Greifer

Bild 17 zeigt das Modell des modifizierten Greifers, Bild 18 das entwickelte Modell des Mitsubishi RV-M1 Roboters mit Greifer.

Ein möglicher Testablauf konnte durch das graphische Einlernen von Positionen und das Erstellen eines GRPAL-Programms sehr einfach ermittelt werden. Bild 19 zeigt eine Detailansicht während des Einlernens in ROBPRO, Bild 20 die technischen Daten während des Einlernens.

Die Vorteile der Simulation kamen bei diesem Projekt voll zum Tragen. Das enge Bedienfeld des Bankautomaten erforderte umfangreiche Erreichbarkeitsstudien mit verschiedenen Robotern. Hierbei mußte oft die vertikale Position des Roboters korrigiert werden, was bei der realen Anlage einen erheblichen Aufwand verursacht. Das Problem der Auswahl eines kostengünstigen Roboters konnte durch das Vorhandensein verschiedener Modelle einfach und ohne Zeitverzug gelöst werden. Im realen Aufbau war zudem der Test eines Robotertyps nicht möglich, da der gelieferte Roboter Fehlfunktionen aufwies, die nicht beseitigt werden konnten.

Bild 21 zeigt das vollständige Modell für einen speziellen Typ von Bankautomat. Insgesamt wurde eine größere Anzahl von Bankautomaten modelliert und der Einsatz verschiedener Roboter untersucht.

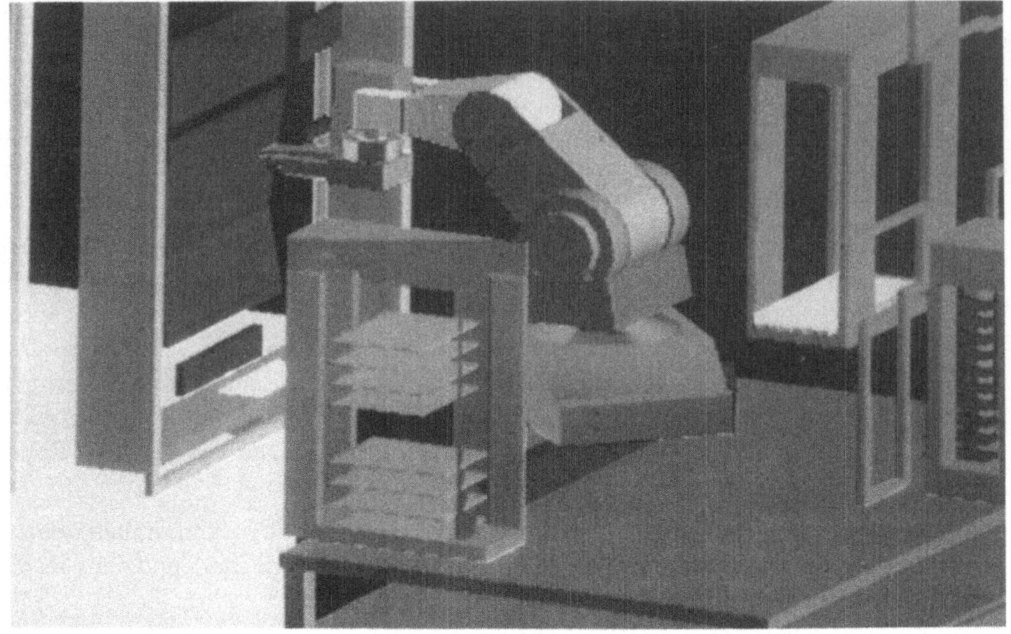

Bild 19: Detailansicht während des Einlernens in ROBPRO

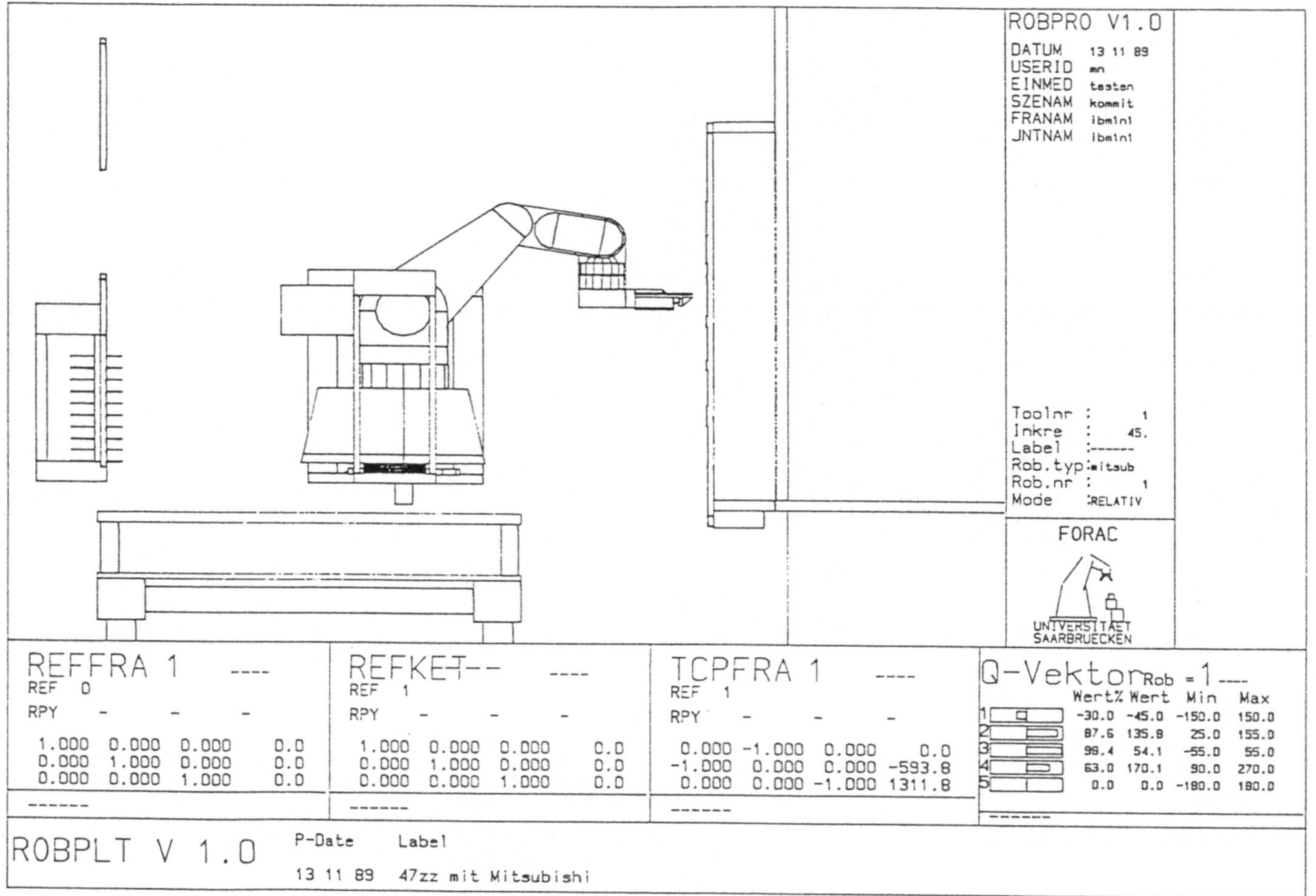

Bild 20: Technische Daten während des Einlernens in ROBPRO

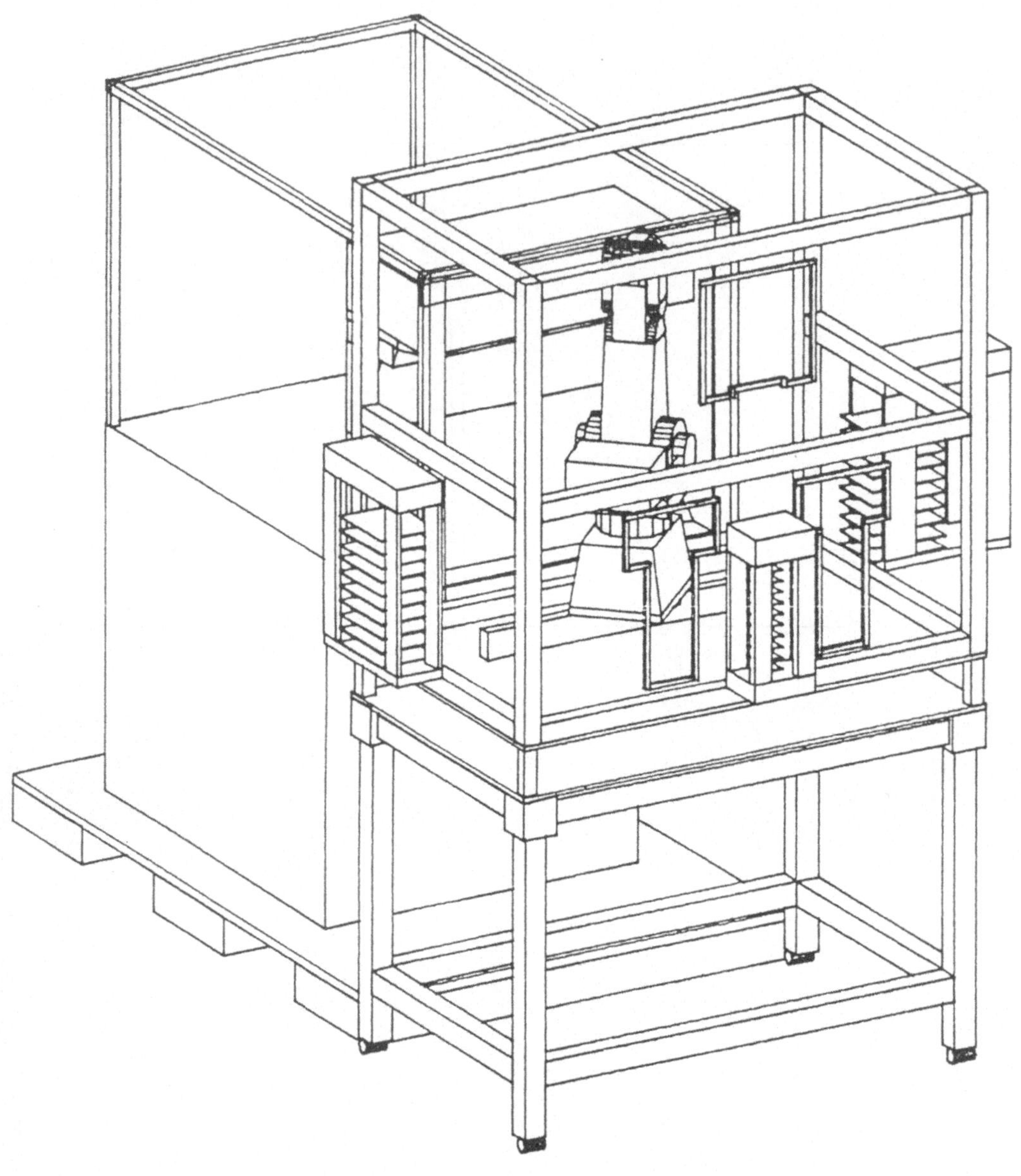

Bild 21: Zelle zum Bankautomatentest

Literaturverzeichnis

[1] Backes, M. *Entwicklung eines dreidimensionalen geometrischen Modellierers zur automatischen Konstruktion von Handhabungseinrichtungen.* Diplomarbeit am Lehrstuhl für Systemtheorie der Elektrotechnik der Universität des Saarlandes, Saarbrücken, 1990

[2] Digital Equipment Corporation, Maynard, USA. *GKS3D Reference Manual*, 1989

[3] Digital Equipment Corporation, Maynard, USA. *PHIGS Reference Manual*, 1989

[4] Nelz, M. *Modellierung und Animation einer Handhabungszelle zum Bankautomatentest.* Diplomarbeit am Lehrstuhl für Systemtheorie der Elektrotechnik der Universität des Saarlandes, Saarbrücken, 1989

[5] Raster Technologies, Inc., Boston, USA. *Model ONE/380 Handbook*, 1986

[6] Saure, M. *Graphische Simulation und Animation einer Handhabungszelle.* Diplomarbeit am Lehrstuhl für Systemtheorie der Elektrotechnik der Universität des Saarlandes, Saarbrücken, 1988

[7] Spur, G.; Krause, F. *CAD-Technik.* Carl Hanser Verlag, München, 1984

[8] Wloka, D. *Graphische Simulation von Handhabungseinrichtungen.* Dissertation, Universität des Saarlandes, Saarbrücken, 1987

[9] Wloka, D. *Efficient Calculation of Generalized Forces in a Robot Simulation Environment.* Proceedings 3rd European Simulation Congress, Seite 595–601, Edinburgh, Scotland, September 5-8, 1989

Adressen

Dr. Gerhard Angermüller
Fa. Siemens AG
Abtlg. ZPL 1 IP 53
Postfach 3220
D-8520 Erlangen

Dipl.-Ing. Klaus P. Breitenbach
Fa. Tecnomatix
Gallische Str. 2-4
D-6057 Dietzenbach-Steinberg

Dipl.-Ing. Fan Dai
FG GRIS
Wilhelminenstrasse 7
TH Darmstadt
D-6100 Darmstadt

Dipl.-Ing. C. Laloni
Institut für Robotertechnik
Hamburgerstr. 267
TU Braunschweig
D-3300 Braunschweig

Dipl.-Ing. Herwig Mayr
RISC-Linz
Johannes Kepler Universität
A-4040 Linz

Dipl.-Ing. Hermann Öllinger
Fa. Automations- und Informationssysteme (AIS)
Postfach 496
A-4010 Linz

Prof. Dr.-Ing. Dieter Streppel
Fa. Tedata
Brückstr. 48
D-4630 Bochum 1
und
FH Dortmund
Institut für Fertigungstechnik
Sonnenstr. 96-100
D-4600 Dortmund

Prof. Dr.-Ing. Hans-Jürgen Warnecke
IPA-FhG
Postfach 800 469
D-7000 Stuttgart 80

Prof. Dr. Friedrich M. Wahl
Institut für Robotertechnik
Hamburgerstr. 267
TU Braunschweig
D-3300 Braunschweig

Prof. Dr.-Ing. M. Weck
Lehrstuhl für Werkzeugmaschinen
Steinbachstr. 53/54
RWTH Aachen
D-5100 Aachen

Dr.-Ing. Dieter Wloka, M.Eng.
Forschungsgruppe für Robotertechnik
am Lehrstuhl für Systemtheorie
Geb. 13, Im Stadtwald
Universität Saarbrücken
66 Saarbrücken